水产动物疾病与免疫学

梁正其 主编

中国原子能出版社

图书在版编目（CIP）数据

水产动物疾病与免疫学 / 梁正其主编．－－ 北京 ：
中国原子能出版社，2018.5 （2021.9 重印）
ISBN 978-7-5022-9102-0

Ⅰ．①水… Ⅱ．①梁… Ⅲ．①水产动物－动物疾病－
防治②水生动物－免疫学 Ⅳ．① S94

中国版本图书馆 CIP 数据核字（2018）第 124447 号

水产动物疾病与免疫学

出版发行：中国原子能出版社（北京市海淀区阜成路 43 号　100048）

责任编辑：刘　岩

责任印刷：潘玉玲

印　　刷：三河市南阳印刷有限公司

经　　销：全国新华书店

开　　本：787mm×1092mm　1/16

印　　张：18.25　　**字　数**：324 千字

版　　次：2018 年 5 月第 1 版　2021 年 9 月第 2 次印刷

书　　号：ISBN 978-7-5022-9102-0　　**定　　价**：78.00 元

网址：http://www.aep.com.cn　　　　　E-mail: atomep123@126.com

发行电话：010-68452845

前　言

　　我国是水产养殖大国，有着悠久的水产养殖历史，早在 3000 多年前的殷末周初就有记载。改革开放以来，尤其是 1984 年中央 5 号文件发布以来，我国的水产业发展非常迅速，水产品产量以平均每年 150 万吨左右的速度增长。养殖总产量已连续 18 年位居世界第一。水产养殖业的发展不仅为我国人民提供了品种繁多、数量充盈的水产品，而且水产养殖品进出口贸易额占了农业出口 20% 以上，出口创汇额在农业内部各产业中排位第一。它在减轻农村贫困、改善生计和粮食安全、维护自然和生物资源的和谐统一及保持环境的可持续性方面起着重要的作用。

　　随着我国水产养殖业的迅速发展，各类水产病害迅猛增长，据不完全统计，目前危害我国人工养殖的鱼、虾、贝、蟹、鳖、蛙等水产养殖动物的病害有 300 种以上，每年约有 1/10 的养殖面积发生病害。每年因病害所造成的直接经济损失在数百亿元以上，养殖鱼类的健康问题已成为制约我国水产养殖可持续发展的一个重要因素。尽管，目前水产病害的诊断技术有了很大的发展，而根据病变的临床诊断仍然是目前广大水产病害工作者和水产养殖生产者诊断水产病害的主要手段。然而，随着我国水产养殖业的迅猛发展，疾病种类也迅速增加，无疑对以临床诊断为主要手段的病害工作者和养殖者增加了诊断难度。因此，出版图文并茂、实用性强的水产动物疾病与免疫学图书是地方高校水产养殖专业学生结合实例进行生产应用的必需书目，同时，对提高广大水产从业者的疾病诊断准确性，确保我国水产养殖业健康发展具有重要的意义。

　　本书是在铜仁学院水产教研室的大力帮助下完成，校正过程中得到了贵州大学水产系、贵州省水产研究所及瓮安县农村工作局等单位同行的大力帮助，书中收集了大量作者和作者的同事们以及生产在一线的诸多水产同行多年来从事水产病害防治研究所拍摄的病变和病原体的原色图片，同时收集了国内外出版的一些具有影响力的水产病害专著中的经典图片，收集的原色图片总量 300 多幅，同时辅以科学、准确、精炼的文字说明，配有各种疾病简练的病原、流行情况、症状与病理变化、诊断和防治方法，为广大水产从业者在生产实践中提供诊断依据和有效的防治方法，也为教育者在水产动物疾病及免疫学知识的教学过程中提供参考书目，从而达到本书的编写初衷，提高我国广大水产从业者疾病诊断能力，为确保我国水产养殖业健康发展作出积极贡献。

　　尽管我们在编写中做了大量努力，由于客观条件的限制，书中所收集的疾病种类远未达到国内外已报道的疾病总数，部分疾病还差相应照片应正，同时一些养殖品种的疾病也未涉及，特别是虾、蟹、贝和海水养殖鱼类，这是作者感到遗憾之处，只有在今后逐步弥补有完善。

由于作者水平有限，资料掌握也不尽丰富，错误与不足指出在所难免，敬请广大读者和专家批评指正，以便将来更加完善。最后，对本书提供帮助的所有同事或同行表示衷心感谢。

目录

第一部分 水产动物疾病学

第一部分

·水产动物疾病学·

第一章 绪论

第一节 水产动物疾病学及发展简史

一、水产动物疾病学

水产动物疾病学是研究水产经济动物疾病的发病原因、病理机制、流行规律以及诊断、预防和治疗方法的科学。它是一门理论性和实践性很强的科学。一方面它以动物生理学、动物组织学、水环境学、药理学、病理学、微生物学以及寄生虫学等学科为基础，另一方面它要同水产动物养殖生产密切结合起来，在水产动物疾病的预防和治疗实践中建立并发展起来的学科体系。

二、水产动物疾病学发展简史

在水产动物中，因为鱼类同人类生活有特别密切的关系，所以人对水产动物疾病的研究，首先是从对鱼病的研究开始。19 世纪中期，国外有许多生物学家对鱼类寄生虫病作了大量研究和记述，之后随着养鱼业的发展，逐步深入到对鱼病的治疗和预防。在 19 世纪 90 年代，才进行了对细菌性鱼病的研究工作，到 20 世纪 50 年代更进一步开展了对病毒性鱼病的研究。在我国，对鱼病的研究工作，在 70 年代最初 30 年中，我国的生物学家和养鱼专家，在引进国外鱼病学知识的同时，就开始进行了我国鱼类寄生虫的研究。新中国成立以后，水产生产和科学技术事业受到党和政府的重视，在科研部门和高等院校中成立了鱼病学教学和科研的专门机构。在国家的科研规划和计划成立了鱼病研究项目，这不仅使鱼病研究工作有了保证，而且使之进入了系统研究阶段。在 19 世纪 50 年代初，开展了淡水鱼类寄生虫疾病、细菌性疾病、真菌性疾病和非寄生虫疾病的研究，在不到十年时间里，解决了当时淡水养殖鱼类常见的危害较大的寄生虫疾病、细菌性疾病、真菌性疾病和非寄生虫性疾病的防治问题，从而积累了关于病原、诊断和防治技术的知识和经验；在 19 世纪 60 年代，在前一个十年的基础上，鱼病学的研究工作进入了一个更加系统化的阶段；70 年代又开始了鱼类免疫学、鱼类病理学、鱼类病毒学、药理学和鱼类肿瘤的研究。从 70 年代到 90 年代，甚至到现在，鱼类疾病的研究发展很快，一方面是国家对水产业采取了"以养为主"的方针，使水产养殖生产以空前的速度发展起来，不论是养殖水面、养殖品种、养殖技术和养殖产卵都达到了史无前例水平，这不仅对鱼病的研究提出了新的要求和任务，也给鱼病学的发展带来了巨大推动力。此时，对水产动物疾病的研究不但没停留在鱼类的研究上，对虾类、蟹类、贝类、爬行类、两栖类等动物疾病也进行了研究，不但要研究鱼类，还要研究一切养殖的水产经济动物的疾病及其防治。

迄今为止，对于极大多数寄生虫病的病原和发病机理已经完全弄清，并且掌握了有效的防治方法；对细菌性疾病，不仅对现有的40多种疾病已有了较深的认识，而且在诊断和防治方法上也有了极大的进步；对于病毒疾病的研究工作，已从机体水平发展到细菌和分子生物学水平，从而为进一步研究、诊断、预防和治疗创造了条件。在免疫及检疫技术方面的研究，在以前的研究基础上制定了《中华人民共和国口岸淡水鱼类检疫暂行规定》，后来又拟定了《淡水鱼类检疫方法》《草鱼出血病组织浆灭活疫苗》和《草鱼出血病组织浆灭活疫苗检测方法》标准，使我国对鱼类的检疫和草鱼出血病组织浆灭活疫苗制备了科学依据。至今我国水产动物疾病学的体系已经基本形成，这说明我国水产动物疾病学的整体水平已经有了明显提高，作为一个学科已经日臻成熟。

第二节　水产动物疾病学研究的任务

为了更好地从实践中发现问题和总结问题，并有效地指导实践，水产动物疾病学必须通过自身的研究，不断地加深和提高学科水平，因此，概括地说，水产动物疾病学的任务，包括两个方面，即结合实际，加强科学研究，提高水产动物疾病学的水平；大力推广及水产动物疾病学知识，将科学技术转化为现实生产力，为发展水产动物养殖生产服务。

第一，从加强水产动物疾病学的研究工作来说，要急生产之所急，重点研究对水产动物养殖生产危害严重而迫切需要解决的疾病；基础理论的研究固然重要，但从水产动物疾病学的研究工作总体而言，应用研究更为紧迫，也更为重要。所以我们的任务首先应当是密切地同生产结合，努力研究生产中迫切要求解决的问题，在为生产服务的同时发展水产动物疾病学。

第二，要不断地扩大水产动物疾病学研究的外延，即不仅研究现知的水产动物疾病，而要对一切有经济价值，特别是已形成一定生产规模的水产动物的疾病加以研究，并力求早日攻克难关，使这门学科在经济建设中发挥更大的作用。

第三，要加深水产经济动物疾病学的内涵，既要尽可能地吸收有关学科的新技术新方法来研究水产动物的疾病。不仅掌握疾病的特征、病原，而且要深入了解疾病的病理变化、发病机制、流行规律，从而提高研究的效率，缩短研究周期，加深研究的深度。当前尤其要加强对于病毒病、诊断方法、病理和药理的研究。

第四，要大力加强水产动物疾病学知识的推广和普及工作，只有把研究工作同推广普及工作结合起来，水产动物疾病学知识才能取得更大的价值。推广的方法多种多样，可以通过各种出版物和电视、电影、广播等媒介进行防治方法的宣传和情报信息的传播；可以通过组织有经验的水产动物疾病知识和防治能力的科技人员进行防治咨询。对水产动物疾病的防治不能照抄照搬、死板硬套，甚至推广普及错误的知识和错误的防治方法，要对水产动物疾病知识及防治技术应该做到因地制宜、因病制宜、对症下药。

第三节　水产动物疾病学研究的方法

水产动物疾病学的研究方法主要是观察的方法、实验诊断的方法和统计的方法，现将基本方法进行简单的介绍。

一、诊断

水产动物不会说话，又群栖在水中，这给疾病的诊断带来一定的困难，但水生动物多数个体较少，个体的经济价值比较便宜，这又给诊断带来了方便，可直接进行解剖诊断。根据疾病种类不同，可选用下列有关方法进行。

1.宏观观察诊断

这是诊断各种水产动物疾病都需要做的第一步，宏观诊断的主要内容包括以下几个方面：

（1）对水产动物的饲养管理进行调查，包括养殖的种类，物种来源，养殖的密度，清塘的方法，投饵的"四定"管理，水环境管理的方法等。

（2）对水产动物发病情况的调查，包括发病时间，发病的种类，同一水域一种水产动物发病还是多种水产动物同时发病，病体在行动上是否异常，是否出现死亡个体，死亡数量及死亡速度等。

（3）对养殖区域内环境因子的调查，包括养殖区周边环境情况，如农田施肥，施药情况等，水源中是否有污染源，养殖水域中是否有作为某种水产动物寄生虫病的中间寄主等。

2.微观观察诊断

水产动物诊断的第二步是对患病动物进行检查，最好选择症状明显、但未死亡或刚死不久的患病动物。首先进行肉眼观察，检查病体表面有无损伤，体色是否变化，有无大型寄生虫或真菌等寄生，体形是否完整、正常，各器官组织是否有充血、出血、贫血、发炎、溃疡、肿胀、变色、黏液分泌情况等异状。然后再从病变部位取出部分组织、黏液或内含物制成压片，进一步作显微镜检查，如病体没有明显症状，那应将皮肤、鳃、肠取样压片检查，若仍查不出病，则应进一步镜检其他组织器官，如怀疑是由细菌、病毒引起的疾病，则进行免疫学诊断。

3. 免疫学诊断

免疫学诊断主要是用各种血清学反应对细菌、病毒引起的传染性疾病进行诊断，方法很多，如酶联免疫吸附试验、点酶法、荧光抗体法、葡萄球菌 A 蛋白协同凝集试验、聚合酶链式反应、核酸杂交技术、中和反应、凝集反应、琼脂扩散试验、免疫电泳、免疫铁蛋白、补体结合等。其中酶联免疫吸附试验已制备检测草鱼出血病、传染性胰腺坏死病、传染性造血组织坏死病的试剂盒等，均有灵敏度高、特异性强、迅速方便、结果可长期保存等优点。

4. 组织病理学诊断

将水产动物组织切片切成小块，进行冰冻切片或石蜡切片染色后观察诊断。如肿瘤就必须用此法进行诊断，还有一些组织病变特殊的疾病也可用此法进行诊断或辅助诊断。

5. 病理生理诊断

根据疾病的需要，进行血清、腹水等有关的监测，如有机磷中毒，须检测脑胆碱脂酶的活力。

二、病原体鉴定

1. 寄生虫

首先对寄生虫的形态结构进行活体观察，然后再进行解剖、切片、染色后显微镜检查，必要时还须进行扫描电镜观察。对水产动物寄生虫生活史的研究，凡不需要中间寄主的寄生在，采用人工培养观察，查明其生活史，需要更换寄主的寄生虫，可根据判断从自然界中检查可疑中间寄主，及用人工喂养感染的办法来查明其生活史。

2. 细菌

首先进行分离纯化、毒力感染试验，确定其为病原菌后，再进行细菌形态、培养特征、生理生化反应、生态学特征、血清学反应、噬菌反应，DNA 中 G+Cmol% 测定，DNA-DNA 分子杂交、DNA-mRNA 杂交和 DNA-rRNA 杂交等进行鉴定。

3. 病毒

首先从病体制备无菌悬液，中毒后引起发病，然后再选择敏感细菌株进行病毒分离纯化，观察细胞病变、空斑形成，对病毒的核酸、形态结构、大小、对脂溶剂及各种酶的抗性、理化特性、生物学特性、流行病学特性、血清学特性等进行研究后作出鉴定。

三、流行病学研究

水产动物流行病学是研究水产动物疾病流行的发生、蔓延和终止的科学。因此，水产动物流行病学的任务是弄清水产动物疾病的传染源、传播途径、发生和传播的原因，影响传播的自然原因和社会因素。所以流行病学研究的基本方法是调查统计和实验的方法。通过用统计学的方法，可以了解水产动物疾病的传播、消长情况，确定其发病率、死亡率；借助于统计学的方法，又可以确定某种病的地理分布、蔓延的速度和造成的损失情况；此外，通过统计还可以了解疾病的发生频率，即这些疾病表现的季节性和周期性，以及了解为割断流行途径、限制传染源、终止流行而采取的措施的实际效果。而通过实验的方法，往往是探索控制和最后消灭某种流行病的唯一方法。

四、病理学研究

水产动物病理学的研究包括组织和病理两个方面，组织病理学是以细胞学、组织学和组织化学的方法，对水产动物病变部位或组织和健康机体的相同部位组织采用同样的固定、切片、染色方法进行观察比较，由此了解机体组织的病变特点，同时还需要将病变程度不同的组织进行比较，借此了解病变组织的病理过程。对于病理生理学，主要是研究患病机体的机能和代谢变化规律的，所以往往不可能通过直观的方法达到研究的目的，而是需要借助各种实验手段，包括生物物理和生物化学的方法测定病体的生理机能和代谢状况，同健康机体的正常生理机能进行比较，以了解疾病引起的机能和代谢的变化情况。

五、药物学研究

药物学的内容很多，包括生药学、药物化学、植物化学、药剂学、药理学及药物治疗学等。目前，对水产动物用药主要是借助人药、兽药及农药，或将现有原料药配组而成，所以主要是进行药物治疗学和药理学的研究。药理学着重于药物作用机制以及药物在机体内的吸收、分布、转化、排泄规律的研究，依靠药理学的多种实验方法来实现，其中主要是生理学、生物化学和病理学的方法。药物学治疗则着重于研究在疾病防治中选择药物和用药方法以及制订药物治疗方案等。主要经过实验室实验和生产性试验两个阶段，实验室实验主要是为了寻求有效的防治方法，规模较小；后者主要是为了对实验室的实验结果进行检验，验证这种防治方法在实际生产中的应用，规模较大，但在生产中，不仅要注意药物对疾病的疗效，而且还得注意方法是否简易、经济上是否价廉、是否对环境造成污染，甚至污染程度如何，只有经过生产性试验的检验，才有实用价值。

第四节　水产动物疾病发生的原因

一、病因的类别

了解水产动物病因，是制定预防疾病的合理措施、作出正确诊断和提出有效治疗方法的根据。水产动物疾病发生的病因虽然多种多样，但基本上可归纳为病原的侵害、非正常的环境因素、营养不良、动物本身先天或遗传的缺陷、机械损伤五大类。

1.病原的侵害

病原就是致病的生物，包括病毒、细菌、真菌等微生物和寄生原生动物、单殖吸虫、复殖吸虫、绦虫、线虫、棘头虫、寄生蛭类和寄生甲壳类等寄生虫。

2.非正常的环境因素

养殖水域的温度、溶解氧、酸碱度、关照以及盐度等理化因素的变动或污染物质等，超越了养殖动物所能忍受的临界限度就能致病。

3.营养不良

投喂饲料的数量或饲料中所含的营养成分不能满足养殖动物维持生活的最低需要时，饲养动物往往生长缓慢或停止，身体瘦弱，抗病力降低，严重时会出现明显的症状，甚至死亡。营养成分中容易发生问题的是缺乏维生素、矿物质和氨基酸，其中，最容易缺乏的是维生素和必需氨基酸。腐败变质的饲料，也是致病的重要因素。

4.动物本身先天或遗传的缺陷

如鱼类畸形。

5.机械损伤

在捕捞、运输和饲养管理过程中，往往由于工具的不适宜或操作过程不当，使饲养动物身体受到摩擦或碰撞而受伤。受伤处组织受伤，功能丧失，或体液流失，渗透压絮乱，引起各种生理障碍，以至死亡。除这些危害以外，伤口又是各种病原微生物侵入的途径。这些对水产动物的致病作用，可以是单独一种病因的作用，也可以是几种病因混合的作用，并且这些病原因往往有相互促进的作用。

二、病原体、宿主和环境的关系

由病原生物引起的疾病，是病原、宿主和环境条件三者互相影响的结果。

1.病原

养殖动物的病原体种类很多，不同种类的病原体，对宿主的毒性或致病力各不相同，就是同一种病原的不同生活时期，对宿主的毒性也不相同。

病原体在宿主上必须达到一定的数量时，才能使宿主生病。有些病原体侵入宿主后开始增殖，达到一定数量后，宿主就显示出症状。从病原侵入宿主体内后到宿主显示出症状的这段时间，叫做潜伏期。各种病原一般都有一定的潜伏期，了解疾病的潜伏期，可以作为预防疾病和制定检疫计划的依据和参考。但是应当注意，潜伏期的周期不是绝对固定不变的，它往往随着宿主身体条件和环境因素的变化而有所延长或缩短。

病原对宿主的危害，主要表现在以下几个方面：

（1）夺取营养

有些病原是以宿主体内已消化或半消化的营养物质为食；有些寄生虫则直接吸食宿主的血液；另外一些寄生物是以渗透方式，吸收宿主器官或组织内的营养物质。无论以哪种方式夺取营养，都能是宿主营养不良，甚至贫血，身体瘦弱，抵抗力降低，生长发育迟缓或停止。

（2）机械损伤

有些寄生虫（如蠕虫类）利用吸盘、夹子、钩子等固着器官损伤宿主组织；也有些寄生虫（如甲壳类）可用口器刺破或撕裂宿主的皮肤或鳃组织引起宿主组织发炎、充血、溃疡或细胞增生等病理症状；有些个体较大的寄生虫，在寄生数量很多时，能使宿主器官官腔发生阻塞，引起器官的变形、萎缩和功能丧失；有些体内寄生虫在寄生过程中，能在宿主的组织或血管中移行，使组织损伤或血管阻塞。

（3）分泌有害物质

有些寄生虫（如单殖吸虫类）能分泌蛋白分解酶，溶解口部周围的宿主组织，以便摄食其细胞；有些寄生虫（如蛭类）的分泌物可以阻止伤口血液凝固，以便吸食宿主血液；有些病原（包括微生物或寄生虫）可以分泌毒素，使宿主受到各种毒害。

有许多病原对宿主有严格的专一性，即一种病原仅寄生在某一种或与该种亲缘关系相近的宿主上，除此以外的其他动物则不能作为它的宿主，如本尼登虫，专寄生在鱼的皮肤上；但是也有的病原对宿主几乎没有专一性，可以寄生在很多宿主上，如刺激隐核虫，可以寄生在数十种海鱼身上。

病原在宿主身上，一般寄生在一定的器官或组织内，有的专寄生在消化道内，有的专寄生在胆囊内，有的专寄生在肌肉中，有的必须在血液中才能生活，有的则生活在宿主的鳃和体表。寄生在体内组织或器官腔内的叫做内寄生物，寄生在体表（包括皮肤和鳃）的叫外寄生物。

2. 宿主

宿主对病原体的敏感性有强有弱。宿主的遗传性质、免疫力、生理状态、年龄、营养条件和生活环境等，都能影响宿主对病原的敏感性。

3. 环境条件

水域中的生物种类、种群密度、饵料、光照、水流、水温、盐度、溶解氧、酸碱度及其他水质情况，都与病原的生长、繁殖和传播等有密切的关系，也严重地影响着宿主的生理状况和抗病力。

水质和底质影响养殖池水中的溶解氧，并直接影响水产养殖动物的生长和生存。各种水产动物对溶解氧的需要量不同，鱼虾类正常生活所需的溶解氧为4mg/L以上。当溶解氧不足时，鱼虾的摄食量下降，生长缓慢，抗病力降低。当溶解氧严重不足时，鱼虾就大批浮于水面，这叫浮头。此时，如果不及时解救，溶解氧继续下降，鱼虾就会窒息而死，这叫做泛池。发生泛池时，水中的溶解氧随着鱼虾的种类、个体大小、体质强弱、水温和水质等的不同而有差异。患病的鱼虾，特别是患鳃病的鱼虾，对缺氧的耐力特别差。

温度对水产养殖动物疾病的发生起着关键的作用，温度不仅影响水产养殖动物的生长，液同时影响病原的繁殖。当温度适合养殖动物的生长，不利病原的生长和繁殖时，疾病一般不易发病；反之，极易发生疾病。温度还影响疾病的潜伏期，如果温度不利于病原的繁殖，则呈潜伏感染。如鲤感染鲤春病毒血症，水温12℃左右时，鲤被鲤春病毒感染后，极易发病，水温 20℃左右时，鲤感染鲤春病毒也不易发病，呈潜伏感染。

池塘中由于饵料残留和鱼虾粪便等有机物质腐烂分解，产生许多有害物质，使池水发生自身污染，这些有害物质主要为氨和硫化氢。

除了养殖水体的自身污染以外，有时外来的污染更为严重，一般来自工厂、矿山、油田、码头和农田的排水。工厂和矿山的排水中大多数含有重金属离子（如汞、铅、镉、锌等），或其他有毒的化学物质（如硫化物、酚类、氟化物等）；油井和码头排放水，往往有石油类或其他有毒物质，农田排水中往往含有各种农药。这些有毒物质，都有可能使鱼虾等水产养殖动物急性或慢性中毒。

第五节　水产动物疾病的预防措施

水产养殖是人工管理的水环境系统中，进行水生生物的生产活动，因此，水产动物生病后往往不如陆生动物生病时那样容易被发现，一般在发现时已有部分动物死亡。因为它们栖息于水中，所以给药的方法也不如治疗陆生动物那么容易，剂量很难准确。患病的个体大多数失去食欲，即使是特效药也难以按要求的剂量进入体内，口服仅限于那些尚未失去食欲的个体和群体，对养殖水体用药，如全池泼洒，只适用于小面积水体，对大池塘、养殖海区不适用，因为用药量大，成本高，也不便操作。另外，在发现疾病后即便能治愈，也耗费了药品和人工，影响动物的生长和繁殖，在经济上造成损失。而且，治病药物多数具有一定的毒性：一方面或多或少地直接影响养殖动物的生理和生活，使动物呈现消化不良、食欲减退、生长发育迟缓和游泳反常等，甚至有急性中毒现象；另一方面可能杀灭水体和底泥中的像硝化细菌那样的有益微生物，从而破坏水体的物质循环，扰乱水体的化学平衡；有大量浮游生物存在的水体中，往往在泼药以后，大批的浮游生物被杀死并腐烂分解，引起水质的突然恶化，可能会发生全池动物死亡的事故。有些药物还会在池水中或养殖动物体内留有残毒，因此，防重于治的观点一定要树立。

一、改善和优化养殖环境

1.合理放养

包括两个方面，一是放养的某一种类密度要合理；二是混养的不同种类的搭配要合理，因地制宜地选择适于培养的种类和适当的配养数量。这是人为地改善池塘中的生物群落，使之有利于水质的净化，增强养殖动物的抗病能力，抑制病原生物的生长繁殖，如在鱼、虾池塘中混养贝类（如扇贝、文蛤、牡蛎和菲律宾蛤仔等），贝类有滤水的作用，可抑制浮游生物的过量繁殖。

2.科学用水与管理

维护良好的水环境，不仅是养殖动物生产的需要，同时也是养殖动物抵抗病原生物侵扰的需要。科学用水和管理，是通过对水质各参数的监测，了解其动态变化，及时进行调节，纠正那些不利于水生动物生长和健康的各种因素。一般来说，必须监测的主要水质参数有 pH7.5 ~ 8.5，溶解氧 ≥5mg/L，透明度 30 ~ 40cm，亚硝酸盐 < 0.1mg/L，硫化氢 < 0.005mg/L，未解离氨 < 0.01mg/L，盐度（海水养殖）15 ~ 20 等。

3. 适时、适量使用水环境改良剂

能够改善和优化养殖促进养殖水环境，并且有促进养殖动物正常生长和发育的一些物质，称为水环境改良剂。通常是在产业化养殖的中、后期，根据养殖池塘底质、水质情况每月使用 1 ~ 2 次，常用的有：①生石灰，每立方米水体用 15 ~ 30g；②沸石，每立方水体撒布 30 ~ 50g（60 ~ 80 目的粒度）；③过氧化钙，每立方米水体用 10 ~ 20g；④光合细菌，每立方米水体施 5 ~ 10mL（每毫升含光合细菌 10 亿 ~ 15 亿个细胞），或均匀拌入沙土后撒布于全池。

在水源条件差的养殖池塘或养殖区内，集约化养殖系统中，适时、适量使用水环境改良剂，有利于：①净化水质，防止底质酸化和水体营养化；②抑制氨、硫化氢、甲烷等，并使其氧化为无害物质；③补充氧气，增强鱼虾类摄食能力；④补充钙元素，促进鱼虾类生长和增强对疾病的抵抗能力；⑤抑制有害细菌繁殖，减少疾病感染等。

二、增强养殖群体抗病力

1. 培育和放养健壮苗种

放养健壮和不带病原的苗种，是养殖生产成功的基础。苗种生产期应重点做好以下几点：①选用经检疫不带病原传染性的亲本，亲本投入产卵池前，用 10mg/L 高锰酸钾浸洗 5 ~ 10min，以杀灭可能携带的病原；②受精卵移入孵化培育池前，用 50mg/L 聚乙烯吡咯酮碘（含有效碘 10%）浸洗 5 ~ 10min；③育苗用水使用沉淀、过滤或经消毒后解毒的水；④切忌高温育苗和滥用药物；⑤如投喂动物性饵料应先检测和消毒，并保证鲜活，不投喂变质腐败的饵料。放养的种苗应体色正常，健壮活泼。必要时应先用显微镜检查，确保种苗上不带有危害严重的病原，放养密度应根据池塘条件、水质和饵料状况、饲养管理技术水平等决定。

2. 免疫接种

对一些经常发生危害严重的病毒性及细菌性疾病，可研制人工疫苗，用口服、浸洗或注射等方法接种，达到人工免疫的作用。免疫接种，是控制水产养殖动物爆发性流行病的有效方法。这些年来，水产行业也陆续有一些疫苗、菌苗应用于预防鱼类的重要流行病，而且国内外都有相关机构在研制探索免疫接种的最佳方法和途径。

3. 选育抗病力强的种苗

利用水产动物某些养殖品种或群体对某种疾病有先天性或获得性免疫力的原理，选择和培育抗病力强的苗种作为放养对象，可以达到防止该种疾病的目的。最简单的办法是，从生病池塘中选择始终未受感染或已被感染但很快又痊愈的个体，进行培养并作为繁殖

用的亲体，因为这些动物本身及其后代一般具有免疫力，这同样是预防疾病的途径之一。

4. 降低应激反应

在水产养殖系统中，由于人为因素，如水污染、投饲技术与办法等或自然因素，如暴雨、高温或是缺氧等的影响，常引起水生动物的应激反应。凡是偏离水产养殖动物正常生活范围的异常因素，通常称为应激源；而养殖动物对应激源的反应，则称为应激反应。通常，养殖动物在比较缓和的应激作用下，可通过调节机体的代谢和生理功能而逐步适应，使之达到一个新的平衡状态。但是，如果应激源过于强烈，或持续的时间较长，养殖动物就会因为能量消耗过大，使机体抵抗力下降，为水中某些病原生物对宿主的侵袭创造有利条件，最终引起疾病的感染甚至爆发。因此，在养殖过程或养殖系统中，创造条件降低应激，是维护和提高机体抗病力的措施。

5. 加强日常管理，谨慎操作

①定时巡视养殖水体，每日早晚各一次，观察水体的水色和养殖动物摄食、活动情况，以便及时采取措施加以改善；②对池塘或网箱进行定期或经常清除残饵、粪便以及动物尸体等清洁管理，勤除杂草，以免病原生物繁殖和传播；③平日管理操作应细心、谨慎，避免养殖动物受伤，为病原的入侵提供"门户"；④流行病季节和高温时期，尽量不惊扰养殖水产动物。

6. 饵料应优质，投喂适量

优质，是指饵料及其原料绝对不能发霉变质，饵料的营养成分要全，成分比例要合适，特别是不能缺乏必要的维生素和矿物质。要根据不同养殖对象及其发育阶段，科学地选用饵料原料，合理调配，精细加工。投喂适量，是指每日的投饵量要适宜，每日的投喂量要分多次投喂，投喂时要注意只能"七分饱"，每次投喂前要检查前次投喂的摄食情况，以便调整投饵料。饵料的质量和投喂方法，不仅是保证养殖产量的重要因素，同时，也是增强鱼、虾类等水产养殖动物对疾病抵抗能力的重要措施。

三、控制和消灭病原体

1. 使用无病原体污染的水源

水及其水环境，是水产养殖动物疾病病原传入和扩散的第一途径。在建造养殖场前，应对水源进行周密考查。优良的水源条件，应是充足、清洁、不带病原体的生物以及无人为污染等。水的物理和化学特性应适合水生动物的生活需求。在水环境方面，每个养殖池应有独立的进水和排水系统，以避免因进水把病原体带入。在当今水产养殖业迅速发展的形式下，由于沿海、内地湖泊、水库已普遍养殖鱼、虾、蟹、贝等。排出的水难免不带病原或腐败有机质，因此，在设计养殖场时，应考虑建立一个蓄水池，如此，可以先将养殖用水引入蓄水池自行净化，进行沉淀或消毒处理后再进入养殖区域，这样可以防止病原从水源带入。

2. 池塘彻底清淤消毒

池塘是水产养殖动物栖息生活的场所，同时，也是各种病原生物潜藏和繁殖的地方，池塘环境清洁与否，直接影响到养殖动物的生长和健康。因此，池塘清淤消毒是预防疾病和减少流行病爆发的重要环节。清淤后每亩用 100 ~ 200kg 生石灰或 20 ~ 30 kg 漂白粉（含有效氯 25% 以上）进行消毒，3 ~ 5d 解毒后，在池塘的进水口设置过滤网，灌满水，肥水 20d 左右，为水产养殖动物的放养创造优良的生活条件。

3. 强化疾病检疫

由于水产养殖业的迅速发展，地区间苗种及亲本的流通日益频繁，对国外养殖种类的引进和移植也不断增加，如果不经严格的疾病检测，可能造成病原体的传播和扩散，引起疾病的流行。因此，必须强化疾病检疫，严格遵守《中华人民共和国动物防疫法》，做好对水产动物输入或输出的疾病检疫工作。

4. 建立隔离制度

水产养殖动物一旦发病，不论是哪种疾病，特别是传染性疾病，首先应采取严格的隔离措施，以防止疫病传播、蔓延，殃及四邻。

（1）对已发病的池塘或地区进行首先进行封闭，池内的水产养殖动物在治愈以前，不向其他池塘和地区转移，不排放池水，工具应当用浓度较大的漂白粉、硫酸铜或高锰酸钾等溶液消毒，或在强烈的阳光下晒干，然后才能用于其他池塘，有条件的也可以在生病池塘设专用工具。

（2）清除发病死亡的尸体，及时掩埋、销毁，切勿丢弃在池塘岸边或水源附近，要及时掩埋，以免鸟兽或雨水带入养殖水体中。

（3）对发病池塘及其周围包括进、排水渠道，均应消毒处理，并对发病动物及时作出诊断，确定防治对策。

5. 实施消毒措施

（1）苗种消毒：即使是健康的苗种，亦难免带有某些病原体，尤其是从外地运来的养殖苗种。因此，在苗种放养时，必须先进行消毒，可用 50mg/L 聚维酮碘溶液或 10 ~ 20mg/L 高锰酸钾溶液，给苗种药浴 10 ~ 30min。药浴的浓度和时间，根据不同的养殖种类、个体大小和水温灵活掌握。

（2）工具消毒：养殖用的各种工具，如网具、塑料和木制工具等，常是病原体传播的媒介，特别是在疾病流行季节。因此，日常生长操作中应做到各池分开使用，如果工具数量不足，可用 50mg/L 高锰酸钾溶液或 200mg/L 漂白粉溶液等浸泡 5min，然后用清水冲洗干净，再行使用；也可在每次使用完后，置于阳光下晒干后再使用。

（3）饲料消毒：投喂的配合饲料，可以不进行消毒；如投喂鲜活饵料，无论是从外地购进或自己培养生产的（含冷冻保存），都应以 10 ~ 20mg/L 高锰酸钾溶液浸泡消毒 5min，然后用清水洗干净后再投喂。

（4）食场消毒：定点投喂饲料的食场及其附近，常有残饵剩余，时间长了或高温季节为病原菌的大量繁殖提供了有利场所，很容易引起鱼、虾的细菌感染，导致疾病发生。所以，在疾病流行季节，应每隔 1～2 周在鱼、虾吃食后，对食场进行消毒。

第二章 水产动物疾病的诊断

第一节 水产动物疾病的诊断要点

一、对供检水产动物的要求

供检查的动物，应是患病后濒死个体或死后时间较短的新鲜个体。死后时间较长的个体，体色已改变，组织已变质，症状消退，病原体脱落或死亡后变形而无法检查诊断。取样时，健康、生病、濒死的个体均应采样，以便比较检查。有些疾病不能立即确诊的，用固定剂和保存剂将患病水产动物的整个身体，或部分器官组织加以固定保存，以供进一步检查。

二、问诊

检查是水生动物疾病诊断的基础，除了应当熟悉各种疾病的病症和病因等情况外，正确、合理、有效的现场检查也很重要。

1. 检查水产养殖群体的生活状态

（1）活力和游泳行为：健康的鱼、虾类在养殖期常集群，游动快速，活力强。患病的个体常离群独游于水面或水层中，活力差，即使人为给予惊吓，反应也比较迟钝，逃避能力差；有的在水面上打转或上下翻动，无定向地乱游，行为异常；有侧卧或匍匐于水底。

（2）摄食和生长：健康无病的水产养殖动物，反应敏捷、活跃，抢食能力强。按常规量，在投饲0.5h后进行检查，基本上看不到饲料残留。患病的个体体质消瘦，很少进食；在鱼苗、虾苗、贝苗期等水产动物，还可观察到消化道内无食物。

（3）体色和肢体：健康无病的鱼、虾类体色正常，外表无伤残或黏附污物。在苗种阶段身体透明或半透明，而患病的个体或群体，外表失去光泽，体色暗淡或褪色，有的体表有污物。鱼类，鳍膜破裂，尾部腐烂，鳞片基部肿胀，鳞片脱落或竖立等。虾类，附肢变红或残缺，甲壳溃疡，肌肉混浊等，贝类外套膜萎缩，足部溃烂或出现脓包等。

2. 检查水产动物所处的生活环境

水是水产动物的生活环境，如果生活环境出现了对水产动物不利的变化，水产动物就会出现症状或直接发生疾病，甚至死亡。因此，应实地观察养殖池塘的面积、机构、进排水系统、土质和水深等。着重检查养殖水体的水质变化，看水色是否呈现污浊、黑褐色、浓绿色，是否有气泡上浮等不良现象；检查养殖水体的透明度、温度、盐度、pH、溶解氧、氨氮是否在养殖水产动物的耐受范围；检查养殖水体的水源附近有无大量雨水流入，有无遭受到农药或附近工厂、矿山废水的污染；检查池中底泥有无过多的有机物质沉淀，使底泥变黑、变臭等；还要了解养殖水体中的生物优势种类和数量；检查放养前是否进行彻底清塘，清塘药物的选择、施放时间和方法；捕捞、搬运等是否会对养殖动物造成伤害等。

3. 检查养殖管理情况

检查养殖池的放养密度是否过大，每日投饵的数量、次数和时间是否适宜；饵料的质量及营养成分是否安全；残饵的清除是否及时和彻底；换水和加水数量和间隔时间是否合理；养殖过程中使用的工具是否消毒等。

4. 注重水产动物的发病历史

对水产动物发病的时间，发病率，有无死亡，死亡的数量，何种病症等进行如实记录；对曾经发生过的水产动物疾病，有无进行进行药物治疗，用药的种类、数量、方法和治疗效果；有无采取其他预防措施，如换水、消毒等；该病过去是否发生过，曾发生的疾病种类、经过等情况。

三、检查方法和程序

实验室常规检查（目检、剖检和镜检），是诊断疾病最重要的一个步骤。多数的疾病，在做剖检和镜检后才能确诊。

1. 目检

所谓目检，就是用肉眼对患病个体的体表直接进行观察。

（1）观察水产动物体色是否正常，是否发红、充血、出血，是否有红点（斑）、白点（斑）、黑点（斑）；体表、附肢有无异常，是否掉鳞、腐烂、溃疡，鳍（附肢）是否完整，有无突起、囊肿、包囊；眼睛是否正常，有无混浊、瞎眼；口腔内有无溃疡或异常；鳃是否正常，有无褪色、腐烂、囊肿和包囊等。

（2）检查体表、鳍（附肢）、鳃、口腔上有无大型病原体，如线虫、本尼登虫、双阴道虫、锚头鳋和等足类等。

2. 剖检

目检完毕后，进行剖检。剖检，就是将患病个体进行解剖，用肉眼对器官、组织进行观察。将患病的鱼、虾个体用解剖剪剪去鳃盖（甲壳），露出鳃丝，在目检的基础上，进一步观察鳃丝的颜色，黏液是否增加，鳃丝末端有无肿大和腐烂。查完鳃后，再将患病个体进行解剖，检查内部器官。首先，观察是个否有腹水和肉眼可见的寄生虫及其包囊；再依次察看各内部器官组织的颜色和病理变化，有无炎症、充血、出血、肿胀、溃疡、萎缩退化、肥大增生等病理变化。对于肠道，应先将肠道中食物和粪便去掉，然后进行观察。

若肠道中存在较大的寄生虫（如吸虫、线虫和绦虫），则很容易看到；若是细菌性肠炎，则会表现出肠壁充血、发炎；若是球虫病和黏孢子虫病，则肠壁上一般有成片或稀散的白点。

3. 镜检

就是借助解剖镜或显微镜，对肉眼看不见的病原生物进行检查和观察，如细菌、真菌和原生动物等。镜检时，取样要代表性，供镜检的病料能代表一个养殖水体中患病的群体。镜检应按先体外、后体内（体表、鳃、血液或血淋巴、消化道、肝或肝胰脏、脾、肾、心脏、肌肉、性腺）的顺序，取下各器官、组织，置于不同的器皿内。从患病个体病变处中刮取黏液或取部分组织，制成水浸片后用光学显微镜检查。对可疑的病变组织或难以辨认的病原体，要用相应的固定液或保存液固定或保存，以供进一步观察和鉴定。

4. 病原分离

对细菌和真菌性病原，首先选取具有典型症状的病体或病灶组织，体表或鳃经灭菌水洗涤后，体内器官或组织经 70% 的酒精药棉消毒后，接种于培养基上。在适宜的温度下培养 24 ~ 48h，选取形状、色泽一致的优势菌落，重复划线分离培养基以获纯培养，供进一步病原鉴定。对于病毒性疾病，首先选取具有典型症状的病体或病灶组织，按病毒分离技术步骤，接种敏感细胞，进行病毒分离培养和进一步的鉴定。

5. 其他检查方法

如果患病的动物呈现细菌性或病毒性疾病的症状，并且在检查时没有发现任何致病的寄生虫或其他可疑病因时，可作出初步诊断。对有些病毒性和细菌性疾病，可用免疫和核酸诊断的方法作出较迅速的诊断，如试剂盒检测、血清中和试验、荧光抗体、酶标抗体、PCR 和核酸探针等方法。

四、综合分析和诊断

只有诊断正确，才能对症下药。正确的诊断，来自宿主、病原（因）和环境条件三方面的综合分析。如果在生病动物身上同时存在几种病原时，就应按其数量的多少和危害性的大小，确定其主要病原。如车轮虫，往往在许多种鱼类的鳃上和皮肤上与其他病原生物同时存在，数量多时可以致病，但数量少时危害性就不明显。不过，有时也会发现同时由两种以上的病原引起的并发症。对于患病动物的环境条件，应实地观察养殖池塘的，面积、结构、进排水系统、土质、水质及其变化等。还要了解养殖水体中生物的优势种类和数量，饲料的质量，投饵的方法和数量，及日常饲养管理中的操作情况等，所有这些情况对于正确地诊断、制定合理的预防措施及提出有效的治疗方法，都有非常重要的帮助。

五、流行病学检查

水产动物的诊断包括水产动物临床诊断、病理诊断及流行病调查三个方面。虽然三个方面使用的方法不同，但都能解决诊断问题。流行病学调查主要在养殖现场进行，针对的是发病群体和整个养殖环境。主要调查内容包括：

1. 群体中疾病发生的形式和度量

疾病发生的形式，就是疾病在养殖群体中的流行强度。描述疾病流行形式的术语有以下四种：

（1）地方流行：有两方面的含义，一是说明某地区养殖动物群体中的某病，以通常的、相对稳定的频率发生；二是表示该地区动物群体中该病的发生在动物群体间、时间及空间分布上有一定的规律性。因此，地方流行是一种相对稳定状态。

（2）流行：一种传染病或非传染病发生到超过预料的异常水平。流行语病例的绝对数无关，仅表示出乎意料的高频率，表示相对量。爆发是指在短时间内，一个养殖场或某一地区某病的病例数出乎意料的突然升高，它是一种特殊类型的流行。

（3）大流行：散步范围广、群体中受害动物比例大的流行，可涉及几个国家或几个大洲。

（4）散发流行：无规律或偶然发生某病，通常局限于部分地区，可以指该地区正常情况下不存在的疾病，或偶尔出现的单个病例或一组病例。

疾病发生的度量，在描述疾病时一般计算疾病在不同时间、不同地区和不同群体中的视频，常用比、比例和率来表示。常用的有：

①发病率：表示一定时期内，某动物群体中发生某病新病例的频率；

②死亡率：某动物群体在一定时间内，死亡动物总数与该群体同期动物平均数之比；

③病死率：为一定时期内，患某病的动物中因该病而死亡的频率；

④患病率：为某个时间内，某病的病例数与同期群体的平均数之比；

⑤感染率：某些传染病感染后不一定发病，但可以通过微生物学、血清学及其他免疫学方法测定是否感染。检出阳性动物数与受检动物数之比。

2. 疾病在养殖动物种群中的分布

疾病的种群分布，是指对不同年龄、性别、种和品种等特征的种群，进行发病率、患病率和死亡率水平的描述和比较，这有助于了解影响疾病分布的因素，探索病因，并为防治工作提供依据。

3. 疾病的时间分布

疾病的发生频率随时间的推移而不断变化，流行形式由散发而流行，甚至消失。描述疾病的时间分布和变化，有助于判断传染病疫情的发展动态，探索不明疾病的原因。

4. 疾病的地区分布

疾病的分布往往具有明显的地区性，有些疾病可以遍布全球，有些疾病只分布在一定地区，即使是同一种疾病，在不同地区不同养殖场的发病率往往也不一致。

影响地区分布的因素十分复杂，自然地理因素，包括气候、土壤和植被状况、地形地貌等，媒介生物，中间寄主，贮存寄主和终寄主的分布，饲养管理水平和公共卫生状况等，都能影响疾病的地区分布。如养殖池塘中的水蛭的存在，导致锥体虫病的传播；螺及水鸟的存在，使鱼患上复吸虫病。

5. 感染的传播和维持

传染病的发生，是宿主被病原体侵入的结果。传染性病原体的持续存活能否引起疾病，取决于它们能否成功地传递到易感宿主，能否在其中引起感染并复制病原体，以维持感染循环。感染的传染可分为水平传播、垂直传播两种，水平传播是从动物群体的一部分传播给另一部分，垂直传播是指母体将感染传染给下一代。

不同的传染性病原体进入或离开一个宿主都有一定的部位，这就决定了传播途径，有经口传播、呼吸道传播（鳃）、皮肤和黏膜传播、媒介生物传播及长距离传播等途径，后者是指通过感染动物、媒介和污染物的迁移，感染可以传播到很远的距离。如空运时间很短，有些疾病处在潜伏期，到达目的地时还未出现症状，检疫时不被发觉，因此很容易跨出国界。

感染的维持则依靠病原体对宿主内、外不利环境的抵抗，如形式荚膜等，感染维持的方法很多种，如形成包囊、病原体产生抵抗型（芽孢）、传播过程中在宿主体内"快进快出"、病原体在宿主体内持续存在等。

6. 环境因素

水平动物受环境影响很大，疾病的发生、发展和流行均与养殖环境有关。调查内容包括水化学因子，如水温、光照、溶解氧、酸碱度、盐度、耗氧量、氨氮、硝酸根离子等其他水质和底质情况；水域中的生物因子，包括生物种类、种群密度、饵料生物和底栖生物等，探索与疾病发生的关系和规律。

通过流行病学调查，可以探索什么病（反应动物群体疾病的性质和频率），哪些个体发病，什么地方发生疾病，由什么引起（与发病率和方式直接或间接有关的决定因素），为什么会发病，如何控制和预防等重要信息和规律。

第二节　水产动物病毒性疾病的诊断

一、病料的采集与准备

病料采集适当与否，直接影响病毒的检测结果，一般可采集濒死或者出现临床症状的水生动物的组织病料，采集因动物及病毒的种类而异。组织采集后装在无菌玻璃瓶中，在实验室提取病毒之前 4℃贮存或一直放在冰上。最好在鱼样本采集之后 24h 内进行病毒的提取，如果温度保持 0 ~ 4℃在 48h 以内也可以。把临床样本冷冻贮存在 -80 ~ 20℃，可以保存更长时间，但要避免样品的反复冻融。

也可以把器官样本放进盛有细胞培养液或 Hangks 平衡缓冲液（HBSS）的玻璃瓶中运至实验室（1 份体积的器官至少 5 份体积的运输液），并在其中添加可抑制细菌生长的抗生素。适宜的抗生素浓度为: 庆大霉素(1000ug/mg)或青霉素(800U/mL)和链霉素(800ug/mL)。运输培养基中也会混合终浓度为 400U/mL 的抗真菌药物，如制霉菌素或两性霉素 B，如果运输时间超过 12h，为了稳定病毒，也会添加血清或白蛋白（5% ~ 10%）。

二、病毒的分离鉴定

1. 病毒的分离与培养

细胞培养是用于病毒分离与培养最常用的方法，不同病毒有不同的敏感细胞系。但对于虾蟹和贝类病毒而言，目前还没有被正式确认的细胞系。因此，虾蟹类和贝类病毒的增养殖培养，是用已知的易感宿主进行病毒的体内扩增。常用的鱼类细胞系，主要有草鱼肾细胞系（CIK）、草鱼卵巢细胞系（CO）、虹鳟性腺细胞系（RTG ~ 2）、鲤上皮瘤细胞系（EPC）、斑点叉尾鮰卵巢细胞系（CCO）、鲤白细胞系（CLC）、虹鳟肝细胞系（RI）等。

（1）病毒的提取：操作应在 15℃以下进行，0 ~ 10℃较好。首先，从组织样品中去除含抗生素的培养液中；然后，用研钵、研杆或电搅拌器将样品匀浆成糊状；再按 110 的最终稀释度重悬于培养液，组织匀浆液于 2/ml5℃下在冷冻离心机中 2000 ~ 4000g，离心 15min，收集上清液，加入抗生素，如庆大霉素 1mg/mL，15℃放置 4h 或 4℃过夜。如果样品在运输途中是放在运输培养基中（已经添加了抗生素），上清液中添加抗生素这一步就可省去，抗生素处理之后，没有必要再用膜滤器过滤。

（2）细胞的接种：接种用的细胞必须是在 24h 之内培养的单层细胞。抗生素处理过的组织悬液接种到培养的细胞中，至少要有两个稀释度，即初级稀释和 1：10 的稀释，使细胞培养基中组织材料的最终稀释度为 1：100 和 1：1000（为了防止同源干扰）。接种量和培养基的容量比例约为 1：10。对于每个稀释度和每个细胞系，必须使用至少 2cm^2 的面积，相当于 24 孔板的细胞培养板的 1 个孔。建议使用细胞培养板，但其他类似的器皿或者有更大生长面积的也可用。组织悬液接种到细胞后，培养要在 40 ~ 150 倍的显微镜下定期观察是否出现细胞病变效应（CPE），至少每周 3 次，如果观察到明显的 CPE，可进一步进行病毒的鉴定。

2. 病毒的鉴定

（1）病毒形态学鉴定：可通过电子显微镜，观察病毒的形态和大小。

（2）病毒的血清学鉴定：病毒分离后，可用已知的抗病毒血清或单克隆抗体，对病毒株进行血清学鉴定，以确定病毒的种类、血清型及其亚型。常用的血清学试验，有血清中和试验、酶联免疫吸附试验和免疫荧光抗体技术等，此外，可采用一些血清学技术，如免疫沉淀技术和免疫转印技术，分析病毒的结构蛋白成分。

（3）分子生物学鉴定：可采用 PCR 技术扩增病毒的特定基因，进一步对扩增产物进行克隆和序列分析，以及对病毒进行全基因组序列测定分析。可获得分离毒株的基因组信息，依据基因组序列绘制遗传进化树，分析比较分离毒株的遗传变异情况，确定分离毒株的基因型，也可采用核酸杂交技术，鉴定分离的病毒。

三、病毒感染单位的测定

测定样本中病毒浓度，即病毒滴度，是病毒学中最重要的技术之一。病毒滴度可以通过用系列稀释的病毒接种细胞，检测病毒增殖的情况而确定，常用于病毒滴度测定的技术，有空斑试验、终点稀释法、荧光 - 斑点试验和转化试验等，最常用的是前两者。

1. 空斑试验

检测的是具有感染力的病毒粒子数量，是一种可靠的病毒滴度测定方法，也是病毒滴度检测的金标准。根据样本的稀释度和空斑数，计算每毫升含有的空斑形成单位（PFU），即可确定病毒的滴度。空斑试验是纯化和滴定病毒的一个重要手段，只是并非所有病毒或毒株都能形成空斑。

2. 终点稀释法

可用于测定几乎所有种类的病毒滴度，包括某些不能形成空斑的病毒，并可用以确定病毒对动物的毒力或毒价。将病毒作系列稀释，选择 4 ~ 6 个稀释度，接种一定数量的细胞或动物，每个稀释度作 3 ~ 6 个重复。使用细胞培养，可通过 CPE 来判定 $TCID_{50}$；在动物上，是以死亡或发病来测定。以感染发病作为指标时，可计算半数感染量（ID_{50}）。

四、病毒感染的血清学诊断

1. 抗原 - 抗体反应的一般规律和特点

（1）高度的特异性：抗原与抗体反应具有高度的特异性，即抗体的可变区只能与相应抗原决定簇进行互补结合，而不能与其他抗原决定簇结合。如果两种抗原有一种或一些抗原决定簇相同或相似，则能与另一种抗原决定簇结合，发生交叉反应。

（2）可逆性结合：抗原与抗体以非共价键的形式结合形成抗原与抗体复合物，抗原与抗体的结合是可逆的，即抗原与抗体复合物在一定的条件下可发生解离，解离后的抗原和抗体仍保持原有性质。抗原与抗体结合的强度，主要取决于抗原决定簇与抗体可变区的空间构象的互补程度。

（3）抗原与抗御体结合的比例：抗原与抗体的结合需要适当的比例，才可出现肉眼可见的反应。如果抗原原过多或抗原过多时，则抗原与抗原的结合不能形成肉眼可见的复合物，且抑制可见反应的出现，此称为带现象。

（4）可见反应的两个阶段：第一阶段是抗原与抗体特异性结合阶段，反应快，在数秒钟至几分钟内完成，不出现肉眼可见的反应，第二阶段是反应可见阶段，反应时间长短不一，从数分钟、数小时到数日不等，出现凝集、沉淀和细胞溶解等现象。

2. 抗原 - 抗体反应的影响因素

（1）电解质：抗原与抗体分子具有相对性的极性基团，在中性或弱碱性条件下都有较高的亲水性。抗原与抗体反应一般用生理盐水（0.85%NaCl）作稀释液。

（2）在一定温度范围内，温度越高，抗原与抗体分子或抗原 - 抗体复合物间运动加快，分子间的碰撞机会越多，因而反应速度加快。一般认为，温血脊椎动物的抗原与抗体的最适反应温度为37℃；而水生动物抗原与抗体反应的适温范围为28 ~ 30℃。

（3）酸碱度：抗原与抗体反应的常用pH6 ~ 8，过高或过低的pH，可使抗原 - 抗体复合物重新解离。

3. 病毒中和试验

根据抗体能否中和病毒的感染性而建立的免疫学试验，称为中和试验。中和试验的特异性强，敏感性高，是病毒学研究中十分重要的手段。凡能与病毒结合、使其失去感染力的抗体称为中和抗体。病毒可刺激机体产生中和抗体，中和抗体与病毒结合后，使病毒失去吸附细胞的能力，从而丧失感染力。病毒与其特异性的中和抗体相遇之后发生的作用，类似于化学中的相应酸碱度相遇之后发生的中和反应，所以称这种作用为中和作用。这种中和作用不仅具有严格的种、型特异性，而且还表现出量的特性，即一定量的病毒必须有相应数量的中和抗体才能被完全中和。中和实验是以病毒对宿主或细胞的毒力为基础的，因此，首先需要根据病毒特性选择合适的细胞培养物或试验动物，然后测定病毒毒价；再比较用被检血清和正常血清中和后的毒价；最后，根据产生的保护效果差异，判断被检血清中的抗体中和病毒的能力——中和效价。

4. 免疫荧光抗体技术

用荧光素对抗体进行标记，然后用荧光显微镜观察荧光，以分析示踪相应抗原的方法，是将抗原与抗体反应的特异性、荧光检测的高敏感性以及显微镜技术的精确性三者相结合的一种免疫检测技术，可分为直接法和间接法。可用于标记的荧光素，有异硫氰酸荧光素（FITC）、四乙基罗丹明（RB200）和四甲基异硫氰酸罗丹明（TMRITC），其中，应用最广的是FITC，罗丹明只是作为前者的补充，用作对比染色时标记。抗体经过荧光素标记后，并不影响其结合抗原的能力和特异性，因此，当荧光抗体与相应的抗原结合时，就形成带有荧光性的抗原 - 抗体复合物，从而可在荧光显微镜下检出抗原的存在。

用免疫荧光抗体技术直接检出患病动物病变组织中的病毒，已成为病毒感染快速诊断的重要手段。如感染对虾白斑综合征病毒的病虾，取其鳃丝做成冰冻切片，用直接或间接免疫荧光染色可检出病毒抗原，一般可在2h内作出诊断报告。

5. 酶联免疫吸附试验（ELISA）

ELISA是应用最广、发展最快的一项诊断技术。其原理是让抗原（病毒）结合到某种固相载体表面并保持其免活性，再使抗体与某种酶联结成酶标抗体，这种酶标抗体既保留了免疫活性，也保留了酶的活性。测定时，酶标抗体与固相载体表面的抗原反应，由于不同标本免疫反应不同，故经清洗后，在固相载体表面留下了不同数量的酶，加入反应底物，底物被酶催化成有色底物，产物的量与标本中受检抗原方法、即直接法、间接法、双抗体夹心法和竞争法。常用的标记酶有辣根过氧化物酶（HRP）和碱性磷酸酶（AP）。

6. 免疫转印技术

基于抗体与固定在滤膜上病毒蛋白质的相互作用，病毒蛋白质经聚丙烯酰胺凝胶电泳，然后转印到对蛋白质有很强亲和性的滤膜（如硝酸纤维滤膜）上。经免疫染色（免疫酶染色），检测结合在膜上的蛋白质。由于结合到膜上的蛋白质是变形的，因此，识别非线性抗原表位的抗体不适合用于检测。该方法用于病毒蛋白质的分析，其主要优点在于不需要进行病毒蛋白质的标记，因此，适用于组织、器官或培养细胞中病毒蛋白质的检测。

五、病毒感染的分子诊断

1. 黏酶链式反应（PCR）及序列分析

PCR 是一种广泛用于检测病毒核酸和病毒感染诊断的分子生物学技术。利用寡核酸引物和 DNA 聚合酶，以提取的 DNA 样本为模板，经变形、退火和延伸等基本步骤，经多次循环，最后获得所扩增的目的基因片段，经凝胶电泳可检测目的片段的大小。扩增的片段克隆后或直接进行 DNA 测序，结果与已知病毒序列比对，即可得出结论。PCR 用于 DNA 病毒的检测，如果是 RNA 病毒，则需在扩增之前进行反转录，即提取病毒 RNA，加入反转录酶合成 cDNA 后，再进行 PCR 扩增，称为 RT-PCR。为确保 PCR 反应的特异性扩增，可采用套式 PCR 或套式 TR-PCR。为了提高检测的敏感性，荧光定量 PCR 技术也逐渐用于病毒的检测和病毒的诊断。

2. 杂交

包括 DNA 杂交和 RNA 杂交。DNA 杂交，即 Southern 杂交，用于检测并 DNA。DNA 样本经限制性内切酶消化、凝胶电泳、变性，转移到滤膜上，然后用标记的病毒核酸序列探针检测结合到膜上的 DNA。一种改良的方法，称为斑点杂交，可用于样本中病毒核酸的快速检测。RNA 杂交，即 Northern 杂交，用于病毒 RNA 的检测，其基本过程与 DNA 杂交相似。核酸杂交技术可用于细胞、组织中病毒基因组或转录本的定位检测，即为原位杂交。

3. DNA 芯片

DNA 芯片技术是一类新型的分子生物学技术。该技术是将病毒 DNA 片段有序地固定于支持物（如玻片、硅片）的表面，组成密集二维分子排列，然后与已知标记的待测样本中靶分子杂交，通过特定的仪器如激光共聚焦扫描或电荷耦合摄影相机，对杂交信号的强度进行快速、并行和高效地检测分析，从而可检测样品中靶分子的数量。该技术可用于大批量样本的检测和不同病毒病的鉴别诊断。

第三节　水产动物细菌性疾病的诊断

细菌性疾病的诊断，除个别有典型临诊症状的疾病不需细菌学诊断外，一般均需采集相应部位的样本，进行细菌学诊断，以明确病因。从样本中分离到细菌，并不一定意味该菌为疾病的病原，还需要根据患病动物的临诊表现特征、采集标本的部位、获得的细菌种类及细菌的相对数量进行综合分析。分离到的细菌常需做药物敏感试验，以便用适当的药物进行治疗，由于细菌及其代谢产物具有抗原性，因此，细菌性感染还可通过检测抗体进行诊断。此外，对细菌特异性 DNA 片段进行检测，亦可作为细菌感染诊断的方法，即分子诊断。

一、病料的采集与准备

样本的采集是细菌学诊断的第一步，直接关系到检验结果的正确性或可靠性。因此，采集样本应做到：①严格无菌操作，尽量避免标本被杂菌感染；②采集处于不同发病时期的样本和健康对照样本；③样本必须新鲜，尽快送检；④盛装样本的容器中必须加原糖水；⑤对疑似烈性传染性或人兽共患病标本，严格按相应的生物安全规定包装、冷藏、专人递送；⑥样本应做好标记，并在相应检验单中详细填写检验的目的、样本种类和临诊诊断初步结果。

二、细菌的分离鉴定

1. 细菌形态与结构检查

凡在形态和染色性上具有特征的致病菌，样本直接图片染色（如革兰染色法、抗酸染色法等）后，显微镜观察可以进行初步诊断。如病鱼脑中查见革兰染色阳性的链状球菌，可初步诊断为链球菌。直接涂片法还可结合免疫荧光技术，将特异性荧光抗体与相应的细菌结合，在荧光显微镜下见有发荧光的菌体，亦可作出快速诊断。很多细菌仅凭形态学不能作出确切诊断，需经细菌的分离培养，并进行生化反应和血清学等进一步鉴定，才能明确感染的细菌。

2. 分离培养

原则上应对所有送检样本做分离培养，以便获得单个菌落后进行纯培养，从而对细菌做进一步鉴定。新菌培养时，应选择适宜的培养基、培养时间和温度等，以提供特定细菌生长所需的必要条件。有无菌部位采集的样本买入血液和脑，可直接接种至营养丰富的液体或固体培养基。取自正常菌群部位的样本，应接种至选择性培养基或鉴别培养基。分离培养后，根据菌落的形态、大小、颜色、表面形状、透明度和溶血性等对细菌作出初步识别，同时，取单个菌落再次进行革兰染色镜检观察，再进行生化实验。此外，细菌在液体培养基中的生长状态及在半固体培养基中是否表现出动力等，也是鉴别某些细菌的重要依据。

3. 生化试验

利用各种细菌的生化反应，可对分离到的细菌进行鉴定。对于鉴别一些在形态和培养特性上不能区别而代谢产物不同的细菌尤为重要。目前，多种微量、快速、半自动和全自动的细菌检测系统和仪器已广泛应用于临诊，能较准确地鉴定出临诊上常见的致病菌。但由于目前这些检测仪器中的细菌数据库，主要针对的是人类和哺乳动物的病原菌，对一些水生动物病原菌的信息没有包含进去，因此，有些时候还要参考《伯吉氏细菌鉴定手册》。

4. 药物敏感性实验

在确定病原菌后，临诊上按常规用药又没有明显疗效时，有必要做抗菌药敏感试验。

三、细菌感染的血清学诊断

有些细菌即使进行生化试验也难以鉴别，但可根据其抗原成分（包括菌体抗原、鞭毛抗原）不同，采用血清学方法进行鉴别。利用已知的特异性抗体，检测有无相应的细菌抗原，可以确定菌种或菌型。多种免疫检测技术可用于细菌抗原的检测，如采用已知病原菌的特异性单克隆抗体和抗血清，可对分离的细菌进行属、种和血清型鉴定。常见的免疫检测技术，有凝集反应、免疫标记抗体技术等。有的方法既可直接检测标本中的微量抗原，又可以检测细菌分离培养物。

1. 凝集反应

细菌、红细胞等颗粒抗原，或吸附在红细胞、乳胶颗粒性载体表面的可溶性抗原，与相应抗体结合，在有适当电解质存在下，经过一定时间，形成肉眼可见的凝集团块，称为凝集反应凝集反应可分为直接凝集试验、直接凝集试验。

（1）直接凝集试验

主要有玻片法和试管法两种：

①玻片法：主要用于细菌的鉴定，为定性试验。将含有已知抗体的诊断血清（适当稀释）与待检菌液各滴 1 滴在玻片上混合，数分钟后，如出现颗粒状或絮状凝集，即为阳性反应。此法简便、快速。也可用已知的诊断抗原悬液，检测待检血清中是否存在相应抗体，间接判断动物是否被细菌感染。

②试管法：一种定量试验。用以检测血清中是否存在相应抗体和测定血清的抗体效价（滴度），可作临床诊断或流行病学调查。将待检血清用生理盐水作倍比稀释，然后加入等量抗原，置 37℃水浴观察数小时，视不同凝集程度记录为 ++++（100% 凝集）、+++（75% 凝集）、++（50% 凝集）、+（25% 凝集）和—（不凝集）。

（2）间接凝集试验

常用的载体有绵羊红细胞、聚苯乙烯乳胶颗粒等。抗原多为可溶性蛋白质，如细菌裂解物或浸出液、病毒、寄生虫分泌物、裂解物或浸出液，以及各种蛋白质抗原。应用较多的是间接血凝试验和乳胶凝集试验，即以红细胞或乳胶颗粒为载体，将可溶性抗原或抗体致敏于红细胞或乳胶颗粒表面，用于检测相应抗体或抗原。

2. 免疫标记抗体技术

主要有免疫荧光抗体技术、酶联免疫吸附试验等，具体同病毒性疾病的血清学检测。

四、细菌感染的分子诊断

不同种类细菌的基因序列不同，可通过检测细菌的特异性基因对细菌感染进行诊断。常用的方法主要有 PCR 技术和核酸杂交技术，具体方法同病毒性疾病的诊断。

第四节　水产动物寄生虫性疾病的诊断

病原体检查是寄生虫病最可靠的诊断方法，无论是粪便中虫卵，还是组织内不同阶段的虫体，只要能够发现其一，便可确诊。但应注意，在有些情况下动物体内发现寄生虫，并不一定就能引起寄生虫病。当寄生虫感染数量较少时，多不引起明显的临诊症状；有些条件性致病菌寄生虫，在动物机体免疫功能正常的情况，也不致病。因此，在判断某种疾病是否由寄生虫感染所引起时，除了检查病原体外，还应结合流行病资料、临诊症状和病理解剖变化等综合考虑。

一、体表寄生虫感染的诊断

寄生于水生动物体表和鳃上的寄生虫种类比较多，主要有鞭毛虫、孢子虫、纤毛虫、单殖吸虫、线虫和甲壳类等。对于它们的检查，可采用肉眼观察和显微镜镜检观察相结合的方法。锚头鳋、中华鳋、鱼虱等个体较大，通过肉眼观察即可发现，进行进一步鉴别时，需取虫体在显微镜下根据虫体形态特征进行鉴别。原虫和吸虫类个体较小，常需刮取体表黏液或取其鳃丝进行组织压片后显微镜下观察，根据虫体或虫卵形态特征进行鉴别。

组织压片的方法：滴 1 滴 0.85% 生理盐水，覆上 1 张盖玻片，轻轻搓压玻片使病料散开，置显微镜下检查。如发现寄生虫，计数 1 个视野内寄生虫的数量。

二、体内寄生虫感染的诊断

寄生于水生动物体内的寄生虫种类，主要包括有孢子虫、复殖吸虫、绦虫和棘头虫等。对于它们的检查，也采用肉眼观察和显微镜镜检观察相结合的方法。绦虫、棘头虫等个体较大，剖开鱼腹，取出肠道，通过肉眼观察即可发现；原虫和吸虫类个体较小，常需取动物组织或包囊压片后显微镜下观察，根据虫体或虫卵的形态特征进行鉴别；对于一些在血液内的寄生虫，则需进行血液涂片显微镜或将病鱼的心脏及动脉球取出，放入盛有生理盐水的培养皿中，剪开心脏或动脉，并轻刮内壁，在光线亮的地方用肉眼仔细观察，对于在眼睛内的寄生虫，则需将病鱼眼睛挖出，剪破后取出水晶体放在生理盐水中，刮下水晶体表面一层，用显微镜检查，或在光线亮的地方用肉眼仔细观察。

第三章 水产动物病毒性疾病

第一节 鱼类病毒性疾病

水产动物病毒病，是指水产动物由病毒感染而引起的疾病。病毒是一类体积微小、能通过滤菌器，含一种类型核酸（DNA 或 RNA），只能在活细胞内生长增殖的非细胞形态的微生物。病毒颗粒很小，用以测量病毒大小的单位为纳米（nm），一般须用电子显微镜放大数千数万倍以上才能看到。病毒对水产动物造成的危害很大，不少是口岸检疫对象，由于病毒寄生在寄主的细胞内，目前为止，水产动物病毒病没有较为理想的治疗方法，主要是进行预防为主。

一、草鱼出血病

草鱼出血病（Grass carp hemorrhagic disease）是一种严重危害草鱼和青鱼的一种病毒传染病。临床以红鳍、红鳃盖、红肠子和红肌肉等其中一种或多种症状为特征，对草鱼和青鱼的鱼种产生和养殖可造成重大损失。2008 年农业部公告第 1125 号将其列为二类动物疾病。

【病原】

草鱼呼肠孤病毒（Grass carp reovirus，GCRV），又称草鱼出血病病毒（Grass carp hemorrhage virus，GCHV）。病毒颗粒呈 20 面体的球形，直径 70 ~ 80nm，具双层衣壳，无囊膜。病毒粒子可在 GCO、GCK、CIK、ZC-7901、PSF 及 GCF 等草鱼细胞株内增殖，并出现细胞病变。

【流行特点】

草鱼出血病是一种流行地区广泛、流行季节长、发病率高、死亡率高和危害性大的病毒性传染病。该病在 1972 年在我国湖北溉口首次发现，1978 年证实由病毒引起，该病主要流行于湖北、湖南、广东、广西、江西、福建、江苏、浙江、四川和重庆等我国长江中下游以南广大地区，夏季北方部分地区也有流行。主要危害草鱼鱼种及 1 足龄的青鱼，该病毒还可感染鲢、鳙、鲫、鲤、麦穗鱼等淡水鱼类。主要流行季节在 6 ~ 9 月，8 月为流行高峰。一般发病水温在 20 ~ 32℃，最适流行水温为 25 ~ 30℃。但当水质恶化，水中溶解氧低，透明度低，水中总氮、有机氮、亚硝酸态氮和有机物耗氧量高，水温变化大，鱼体抵抗力低下，病毒的数量及毒力较强时，在水温 15℃及以下和 34℃也有发现。

对草鱼出血病的流行病学调查表明，该病的主要传播途径是水平传播（通过水或外寄生虫），传染源是已经感染的或带病毒的草鱼、青鱼及麦穗鱼等，也可通过卵进行垂直传播，从感染到发病死亡，一般为 3 ~ 10d。病程分为潜伏期、前驱期和发病期三个阶段。

（1）潜伏期：从病毒侵入鱼体到出现症状以前的一段时间叫潜伏期。草鱼出血病的潜伏期 3 ~ 10d，在此期间，鱼的外表无任何症状，活动与摄食均正常。潜伏期的长短与水温、鱼体的抵抗力、病毒的毒力和侵入鱼体的数量以及水环境等有密切关系。如水温高（在该病流行温度范围内）、病毒毒力强、侵入鱼体病毒数量多、鱼体抵抗力较低、水环境差等，其潜伏期就短；反之，则潜伏期就长。

（2）前驱期：期限短，该时期的特征为病鱼已开始出现病症，但不够明显，草鱼出血病的前驱期一般为 1 ~ 2d，此时，病鱼的体色开始发暗变黑，离群独游，摄食减少或停止。

（3）发病期：出现这种病的典型症状，病鱼在功能、代谢或形态上有了明显改变，是发病的高潮期，此期，病鱼表面出现充血、出血等典型症状而死。

【症状及病理变化】

草鱼出血病的临床症状较为复杂，可在体内外出现一系列症状，根据病鱼所表现的临床症状及病变，一般分为三种类型：

"红肌肉"型：主要症状为肌肉明显出血，全身肌肉呈鲜红色，与此同时鳃瓣因严重失血而苍白，呈"白鳃"，而外表无明显的病变，多见于 5 ~ 10cm 的小草鱼种。

"红鳍红鳃盖"型：主要症状为体表出血，鳍条基部、鳃盖、头顶、口腔、下颌以及眼眶四周明显充血和出血，多见于 10cm 以上的大草鱼种。

"肠炎"型：主要症状为肠道严重充血、出血，肠道全部或局部呈鲜红色，内脏点状出血，体表亦可见到出血点，在各种规格的草鱼种中均可见到。

这三种类型在临床上可能单独出现，也可能相互混杂出现。

【诊断方法】

（1）根据临诊症状及病理变化、流行情况进行初步诊断，但其肠炎型要注意与细菌性肠炎病的区别。草鱼出血病的肠炎型：肠壁弹性较好，肠腔内黏液较少；细菌性肠炎：肠壁弹性较差，肠腔内黏液较多，严重时肠腔内有大量渗出液和坏死脱落的上皮细胞，红细胞较少。

（2）确诊需采用酶联免疫吸附试验、葡萄球菌 A 蛋白协同凝集试验及 PCR 等。

【防治方法】

（1）注射草鱼出血病灭活疫苗或草鱼出血病活（减毒）疫苗；

（2）对草鱼苗种场，良种场实施防疫条件审核、苗种生产许可管理制度；

（3）加强水源消毒，对繁殖用的鱼卵和亲鱼、引进的鱼苗及相应设施等进行严格消毒；

（4）彻底清塘，鱼种下塘前，用聚乙烯氮戊环酮碘剂（PVP-I）60mg/L 药浴 25min 左右；

（5）养殖期内，每半月全池泼洒二氯异氰尿酸钠或三氯异氰尿酸 0.3 ~ 0.5mg/L，或二氧化氯 0.1 ~ 0.2mg/L；

（6）流行季节，每月每 100kg 鱼每天投喂大黄、黄芩、黄柏、板蓝根（单用或合用均可）0.5kg，拌饲投喂，连喂 7d，有一定的预防作用；

（7）免疫预防：当年鱼种在 6 月中、下旬，规格达到 6cm 左右，即可进行灭活疫苗腹腔注射 0.2mL ~ 0.3mL 有较好的预防作用。

图 3-1 患病草鱼鳃盖、胸鳍出血

图 3-2 患病草鱼肠道明显出血

二、鲤鱼痘疮病

【病原】

鲤疱疹病毒（Herpesvirus cyprini），属疱疹病毒目，水生疱疹病毒科，鲤疱疹病毒属。病毒颗粒近似球形，直径 140 ~ 160nm，核芯直径为 80 ~ 100nm，为有囊膜的 DNA 病毒。对乙醚、pH 值及热不稳定，在 FHM、MCT 及 EPC 等细胞系上均能生长，并出现细胞病变。

【流行情况】

鲤鱼痘疮病（Pox of carp）流行于欧洲，鲤对这种病特别敏感。目前，在我国上海、湖北、云南、四川等地均有发生，主要危害鲤鱼、鲫鱼及圆腹雅罗鱼等。流行于冬季及早春，该病通过接触传染，也可能通过单殖吸虫、蛭和鲺等传染，以前认为该病危害不大，但近年来有引起大量死亡的报道。

【症状及病理变化】

早期病鱼体表出现乳白色小斑点，并覆盖一层很薄的白色黏液，随着病情的发展，白色斑点的大小和数目逐渐增加、扩大和变厚，其形状及大小各异，直径可从 1cm 左右增大到数厘米或更大些，厚 1 ~ 5mm，严重时可融合成一片。增生物表面初期光滑后变粗糙，并呈玻璃样或蜡样，质地柔软变成软骨状，较坚硬，颜色为浅乳白色、奶油色，被称为"石蜡样增生物"。这种增生物既可自然脱落，又能在原患部再次出现新的增生物。病鱼常有脊柱畸形，软骨化，生长性能下降，表现为消瘦，游动迟缓，甚至死亡。

【诊断方法】

（1）根据"石蜡样增生物"等症状及流行情况作出初步诊断。

（2）病理组织学检查，可见增生物为上皮细胞及结缔组织组织异常增生，一些上皮细胞核内出现包涵体，可进一步诊断。

（3）最后确诊须进行电子显微镜观察，见到疱疹病毒或分离培养到疱疹病毒。

【防治方法】

（1）加强综合预防措施，严格执行检疫制度；

（2）流行地区改养对该病不敏感的鱼类；

（3）升高水温及适当稀养，有较好预防效果；

（4）将病鱼放入含氧量高的清洁水（流动水更好），体表增生物会自行脱落；

（5）排出原池水 3/5，使用生石灰全池泼洒，调 pH9.4 ~ 10 后加入新水；

（6）每立方水体每日使用 10% 聚维酮碘溶液 0.45 ~ 0.75mL，全池泼洒；

（7）每千克饲料添加板蓝根 3.2 ~ 4.8g，或七味板蓝根 8 ~ 16g，每日投喂 2 次，连续投喂 7d 即可。

图 3-3 患病鲤鱼尾鳍、背鳍上出现石蜡样增生物

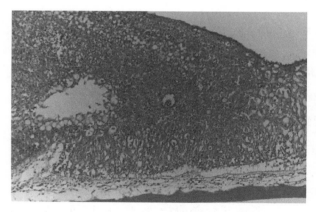

图 3-4 石蜡样增生物为上皮细胞增生，且一些细胞内出现包涵体 H.E×200（仿汪开毓）

三、鲤春病毒血症（Spring viremia of carp）

鲤春病毒血症（Spring viremia of carp，SVCV），又称为鲤鳔炎症、急性传染性腹水和鲤传染性腹水病等，是由鲤春病毒血症病毒引起鲤科鱼类的一种急性、出血性传染病。该病主要在欧洲的鲤养殖中广泛传播，2008 年农业部公告第 1125 号将其列为一类动物疫

病，世界动物卫生组织将其列为必须申报的疾病。

【病原】

鲤弹状病毒（Rhabdovirus carpio），亦称为鲤春病毒血症病毒。病毒颗粒呈棒状或子弹状，大小为（90～180nm）×（60～90nm），有囊膜。病毒能在鲤鱼性腺、鳔初代细胞、BB、BF-2、EPC、FHM、RTG～2 等鱼类细胞株上增殖，并出现细胞病变；同时也能在猪肾、牛胚、鸡胚及爬行动物细胞株上增殖。

【流行情况】

鲤春病毒血症（SVC）最早流行于东欧和中欧，后扩散蔓延到欧洲大部分地区，严重危害欧洲水产养殖业。目前，在意大利、以色列、波兰、英国、德国、俄罗斯以及奥地利等 30 多个国家发病和流行，随着鱼类贸易与引种，该病已传播到美洲等和我国。该病主要流行于水温 12～18℃的春季，并于水温 15～17℃时最为流行，死亡率可达 80%～90%。主要危害鲤鱼，但也可感染草鱼、鲢鱼、鳙鱼、黑鲫、鲫鱼和欧鲇等。鱼年龄越小越敏感，成年鲤鱼可发生病毒血症，表现出一定的症状，但通常不发生死亡或者死亡率很低。传染源为病鱼、死鱼和病毒携带鱼，感染途径主要以水体为媒介，病毒可能是通过鳃和肠两途径感染鱼体，并能在被感染的鲤鱼血液中保持 11 周。精液和鱼卵中也会带有病毒，也可能存在垂直传播。

【症状及病理变化】

感染该病毒的鱼类，常聚集在池塘的进水口附近，呼吸缓慢，行动迟缓，食欲下降，往往失去平衡而侧游，聚集于出水口。病鱼体色发黑，腹部膨胀，鳃丝苍白，眼球突出，肛门红肿，体表充血、出血，腹部膨大，有大量带血的腹水。由于该病毒在体内增殖，尤其是在毛细血管内皮细胞、造血组织和肾细胞内增殖，从而破坏了体内水盐平衡和正常的血液循环，因此病鱼表现为肝、肾、脾、心、鳔、肌肉和造血组织等多组织器官的水肿、出血、变性、坏死及炎症等病变，从而导致感染鱼死亡。

【诊断方法】

鲤春病毒血症的诊断，可根据发病水温、病鱼外表特征与临床症状作出初步判断。疫病的确诊参照《鱼类检疫方法 第五部分：鲤春病毒血症（SVCV）》（GB/T 15805.5—2008）。

（1）根据流行情况、病鱼症状及病理变化和发病季节、水温等作出初步诊断。

（2）根据 GB/T 18088—2000 的规定进行采样，用 FHM 和 EPC 细胞株分离培养，在 20～22℃培养条件下观察细胞病变效应（CPE）。

（3）确诊可用中和试验、间接荧光抗体试验和酶联免疫吸附试验（ELISA）。

【防治方法】

目前尚无有效的治疗方法，主要进行预防。

（1）对苗种场、良种场实施防疫条件审核、苗种生产许可管理制度；

（2）严格检疫，杜绝该病毒源的传入。

（3）培育或引进抗病品种，切断传染源以及加强饲养管理；

（4）用碘伏、季铵盐类和含氯消毒剂彻底消毒可预防此病发生。

（5）将水温提高到22℃以上可控制此病发生。

（6）用灭活疫苗或弱毒疫苗免疫预防。

图 3-5 患病鲤鱼腹部膨大，体表充血、出血　　　图 3-6 患病鲤鱼双侧眼球突出

四、斑点叉尾鮰病毒病

斑点叉尾鮰病毒病（Channel catfish virus disease，CCVD）是斑点叉尾鮰的一种急性传染病，以肾小管和肾间组织的广泛坏死为主要特征，2008年农业部公告1125号将其列为二类动物疾病。

【病原】

斑点叉尾鮰病毒（Channel catfish virus，CCV），病毒颗粒呈二十面体，直径175 ~ 200nm。CCV仅能在BB、GIB、CCO和KIK等细胞株上生长。

【流行情况】

斑点叉尾鮰病毒（CCVD）病最早于1968年在美国发生，当时主要在北美流行，现在成为危害世界各国斑点叉尾鮰养殖的最主要的传染病之一。CCV对宿主有很强的选择性，目前自然发病危害的主要是斑点叉尾鮰的鱼苗和鱼种，主要为小于1龄，体长小于15cm的苗种，CCVD爆发流行与水温、养殖方式有密切的关系，其流行水温为20 ~ 30℃，在此温度范围内，水温度越高，发病速度越快，发病率和死亡率越高。当水温在25 ~ 30℃范围，死亡率达到90%以上，水温低于15℃，几乎不会发病。CCV可通过水平和垂直两种方式传播，垂直传播为CCV传播普遍的传播方式；水平传播可直接传播也可通过媒介传播，其中水为主要的非物质传播媒介，其他生物或污染物也可传播CCV；带毒病鱼可能通过尿排毒，然后CCV通过皮肤、嗅觉器官、肠道或鳃感染健康鱼。

【症状及病理变化】

病鱼食欲下降，离群独游，反应迟钝，部分病鱼有尾向下，头向上，悬浮于水中，出现间隙性的旋转游动的症状。病鱼鳍条基部、腹部和尾柄基部充血、出血，腹部膨大，眼球单侧或双侧性外突，肛门红肿外突，表皮发黑，鳃苍白，有些出血。剖解见腹腔内有大量淡黄色或淡红色腹水，胃肠道空虚，没有食物，其内充满淡黄色的黏液；心、肝、肾、脾和腹膜等内脏器官出血。肾间造血组织及肾单位弥漫性坏死，同时伴有出血和水肿；肝灶性坏死，偶尔在肝细胞内可见嗜酸性胞浆包涵体；胃肠道粘膜层上皮细胞变性、坏死。病毒感染后，鱼体病毒含量最高的器官是肾和脾。

【诊断方法】

（1）根据流行病学及症状与病变进行初步诊断。

（2）根据GB/T 18088—2000的规定进行采样，病鱼肾脏、胰腺和肝的出血和灶性坏死，特别肝细胞内的嗜酸性胞浆包涵体等病变可作出进一步诊断。

（3）CCV的分离、鉴定，免疫荧光抗体技术和PCR等。PCR试验为阴性，则判断可以，最后对本病作出确切的诊断

【防治方法】

（1）对苗种场、良种场实施防疫条件审核、苗种生产许可管理制度，加强疫病监测与检疫，掌握流行病学情况，即消毒与检疫是控制CCVD流行的最有效方法。

（2）避免用感染了CCV的亲鱼产卵，进行繁殖。

（3）减少应激，给予充足的溶氧，注意保持好的水质，降低水温到15℃以下。

（4）内服抗生素，如四环素、氟哌酸等，防止细菌继发性感染而加速病鱼的死亡。

（5）用灭活苗、弱毒苗和亚单位苗免疫防治。

 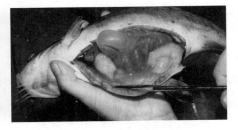

图 3-7 患病斑点叉尾鮰
腹部肿大，眼球空出、充血（仿汪开毓）

图 3-8 患病斑点叉尾鮰肠胀气

五、传染性胰腺坏死病

传染性胰腺坏死病（Infectious pancreatic necrosis，IPN）是由传染性胰腺坏死病毒（Infectious pancreatic necrosis virus，IPNV）所引起的一种鱼类疾病。

【病原】

传染性胰腺坏死病毒粒子呈正二十面体，无囊膜，直径 55 ~ 75nm。病毒在RTG ~ 2、PG、RI、CHSE-214、AS、BF-2、EPC 等鱼类细胞株上增殖，并产生细胞病变（CPE），病毒在胞浆内合成和成熟，并形成包涵体。该病毒生长温度为 4 ~ 25℃，最适温度为 15 ~ 20℃。

【流行情况】

主要侵害鲑科鱼类鱼苗至 3 个月内的稚鱼，广泛流行于欧洲、美国、日本等许多国和地区，我国东北、山东、山西、甘肃、台湾等省养殖的虹鳟均发现此病。发病水温一般为 10 ~ 15℃。2 ~ 10 周龄的虹鳟鱼苗，在水温 10 ~ 12℃时，感染率和死亡率可高达 80% ~ 100%。20 周龄以后的鱼种一般不发病，但可成终身带毒，成为传染源。本病可经水做水平传播和经卵垂直两种方式传播，鱼卵的表面消毒，不能完全有效地防止垂直传播。

【症状及病理变化】

鲑、鳟鱼苗及稚鱼患急性型传染性胰脏坏死病时，不时在水中旋转狂奔，随即下沉池底，1 ~ 2h 内死亡；患亚急性型传染性胰脏坏死病时，病鱼体色变黑，眼球突出，腹部膨胀，充有大量腹水，鳍基部和腹部发红、充血，多数病鱼肛门处拖着线状黏液便，肝脏、脾脏、肾脏、心脏苍白，消化道内通常无食物，充满乳白色或淡黄色黏液。典型病变是胰腺坏死，并在一些细胞胞浆内出现包涵体。疾病后期，肾脏和肝脏等也发生变性、坏死。

【诊断方法】

根据外观症状及病理变化进行初步诊断。根据胰腺坏死的典型病变可进一步诊断，确诊可用免疫学中和试验、直接（间接）荧光抗体或酶联免疫吸附（ELISA）等方法。

【防治方法】

（1）严格检疫，不用带毒亲鱼采精、采卵；不从疫区购买鱼卵和苗种；发现病鱼或检测到病原时，应实施隔离养殖，严重者应彻底销毁；

（2）该疾病暴发时，降低饲养密度，可减少死亡率；

（3）鱼卵用 50mg/L 的碘伏（PVP-I）消毒 15min；疾病早期用 PVP-I 拌饲投喂，每千克鱼每天用有效碘 1.64 ~ 1.91g，连续投喂 15d；

（4）鱼种生产期的水源，应进行消毒处理；

（5）养殖设施和工具等应消毒处理，避免混用；

（6）控制水温在 10℃以下，可减少 IPN 发生和减低死亡率；

（7）采用注射 IPN 疫苗，有很好的预防效果。

图 3-9 患病虹鳟肝胰腺
肿大、出血（仿 R. Wolke）

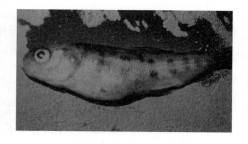

图 3-10 患病虹鳟膨大，
充血、出血（仿 R. Robert）

六、淋巴囊肿病

【病原】

淋巴囊肿病毒（Lymphocystic virus，LCV），属于虹彩病毒科，为 DNA 病毒，病毒粒子二十面体，其轮廓呈六角形，有囊膜，囊膜厚约 50～70nm。病毒能在 BF-2、LBF-1、GF-1、SP-1、SP-2 等细胞系上复制，引起细胞出现巨型囊肿细胞，且在边缘有嗜碱性胞浆包涵体，病毒生长温度 20～30℃，适宜温度为 23～25℃。

【流行情况】

淋巴囊肿病（Lymphocystis disease）流行很广，在全球范围内均有发生，以前该病主要流行于欧洲和南、北美洲，近年来，在我国广东、山东、浙江以及日本等养殖的鲈、石斑鱼、大菱鲆、牙鲆和美国红鱼等均有过此病发生案例。该病主要危害海水鱼类，特别是鲈形目、鲽形目、鲀形目鱼类苗种阶段和 1 龄鱼种，发病后 2 个月死亡率达 30% 以上，2 龄以上的鱼很少出现死亡，由于病鱼外表较难看而失去商品价值。该病一年四季都可发生，但水温 10～20℃时为发病高峰期。

【症状及病理变化】

患淋巴囊肿病是一种慢性皮肤病，在病鱼的皮肤、鳍和尾部等处出现许多分散或聚集成团的大小不等的水泡状囊肿物，偶尔在鳃丝、咽喉、肌肉、肠壁、肠系膜、围心膜、腹膜、肝、脾等组织器官上也有发生。囊肿物多呈白色、淡灰色、灰黄色，有的带有出血灶而显微红色。水泡状的囊胀物是鱼的真皮结缔组织中的成纤维细胞被病毒感染后肥大而成，并在胞浆内可见大量的包涵体和病毒颗粒。病鱼在病情较轻时，行为、摄食基本正常，但生长缓慢；病情严重时其食欲下降，甚至不摄食，并发生死亡。

【诊断方法】

通过肉眼从外观症状及病理变化可基本作出初诊。确诊可用 BF-2、LBF-1 等细胞株分离培养病毒，通过电镜观察到病毒粒子。

【防治方法】

（1）引进亲本、苗种应严格检疫，发现携带病原者，应彻底销毁，同时，提高养殖鱼体抗病力；

（2）严格控制养殖密度，防止高密度养殖；

（3）优化水环境，加大换水；

（4）避免养殖操作造成鱼体表受损，养殖池塘发现病鱼后，及时进行无害化处理；

（5）每半个月用 1 次高猛酸钠溶液 1%、5%、10% 的 300～500 倍水溶液全池泼洒消毒；

（6）发病后将囊肿割除，并用浓度为 300μL/L 福尔马林浸浴 30～60min 或市售 H_2O_2（30% 浓度）稀释至 3%，以此为母液，配成 50mg/L 的浓度，浸洗 20min。

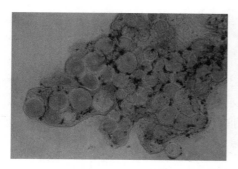

图 3-11 囊肿物压片见细胞内包涵体
（仿 R. Herbert）

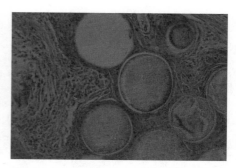

图 3-12 囊肿物切片见细胞内包涵体
（仿 D. W. Bruno）

七、传染性造血器官坏死病

传染性造血器官坏死病（Infectious hematopoietic necrosis），是冷水性鲑鳟鱼类的急性、全身性传染病。2008 年农业部公告第 1125 号将其列为一类动物疫病，世界动物卫生组织在 2011 年将其列为必须申报的疾病。

【病原】

传染性造血器官坏死病毒（Infectious hematopoietic necrosis virus，IHNV），病毒颗粒呈子弹形，大小为（120～300nm）×（60～100nm），单链 RNA，有囊膜。病毒在 FHM、RTG～2、CHSE-214、PG、R、EPC、STE-137 等细胞株上复制生长，并出现细胞病变，该病毒生长温度为 4～20℃，最适温度 15℃。

【流行情况】

传染性造血器官坏死病是冷水性鱼类的一种急性流行病，四季均可发生，流行水温为 8～15℃，流行高峰为 8～12℃。在德国、法国、奥地利、日本、韩国以及欧洲、亚洲地区等均有该疫情报道，主要危害虹鳟、硬头鳟、银鳟和大西洋鲑等鲑科鱼类的鱼苗及当年鱼种，尤其是刚孵出的鱼苗死亡率可达 100%，1 龄鱼种的感染率与死亡率明显下降，2 龄以上鱼基本不发病。可通过水平和垂直两种方式传播。

【症状及病理变化】

患传染性造血器官坏死病鱼体色发黑，出现昏睡，或游动缓慢，时而出现痉挛，往往在剧烈游动后不久即死。病鱼眼球突出，腹部膨大，鳍条基部充血，出血，肛门处常拖有一条不透明或棕褐色的黏液粪便，此为该病典型特征。口腔、骨骼肌、脂肪组织、腹膜、脑膜、鳔、心包膜、肠及鱼苗的卵黄囊等出血。肾脏及脾脏的造血组织严重坏死，病情严重时肾小管及肝脏也发生局部坏死，胃、肠固有膜的颗粒细胞、部分胰腺的腺末旁及胰岛细胞也发生变性、坏死。胞浆内常可见包涵体。

【诊断方法】

（1）根据病鱼症状及病理变化作出初诊，与传染性胰腺坏死病相比较，该病的病鱼肛门后面拖的一条黏液便比较粗长、结构粗糙；

（2）取病鱼的肾脏和消化道石蜡切片观察，如造血组织严重坏死，胃肠固有膜的颗粒细胞发生变性、坏死，可作进一步诊断；

（3）采用免疫学方法（中和试验、IFAT、ELISA）或分子生物学方法等可确诊。

【防治方法】

（1）加强综合预防措施，严格检疫制度，发现病鱼及时隔离销毁；

（2）严格对受精卵进行消毒处理，阻断垂直传播的途径；

（3）提高鱼类养殖水温（15℃），是控制该疫病有效方法之一；

（4）受精卵用 50mg/L 浓度的 PVP-I，药浴 15min，并在 17℃～20℃孵化；

（5）饲料中添加黄芪多糖等免疫增强剂，增强机体免疫力有一定作用。

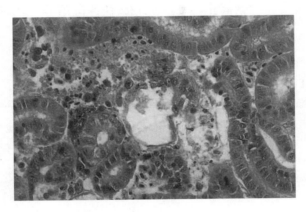

图 3-13 患病虹鳟肾造血组织坏死 H.E ×400（仿 P. George）

八、病毒性出血性败血症

病毒性出血性败血症（Viral haemorrhagic septicaemia， VHS），俗称挨格特维德病（ED）、鳟腹水病（ADT）等，该病是鲑、鳟和大菱鲆的一种烈性传染病，致死率极高。2008 年农业部公告第 1125 号将其列为一类动物疫病，2011 年世界动物卫生组织将其列为必须申报的疾病。

【病原】

病毒性出血性败血症毒（Viral haemorrhagic septicaemia virus，VHSV），又称挨格特维德病，属弹状病毒科，粒外弹状病毒属，为一种单链 RNA 病毒，大小在 (170～180)nm×(60～70)nm。病毒能在哺乳动物细胞株 BHK-21、WI-38 和两栖动物细胞株 GL-1 上生长，但更易在鱼细胞株如 BF-2、CHSE-214、FHM、PG 和 RTG～2 上生长。该病毒生长温度范围为 4～20℃，最适增殖温度为 15℃，20℃以上失去感染力。

【流行情况】

病毒性出血性败血症最早流行于欧洲大陆，在比利时、德国、丹麦、法国、意大利、瑞典等地已有该疫情的报道，现已扩散到韩国和日本，主要危害淡水鲑科鱼类鱼种及 1

龄以上幼鱼，一般鱼体大于5cm才发病。该病流行始于冬末春初，发病水温为6～12℃，在8～10℃死亡率最高，而在15℃以上时，却很少发生。该病传染性极强，带毒鱼是重要的传染源，潜伏期通常为14周。

【症状及病理变化】

病毒性出血性败血症发病后的主要病理特征是出血。根据病程缓急及病症表现差异，将此病可分为急性型、慢性型、神经型三型。急性型：发病迅速，死亡率高，病鱼嗜睡，体色发黑，主要表现为突发性大量死亡，皮肤、肌肉、眼眶周围及口腔出血。病鱼贫血，造血组织发生变性、坏死，白细胞和血栓细胞减少。慢性型：一般由急性转变而来，眼外凸，鳃苍白和肿胀，病鱼病程长，中等程度死亡率。神经型：发病较慢，死亡率很低，主要表现为病鱼运动失常（包括静止不动或沉底或快速乱窜等）。体表出血症状不明显，但内脏有严重出血。

【诊断方法】

（1）可根据流行情况、症状及病理变化进行初步诊断；

（2）用RTG～2细胞株分离病毒，观察细胞病变，可作出进一步诊断；

（3）采用直接荧光抗体法，间接荧光抗体法或抗血清中和试验可确诊；

【防治方法】

（1）加强综合预防措施，禁止从发病区运出鱼或卵，避免购入患病鱼和卵，严格执行检疫制度；

（2）用聚维酮碘、二氧化氯等含碘或含氯消毒剂彻底消毒；

（3）发眼卵用伏碘水溶液消毒，可清除卵上的VHSV；

（4）养殖抗病力强的大鳞大麻哈鱼或虹鳟与银大麻哈鱼杂交的三倍杂交种；

（5）发现患病鱼或疑似患病鱼必须销毁，对养殖工具、设施等进行严格消毒。

图3-14 患病虹鳟鳃苍白，贫血，脾、肾肿大（仿P. Kinkelin）

九、锦鲤疱疹病毒病

锦鲤疱疹病毒病（Koi herpesviras disease，KHD）是鲤和锦鲤的一种急性、接触性传染病。2008 年农业部公告第 1125 号将其列为一类动物疫病，世界动物卫生组织（OIE）在《水生动物卫生规范和动物诊断试验手册（2011 年）》中将其列为必须申报的疾病。

【病原】

锦鲤疱疹病毒，为鲤疱疹病毒 3 型（Cyprinid herpes virus-3），属疱疹病毒目、水生疱疹病毒科、鲤疱疹病毒属。KHV 核衣壳呈对称二十面体结构，直径为 100 ~ 110nm，双链 DNA。

【流行情况】

锦鲤疱疹病毒病首次于 1997 年在以色列首次发现，接着在瑞典、英国、德国、美国、印尼、日本和台湾等十几个国家和地区传播与流行。该病传播迅速，仅感染任何年龄的鲤和锦鲤，其他鱼类不感染，可导致 80% ~ 100% 的死亡率。发病水温主要在 17 ~ 28℃，发病高峰为 22 ~ 28℃（低于 17℃、高于 30℃不会引起死亡）。该病主要通过水平传播，发病后幸存的鱼为疾病的传播者，病毒粒子主要通过粪便、尿液、鳃和皮肤黏液排出。

【症状及病理变化】

患锦鲤疱疹病毒病鱼游动缓慢，食欲减退，呈无方向感的运动，或在水中呈头朝下、尾朝上的姿势漂流，甚至停止游动，皮肤上出现苍白的块斑和水泡，全身多处明显出血，特别是嘴、腹部鱼尾鳍最为明显；鳞片有血丝，鳃丝腐烂，出血并产生大量黏液，鱼眼凹陷。患病鱼在 1 ~ 2d 内即发生死亡。

【诊断方法】

（1）可根据流行情况、症状及病理变化进行初步诊断；

（2）用 PCR 技术检测锦鲤疱疹病毒感染，可作进一步诊断；

【防治方法】

（1）加强综合预防措施，禁止从发病区运出鱼或卵，避免购入患病鱼和卵，严格执行检疫制度；

（2）对苗种场、良种场实施防疫条件审核、苗种许可生产管理制度；

（3）通过培育或引进抗病品种，提高抗病能力；

（4）发现患病鱼或疑似患病鱼必须销毁，对养殖工具、设施等进行严格消毒。

十、鲑疱疹病毒病

【病原】

鲑疱疹病毒（Herpesvirus salmonis，HS）。该病毒具囊膜，病毒粒子直径为 150nm，衣壳为二十面体，双股 DNA。

【流行情况】

鲑疱疹病毒病（Herpesviras salmonis disease，HSD）主要在北美流行，主要危害虹鳟的鱼苗、鱼种，流行水温为10℃及10℃以下，在水温为10～8℃，感染该病虹鳟苗种2周～3周发生病变，死亡率达50%～70%，产卵后的虹鳟亲鱼感染此病，死亡率可达到30%～50%。

【症状和病理变化】

患鲑疱疹病毒病的鱼鱼体变黑，食欲减退，部分病鱼腹部或侧面向上，受惊后出现阵发性狂游；病鱼眼球突出，眼眶周围出血，鳃苍白，皮肤和鳍出血；患病鱼苗肛门后拖着1条较粗的粪便，肠内几乎没有食物；部分病鱼的肝脏出现花肝状，出血易碎，肾脏灰白色，不肿大，腹腔内有一定的腹水。

【诊断方法】

（1）根据症状、流行情况和病理变化进行初步诊断；

（2）在虹鳟性腺细胞系（RTG～2）细胞株上培养，出现合胞体；

（3）电镜切片查找疱疹病毒进行确诊；确诊还需要采用血清中和试验和荧光抗体法。

【防治方法】

（1）严格执行检疫制度，进行综合预防，不从疫区引进鱼卵及苗种；

（2）提高鱼卵孵化和鱼苗培育的水温，一般维持在17～21℃，可控制该疫情的发生；

（3）鱼苗每日用1%聚维酮碘溶液40～70mg/m³，药浴25～35min；对感染该病鱼体，用10%聚维酮碘溶液0.07～0.1mL，浸浴鱼苗30～35min，连续使用3d。

十一、传染性脾肾坏死病

传染性脾肾坏死病（Infectious spleen and kidney necrosis，ISKN），俗称鳜爆发性传染病，是以脾、肾坏死为主要病理特征的一种病毒性疾病。2008年农业部公告第1125号将其列为一类动物疫病，世界动物卫生组织（OIE）在《水生动物卫生规范和动物诊断试验手册（2011年）》中将其列为必须申报的疾病。

【病原】

传染性脾肾坏死病毒（Infectious spleen and kidney necrosis virus，ISKNV）。该病毒与真鲷虹彩病毒（RSIV）、斜带石斑鱼虹彩病毒（OSGIV）等相近。完整的病毒颗粒直径为125～145nm，具包膜，切面为六角形、二十面体，该病毒基金组为双链DNA。

【流行情况】

传染性脾肾坏死病主要流行于我国南方淡水养殖中，主要危害养殖的翘嘴鳜，草鱼和加州鲈也是感染对象，还可感染尖吻鲈、斜带石斑鱼、非洲灯笼鱼等多种海水、淡水鱼类，而对尼罗罗非鱼、乌鳢、白鲢、鳙、鲫、金鱼等不敏感。流行病学研究表明，传染性脾肾坏死病毒在鳜体内能长期潜伏，发病水温为24～35℃，最适温度为28～30℃，流行高峰期鳜在10d内死亡率高达90%以上，对鳜养殖业造成很大的威胁。20℃以下，传染性腺肾坏死病毒人工感染鳜，鳜不会发病，呈现隐性感染状态，气候突变、气温升高和水环境恶化均是诱发该病大规模流行的重要因素。传染性脾肾坏死病毒的传播途径为水平传播，主要是通过水体、带病毒的饵料感染，此外，在鳜的亲鱼的卵巢和精巢中能检测到该病毒，由此可知可能存在垂直传播。

【症状与病理变化】

患传染性脾肾坏死病鳜体变黑，有时有抽筋颤动；病鳜嘴张大，呼吸明显加快，失去平衡，不能消化吞食饵料；该病毒主要感染鳜肾、脾，还可感染鳃、心脏、肝和消化道等组织，解剖时发现脾脏和肾脏肿大、糜烂和坏死，出现空洞，还有伴有充血，呈紫黑色。200g 以下的鳜感染该病毒，解剖时发现有腹水，鳃贫血，呈苍白色，时伴有寄生虫或细菌感染。

【诊断方法】

（1）根据症状及流行情况进行初步诊断，根据病鱼缺血，肝脏和鳃颜色偏白，脾脏和肾脏肿大、坏死等临床症状，以及询问流行情况等初步诊断；

（2）病理切片，可作出进一步检查，如组织切片：选取病鱼的脾脏、肾脏组织，用 Bouin 固定液，采用常规的石蜡切片、HE 染色进行病理组织学诊断，显微镜检检查可以看到被感染细胞肿大 3 ~ 4 倍，核萎缩为正常核的 1/3，染成紫黑色，胞质呈蓝色，嗜碱性。

（3）传染性脾肾坏死病毒的间接免疫荧光试验（IFAT）检测：取病鱼的脾脏或头肾组织印片，滴加抗传染性脾肾坏死病毒的单抗，加入 FITC 标记的羊抗鼠 IgG，荧光显微镜下观察，如有显著绿色荧光，则判为阳性。

【防治方法】

（1）对良种场、苗种场实施防疫条件审核、苗种生产许可严格管理制度；

（2）切断病毒垂直传播：多所用繁殖亲鱼进行该病毒检测，发现阳性的亲鱼及时进行淘汰处理；

（3）养殖场可采用含氯消毒剂进行水体消毒，养殖用水在进入鱼池前应进行消毒处理，养殖基地修建储水池，在储水池中进行消毒处理，最后进入养殖池；

（4）池塘养殖要保持"四定"原则，投放饵料鱼需适口，无病无伤，健康活泼，检测无寄生虫、病原菌后投入鳜塘，一次投入的饵料鱼不宜过多，适当为好；

（5）发现病鱼，经确诊后必须进行全群销毁，并对养殖工具和水源进行消毒处理。

第二节　甲壳类病毒性疾病

一、白斑综合征

白斑综合征（White spot syndrome，WSS）俗称白斑病，是对虾的严重传染性疫病，该病的特点是感染率高，发病急，死亡率高，死亡速度快。2008 年农业部公告第 1125 号将其列为一类动物疫病，世界动物卫生组织（OIE）在《水生动物卫生规范和动物诊断试验手册（2011 年）》中将其列为必须申报的疾病。

【病原】

白斑综合征病毒。属线头病毒科、白斑病毒属的唯一种类，该病毒曾误认为杆状病毒，称为皮下及造血组织坏死杆状病毒、白斑杆状病毒等。该病毒粒子具囊膜，外观如一线团，一端露出线头，线头病毒科因此而得名，该病毒粒子外观呈椭圆短杆状。病毒粒子直径 (120 ~ 150)nm × (279 ~ 290)nm，基因组为环状双股 DNA。

【流行情况】

20 世纪 90 年代初，该病首先出现于日本及我国台湾、广东、福建等地，随后扩散并遍及亚洲主要对虾养殖国家和地区，一直以来，严重威胁着全世界对虾的养殖安全。白斑综合征病毒的宿主范围非常广泛，目前，已有 40 多种对虾及其他甲壳类动物可感染该病毒，其中，中国明对虾最易感染，其他对虾科生物亦可被感染致病或成为病毒携带者；另外，龙虾、罗氏沼虾、中华绒螯蟹、锯缘青蟹等甲壳类动物也可被感染。该病毒感染的途径主要为经口和鳃的水平传播，受精卵也可被污染从而造成垂直传播。

【症状与病理变化】

患白斑综合征的病虾厌食，空胃，行动迟缓，静卧不动或在水面循游，弹跳无力。头胸甲易剥离，且壳与真皮分离，部分患病对虾在头胸和甲壳上有白色斑点，该斑点在显微镜下可呈花朵状，外围较透明，花纹较清楚，中间不透明，因此而得名白斑综合征，极少部分患病对虾也不出现白斑症状。患病中国明对虾、日本囊对虾、凡纳滨对虾体色发红，而患病斑节对虾在濒临死亡时则显示变蓝现象。血淋巴混浊、不凝固、血淋巴细胞减少，对虾感染早期，被侵害的组织少量细胞核略微膨大，核中出现嗜酸性着色区域。

【诊断方法】

该病流行季节，根据其发病史、临床特征及病理特征作出初步诊断，然后通过实验室检查，诊断时，应注意与桃拉综合征、细菌性白斑病相区别，该病的实验室诊断方法，主要是通过采集急性病例的鳃、胃、附肢或其他上皮组织，进行如下检查：

（1）样品采集

采集病虾样品，按虾体大小或感染期的不同分别取样，对虾幼体、子虾取完整个体，幼虾和成虾取游泳足、鳃、血淋巴、胃及腹部肌肉，非对虾的甲壳动物参照对虾的方法取样，对虾的肝胰脏和中肠不适宜用于病毒检测。

（2）组织及病理学检查

①新鲜组织的快速染色法：取新鲜的虾组织做成图片，用台盼蓝 - 伊红染色法（T-E 染色法）染色后，检查受感染细胞的典型变化。该方法适用于在现场或诊断实验室对患病濒死的对虾仔虾、幼虾或成虾进行快速诊断。

②组织病理学诊断：经 HE 染色后，可清晰地观察到各种不同组织结构的病理变化，

HE 染色，适用于发病对虾或其他敏感宿主的初步诊断和对怀疑染病宿主的诊断，不适于非感染性携带病毒样品的病毒检测。

（3）病原学检测

① PCR 检测法：通过聚合酶链式反应，检测病毒的特定基因。适用于对虾各种样品、环境生物和饵料生物的各种样品，以及其他非生物样品中 WSSV 的定性检测，具有高灵敏度和高特异性，适用于病原筛查和疾病确诊。

②单克隆抗体检测法：应用特异性的病毒单克隆抗体，采用斑点免疫印迹、免疫荧光和 ELISA 等方法进行诊断。

【防治方法】

（1）对苗种场、良种场实施防疫条件审核、苗种生产许可管理制度；

（2）繁殖时选用经检疫不带病原的健康虾作为亲虾；

（3）做好水体消毒：每立方米水体使用 1.8% ~ 2.0%（活性碘）复合碘溶液 0.1mL，或每亩水体（水深 1m）用 66.7mL 对水后全池泼洒；

（4）做好养殖池塘的清淤和消毒：用生石灰或含氯消毒剂均匀泼洒全池，消毒后暴晒 1 周左右，然后进水，养殖过程中合理用水，培好水色，保持优良水质。

二、桃拉综合征

桃拉综合征（Taura syndrome，TS），俗称红尾病，是一种严重的对虾传染性疾病，急性期以虾体变红（虾红素增多）、软壳，过渡期以角质上皮不规则黑化为特征。2008 年农业部公告第 1125 号将其列为二类动物疫病，世界动物卫生组织（OIE）在《水生动物卫生规范和动物诊断试验手册（2011 年）》中将其列为必须申报的疾病。

【病原】

桃拉综合征病毒（Taura syndrome virus，TSV），属微 RNA 病毒目、双顺反子病毒科。病毒粒子无囊膜，二十面体，直径 31nm ~ 32nm，为正链单股 RNA，病毒在宿主细胞质中复制，根据病毒衣壳蛋白 VPI 基因序列，将 TSV 分为美国型、东南亚型和伯利兹型三个基因群组。

【流行情况】

桃拉综合征广泛流行于美洲和东南亚对虾养殖区，1992 年首次于厄瓜多尔桃拉河地区，之后随染疫仔虾和亲虾贸易迅速传播的各地对虾养殖区，1999 年，中国台北从中南美洲进口凡纳滨对虾而传入本病，随后传入中国内地。该病主要侵害凡纳滨对虾和西角对虾，对虾科、滨对虾属所有成员，及中国对虾均对本病易感；凡纳滨对虾除卵、受精卵和虾蚴外，仔虾、幼虾及成虾等各期均对本病易感，主要感染 14 ~ 40 日龄、体重 0.05 ~ 5g 以下的仔虾，部分稚虾或成虾也容易被感染。该病发病急，死亡率高，池内发现病虾到拒绝食人工饲料仅 5 ~ 7d，10d 左右大部分对虾死亡，最后成活率不超过 20%。传播方式主要通过健康虾摄食病虾、带病毒水源等方式进行水平传播；也可经过海鸥等海鸟、划蝽科类水生昆虫携带病毒传播，也有可能经带病毒亲虾进行垂直传播，但目前尚未证实。

【症状与病理变化】

根据桃拉综合征病程和症状，可将该发病时期分为急性期、过渡期和慢性期三个阶段，每个时期的症状与病理特征如下：

①急性期：病虾附肢、鳃、前肠（食管、前后胃室）、后肠可见多处病灶坏死，严重时病灶处呈现一种独特的"胡椒粉状"或"霰弹状"；虾红素增多，虾体全身呈淡红色，尾扇和游泳足呈鲜红色，因此，虾民称之为"红尾病"。急性感染虾常死于蜕皮期间，处于蜕壳后期的病虾以软壳、空腹为特征，濒死虾常浮于水面或池体边缘。

②过渡期：介于急性期与慢性期之间，病程较短。在过渡期，表皮损伤在数量和严重程度上都有所减少或降低，病灶坏死处聚集了大量血细胞及其渗出物，大量血细胞随后开始黑化，进而导致病虾角质层上皮呈现不规则的黑色斑点，这是桃拉综合征过渡期的典型特征。

③慢性期：成功蜕皮的病虾，从过渡期转入慢性期，无明显的临床症状和组织病理变化，而对正常的环境应激明显不如正常虾，有的因病毒在淋巴器官持续感染而成为终身带毒者。

【诊断方法】

（1）初步诊断

根据流行病学、临床特征和病理特征对急性期桃拉综合征作出初步诊断；病虾虾体全身淡红色，尾扇和游泳足鲜红色，游泳足或尾足边缘处上皮呈病灶性坏死，常死于蜕皮期间，表现为软壳、空腹等特征。

（2）样品采集

采集病虾、健康虾样品，按虾体大小或感染期取不同分别取的组织样品，对虾幼体、子虾取完整个体；幼虾和成虾取虾的头胸部，非对虾的甲壳动物参照对虾的方法取样，对虾的肝胰脏、中肠和盲肠不适宜用于 TSV 感染的检测。

（3）组织和病理学检查

依据病虾的组织病理特征对该病作出诊断，该方法适用于桃拉综合征的急性期、过渡期和慢性期患病对虾的确诊和对桃拉综合征的筛查，不适用于对潜伏性的感染或非感染性携带病毒标本进行疾病诊断。

（4）实验室诊断和病原学鉴定

①生物诊断法：采用 SPF 凡纳滨对虾幼虾作为桃拉综合征病毒指示器，对疑似感染虾进行生物检测，具体方法有口服和注射法。口服法：该法比较容易操作，可用较小的 SPF 凡纳滨对虾幼虾进行实验。试验虾随机分为两组，其中，感染组以剁碎的疑似感染虾样品饲喂，对照组以正常饲料投喂，然后对两组虾进行临床观察和病理、组织病理学诊断；注射法：将采集的可疑虾头或全虾样品与 TN 缓冲液或 2% 的无菌生理盐水按 1 ：2 或 1 ：3 混合匀浆，离心取上清液作为接种物，对指示虾进行肌肉注射，然后进行临床观察和外观症状、组织病理学诊断。

②免疫检测技术

包括斑点酶免疫反应（DBI），利用抗 TSV MAB 单克隆抗体的间接荧光抗体法（IFAT）和免疫组化法（IHC）等。这些方法适用于组织切片、冰冻切片和固定组织样品切片中的病毒检测。

③分子检测技术

目前，已开发有原位杂交实验（ISH）、逆转录聚合酶链反应（RT-PCR）和实时定量逆转录聚合酶链反应（Real-time quantitative RT-PCR）等方法。

【防治方法】

（1）调控水质，保持虾池水质平衡与稳定，虾池 pH 一般维持在 8.0 ~ 8.8，氨氮 0.5 mg/L 以下，透明度维持在 30 ~ 60cm。在养殖过程中，定期用底质改良剂改善底质，进行水体消毒，每立方米水体使用 1.8% ~ 2.0%（活性碘）复合碘溶液 0.1mL，或每亩水体（水深 1m）用 66.7mL 对水后全池泼洒；

（2）繁殖时选用经检疫不带病原的健康虾作为亲虾；

（3）提高抗病能力，在饲料中添加维生素等生物活性物质或免疫促进剂，增强虾体非特异性免疫功能；

（4）可通过培育或引进抗病品种、切断传染源以及加强饲养管理等综合措施控制病的爆发，对苗种场、良种场应实施防疫条件审核、苗种生产许可管理制度，加强疫病监测与检疫，掌握其流行情况。

三、黄头病

黄头病（Yellow head disease，YHD）由于患病对虾头胸部肝胰脏呈黄色，因此称之为黄头病。2008 年农业部公告第 1125 号将其列为二类动物疫病，世界动物卫生组织（OIE）在《水生动物卫生规范和动物诊断试验手册（2011 年）》中将其列为必须申报的疾病。

【病原】

黄头病毒（Yellow head virus，YHV），属套式病毒、杆套病毒科、头甲毒属。黄头病属目前已知有 6 个基因型。属有囊膜单链 RNA，病毒粒子呈杆状，大小为（150 ~ 200）nmX（40 ~ 50）nm，核衣壳呈螺旋对称。病毒基因组为正链单股 RNA，长约 26000 核苷酸。

【流行情况】

1990 年，黄头病最先在泰国中东部地区的养殖斑节对虾中出现，随后在中国、越南、印度、菲律宾等亚洲地区和美洲国家流行和蔓延。斑节对虾为主要受感染者，可能是黄头病毒的自然宿主，自然状态下，黄头病毒可感染日本囊对虾、白对虾；试验感染条件下，感染斑节对虾、凡纳滨对虾、褐对虾、白对虾，引起较高死亡率。该病严重影响养殖 50 ~ 70d 的对虾，感染后 3 ~ 5d 内发病率高达 100%，死亡率达 80% ~ 90%。该病的传播方式主要是水平传播，鸟类也是传播媒介之一。

【症状与病理变化】

患黄头病后能引起对虾迅速大量死亡，常见患病虾摄食量先增大然后突然停止，一般 2 ~ 4d 内就会出现头胸部发黄和全身发白的临床症状。许多濒死虾群聚集在池塘角落的水面，肝胰腺比正常虾软且发黄，与健康虾肝胰腺的褐色有明显区别。组织压片可观察到中度到大量球形强嗜碱性细胞质包涵体；血淋巴图片，可观察到中度到大量血细胞发生固缩和破裂；组织切片，可观察到坏死区域有球形强嗜碱性细胞质包涵体。

【诊断方法】

根据流行病学、临床特征和病理特征对急性期桃拉综合征作出初步诊断，最终确诊需通过实验检查。

（1）样品采集

采集病虾、健康虾样品，按虾体大小或感染期取不同分别取的组织样品，对虾幼体、子虾取完整个体；幼虾和成虾取虾的头胸部，非对虾的甲壳动物参照对虾的方法取样，使用 RT-PCR 方法筛查幼虾和成虾的带毒情况时，最好采集对虾的淋巴器官、鳃或血淋巴进行检测。

（2）组织和病理学检查

①组织切片的快速染色法：取濒死虾鳃丝或表皮用 Meyer's HE 染色，观察细胞内球形强嗜碱性细胞质包涵体。该方法用于对虾活体中的黄头病毒检测，但不适用于非感染性病毒样品的诊断，及宿主进行组织病理学评价。

②组织病理学诊断：HE 染色后，观察各种不同组织的病理变化和强嗜碱性细胞质包涵体。本法适用于对虾感染黄头病毒初步诊断，或未知疾病样品组织病理学评价，不适用于非感染性病毒携带样品的检测。

（4）病原学鉴定

① RT-PCR 检测法：通过 RT-PCR 检测 YHV 的特定基因，适用于对虾各个生活期及其他生物或底泥等样品的黄头病毒情况进行定性检测，也适合于病原筛查和疾病确诊。

②免疫检测技术：通过制备的黄头病毒特异性抗体来检测病毒，可取活虾血淋巴，采用 Western blot、ELISA 或免疫荧光等方法，鉴定样品是否有黄头病毒感染，从而进行确认。

【防治方法】

（1）对苗场、良种场实施防疫条件审核、苗种生产许可管理制度；

（2）加强疫病监测与检疫，掌握流行病学情况；

（3）可通过培育或引进抗病品种、切断传染源以及加强饲养管理等综合措施控制该病；

（4）对苗种繁殖场内 YHV 检疫阳性的亲虾和苗种应全部扑杀，病毒阳性的种用和商品养殖虾必须进行无害化处理，禁止用于繁殖育苗、流放或直接作为水产饵料使用。

四、河蟹颤抖病

河蟹颤抖病（Picornvirus disease，PD），又称河蟹抖抖病、河蟹环抓病，是以肢体颤抖、瘫痪甚至死亡为特征的一种河蟹病。2008 年农业部公告第 1125 号将其列为三类动物疫病。

【病原】

河蟹颤抖病毒，由副黏病毒样病毒、对虾白斑病毒、呼肠孤病毒感染引起。

【流行情况】

该病 20 世纪 90 年代在我国出现，现在我国各地河蟹养殖地区均有发生。5 ~ 10 月均可发病，严重发病地区发病率在 90% 以上，死亡率在 70% 以上，虾蟹混养时易发生，虾先发病，该病对河蟹养殖业危害巨大。

【症状和病理变化】

患河蟹颤病蟹反应迟钝，行动缓慢，螯足握力减弱，胸足痉挛，不能爬行，病蟹上岸、上草，摄食减少以致不吃食、鳃排列不整齐、呈浅棕色、少数甚至呈黑色，血淋巴液稀薄、凝固速度减慢或不凝固，在受到光或声音的刺激后，胸足抖动，腹部尖端，吐出的水泡先呈黄绿色，后变为棕黑色。病蟹出现肝胰脏变形、坏死，呈淡黄色，最后呈灰白色，背甲内有大量腹水。

【诊断方法】

根据病蟹反应迟钝，行动迟缓，螯足握力减弱，步足颤抖，环爪、爪尖着地等可作出初步诊断。采用实验室方法诊断时，采集病蟹，取其肝胰脏及血淋巴，利用已建立的该病呼肠孤病毒和罗原体 PCR 检测技术进行病原检测。

【防治方法】

（1）加强疫病监测与检疫，掌握流行病学情况；

（2）做好健康蟹种的选育；

（3）建立良好的河蟹养殖生态环境，确保水草丰富，改善养殖环境与水质，定期消毒水体，加强发病高峰前的消毒预防，定期泼洒生石灰（20 ~ 25ppm）或碘制剂（0.3 ~ 0.5ppm）；

（4）投喂优质饲料，内服酵母多糖类免疫促进剂；

（5）内服抗病毒天然植物药物，药物粉碎后煮水拌饲料投喂，剂量为每千克蟹体重 0.8 ~ 1g，连喂 5 ~ 6d。直接将药物与饲料加工，效果更显著；

（6）对发病蟹、死蟹就地加石灰深埋；

（7）有发病史的河蟹禁止用于育苗、放流或直接作为水产饵料、染疫水体、用具要充分消毒。

五、罗氏沼虾白尾病

罗氏沼虾白尾病（Macrobrachiμm rosenbergii whitish muscle disease，MRWMD），俗称罗氏沼虾肌肉白浊病（WTD），是一种急性病毒性疾病。主要危害罗氏沼虾苗种，以急性死亡、病虾肌肉呈白斑或白浊状位特征。2008年农业部公告第1125号将其列为二类动物疫病，世界动物卫生组织（OIE）在《水生动物卫生规范和动物诊断试验手册（2011年）》中将其列为必须申报的疾病。

【病原】

罗氏沼虾野田村病毒（Macrobrachium rosenbergii Nodavirus， MrNV），属野田村病毒科中属地位未定的成员。MrNV病毒粒子呈二十面体，大小为26~27nm，无囊膜，基因组由2条线性单链RNA（+ssRNA）组成。

【流行情况】

罗氏沼虾白尾病最先在泰国被发现，随后出现于中国，目前，该病已在中国、泰国、印度、缅甸等国家和地区发生并流行。罗氏沼虾是病毒主要的易感宿主，日本沼虾、秀丽沼虾、克氏原螯虾等养殖品种未发现发生罗氏沼虾野田村病毒的感染，病毒主要感染罗氏沼虾虾苗，淡化后3d到3周是疾病高发时期，严重时死亡率可高达90%以上，发病后部分苗种可存活病长至商品规格的成虾，但有发病史的虾可携带病毒，造成子代虾苗发病，成虾及亲虾可查出病毒，未发现MrNV感染引起的大规模流行。该病可通过水平和垂直传播感染，其中，带毒种虾垂直传播是引起我国虾苗发病的重要原因，带病毒水体、饵料、工具等均可传播病毒。相关报道，带病毒轮虫等生物饵料也可传播病毒，虾池缺氧、水质败坏可引起虾体肌肉白浊，改善水质，白浊可消除；病毒感染引起的白浊不能消退。

【症状与病理变化】

患罗氏沼虾白尾病虾苗，患病时先在腹部出现白色或乳白色混浊块，而后逐渐向其他部位扩展，最后除头胸部外，全身肌肉呈乳白色。虾甲壳不出现白斑，这是区别于对虾白斑综合征。发病虾苗腹部肌肉纤维、肝纤维、血细胞、心脏和鳃组织胞浆内，可观察到嗜碱性包涵体。

【诊断方法】

（1）初步诊断

可根据虾苗腹部出现白色或乳白色混浊块、肌肉白浊、个别虾苗腹部存在分散的白浊点腹部存在分散的白浊点，排除水质因素引起的肌肉白浊后作出初步诊断。

（2）样品采集

应采集100尾以上发病虾苗，正常虾苗采集300尾以上，取完整个体，用于病毒核酸提取或ELISA测定；当用RT-PCR方法筛查对虾带毒情况时，除眼柄和肝胰腺之外，成虾的其余组织均可采用。

（3）组织和病理学检查

典型病例切片经 HE 染色后，可发现嗜酸性包涵体，为该病重要特征。

（4）实验室诊断和病原学鉴定

RT-PCR 检测法：用 MrNV 特异性的引物进行 RT-PCR 检测，适用于对虾各种样品、环境生物和饵料生物的各种样品以及其他非生物样品中 MrNV 的定性检测，具有高灵敏度和高特异性，适用于病原筛查和疾病确诊。

【防治方法】

（1）对苗种场、良种场实施防疫条件审核、苗种生产许可管理制度；

（2）加强疫病监测与检疫，掌握流行病学情况；

（3）通过培育或引进抗病品种，提高抗病能力；

（4）加强饲养管理，降低发病率；

（5）在疾病流行时，未发病苗种场可采用严格消毒、控制外来人员进入苗种生产车间等办法，防止疾病的传播；

（6）病毒检出阳性的苗种场应停止生产，繁殖场亲虾和苗种检疫阳性的全部扑杀，并按有关规定对发病养殖区、用具进行无害化处理，检疫阳性虾禁止用于繁殖育苗、放流或直接作为水产饵料。

六、对虾杆状病毒病

对虾杆状病毒病（Bacutovirus penaei disease，BPD），是威胁对虾幼体、仔虾和幼虾阶段的疾病。2008 年农业部公告第 1125 号将其列为二类动物疫病。

【病原】

对虾杆状病毒（BP），又名 PVSNPV。属杆状病毒科，是一种 A 型杆状病毒，具囊膜，双链 DNA 病毒，病毒粒子为棒状，大小为 74×270nm。

【流行情况】

对虾杆状病毒病主要流行于西半球的东南大西洋、美国、墨西哥沿岸和夏威夷，目前已发现 3 个地方株，该病毒宿主广泛，主要感染养殖对虾和野生对虾，以幼体、子虾和早期幼虾对病毒最为感染。该病的传播途径主要是经对虾相互残食以及粪 - 口途径经口传播，亲虾产卵时也可将病毒随排泄物传给下一代，轮虫、卤虫等生物饵料可将该病毒传给幼虾。

【症状与病理变化】

患对虾杆状病毒病虾嗜睡厌食，体色呈蓝灰色或蓝黑色，胃附近白浊化，浮头，停滞岸边，鳃和体表有固着类纤毛虫、丝状细菌、附生硅藻等生物附着，容易并发褐斑病等细菌性疾病，病虾最终侧卧于池底死亡。解剖后可发现肝胰腺肿大、软化、发炎或萎缩硬化，感染病毒后，可在肝胰腺和中肠上皮细胞中形成细胞核内核型多角包涵体，且肠道发炎。

【诊断方法】

根据流行病学、临床特征和病理特征对急性期桃拉综合征作出初步诊断，最终确诊需通过实验检查。诊断时，应注意与斑节对虾杆状病毒病相区别。

（1）样品采集

采集病虾、健康虾样品，按虾体大小或感染期取不同分别取的组织样品，对虾幼体取完整个体，子虾取头胸部；幼虾和成虾取小块肝胰腺或小截中肠组织。

（2）诊断方法

①压片显微镜检查法：取病虾肝胰腺和中肠进行湿片压片，显微镜检查发现角锥形包涵体基本可诊断；

②组织病理学诊断法：观察经 HE 染色后的组织切片，细胞核内是否存在角锥形包涵体。本法适用于对虾感染杆状病毒情况的初步诊断，或未知疾病样品组织病理学评价，不适用于非感染性病毒携带样品的检测。

③ PCR 检测法：通过聚合酶链氏反应，检测病毒特定基因，适用于大量样品的病毒筛查和疾病确诊，可检测对虾活体、粪便、冰冻和冰鲜虾杆状病毒的筛查和疾病诊断，但单独使用不能对病毒剂量、感染活性及宿主感染程度作出评估。

对虾杆状病毒病诊断，除以上方法外，还有透射电镜诊断法、原位杂交法。

【防治方法】

（1）对苗种场、良种场实施防疫条件审核、苗种生产许可管理制度；

（2）加强疫病监测与检疫，掌握流行病学情况；

（3）繁殖时选用经检疫不带病原的健康虾作为亲虾；

（4）通过培育或引进抗病品种，提高抗病能力，切断传染源以及加强饲养管理等综合措施控制本病；

（5）在疾病流行时，未发病苗种场可采用严格消毒、控制外来人员进入苗种生产车间等办法，防止疾病的传播；

（6）病毒检出阳性的苗种场应停止生产，繁殖场亲虾和苗种检疫阳性的全部扑杀，并按有关规定对发病养殖区、用具进行无害化处理，检疫阳性虾禁止用于繁殖育苗、放流或直接作为水产饵料。

七、斑节对虾杆状病毒病

斑节对虾杆状病毒病（Penaeus monodon-type bacueovirus disease，MBVD），2008 年农业部公告第 1125 号将其列为二类动物疫病。

【病原】

斑节对虾杆状病毒（Penaeus monodon-type bacμLovirus，MBV），俗称斑节对虾单粒包膜的核多角体病毒（PmSNPV），属杆状病毒科、核多角体病毒属，该病毒是一种 A 型杆状病毒，病毒粒子具囊膜，大小（71～79）nm×（291～357）nm，MBV 是封闭性杆状病毒，核酸类型为环状超螺旋双链 DNA（dsDNA）。

【流行情况】

斑节对虾杆状病毒在东亚、东南亚、澳大利亚、印度尼西亚等地区养殖和野生虾中广泛分布，随着斑节对虾的引进，病毒扩展到了地中海、西非、夏威夷等地的一些养殖地区。该病毒可感染对虾属、明对虾属、囊对虾属的多种对虾，除了卵和无节幼体阶段，都可被感染，病毒分布地区流行和感染都比较严重，幼虾和成虾携带病毒高达 50% ~ 100%，是宿主虾的幼体、仔虾和早期幼虾的潜在严重病原。该病毒传播途径主要是相互残食和粪 - 口途径的经口传播为主要的传播方式。

【症状与病理变化】

患斑节对虾杆状病毒病虾感染后的幼体除体色加深外，无其他异样，多数携带病毒的虾活动正常，幼体群常无明显症状而出现大量死亡，死亡率与养殖环境有关，一般在 20% ~ 90%。感染严重的病虾往往活力降低，食欲下降，体色较深，鳃和体表有固着类纤毛虫、丝状细菌和附着硅藻等生物附着。MBV 侵害的对虾组织，是肝胰腺管和中肠的上皮细胞，发病组织在显微镜下肝胰腺的细胞核明显肿大，核内有单个或多近似球形的核型多角体型包涵体，使染色质减少并向边缘迁移。

【诊断方法】

（1）初步诊断

根据流行病学、临床特征和病理特征对急性期桃拉综合征作出初步诊断，最终确诊需通过实验检查。诊断时，应注意与对虾杆状病毒病相区别。

（2）样品采集

采集病虾、健康虾样品，按虾体大小或感染期取不同分别取的组织样品，对虾幼体取完整个体，仔虾取头胸部；幼虾和成虾取小块肝胰腺或小截中肠组织。

（3）组织和病理学检查

①压片显微镜检查法：通过光学显微镜，观察新鲜组织样品中近球形 MBV 核型多角体形成的情况进行初步判断；

②组织病理学诊断法：观察经 HE 染色后细胞核内单个或多个近球形的核型多角体形成的情况进行判断。本法适用于对虾感染斑节对虾杆状病毒情况的确诊，或未知疾病样品组织病理学评价，不适用于非感染性病毒携带样品的进行病毒检测。

（4）病原学鉴定

PCR 检测法：通过聚合酶链氏反应，检测病毒特定基因，适用于进行病原筛查和疾病的确诊。

【防治方法】

（1）对苗种场、良种场实施防疫条件审核、苗种生产许可管理制度；

（2）加强疫病监测与检疫，掌握流行病学情况；

（3）繁殖时选用经检疫不带病原的健康虾作为亲虾；

（4）通过培育或引进抗病品种，提高抗病能力，切断传染源以及加强饲养管理等综合措施控制本病；

（5）在疾病流行时，未发病苗种场可采用严格消毒、控制外来人员进入苗种生产车间等办法，防止疾病的传播；

（6）病毒检出阳性的苗种场应停止生产，繁殖场亲虾和苗种检疫阳性的全部扑杀，并按有关规定对发病养殖区、用具进行无害化处理，检疫阳性虾禁止用于繁殖育苗、放流或直接作为水产饵料。

八、传染性皮下和造血器官组织坏死病

传染性皮下和造血器官组织坏死病（Iinfectious hypodermal & haematopoietic necrosis，IHHN），2008 年农业部公告第 1125 号将其列为二类动物疫病，世界动物卫生组织（OIE）在《水生动物卫生规范和动物诊断试验手册（2011 年）》中将其列为必须申报的疾病。

【病原】

传染性皮下和造血器官组织坏死病毒（Infectious hypodermal & haematopoietic necrosis virus，IHHNV），又名细角对虾浓核病毒（PstDNV），属单链 DNA 病毒基因组（ssDNA）细小病毒科、短浓核病毒属，病毒粒子呈二十面体，大小 20 ~ 22nm，无囊膜。

【流行情况】

传染性皮下和造血器官组织坏死病毒对世界各地养殖对虾均可感染，在我国有较高的发病率；该病主要感染细角滨对虾（*Litopenaeus stylirostris*）和凡纳滨对虾（*L. vannamei*），细角滨对虾死亡率可达 90% 以上，稚虾受危害最为严重。主要传播方式是通过带病毒虾及其他甲壳类受病毒污染水体传播，虾类同类相残或海鸟也可进行传播，还可进行垂直传播。

【症状及病理变化】

细角滨对虾的稚虾患传染性皮下和造血器官组织坏死病毒初期，病虾摄食量明显减少，继而出现行为及外观异常。即病虾缓缓上升到水绵，静止不动，然后翻转后腹部向上，并缓缓沉到水底，持续此行为数小时直到无力继续下去为止；感染期的病虾表皮下层常出现白色或浅黄色斑点，使整个虾体呈现斑驳的外观；在感染的末期，濒死的细角滨虾斑点有所褪色，体色变蓝，腹部肌肉不透明。在凡纳滨对虾中，患 IHHN 后存在一种慢性表现形式，即病虾生长缓慢，体型畸形，患病稚虾出现额角弯曲、变形，触角鞭毛皱起，表皮粗糙或残缺，被称为矮小残缺综合征（RDS）；组织病理学方面，传染性皮下和造血器官组织坏死病毒主要感染起源于外胚层和中胚层的组织细胞，主要有表皮、前肠和后肠上皮、性腺、淋巴器官和结缔组织细胞，肝胰腺细胞几乎不受感染，靶细胞核内可观察到嗜酸性包涵体。

【诊断方法】

（1）初步诊断

在该病严重爆发时，根据其发病史、流行病学、临床特征和病理特征对传染性皮下和造血器官组织坏死病作出初步诊断，最终确诊需通过实验检查。

（2）样品采集

采集病虾、健康虾样品，按虾体大小或感染期取不同分别取的组织样品，对虾幼体、仔虾取完整个体，幼虾和成虾取头胸部，非对虾的甲壳类动物参照本方法取样，使用 PCR 方法筛查幼虾和成虾的带病毒情况时，最好采集对虾的鳃、血淋巴或游泳足进行检测，对虾的肝胰腺、中肠和盲肠中病毒含量很少，这些组织不能用于 IHHNV 感染的检测。

（3）组织和病理学检查

①电镜诊断法：通过超薄切片，观察靶组织细胞核内有无 IHHNV 病毒粒子进行确诊；

②组织病理学诊断法：观察经 HE 染色后细胞核内单个或多个近球形的核型多角体形成的情况进行判断。本法适用于对虾感染斑节对虾杆状病毒情况的确诊，或未知疾病样品组织病理学评价，不适用于非感染性病毒携带样品的进行病毒检测。

（4）病原学鉴定

PCR 检测法：通过聚合酶链式反应，检测病毒特定基因，适用于进行病原筛查和疾病的确诊。

【防治方法】

（1）对苗种场、良种场实施防疫条件审核、苗种生产许可管理制度；

（2）加强疫病监测与检疫，掌握流行病学情况；

（3）繁殖场亲虾和苗种检疫阳性的全部扑杀，繁殖时选用经检疫不带病原的健康虾作为亲虾；

（4）通过培育或引进抗病品种，提高抗病能力，切断传染源以及加强饲养管理等综合措施控制本病；

（5）在疾病流行时，未发病苗种场可采用严格消毒、控制外来人员进入苗种生产车间等办法，防止疾病的传播；

（6）病毒检出阳性的苗种场应停止生产，繁殖场亲虾和苗种检疫阳性的全部扑杀，并按有关规定对发病养殖区、用具进行无害化处理，检疫阳性虾禁止用于繁殖育苗、放流或直接作为水产饵料。

第三节　贝类病毒性疾病

一、鲍病毒性死亡病

鲍病毒性死亡病（Abalone viral mortality disease，AVMD），也称为鲍病毒病、鲍裂壳病。2008 年农业部公告第 1125 号将其列为三类动物疫病。

【病原】

一些鲍球形病毒（Abalone spherical viruses），其分类地位不详，主要包括 4 种球形病毒：第一种直径 90 ~ 140nm，有 2 层囊膜和光滑的表面，核衣壳直径 70 ~ 100nm，在血细胞或者结缔组织的细胞质里复制；第二种直径为 100nm，有囊膜，核衣壳二十面体，在肝、肾和肠道的上皮细胞质里复制，通常在内质网里，是 DNA 病毒；第三种直径 135 ~ 150nm，有囊膜，表面有突起，二十面体的核衣壳直径为 100 ~ 110nm；第四种直径为 90 ~ 110nm，有光滑表面的囊膜，二十面体的核衣壳。第一种鲍球形病毒是从中国北方和东北养殖的皱纹盘鲍（*Haliotis discus hannai Ino*）分离；第二、三、四种病毒，从中国南方养殖的九孔鲍（*Haliotis divsersicolor Reeve*）病鲍中分离。

【流行情况】

鲍病毒性死亡病主要危害我国南方地区养殖的九孔鲍、杂色鲍，北方地区养殖的皱纹盘鲍也有所感染，可感染幼鲍，成鲍中也又发现感染，溶藻胶弧菌和副溶血弧菌可能会和病毒共同感染鲍，并且是鲍病的共同致病因子。该病流行具有明显的季节性，主要发生于冬、春季，即当年 10 ~ 11 月至翌年 4 ~ 5 月，水温低于 24℃易流行，随着水温的提高病情趋缓，水温 25℃以上一般不发病。该病毒的传播方式主要是通过水平（如水源、饲料等）传播。

【症状及病理变化】

患鲍病毒性死亡病鲍主要症状为：初期池水变混浊，气泡增多，死鲍斧足肌肉收缩，贝壳向上，足肌贴于池底或笼底；后期，行动迟缓，食欲下降，足收缩，变黑变硬，死鲍的肝和肠肿大，附着于池底，在电子显微镜下可观察到病鲍中大量大小为（50 ~ 80）nm × （120 ~ 150）nm 的球状病毒；该病发病特点为潜伏期短，发病急，传染性强，死亡率高，造成鲍苗以及成鲍的大量死亡，4 ~ 30d 内死亡率高达 95% 以上。由于鲍具有贝壳，软体部包被在贝壳中，肉眼观察不易检出，但患病鲍足部的吸附力下降，易于剥离；组织病理学观察表明，鲍的肝脏组织病理变化严重，大量的肝细胞核萎缩，细胞质溶解，细胞坏死，核变形等。

【诊断方法】

①初步诊断：根据其发病史、流行病学、临床特征和病理特征对传染性皮下和造血器官组织坏死病作出初步诊断，最终确诊需通过实验检查。

②实验室诊断：取病鲍外套膜、足、鳃、肝、胃和肠的结缔组织，制备超薄切片，用透射电镜检查，观察到大量病毒粒子即可确诊。

【防治方法】

（1）加强疫病监测与检疫，掌握流行病学情况，切断传染源；

（2）育苗中应选用健康强壮的亲鲍或培育或引进抗病品种，以提高鲍苗的抗病能力；

（3）对苗种场、良种场实施防疫条件审核、苗种生产许可管理制度；

（4）饵料要新鲜，少喂勤投，及时清理残饵，并定期投喂维生素等药饵，增强其体质，并定时对养殖工具、水体消毒，注意改善水质；

（5）在发生病害后应及时采取隔离及预防措施，并迅速封锁疫区，全面消毒，并对病死的鲍做无害化处理。

二、栉孔扇贝的病毒病

栉孔扇贝的病毒病，主要发生在山东省、辽宁省养殖的栉孔扇贝中。

【病原】

一种球形病毒，分类地位不详。病毒粒子近似圆形，大小为 130 ~ 170nm，核衣壳直径为 90 ~ 140nm，具有囊膜，囊膜纤突致密地镶嵌成规则的毛边样，无包涵体，引起扇贝大规模死亡的病原除球形病毒外，可能还有衣原体、立克次体和衣原体。

【流行情况】

栉孔扇贝的病毒病多在夏季发病，在山东、辽宁等地较为严重，其发病高峰在 7 月初到 8 月初，发病水温为 25℃以上，病贝大小为 4.5 ~ 6.0cm，养殖栉孔扇贝感染病毒后，在出现症状 3d 左右很快死亡，死亡率在 90% 以上，呈爆发性。

【症状及病理变化】

患栉孔扇贝的病毒病的扇贝的贝壳开闭缓慢无力，对外界刺激反应迟钝。外套腔中有大量黏液，并积有少量淤泥，消化腔轻微肿胀，肾脏易剥离，外套膜向壳顶部收缩，外套膜失去光泽，患病严重的扇贝，鳃丝轻度糜烂，肠道空或半空，足丝脱落，失去固着作用。电镜下可见在消化腺消化小管管间结缔组织、肠黏膜下层结缔组织以及肾小管管间结缔组织分布有大量的病毒粒子。

【诊断方法】

根据症状可初步诊断，确诊需用电镜进行病毒粒子的观察。

【防治方法】

目前尚未有效的治疗方法，预防措施同鲍病毒性死亡病。

三、面盘病毒病

【病原】

牡蛎幼虫面盘病毒病（oyster velar virus，OVV）。病毒粒子呈二十面对称体，平均直径（221～235）nm。病毒分为完整病毒颗粒、不完整病毒颗粒和中间型，该病毒为DNA病毒，属于虹彩病毒。

【流行情况】

面盘病毒病发生在美国华盛顿的太平洋巨蛎，另外，也引起葡萄牙的欧洲巨蛎和法国的太平洋巨蛎发病，受害幼体的壳高大于150nm，流行季节为3～8月，传播方式主要是垂直传播，即来自潜伏感染的亲牡蛎。

【症状及病理变化】

患牡蛎幼虫面盘病毒病的幼虫活性减退，内脏团缩入壳内，面盘活动不正常，面盘上皮组织细胞失掉鞭毛，并且有些细胞分离、脱落，最终幼虫沉于养殖池底不动。病毒包涵体主要见于面盘上皮细胞内，其次是口、远端食管上皮细胞，极少见于外套膜上皮细胞，呈嗜酸性，有极少量嗜碱性成分。

【诊断方法】

在面盘、口部和食道的上皮细胞中，有浓密的圆球形细胞质包涵体，受感染的细胞增大，分离脱落，脱落的细胞中含有完整的病毒颗粒。

【防治方法】

目前还未有效的治疗方法，只能增强预防措施，具体如下：

（1）将感染病毒的牡蛎幼虫及牡蛎亲体及时销毁；

（2）用含氯消毒剂彻底消毒养殖设施；

（3）使用经检疫无携带病毒的牡蛎做亲体，并保存作为长期的繁殖种群。

第四节　其他水产动物病毒性疾病

一、大鲵虹彩病毒病

目前报道的引起水产动物两栖类病毒性疾病的主要是虹彩病毒，大鲵感染后发病并导致大量死亡的病毒病。虹彩病毒是一类感染低等脊椎动物和无脊椎动物的二十面体状、大型细胞质DNA病毒，是水产养殖动物重要的病毒性病原。

【病原】

蛙虹彩病毒（Turbot reddish bodyirido virus，TRBIV）。

【流行情况】

全国主要养殖区域流行，包括湖南、湖北、陕西、浙江、福建、江西等，四季均可发生，可感染各种规格大鲵，死亡率可达 100%。

【症状及病理变化】

患大鲵虹彩病毒病的大鲵食欲减退甚至废绝，反应迟钝；体表黏液分泌增多，体表出血点、出血斑、溃疡，肌肉溃烂；脚面糜烂变质，严重的脚爪脱落，四脚呈灰白或淡黄色组织坏死，有的四肢肿胀，甚至出现断肢现象，失去爬行能力；解剖后可见腹腔内有含血液体；肝肿大，呈灰白色或因淤血呈花斑状；脾肿大，失血；肾肿大，淤血、出血；肠道出血；发病后 5 ~ 10d 发生死亡；传播途径包括接触传染、饲料传染、水体与工具传染，输入性传染最为严重。很难用药物控制，一旦发病整个养殖场感染的大鲵都会死亡，给养殖户造成了严重的经济损失。

【诊断方法】

（1）根据病鲵症状、病理变化和发病季节、水温等，可作出初步诊断；

（2）对有临床症状的大鲵进行病样采集，利用 PCR 等实验技术进行确诊。

【防治方法】

（1）引种、引苗时注意病原传入；

（2）患病鱼隔离饲养，切忌通过工具与操作传播，环境与工具消毒；

（3）水体消毒：聚维酮碘泼洒，每立方水体 0.5 ~ 1.0mL；

（4）饲料投喂与消毒：投饵要多样化，不投喂变质饵料等。活饵料在人工投喂前用 2% ~ 3% 食盐作好消毒杀菌工作，将活饵料切成块，消毒后投喂，投喂红虫的饲料要检测是否带病毒。

（5）疫苗免疫：大鲵虹彩病毒细胞灭活疫苗、大鲵虹彩病毒基因工程疫苗、DNA 疫苗、大鲵嗜水气单胞菌灭活疫苗。

（6）注射抗病毒药物：核苷酸类似物、干扰素诱导剂、中药抗病毒注射药有较好的疗效，每千克体重 5mg，连续注射 3 次。

二、鳖鳃腺炎

【病原】

是一种无囊膜球状病毒，暂名中华鳖球状病毒（Trionyx sinensis spherovirus，TSSV）或中华鳖病毒（Trionyx sinensis virus，TSV）。

【流行情况】

对所有品种的鳖都有危害，尤以稚鳖和幼鳖的危害大，且发病率、死亡率高。该病常年均可发生，但主要流行季节在 5 ~ 10 月，水温在 25 ~ 30℃时为流行高峰期。

【症状和病理变化】

病鳖全身浮肿，颈部异常肿大，但很少充血、出血发红；背腹甲有出血斑点，尤以腹甲更为明显。病鳖因水肿导致运动迟缓，不愿入水，不食不动，最后伸颈死亡。剖解见鳃腺灰白糜烂，胃和肠道内有大块暗红色凝固的血块。腹腔内积有大量含血腹水，肝、脾、肾肿大、出血。

【诊断方法】

（1）根据鳖龄、症状、流行情况及病理变化，进行判断。一般稚幼鳖脖颈肿胀、全身浮肿、鳃腺充血糜烂可诊断为该病。

（2）进行病原分离、鉴定而确诊。

【防治方法】

（1）发病后，及时隔离病鳖，并用浓度 2 ~ 3mg/L 的漂白粉或浓度 0.4 ~ 0.5mg/L 二氧化氯泼洒 2 ~ 3 次，隔天一次，并按每千克鳖体重投喂庆大霉素 50 ~ 80mg/d，连用 5d ~ 7d；

（2）用 15% 的 PVP-I 0.3mg/L 浓度全池泼洒，并结合按每千克鳖体重口服庆大霉素 50 ~ 80mg/d，连用 5 ~ 7d；或板兰根 15mg/d，连用 10d；

（3）每千克饲料添加地榆炭 60g、焦山楂 30g、乌梅 3 粒、黄连 6g、板兰根 50g，用水煎汁后拌入饲料投喂，连用 10d；

（4）在每千克饲料中加入盐酸黄连素 3g（次日减半）、先锋霉素 0.6g、黄芪多糖 2.0g，连续投喂 7d。

第四章 水产动物细菌性疾病

水产动物细菌性疾病是由细菌感染引起水产动物发生病理变化、甚至死亡的疾病。细菌是一种具有细胞壁的单细胞生物，属于原生生物中的原核细胞，仅具有原始核，该核无核膜和核仁，同时也缺乏细胞器。水产动物细菌病的种类较多，危害严重的主要是革兰氏阴性杆菌引起的疾病。

第一节　鱼类细菌性疾病

一、细菌性烂鳃病

细菌性烂鳃病（Bacterial gill-rot disease）一般指青鱼、草鱼、鲢、鳙、鲤、鲫、鲴、团头鲂和罗非鱼等淡水养殖鱼类鳃部以糜烂、溃烂为特征的疾病。

【病原】

鱼害黏球菌（Mycococcus pisciola），菌体细长、柔软而易弯曲，粗细基本一致，约0.5μm，两端钝圆，一般稍弯，有时弯成半圆形、圆形、U型、V型或Y型等，菌体长短很不一致，菌体长2～24μm，有的长达37μm，革兰氏染色阴性。菌体无鞭毛，常见两种运动方式：一是像鳝鱼一样滑行运动，二是摇晃运动。

【流行情况】

细菌性烂鳃病主要危害草鱼、青鱼、鲤鱼、鲫鱼、罗非鱼等，从鱼种至成鱼均可受害；一般流行于4～10月份，尤以夏季流行为盛，流行水温15～30℃。全国各地养殖区均有流行，常与传染性肠炎、出血病和赤皮病并发。鳃受损伤后很容易感染，在水质好、放养密度合理且鳃丝完好的情况下则不宜感染。

【症状及病理变化】

患细菌性烂鳃病鱼游动缓慢，反应迟钝，离群独游，体色变黑，鳃盖骨的内表皮往往充血，甚至腐蚀成一圆形不规则的透明小区，俗称"开天窗"。鳃丝肿胀腐烂，带有污泥和杂物碎屑。鳃严重贫血呈白色、或鳃丝红白相间的"花瓣鳃"现象。

【诊断方法】

（1）根据鱼体发黑，鳃丝肿胀，黏液增多，鳃丝末端腐烂缺损，软骨外露和"开天窗"可初步诊断。

（2）镜检鳃丝，见有大量细长、滑行的杆菌可进一步诊断。

（3）对病原进行分离鉴定或免疫学实验可确诊。

【防治方法】

（1）彻底清塘。鱼种下塘前用 10mg/L 浓度的漂白粉或 15 ~ 20mg/L 高锰酸钾，药浴 15 ~ 30min，或用 2% ~ 4% 食盐水溶液药浴 5 ~ 10min；

（2）在发病季节，每月全池遍洒生石灰 15 ~ 20mg/L，1 ~ 2 次；

（3）养殖期内，每半个月全池泼洒二氯异氰尿酸钠或三氯异氰尿酸 0.3 ~ 0.5mg/L，或二氧化氯 0.1 ~ 0.2mg/L；

（4）全池遍洒五倍子或乌柏或大黄，使池水成 3 ~ 4mg/L 浓度；

（5）拌饲投喂氟哌酸（10 ~ 30）mg/kg 体重 /d，连喂 3 ~ 5d；

（6）拌饲投喂磺胺 -2, 6- 二甲嘧啶（100 ~ 200）mg/kg 体重 /d，连喂 5 ~ 7d；

（7）拌饲投喂磺胺 -6- 甲氧嘧啶（100 ~ 200）mg/kg 体重 /d，连喂 5 ~ 7d；

二、赤皮病（Red–Skin disease）

赤皮病（Red-Skin disease）俗称擦皮瘟，一般指青鱼、草鱼、鲫和团头鲂等多种淡水养殖鱼类体表性疾病。

【病原】

荧光假单胞菌（Pseudomonas flaorescens），菌体短杆状，两端圆形，大小为（0.7 ~ 0.75）μm ×（0.4 ~ 0.45）μm，单个或二个相连。有运动力，极生 1 ~ 3 根鞭毛，无芽孢，革兰氏阴性短杆菌。适宜生长温为 25 ~ 35℃。

【流行情况】

赤皮病全国各地一年四季均流行，主要危害鱼类为草鱼、青鱼，鲤、鲫、团头鲂等淡水鱼均可患此病；此病多发生于 2 ~ 3 龄大鱼，当年鱼种也可发生，常与肠炎病、烂鳃病同时发生形成并发症；传染源是被荧光假单胞菌污染的水体、用具和带菌鱼；鱼体完整无损时无法感染此病，主要是感染受伤的鱼群。

【症状及病理变化】

患赤皮病鱼行动缓慢，鱼体表局部或大部鳞片脱落，出血发炎，特别是鱼体两侧和腹部最为明显。鳍的基部或整个鳍充血，鳍条的末端腐烂，鳍条间的组织也被破坏，使鳍条呈现扫帚状，并出现"蛀鳍"。

【诊断方法】

根据外表症状及病理变化即可诊断；本病病原菌不能侵入健康鱼的皮肤，因此病鱼有受伤史，这点对诊断有重要意义；应注意与疖疮病相区别。

【防治方法】

（1）彻底清塘；

（2）在捕捞、运输、放养等操作过程中，尽量避免鱼体受伤；

（3）鱼种放养前，可用3% ~ 4%浓度的食盐水浸泡5 ~ 15min；或5 ~ 8mg/L的漂白粉溶液浸泡20 ~ 30min；

（4）全池泼洒二氯异氰尿酸钠或三氯异氰尿酸0.3 ~ 0.5mg/L，或二氧化氯0.1 ~ 0.2mg/L；

（5）拌饲投喂氟哌酸（10 ~ 30）mg/kg体重/d，连喂3 ~ 5d；

（6）拌饲投喂强力霉素（30 ~ 50）mg/kg体重/d，连喂3 ~ 5d；

（7）拌饲投喂大蒜、食盐治草鱼该病，每100kg草鱼用大蒜头2kg，先剥去皮，捣烂，加入10kg米糠、1kg面粉、1kg食盐，搅拌均匀后，每天投喂1次，连用5d。

三、细菌性肠炎病

【病原】

肠型点状气单胞菌（*A. punotata f. instestinalis*），菌体两端钝圆，多数两个相连。极生单鞭毛，有运动力，无芽孢，大小为（0.4 ~ 0.5）μm×（1 ~ 1.3）μm，革兰氏阴性短杆菌。生长适宜温度为25℃，pH值为6 ~ 12h，均能生长。

【流行情况】

全国各养殖地区均有发生，主要危害草、青鱼、鲤鱼等，从鱼种至成鱼都可受害。流行时间为4 ~ 10月份，水温在18℃以上开始流行，流行高峰为水温25 ~ 30℃，一般死亡率在50% ~ 90%。病原体随病鱼及带病鱼的粪便而排到水中，污染饵料，经口传播。

【症状及病理变化】

患细菌性肠炎病（Bacterial septicemia）鱼腹部膨大，肛门红肿外突，呈紫红色，轻压腹部，有黄色黏液或血脓从肛门处流出。腹腔内出现腹水，肠道充血、出血，发红，肠壁变薄，弹性降低。

【诊断方法】

（1）根据肠道充血发红，尤以后肠段明显，肛门红肿、外突，肠腔内有很多淡黄色黏液进行初步诊断；

（2）从肝、肾或血中可以检出肠型点状气单胞菌进行确诊。

【防治方法】

（1）彻底清塘消毒，保持水质清洁。严格执行"四消四定"措施；投喂新鲜饲料，不喂变质饲料，是预防此病的关键；

（2）选择优良健康鱼种，鱼种放养前用8 ~ 10mg/L浓度的漂白粉浸洗15 ~ 30min；

（3）发病季节，每隔半月，用漂白粉或生石灰在食场周围或全池泼洒消毒；

（4）拌饲投喂大蒜 5g/kg 体重 /d 或大蒜素 0.025g/kg 体重 /d，连喂 3d；

拌饲投喂氟哌酸（10 ~ 30）mg/kg 体重 /d，连喂 3 ~ 5d；

拌饲投喂磺胺嘧啶或同类药物，每 100kg 鱼体重用 5 ~ 10g，连用 6d；

拌饲投大蒜或地锦草，每 100kg 鱼体重用 0.5 ~ 2kg，连用 6d；

四、淡水鱼细菌性败血症

淡水鱼细菌性败血症（Freshwater fish bacteria septicemia），俗称淡水鱼爆发病、淡水鱼爆发性出血病和出血性腹水病等。2008 年农业部公告第 1125 号将其列为二类动物疫病。

【病原】

主要为嗜水气单胞菌（Aeromonas hydrophila）、温和气单胞菌（A. sobria）、鲁克氏耶尔森氏菌（Yersinia ruckeri）等病原菌。嗜水气单胞菌菌体呈杆状，两端钝圆，中轴端直，（0.5 ~ 0.9）μm×（1.0 ~ 2.0）μm，单个散在或两两相连、能运动，极端单鞭毛，无芽胞，无荚膜。革兰氏染色阴性，少数染色不均，呈两极染色。生长温度范围在 4 ~ 40℃内，最适生长温度为 25 ~ 37℃。生长合适的 pH 为 5.5 ~ 9.0。

【流行情况】

淡水鱼细菌性败血症，20 世纪 80 年代末期在我国淡水养殖地区开始爆发，该病在我国流行地区较广、流行季节较长、危害淡水鱼的种类最多、危害鱼年龄范围最大、造成损失最严重的急性传染病。主要危害白鲫、异育银鲫、团头鲂、鲢、鳙、鲤、鲮、草等淡水鱼类。从夏花鱼种到成鱼均可感染，发病严重的养鱼场发病率高达 100%，死亡率高达 95% 以上。流行时间为 3 ~ 11 月份，高峰期常为 5 ~ 9 月份，水温 9 ~ 36℃均有流行。该病可通过病鱼、病菌污染饵料、用具以及水源等途径传播，水质恶化，鱼体免疫力低，营养不全面，投喂不合理，病鱼乱扔等，均是该病爆发的诱因。

【症状及病理变化】

患淡水鱼细菌性败血症病鱼早期可出现上下颌、口腔、鳃盖、眼睛、鳍基及鱼体两侧轻度充血，肠内食物较少；患病后期鱼体全身体表充血、出血，甚至肌肉也充出血呈红色；眼球突出，眼眶周围出血，肛门红肿，腹水，肝、脾、肾及胆囊肿大，肠道表现为肠炎。病鱼随感染程度不同，可出现红细胞肿大、胞浆内嗜伊红颗粒大量出现，胞浆透明化和溶血过程；肝细胞与胰脏腺细胞变性、坏死。

【诊断方法】

（1）根据症状及病理变化、流行病学和病理变化可作出初步诊断。

（2）在病鱼腹水或内脏检出嗜水气单胞菌等可确诊。

【防治方法】

（1）冬季干塘彻底清淤，并用生石灰或漂白粉彻底消毒，以改善水体生态环境。

（2）鱼种下塘前用 15 ~ 20mg/L 浓度的高锰酸钾水溶液药浴 10 ~ 30min。

（3）加强日常饲养管理，正确掌握投饲技术，不投喂变质饲料，提高鱼体抗病力。

（4）流行季节，用生石灰浓度为 20 ～ 30mg/L 化浆全池泼洒，每半月一次，以调节水质。

（5）用漂白粉精 0.2 ～ 0.3mg/L 或二氯海因 0.2 ～ 0.3mg/L 等氯制剂定期全池泼洒。

（6）拌饲投喂氟哌酸 30mg/kg 体重 /d 或氟苯尼考（5 ～ 15）mg/kg 体重 /d，连用 3 ～ 5d。

五、竖鳞病

竖鳞病（Lepidorthosis）又称鳞立病、松鳞病和松球病等，该病主要危害鲤、鲫、金鱼、草鱼，鲢鱼有时也会患此病，从较大的鱼种至亲鱼均可受害。

【病原】

水型点状假单胞菌（*Pseudomonas punctata f. ascitae*），为革兰氏阴性短杆菌，细菌多单个排列，呈短杆状，近圆形，有动力，无芽孢。琼脂菌落呈圆形，略黄而稍灰白，透明，中等大小。

【流行情况】

在我国东北、华北、华东和四川等养殖地区常有发生，主要流行于春季静水养殖鱼池和高密度养殖条件下，流水养殖中较少发生，主要是危害鲤鱼、鲫鱼、金鱼、草鱼等。流行水温为 17 ～ 22℃，死亡率一般在 50% 以上，发病严重的鱼池，甚至 100% 死亡。当水质污浊、鱼体受伤是该病发生的重要诱因。

【症状及病理变化】

患竖鳞病疾病早期鱼体发黑，离群独游，游动缓慢，对外界刺激失去反应，浮于水面。体表粗糙，鱼体前部的鳞片竖立，向外张开像松球，严重时全身鳞片竖立，鳞囊内积有含血的渗出液。病鱼常伴有鳍基、皮肤轻微充血，眼球突出，腹部膨大，腹腔积水等病变。

【诊断方法】

根据其症状及病理变化，如鳞片竖起，眼球突出，腹部膨大等，可做出初步判断。如同时镜检鳞囊内的渗出液，见有大量革兰氏阴性短杆菌即可作出进一步诊断。

应注意的是，当大量鱼波豆虫寄生在鲤鱼鳞囊内时，也可引起竖鳞症状及病理变化，这时应用显微镜检查鳞囊内的渗出液，以其资区别。

【防治方法】

鱼体表受伤是引起本病的可能原因之一，因此在扦捕、运输、放养时，勿使鱼体受伤；发病初期冲注新水；

（2）用 3% 食盐水浸洗病鱼 10 ～ 15min；

（3）拌饲投喂磺胺二甲氧嘧啶 100mg/kg 体重 /d ～ 200mg/kg 体重 /d，连用 5d ～ 7d；

（4）拌饲投喂氟哌酸 10mg/kg 体重 /d ～ 30mg/kg 体重 /d，连用 3d ～ 5d；

（5）拌饲投喂氟苯尼考 5mg/kg 体重 /d ~ 15mg/kg 体重 /d，连用 3d ~ 5d；

（6）药浴：用苦参给鱼浸泡，给病鱼洗浴 20min ~ 30min，连续 4d ~ 5d；

（7）药浴：在 50kg 水中加入捣碎的大蒜头 0.25kg，给病鱼浸泡数次，有较好治疗效果。

六、白云病

【病原】

荧光假单胞菌（Pseudomonas fluorescens），为革兰氏阴性短杆菌，两端圆形，单个或二个相连，有动力，极端着生 1 ~ 3 根鞭毛，无芽孢。琼脂培养基上菌落呈圆形，灰白色。

【流行情况】

白云病（White cloud disease）于 20 世纪 80 年代开始在我国出现，是一种感染率较高的疾病，主要危害鲤鱼、江团和鲟鱼等。流行季节为 5 ~ 6 月份，水温为 6 ~ 18℃，常发于稍有流水、水质清瘦、溶氧充足的网箱及流水越冬池中。当鱼体受伤后更易暴发流行，常并发竖鳞病、水霉病，死亡率可高达 60％以上。

【症状及病理变化】

患白云病初期可见病鱼靠箱边或池边，不吃食，游动缓慢，体表分泌出大量黏液，形成一层白色薄膜，附着在体表。随着病情的发展，逐渐蔓延扩大至其他部位，严重时好似全身布着一片白云。其中有部分病鱼鳞片脱落或竖起，体表和鳍充血、出血等病变，少数病鱼还出现眼球混浊发白。

【诊断方法】

根据症状、流行情况及病理变化可初步诊断，并须刮取体表黏液进行镜检，排除斜管虫、车轮虫等原虫寄生所致。进一步确诊，则必须进行病原分离与鉴定。

【防治方法】

（1）进箱或池的鱼种应选择健壮、未受伤的鱼，且进箱前鱼种要用高锰酸钾溶液或盐水等进行药浴，杀灭体表寄生虫及病原菌。

（2）遍洒 30mol/L 浓度的福尔马林，或 0.5 ~ 1.0mg/L 浓度的新洁尔灭或用 0.1 ~ 0.3mg/L 浓度的双季铵盐类消毒剂。

（3）拌饲投喂氟苯尼考（10 ~ 20）mg/kg 体重 /d，或磺胺类药物（100 ~ 200）mg/kg 体重 /d，连用 5 ~ 7d。

七、打印病

打印病（Stigmatosis）又名腐皮病，是鲢、鳙和鲈鱼的主要病害之一。

【病原】

点状气单胞菌点状亚种（A. punctata subsp. punctata），菌体两端圆形，中轴直形，多数两个相连，少数单个散在，极生单鞭毛，有运动力，无芽孢，革兰氏阴性短杆菌。

适宜温度 28℃左右，pH 值 3 ~ 11 中均能生长。

【流行情况】

在我国各养殖区均有该病的出现，终年可见。主要危害鲢、鳙和鲈鱼等，从鱼种、成鱼直至亲鱼均可发病。感染率有的可高达 80%。以夏、秋季较易发病，28 ~ 32℃为其流行高峰期。

【症状及病理变化】

患打印病鱼种和成鱼患病的部位通常在肛门附近的两侧，或尾鳍基部，极少数在身体前部；初期皮肤及其下层肌肉出现红斑，随着病情的发展，鳞片脱落，肌肉腐烂，病灶逐渐扩大和深度加深，形成溃疡，严重时甚至露出骨骼或内脏。病灶呈圆形或椭圆形，周缘充血发红，状似打上了一个红色印记，因此得名"打印病"。

【诊断方法】

根据症状、流行情况及病理变化进行初步诊断。进行病原的分离鉴定或采用可进行确诊。

【防治方法】

（1）注意保持池水洁净，避免寄生虫的侵袭，谨慎操作勿使鱼体受伤，均可减少此病发生；

（2）肌肉或腹腔注射硫酸链霉素 20mg/kg 体重 /d，或金霉素 5000U/kg 体重 /d；

（3）患处用 1% 高锰酸钾溶液清洗病灶，或用金霉素或四环素药膏涂抹。

（4）药浴：用苦参给鱼浸泡，每亩水面用药 2 ~ 2.5kg 熬汁，全池泼洒，连续 4 ~ 5d;

（5）亲鱼注射金霉素（5mg/kg）或青霉素等进行预防。

八、疖疮病（Furunculosis）

【病原】

疖疮型点状产气单胞菌（*A. punctata f. furumutus*），为革兰氏阴性短杆菌，两端圆形，大小为（0.8 ~ 2.1）μm×（0.35 ~ 1.0）μm。单个或两个相连，极端单鞭毛，有荚膜，无芽孢，染色均匀。适宜温度为 25℃。

【流行情况】

我国各养殖地区都有此病发生，但不多见。主要危害青、草、鲤等鱼类，无明显的流行季节，一年四季都可发生，在鱼池中均呈散在发生，发病率低。

【症状及病理变化】

鱼体躯干的局部组织上有一个或几个脓疮，触摸有柔软浮肿感，隆起皮肤先是充血、出血，再发展到坏死、溃烂形成溃疡。

【诊断方法】

根据症状、流行情况及病理变化，即可作出诊断。不过要注意有些黏孢子虫寄生在肌肉中，也可引起体表隆起，患处的肌肉失去弹性、软化及皮肤充血，如鲫碘泡虫寄生在鲫鱼头后部的背肌中。区别这两者，检查肌肉中是否有孢囊。

【防治方法】

同赤皮病。

九、鮰类肠败血症（Enteric septicaemia of catfish，ESC）

鮰类肠败血症（ESC），是由鮰爱德华氏菌感染鮰科鱼类引起的一种细菌性疾病，临床以头盖穿孔或肠道败血为特征。2008 年农业部公告第 1125 号将其列为三类动物疫病。

【病原】

鮰爱德华氏菌（*Edwardsiella ictaluri*，EI），菌体大小为 $0.5 \times 1.75 \mu m$，周身鞭毛，为革兰氏阴性短杆菌。在 25℃时能运动，但在 37℃时则不能运动。本菌在培养基上生长缓慢，在血琼脂平板上，30℃培养 48h 后，才形成直径为 2mm 的菌落。最适生长温度为 25 ～ 30℃。

【流行情况】

ESC 于 1976 年在美国的亚拉巴马州和佐治亚洲的斑点叉尾鮰中首先发现，随后成为对美国南部养殖业危害最大的传染病，在我国，有记载广东、湖北、湖南、四川、河南及重庆等地均已发现 ESC，其发病率在 30% 左右。主要危害斑点叉尾鮰，白叉尾鮰，短棘鮰，云斑鮰等鱼种。流行季节为 5 ～ 6 月份和 9 ～ 10 月份，流行水温为 24 ～ 28℃。病菌主要通过水传播，国内外已报道的主要感染途径为两种：经消化道传播和由体外感染神经系统引起炎症。

【症状及病理变化】

该病临床症状随染病鱼种类而异，根据具体症状不同，主要有"头盖穿孔型"和"肠道败血型"。

急性型：感染途径为消化道。发病急，死亡高；感染初期，病鱼离群独游，反应迟钝，食欲减退，严重时病鱼头朝上，尾朝下，悬垂水中，呈现"吊水"状；同时，病鱼腹部膨大，体表、肌肉可见到细小的充血、出血斑，眼球突出，鳃丝苍白而有出血点，腹腔积水，肝、脾、肾肿大、出血，胃、肠道扩张，充血、出血，积液。

慢性型：感染途径为神经系统，病程长。病鱼行为异常，伴有交替的不规则游泳，常作环状游动，或者倦怠嗜睡，后期头背颅部溃烂成一深孔，直到裸露出整个脑组织，形成"马鞍状的病灶"。

【诊断方法】

确诊需对从靶组织内分离到的革兰氏阴性菌进行鉴定，并结合临诊症状及病理变化和病理变化进行综合诊断。在苗种阶段，斑点叉尾鮰病毒病可能与本病混淆，可通过临诊症状及病理变化和血清学诊断进行区别。

【防治方法】

（1）加强饲养管理，改善水体环境条件，合理放养，科学饲喂，经常加注新水，减少应激。

（2）拌饲投喂磺胺类药（100～200）mg/kg 体重 /d，或脱氧土霉素（30～50）mg/kg 体重 /d，或氟苯尼考（10～20）mg/kg 体重 /d，连用 5d～7d。

（3）全池泼洒二氯异氰尿酸钠或三氯异氰尿酸 0.3～0.5mg/L，或二氧化氯、溴氯海因 0.1～0.2mg/L。

十、斑点叉尾鮰"传染性套肠症"

【病原】

该病的病原初步认为是斑点叉尾鮰源的嗜麦芽寡养单胞菌（S. maltophilia），为革兰氏阴性杆菌，极生多鞭毛，无荚膜，无芽孢，鞭毛数 ≥2。

【流行情况】

斑点叉尾鮰"传染性套肠症"（Infectious intussusception of Channel catfish）最早发现于 2004 年 3 月下旬，首先在四川省成都市郊的龙泉湖网箱养殖的斑点叉尾鮰发生，自然情况下主要感染斑点叉尾鮰，鱼苗、鱼种和成鱼均可感染，其他鮰科鱼类也可感染，3～9 月份是其发病的时期，但以 3～5 月份高发，一般是每年的 3 月下旬或 4 月初开始发病发病水温多在 16℃ 以上，并随水温的升高病程缩短。发病急，死亡快，病程短，一般病程在 2～5d，发病率在 90% 以上，死亡率 90% 以上，严重的达 100%。

【症状和病理变化】

病鱼游动缓慢，靠边或离群独游，食欲减退或丧失，鳍条基部，下颌及腹部充血，出血，腹部膨大，体表出现大小不等的圆形或椭圆形的褪色斑。腹腔内充满大量清亮或淡黄色或含血的腹水，胃肠道内没有食物，肠腔内充有大量含血的黏液，肠道发生痉挛或异常蠕动，常于后肠出现 1～2 个肠套叠，部分鱼还见前肠回缩进入胃内的现象。肝肿大，颜色变淡发白或呈土黄色，部分鱼可见出血斑，质地变脆，胆囊扩张，胆汁充盈；脾、肾肿大，淤血，呈紫黑色；部分病鱼可见鳔和脂肪充血和出血。

【诊断方法】

（1）根据本病的症状与病理变化可以作出初步诊断，特别是体表充血、出血和褪色斑，肠道发生套叠，甚至肠脱是本病的特征性变化。

（2）对本病的确诊需对从靶组织内分离到的革兰氏阴性嗜麦芽寡养单胞菌。

【防治方法】

（1）要加强饲养管理，尤其是水质、气候突变的时候要注意防病，改善水体环境条件，科学饲喂，尽量减少低溶氧和恶劣的水环境等应激因子的刺激，特别是高密度会增加本病发生的机会，故放养密度不宜过大。

（2）育健壮无病的优良斑点叉尾鮰苗种，鱼种尽量就地培养，减少搬运，并注意下塘或进箱前进行鱼体消毒。可用（5～10）×10^{-6}浓度的高锰酸钾水溶液药浴5～15min。

（3）免疫预防是本病最有效最关键的预防措施。因此研制出有效的免疫疫苗将对该病的预防控制起着重要作用。

（4）在治疗上采取药物外用与内服结合治疗。复方新诺明第一天200mg/kg体重/d，第二天开始药量减半，拌在饲料中投喂，5d为一个疗程。氟哌酸、沙拉沙星、强力霉素和氟苯尼考等每天每千克鱼用10～30mg，制成药饵投喂，每天一次，连用3～5d。

（5）水体消毒用漂白粉1×10^{-6}；漂白粉精（有效氯60%～65%）（0.2～0.3）×10^{-6}；二氧化氯（0.1～0.3）×10^{-6}或二氯海因、溴氯海因（0.2～0.3）×10^{-6}全池泼洒或网箱水体消毒。

十一、斑点叉尾鮰柱形病（Colμmnaris disease of Channel catfish）

【病原】

柱状屈挠杆菌（Flavobacterium columnare），为严格的好氧，革兰氏阴性菌，无鞭毛，呈弯曲的长杆状或丝状，大小0.5×（2～30）μm的细菌。在贫营养的培养基上能较好的生长，在固体培养基上能滑行运动或一端固着，另一端缓慢摆动。在大多数培养基上都能生长，形成黄色到棕黄色，向四周扩散形成较浅的假根状菌落。

【流行情况】

该病目前已成为危害斑点叉尾鮰的第二大细菌性传染病，在春、夏、秋都可发生，流行水温为15～32℃，多出现在水温20℃以上的春末至初秋，死亡率可达到75%以上。病原的感染常与各种应激因素有关，如高温、密度过大、机械损伤、水质恶化等。除了感染斑点叉尾鮰外，还可感染鲤鱼、鲫鱼、鳗鲡、虹鳟、罗非鱼和褐鳟等鱼类，但斑点叉尾鮰最敏感。

【症状及病理变化】

病鱼鳍、吻、鳃和体表出现棕色或棕黄色的病灶，病灶周围充血，出血，发炎，特别是在背部形成一由白色带状物围绕的似"马鞍"状的病灶具有一定的特征性；随病程的发展病灶，病灶皮肤受损，形成中心开放性的溃疡，露出其下的肌肉组织。鳃黏液分泌增多，鳃丝末稍出现褐色的坏死组织，后逐步扩展至基部整个鳃丝腐烂。

【诊断方法】

（1）根据症状、病变与流行病学可进行初步诊断。

（2）准确的诊断需进行病原的分离鉴定或采用免疫学方法与分子生物学方法进行诊断，如直接荧光抗体技术、间接荧光抗体技术、ELISA、16S rDNA序列分析、PCR和AFLP等。

【防治方法】

（1）保持养殖水体的清洁，控制放养密度，减少应激是重要的预防措施；

（2）同时使用消毒药进行水体消毒，杀灭水体中的病原体有研究表明氯胺-T 6.5～8.5mg/L 和新洁尔灭 1～2mg/L 浸泡 1h 对该病有很好的治疗效果。

（3）疫苗免疫后鱼体获得了明显的保护力。

（4）发病时可使用磺胺类和四环素类药物进行内服治疗。脱氧土霉素（30～50）mg/kg 体重/d，或氟苯尼考（10～20）mg/kg 体重/d，连用 5～7d。

十二、斑点叉尾鮰链球菌病（Streptococcosis of Channel catfish）

鱼类链球菌病的急性型病例以神经症状为主，病鱼以 C 形或逗号样弯曲做旋转运动；慢性病例以眼球突出、混浊为特征。2008 年农业部公告第 1125 号将其列为三类动物疫病。

【病原】

初步认为是海豚链球菌（Streptococcus iniae），菌体卵圆形，β 溶血阳性，大小（0.7×1.4）μm，革兰氏阳性，二链或链锁状的球菌，无运动力。生长的温度范围为 10～45℃，最适温度为 20～37℃。生长的 pH 值为 3.5～10，最适 pH 值为 7.6。

【流行规律】

2007 年 6～8 月份在广西某水库网箱养殖的斑点叉尾鮰暴发该病，其发病率、死亡率均高达 90%。目前，国内极少见有关链球菌感染斑点叉尾鮰的报道，而在罗非鱼、大菱鲆、真鲷、虹鳟等鱼类有大量感染发病的报道。

【症状及病理变化】

病鱼离群，在水面呈螺旋状旋转游动。多数病鱼鳍条充血，下颌、体侧、腹部以及尾柄部有大量出血点，肛门红肿外突。部分病鱼不表现出任何明显的症状而发生死亡。解剖见内部脏器严重出血，肝脏、肾脏严重出血，质脆；肠壁变薄，充出血明显，个别样品伴有一定程度的肠套叠现象，肠腔内有带血黏液。少数病鱼腹腔内出现含血腹水。

【诊断方法】

（1）结合流行病学和典型症状，患病鱼通常有神经性症状在水中螺旋旋转游动，鳍条充血，体表有明显的出血点，内脏器官广泛充血出血进行初步诊断；

（2）确诊需要对病原进行分离鉴定。对于链球菌的鉴定现在已有商品化的试剂盒如 API 20 Strep、Rapid Strept 32 等，也可采用分子生物学技术进行鉴定。

【防治方法】

（1）加强水体、鱼体和用具的消毒，氯消毒剂的有效氯含量 20～50mg/L；

（2）一旦发病，可以采用链球菌敏感的土霉素、强力霉素和氨苄青霉素等进行治疗。土霉素或强力霉素 50mg/kg 体重内服，连用 10d 或庆大霉素 30mg/kg 体重拌料口服，连用 5d。

十三、体表溃疡病

【病原】

体表溃疡病（Leration of skin）的病原体多为嗜水气单胞菌（Aeromonas hydrophila）、温和气单胞菌（A.sobria）和豚鼠气单胞菌（A.caviae）等。嗜水气单胞菌菌体呈杆状，两端钝圆，中轴端直，（0.5 ~ 0.9）μm×（1.0 ~ 2.0）μm，单个散在或两两相连、能运动、极端单鞭毛，无芽胞，无荚膜。革兰氏染色阴性。温和气单胞菌菌体大小为（0.3 ~ 0.5）μm×（0.8 ~ 1.3）μm，两端钝圆，单个、成对或短链，有运动能力，极生单鞭毛，无芽孢、无荚膜，革兰氏阴性短杆菌。

【流行情况】

危害多种养殖品种，特别是乌鳢、加州鲈、齐口裂腹鱼和大口鲇等养殖品种的危害较大，水温在 15 ℃以上开始流行，发病高峰是 5 ~ 8 月份；外伤是本病发生的重要诱因。

【症状及病理变化】

病初，体表出现数目不等的斑块状出血，之后，病灶处的鳞片脱落，表皮及其下肌肉坏死，溃烂，形成大小不等，深浅不一的溃疡，严重时露出骨骼和内脏而死亡。

【诊断方法】

（1）根据症状和病理变化作出初步诊断。

（2）进行病原的分离鉴定与荧光抗体技术、免疫对流电泳等免疫学技术等可确诊。

【防治方法】

（1）加强综合防治措施，实施健康养殖；

（2）全池泼洒二氯异氰尿酸钠或三氯异氰尿酸 0.3 ~ 0.5mg/L，或二氧化氯、溴氯海因 0.1 ~ 0.2mg/L。

（3）拌饲投喂病原敏感性药物，如脱氧土霉素（30 ~ 50）mg/L/kg 体重 /d，或氟苯尼考（10 ~ 20）mg/L/kg 体重 /d，连用 5 ~ 7d。

十四、烂尾病

【病原】

嗜水气单胞菌（Aromonsa hydrophila）和温和气单胞菌（A.sobria）等。嗜水气单胞菌菌体呈杆状，两端钝圆，中轴端直，（0.5 ~ 0.9）μm×（1.0 ~ 2.0）μm，单个散在或两两相连，能运动，极端单鞭毛，无芽胞，无荚膜。革兰氏染色阴性。温和气单胞菌菌体大小为（0.3 ~ 0.5）μm×（0.8 ~ 1.3）μm，两端钝圆，单个、成对或短链，有运动能力，极生单鞭毛，无芽孢、无荚膜，革兰氏阴性短杆菌。

【流行情况】

鲤、鲫、虹鳟、罗非鱼和草鱼等都可感染烂尾发病（Tial-Rot disease），特别是对草鱼危害较大。当鱼尾部被擦伤，或被寄生虫等损伤后，鱼体抵抗力下降，水质又较污浊，养殖密度高，水中病原菌又较多时，就容易暴发流行，引起鱼种大批死亡。发病季节多集中在春季。

【症状及病理变化】

病初尾柄处皮肤变白，随后，尾鳍开始蛀蚀，并伴有充血，最后，尾鳍大部或全部断裂，尾柄处皮肤、肌肉溃烂，严重时露出骨骼。

【诊断方法】

根据外观症状可初步诊断；确诊应做进一步病原分离鉴定。

【防治方法】

（1）保持养殖水体清洁，控制放养密度；

（2）全池泼洒二氯异氰尿酸钠或三氯异氰尿酸 0.3 ~ 0.5mg/L，或二氧化氯、溴氯海因 0.1 ~ 0.2mg/L，或遍洒 30μl/L 的福尔马林；

（3）拌饲投喂脱氧土霉素（30 ~ 50）mg/L/kg 体重 /d，或氟苯尼考（10 ~ 20）mg/L/kg 体重 /d，连用 5 ~ 7d。

十五、鳗鲡红点病

【病原】

鳗败血假单胞菌（Pseudomonas anguilliseptica），菌体呈细长杆状，大小 0.4μm × 2.0μm，极生单鞭毛，运动性随培养条件而变化，15℃培养时，有运动能力，但 25℃培养时则没有运动能力。在 5 ~ 30℃范围内均能生长，适宜生长温度为 15℃ ~ 20℃。

【流行情况】

鳗鲡红点病（Red-spot disease of eel）仅在咸淡水中流行，主要危害日本鳗及欧洲鳗，流行于水温 12℃ ~ 25℃，30℃以上疾病即可缓解或终止流行。在日本、英国及我国台湾、福建等省均有流行。

【症状及病理变化】

病鱼体表各处点状出血，尤以下颌、鳃盖、胸鳍基部及躯干部为严重，并在出现症状后 1 ~ 2d 内死亡。剖解见腹膜点状出血，肝、脾、肾均肿大，严重淤血、出血，呈暗红色，肠道也明显充血、出血。

【诊断方法】

根据重病鱼体表各处点状出血，用手摸病鱼患部，即有带血的黏液粘污手，即可做出初步诊断；确诊需进行病源分离鉴定。

【防治方法】

（1）加强饲养管理与平时的消毒工作，尽量降低水的盐度或将水温升高到28℃以上，有较好的预防作用。

（2）全池泼洒三氯异氰尿酸 0.3 ~ 0.5mg/L，或二氧化氯 0.1 ~ 0.2mg/L。

（3）拌饲投喂脱氧土霉素（30~50）mg/L/kg 体重 /d，或氟苯尼考（10~20）mg/L/kg 体重 /d，连用 5~7d。

十六、黄鳝出血性败血症

【病原】

气单胞菌属（*Aeromonasa*）的细菌如嗜水气单胞菌（*Aeromonas hydrophila*）、温和气单胞菌（*A. sobria*）等。

【流行情况】

对各个生长阶段的黄鳝都可感染，发病严重的养殖场发病率和死亡率高达 100%。流行时间为 3~11 月份，高峰期为 6~9 月份。密度过高、水质不良和受伤是该病发生的重要诱因。

【症状和病理变化】

病鳝浮出水面呼吸，不停地打圈翻动，并很快死亡。体表面出现大小不一出血斑或呈弥漫性出血，以腹部最为明显。肛门红肿、外翻。将病鳝尾部提起倒置，从口腔流出血状液体。剖解见胸腹腔内有较多含血液体，心外膜、内膜出血，肝肿大，有绿豆大小的出血斑，肠道充血、出血。

【诊断方法】

（1）根据症状、病变及流行情况，特别是体表及内脏器官的广泛性出血可初步诊断。
（2）进行病原的分离、鉴定可确诊。

【防治方法】

（1）选择未受伤的鳝苗种入池，定期定期用浓度 0.3mg/L 的三氯异氰尿酸或浓度 30mg/L 的生石灰全池泼洒消毒；
（3）发病后，用浓度（0.1~0.3）×10^{-6} 二氧化氯全池泼洒消毒，每天 1 次，连续 3 次；
（4）拌料内服：强力霉素或四环素（30~50）mg/kg 体重 /d，连用 5~7d。

十七、泥鳅细菌性败血症（Bacterial septicemia of Oriental weatherfish）

【病原】

初步认为是气单胞菌属（Aeromonasa）的细菌。

【流行情况】

对各生长阶段的泥鳅都可感染，流行季节为 5~9 月份，特别是水温 25℃左右时是发病高峰，发病率高达 80% 以上，死亡率达 50% 左右。水质恶化、体表受伤是本病发生的重要诱因。

【症状和病理变化】

病鳅食欲下降，甚至完全丧失，活动缓慢，在进水处或近池边水面悬垂，继而发生死亡。病鳅体表黏液增多，下颌充血、出血，发红，肛门红肿，在腹部与体侧出现红色边缘，突起的肿块，甚至发生皮肤、肌肉腐烂，出现圆形溃疡灶。剖解见腹腔内有大量红色或淡黄色腹水，肝、肾和脾明显肿大，充血、出血，肠道壁变薄，肠腔内充有大量含血黏液，肠粘膜充血、出血。

【诊断方法】

根据症状、病变和流行情况，特别是病鳅腹部与体侧出现红色边缘，突起的肿块可初步诊断，确诊需进行病原分离与鉴定。

【防治方法】

（1）放养时，确保泥鳅健康无伤，入池前用浓度 10mg/L 的高锰酸钾浸洗10 ~ 20min；

（2）定期定期用浓度 0.3mg/L 的三氯异氰尿酸或浓度 30mg/L 的生石灰全池泼洒消毒水体；

（3）发病后，用浓度（0.1 ~ 0.3）×10^{-6} 二氧化氯全池泼洒消毒，每天 1 次，连续 3 次；

（4）拌料内服：四环素或蒽诺沙星（30 ~ 50）mg/kg 体重 /d，连用 5 ~ 7d。

十八、鳗鲡弧菌病

【病原】

鳗弧菌（Vibrio anguillarum），菌体呈短杆状，稍弯曲，两端圆形，（0.5 ~ 0.7）μm×（1 ~ 2）μm，以单极生鞭毛运动，无荚膜、无芽孢，革兰氏阴性。生长温度为10 ~ 35℃，最适生长温度为 25℃左右。生长盐度（NaCl）为 0.5% ~ 6.0%，甚至 7.0%，最适生长盐度为 1.0%左右。生长 pH 范围为 6.0 ~ 9.0，最适生长为 pH 值 8。

【流行情况】

鳗弧菌为条件致病菌之一，平时在海水和底泥中都可发现，在健康鱼类的消化道中也是微生物区系的重要组成部分，但是一旦条件适宜时就成为致病菌。可通过受损的伤口及口感染，放养密度过大、水质不良、投喂氧化变质的饲料、捕捞、运输、选择等操作不慎，使鱼体受伤是发病的诱因。虹鳟、鳗鲡、香鱼、大麻哈鱼、乌鳢、鲤鱼、鲫鱼、大菱鲆和黑鲷等鱼类都可感染发病。该病在全世界广泛流行，死亡率高。

【症状和病理变化】

鳗鲡弧菌病（Vibriosis of eel）的鳗体表点状出血、其中以腹部、下颌及鳍较为明显，肛门红肿；严重时，部分鱼躯干部形成隆起或形成出血性溃疡。肝、肾肿大，肝呈土黄色，点状出血；部分病鱼腹腔内有腹水；肠道充血、出血。

【诊断方法】

根据症状、病变和流行情况可进行初步诊断，确诊需进行病原的分离、鉴定。采用间接荧光抗体（IFAT）技术和 ELISA 免疫检测，可进行早期快速诊断。

【防治方法】

（1）保持优良的水质和养殖环境，不投喂腐败变质的小杂鱼、虾；

（2）投喂磺胺类药物饵料，磺胺甲基嘧啶，第一天每千克鱼用药 200mg，第二天以后减半，制成药饵，连续投喂 5 ~ 7d；

（3）投喂四环素、强力霉素和氟苯尼考等抗菌素药饵，其中强力霉素，每千克鱼每天用药 30 ~ 50mg，氟苯尼考每千克鱼每天用药 5 ~ 15mg 制成药饵，连续投喂 5 ~ 7d；

（4）在口服药饵的同时，用 0.1 ~ 0.3mg/L 的二氧化氯消毒剂全池泼洒，可以提高防治效果。

第二节　甲壳动物细菌性疾病

一、虾红腿病

【病原】

虾红腿病（Red-Limb disease of shrimp）主要病原菌为副溶血弧菌、鳗弧菌、溶藻弧菌、气单胞菌和假单胞菌等，均为革兰氏阴性杆菌。弧状、短弧状或杆状，极生单鞭毛，有动力，大小为（0.8 ~ 1.3）μm ×（1.6 ~ 3.0）μm；嗜水气单胞菌，短杆状，极生单鞭毛，有动力，大小为（0.5 ~ 0.7）μm ×（0.8 ~ 1.5）μm；假单胞菌，短杆菌，极端 1 ~ 3 根鞭毛，有动力，无芽孢。

【流行情况】

红腿病的流行范围广，在全国对虾养殖区常有发生，感染对虾广，中国明对虾，长毛对虾，斑节对虾和凡纳滨对虾均可感染；流行季节为 6 ~ 10 月份，流行高峰为 8 ~ 9 月份，发病率和死亡率有时高达 90% 以上，是对虾养成危害较大的一种疾病。

【症状和病理变化】

患病虾类一般在池边缓慢游动或潜伏岸边或塘边，行动呆滞，在水中做旋转活动，不久即出现大量死亡；比较显著的外观表现为步足、游泳足、尾扇和触角等变为微红色或鲜红色，头胸部的鳃丝也会变黄或呈现粉红色，严重者鳃丝溃烂；解开可见肠空，肝脏呈现浅黄色或深褐色，肌肉弹性差，鳃丝尖端出现空泡，血淋巴、肝胰腺、心脏和鳃丝等器官组织内可看到大量细菌。

【诊断方法】

虾红腿病可根据附肢特别是游泳足变红的外观症状初诊，由于对虾的环境条件下不利时，如拥挤、缺氧、受刺激时附肢也暂时变红，但鳃区不变黄色，且当条件改变时可恢复原状，因此，确诊必须检查血淋巴内是否有菌：

（1）取具有显著红腿症状的病虾，用镊子从头胸甲后缘与第一胸节的连接处刺破，再用吸管插入心腔中吸取血液，滴于干净的载玻片上，盖上盖玻片镜检；

（2）用血清学方法，如荧光检测技术或酶链免疫测定法检测。

【防治方法】

（1）秋、冬季清楚池底淤泥，用生石灰、漂白粉或含氯消毒剂消毒。夏、秋高温季节，根据池底和水质情况，每亩水面可泼洒生石灰 5 ~ 15kg；

（2）每日 1 次、每千克虾搅拌投喂氟苯尼考粉 [规格（以氟苯尼考计）：10%]0.1 ~ 0.15g，连用 3 ~ 5d；

（3）大蒜素饲料重量的 1% ~ 2%，去皮捣烂，加入少量清水搅匀，拌入配合饲料中，待药液完全吸收后，连续投喂 3 ~ 5d；

（4）在口服上述抗菌药物的同时，使用三氯异氰尿酸、漂白粉、溴氯海因或二溴海因等其中一种含氯消毒剂进行水体消毒。

二、瞎眼病

【病原】

养成期瞎眼病（Blind disease）病原为非 O1 群霍乱弧菌，菌体为短杆状，弧形，（0.5 ~ 0.8）μm ×（1.5 ~ 3.0）μm，单个，有时数个菌体链成 S 形，极生单鞭毛，能运动，革兰氏染色阴性。

【流行情况】

瞎眼病流行范围广，在养成期间几乎全国各地养殖斑节对虾、凡纳滨对虾、中国明对虾和长毛对虾等均有发生。主要发生于温度较高的 7 ~ 10 月份，但以 8 月份最多，感染率 30% ~ 50%，最高可达 90% 以上。该病的流行语池底没有清淤或清淤不彻底有密切关系，越冬亲虾的瞎眼病除了池底污浊以外，可能与光线强、亲虾沿池不停地游动，眼球受伤后病原感染有关。

【症状与病理变化】

患病对虾伏于水草或池边，不时浮于水面做无方向性地狂游，或于水面旋转翻滚。对虾患病后的眼球病变过程如下：发病初期眼球肿胀，颜色逐渐由黑变褐，并进一步发展为眼球溃烂，严重者眼球脱落仅剩下眼柄，细菌浸入血淋巴，使病虾血淋巴液变稀薄，凝固缓慢，镜检可见眼球溃烂组织中含有大量细菌，最终还菌血症死亡。

【诊断方法】

根据病虾眼球的颜色和溃烂情形可初步诊断，确诊必须刮取眼睛的溃烂组织和液体，镜检有否细菌和真菌。

【防治方法】

（1）养成池在放养虾前要彻底清淤消毒，养成期保持水质清洁，越冬池需刷池消毒后进行越冬，越冬期经常吸除底物，加强换水，控制暗光以减少亲虾游动；

（2）养成期治疗与红腿病相同；

（3）越冬期瞎眼病的治疗分病原进行，如果病原为细菌，全池泼洒含氯消毒剂3～5d，同时可选国家规定水产养殖用抗菌药物；若病原为真菌，目前无国家规定水产养殖用真菌类药物，只能采用隔离与控制措施。

三、烂鳃病

【病原】

弧菌、假单胞菌和气单胞菌等。

【流行特点】

烂鳃病可发生于斑节对虾、中国明对虾和凡纳滨对虾等几乎所有养殖对虾，高温季节易发病。

【症状与病理变化】

患烂鳃病（Gill-rot disease）对虾因缺氧而浮于水面或卧于池边，游动缓慢，反应迟钝，摄食下降甚至停止摄食，最后因缺氧而死。烂鳃病的发展一般经黄鳃、黑鳃至烂鳃的过程。在发病初期，病虾的鳃丝局部或全部变黄，随着病情发展，鳃丝从尖端开始溃烂，溃烂坏死的鳃丝发白并出现皱缩或脱落，鳃的呼吸功能严重受损甚至丧失。

【诊断方法】

通过鳃丝肿胀、颜色变褐或变黑等外观症状可初步诊断。实验室检查，可取对病虾病变的鳃丝做水浸片镜检，观察鳃丝烂鳃情况，再用高倍镜观察鳃丝内有无细菌，如要进行病原的鉴别诊断，则需病原菌分离和鉴定。

【防治方法】

同虾红腿病。

四、甲壳溃疡病

【病原】

甲壳溃疡病（Uiceration of crustaceans）由体表受伤而导致细菌感染引起，从病灶上分离出多种细菌，隶属于弧菌、假单胞菌、气单胞菌、螺菌和黄杆菌等，均为革兰染色阴性菌。

【流行情况】

甲壳溃疡病在我国越冬亲虾中流行广泛，主要感染中国明对虾、凡纳明对虾、褐对虾、桃红对虾、龙虾、蟹类以及淡水的罗氏沼虾。该病主要发生在越冬中、后期的1月～3月，诱发原因主要是亲虾因捕捞、运输和选择等操作不慎，导致体表受伤；或在越冬期间跳跃碰撞受伤，分解几丁质的细菌或其他病菌入侵感染，导致甲壳溃疡而陆续死亡累积死亡率可达 80% 以上。

【症状和病理变化】

患甲壳溃疡病虾最显著的症状为体表甲壳表面有黑褐色斑块，该斑块主要是因病虾体表甲壳发生溃疡而形成的黑褐色凹陷，严重时会侵蚀到几丁质以下的组织。黑褐斑一般周围颜色较浅，呈灰白色，中部颜色较深，黑褐色斑块随着感染时间的延续逐渐扩大，其形状多数为圆形，也有长方形或不规则形。黑褐色斑块发生的部位不固定，但以头胸甲鳃区和腹部前 3 节的背面和侧面较多。对虾附肢和额角烂掉后，其断面也呈黑褐色。

【诊断方法】

通过病虾体表甲壳和附肢上的黑褐色斑点状溃疡等外观症状进行初步诊断，但要注意与维生素 C 缺乏症的区别：甲壳溃疡病在黑褐色斑点处有溃烂；而维生素 C 缺乏症虽然也有黑褐斑，但斑块位于甲壳之下，其甲壳表面光滑，无溃烂。确诊需从甲壳溃疡处刮取黑斑处物质，做成水浸片在显微镜下镜检。

【防治方法】

（1）养成池甲壳类溃疡病的预防：主要是饲料营养齐全，水质不受污染，池水定期用含氯消毒剂消毒；

（2）越冬期亲虾的预防：主要是操作过程中防止受伤；

（3）养成期甲壳类溃疡病的治疗：同红腿病；

（4）连续投喂 3 ~ 5d；

（5）每日 1 次，每千克虾拌饵投喂烟酸诺氟沙星预混剂 [规格（以诺氟沙星计）：10%]15 ~ 20mg，连用 3 ~ 5d；

（6）在拌饵喂烟酸诺氟沙星预混剂的同时，上述抗菌药物的同时，使用三氯异氰脲酸、漂白粉、溴氯海因或二溴海因等其中一种含氯消毒剂进行水体消毒。

五、荧光病

【病原】

哈维弧菌，革兰染色阴性杆菌，菌体为短杆菌，略弯曲，极生单鞭毛，有运动力。

【流行情况】

荧光病（Fluorescent disease）又称发光病，是我国南方对虾育苗和养成中最常见的细菌性疾病之一，泰国、菲律宾、印度尼西亚和印度等国也经常发生此病。该病发病急，传播快，死亡率高。严重时在 3 ~ 5d 内，可造成虾苗或幼虾 80% ~ 90% 死亡，甚至全部死亡。所有虾类均可感染该病原，从溞状幼体到幼虾均可患病，并造成较严重死亡。该病幼体发病多在 5 ~ 7 月份，尤其是 5 ~ 6 月份雨季为发病高峰期。成虾则在 7 ~ 9 月份发病，成虾发病率较低。

【病症与病理变化】

患荧光病的幼虾活力下降，游于水的中、下层；患病的康虾幼体或子虾趋光性差或呈负趋光性，摄食减少或不摄食。病虾头胸部呈乳白色，躯干部呈灰白色，不透明。比较显著的特征是虾在夜晚或黑暗环境下，可见水体中的幼体、幼虾甚至饵料丰年虫等游动时发出荧光；有时用手划动患病虾池的池水，也可出现一条光带。

【诊断方法】

根据在夜晚或黑暗环境下患病幼体或幼虾可自发荧光可初步诊断；实验室诊断，可取患病幼体的附肢、鳃或肌肉等组织做水浸片镜检，根据能否观察到能活动的短杆菌进行判断；确诊可用间接 ELISA 技术检测。

【防治方法】

（1）育苗池在放卵前应洗刷并用药物消毒，尤其是发生过弧菌病的育苗池更应该严格消毒，可用高锰酸钾溶液或漂白粉；

（2）育苗用水最好经过砂滤，并在投放幼体前接种金藻和角毛藻等有益细胞藻类；

（3）产卵和育苗不要放在同一个池塘中，以免亲虾将病原体带入育苗池，以及卵液污染水质；

（4）幼体投放密度不宜过大，一般控制在（10 ~ 15）万尾 /m³。

（5）投饵要适量，宜少量多次，防止剩饵沉于水底，腐烂分解，污染水质，滋生细菌；

（6）育苗时每日换水，特别是开始人工投饵之后，更应加强换水，保持水质清洁；

（7）每日分早、中、晚把幼体舀到烧杯内，用肉眼观察幼体活动、吃食和发育情况。若发现游泳不活泼、下沉、体表挂脏现象时，立即显微镜检查；

（8）育苗池的工具最好专池专用，若不能专用时，则必须彻底消毒后用于其他池塘。

六、气单胞菌病

【病原】

嗜水气单胞菌、豚鼠气单胞菌和温和气单胞菌。菌体都是短杆状，极生单鞭毛，无荚膜，无芽孢，不抗酸，活泼。菌体大小：嗜水气单胞菌为（0.8 ~ 1.2）μm×（0.5 ~ 0.8）μm，豚鼠气单胞菌（1.0 ~ 1.6）μm×（0.5 ~ 0.8）μm，温和气单胞菌（0.3 ~ 1.0）μm×（1.0 ~ 3.5）μm。

【流行情况】

气单胞菌（Aeromonas hydrophila disease）在我国各主要对虾养殖区均有发生，如辽东、山东、福建等养殖场曾大规模爆发疾病，几乎所有的淡水和海水养殖虾类菌可感染。气单胞菌在海水和养殖底泥中普遍存在，在水质和底质环境恶化以及对虾体质下降时容易爆发。

【症状与病理变化】

患气单胞菌病虾体色变暗，鳃区发黄，绝大多数病虾体表和附肢有损伤，并常在体表、鳃和附肢等部位附有污物；部分病虾鳃丝末端溃烂；肝胰腺萎缩，消化道内无食物；血淋巴混浊，呈灰白色，凝固性降低甚至不凝固，血细胞明显减少，血液内有细菌。患病对虾最为显著的内部病理变化为：淋巴器官中出现结构不同的黑色结节（多发性肉芽肿），在心脏肌肉、肠壁组织和鳃丝内也常有类似的结节；肝胰腺中没有发现黑色的结节。

【诊断方法】

根据该病的外观症状以及血淋巴镜检有活菌，即可初步诊断，确诊必须做病原菌的分离、培养和鉴定。

【流行情况】

同红腿病防治方法。但因患病的对虾体表和附肢已受伤，使用消毒剂时注意浓度不能过高。

第三节 贝类细菌性疾病

一、鲍脓疱病（PustuLe disease）

鲍脓疱病（PustuLe disease）是由河流弧菌Ⅱ型感染鲍（Hatiostis sp.）的传染病。2008年农业部公告第1125号将其列为三类动物疫病。

【病原】

河流弧菌Ⅱ型（Vibrio fluvialis Ⅱ）。隶属于弧菌目、弧菌科、弧菌属（Vibrio）。V. fluvialis Ⅱ为革兰染色阴性短杆状，大小为（0.6 ~ 0.7）μm×（1.2 ~ 1.5）μm，以单根极生鞭毛运动。生长温度范围为15 ~ 42℃，最适生长温度为30 ~ 37℃。

【流行情况】

鲍脓疱病流行于我国北方沿海养殖地区，主要危害种类为皱纹盘鲍，以感染幼鲍和稚鲍为主，成鲍也会感染。发病季节主要是连续高温的夏季，发病频繁且持续时间长，死亡率可高达50% ~ 60%，造成极为严重的经济损失，该病感染的主要的途径为创伤感染。

【症状与病理变化】

患鲍脓疱病的鲍，发病初期，病鲍行动缓慢，摄食量减少；腹足肌肉表面颜色较淡，随着病情加重，腹足肌肉颜色发白变淡，出现一个到数个微微隆起的白色脓疱，脓疱一般可维持一段时间不破裂。随着病程的进展，病灶逐渐扩大，气温越高，病程越短，脓疱破裂时间缩短；发病后期，病鲍基本停止摄食，腹足肌肉附着力明显减弱，且腹足肌肉发生大面积溃疡。组织病理学观察发现，脓疱的形状基本上为三角形，病灶是从腹足的下表开始逐渐扩大、深入到足的内部；足的肌肉和结缔组织变性、坏死到逐步瓦解消失，肌细胞核肿大，游离在脓汁中；脓疱发展到晚期，病灶内的所有结构都溶解消失，只残留下一些空腔。

【诊断方法】

（1）根据鲍的腹足肌肉白色脓疱等临床症状，可进行初步诊断；

（2）可采用细菌学方法分离致病菌和同工酶法诊断鲍脓疱病。

【防治方法】

（1）选用健康亲鲍育苗：稚鲍感染脓疱病不易发现，死亡率较高，因此，要严格选择健壮无病的亲鲍育苗，避免亲鲍携带病原菌，以减少鲍苗的染病机会；

（2）避免鲍足受伤：改善水质和鲍的饲育条件，如提供新鲜、适口的饵料，及时清理残饵，适当通氧，增加新鲜海水的交换量等，尽量避免鲍足受伤；

（3）隔离培养：稚鲍和成鲍均可感染该病，特别是成鲍感染该病后，症状肉眼可见，为防止病原菌污染水体，感染健康鲍，应将病鲍鱼健康鲍分开养殖。

二、文蛤弧菌病

【病原】

溶藻弧菌、副溶血弧菌。

【流行情况】

江苏南部沿海在 1980 年就有文蛤弧菌病（Meretrix of vibriosis）的报道，当时文蛤因此病大量死亡，1992 年后，在广西沿海养殖文蛤地区也因此病爆发造成巨大损失，死亡率高达 85%。该病发病季节为温度较高的夏季和秋季，8～11 月份，尤其是 9～10 月份，不分潮位高低及文蛤大小，都发生死亡，死亡高峰多在海水较差的小潮期，水温降低后，死亡也即可停止。

【症状与病理变化】

患文蛤弧菌病文蛤在退潮后不能潜入沙中，壳顶外露于沙面上；对外来刺激反应迟钝，两片贝壳不能紧密闭合，壳缘周围有许多黏液。患病文蛤的软体部十分消瘦，颜色由正常的乳白色变为浅红色，消化道内无食物或仅少有少量食物，有的肠段坏死；镜检肠壁、肝脏和外套膜黏液等组织，可见有大量细菌。

【诊断方法】

根据文蛤的患病症状和病理变化作出初步诊断；确诊需要进行病原菌分离和鉴定。

【防治方法】

（1）选择好暂养场地，以大潮流畅通、滩涂平坦的中潮区中部，为保证底质不受污染、不老化，暂养池最好每年更换一次位置；

（2）文蛤移苗、增殖和暂养，密度必须适中；

（3）不从疫区移养苗种和成贝，并做好浸浴消毒；

（4）缩短采捕、移养的间隔时间，尽量做到当天采捕，当天放养。

三、牡蛎幼体细菌性溃疡病

【病原】

鳗弧菌和溶藻弧菌。

【流行情况】

牡蛎幼体细菌性溃疡病是各地牡蛎育苗过程中最常见的疾病之一，可感染美洲牡蛎、长牡蛎、褶牡蛎以及我国养殖的巨牡蛎等牡蛎苗。牡蛎幼体感染病原后，病情发生和发展十分迅速，4～5h内出现患病症状，8h开始死亡，18h的死亡率可到达100%。

【症状与病理变化】

牡蛎患牡蛎幼体细菌性溃疡病后即下沉固着，活力降低，突然大批死亡，光镜检查，可见患病幼体体内有大量病原菌，幼虫的面盘组织发生溃疡，甚至崩解。

【诊断方法】

实验室诊断，取患病幼体做成水浸片，利用显微镜检查面盘等组织中是否有大量细菌，用荧光抗体法快速准确地鉴定病原菌的种类。

【防治方法】

（1）保持水质清洁卫生，加强水体沉积物的细菌学检查；

（2）发现患病幼体后，应立即丢掉；

（3）投喂的单细胞藻保证无弧菌污染；

（4）单独或联合使用过滤、臭氧或紫外线灯方法消毒育苗用水。

第四节　两栖类细菌性疾病

一、大鲵腹水病

大鲵腹水病（Ascites disease of Andrias davidianus）又称胀腹病，是目前发现的病害中对大鲵危害最大的一种疾病。各种大小的大鲵都易感染，单个大鲵如果发现不及时很难治疗好。

【病原】

主要病原为嗜水性单胞菌、温和气单胞菌、黄杆菌等。

【流行情况】

胀腹病以1～2年龄幼苗多见，商品成鲵也多见。主要发病季节在夏、秋季节，此时，水温在 20℃左右。由于此时水温适合大鲵摄食生长，一些养殖者忽视了大鲵的消化吸收过程，人工投喂过多，导致大鲵摄食过多而极易引发该病。该病如果没有及时治疗处理，感染率和死亡率都高。

【症状及病理变化】

病鲵食欲下降，活动能力减弱，离群、离洞独处；身体全部或部分浮于水面，有不平衡感，腹部肿大，严重时腹部膨大如气球。解剖可见胸腔、腹腔积水，积水呈淡黄色或红色，个别病鲵膀胱也有大量积水，肝脏肿大，呈土黄色，且有出血点，胆囊肿大，胆汁变为黄色。肠道有充气现象。

【诊断方法】

（1）根据大鲵腹部肿胀，腹腔大量积水等临床症状，可进行初步诊断；

（2）可采用细菌学方法分离致病菌等方法确诊。

【防治方法】

（1）早发现早治疗，发现后，立即隔离，单独饲养，放浅池水，让其腹部能着池底，以免消耗太多体能，另外还要保证水质清新；

（2）对于幼鲵，由于食用过量饵料引起的腹胀，放浅池水，停食 1 ~ 2d；对于成鲵，由于内脏感染产生大量腹水，首先抽尽腹水，然后采用硫酸庆大霉素和阿米卡星混合液进行腹腔注射，或者直接注射青霉素，5 ~ 8kg 大鲵剂量一般为 1mL，每天一次，3 个疗程可治愈；

（3）对养殖工具、养殖池用 0.1% 高锰酸钾或 5% 食盐水进行消毒处理。

二、大鲵腐皮病

【病原】

大鲵腐皮病（Skin-Rot disease of Andrias davidianus）又称皮肤溃烂病。主要由嗜水性单胞菌、温和气单胞菌、维氏气单胞菌、柠檬酸杆菌、黄杆菌等引起。

【流行情况】

大鲵腐皮病多流行于春末夏初，水温越高，发病率越高，各种规格的大鲵均可感染。

【症状及病理变化】

患病初期，病鲵体表黏液脱落，身体上出现红色小点或斑点状白斑，周围组织充血发炎。随着病情的发展，白色斑点逐步形成溃疡病灶，可见到红色的肌肉。病灶处常粘附大量病原菌及杂物，严重时病灶部位肌肉坏死，四肢最为严重，头部其次。病鲵口腔、尾柄稍充血。到晚期，病鲵不摄食，活动能力明显减弱，四肢伸直，体表分泌大量白色物，时间长了形成黄色附着物，此后 1 ~ 3d 内即死亡。剖检死鲵，发现其肝脏肿大，呈灰红色；胃、肠道充血；胆囊肿大，呈黄绿色，心脏色泽变淡，肺呈紫红色。

【诊断方法】

（1）根据大鲵体表出现红色小点或斑点状白斑，严重时形成溃疡病灶等临床症状，可进行初步诊断；

（2）可采用细菌学方法分离致病菌等方法确诊。

【防治方法】

（1）养殖池先用 0.1% 高锰酸钾浸泡 30min，再用 5% 的食盐浸泡 30min，最后用清水冲洗，或是按每立方米水体用 0.2g 二氧化氯消毒；

（2）对病鲵，按每公斤大鲵体重，每天用注射器灌服氟苯尼考 20mg 和复合维生素 20mg，连续灌服 7d；

（3）对病情严重的病鲵，按每公斤体重，肌肉注射氟苯尼考 10mg，同时用注射器灌服复合维生素 20mg，连续 7d；

（4）对能摄食的病鲵和不能摄食的病鲵，都可采用 2～4mg/L 庆大霉素浸泡，每天浸泡 4～6h，泡到病好为止；也可用环丙沙星或恩诺沙星浸泡，浓度也是采用 2～4mg/L。

三、大鲵赤皮病

【病原】

主要由Ⅰ-型荧光假单胞菌引起

【流行情况】

大鲵赤皮病（Red-Skin disease of Andrias davidianus）主要感染成鲵，此病无明显的流行季节，常在大鲵受伤后感染致病。

【症状及病理变化】

发病的大鲵全身肿胀，呈充血发炎的红斑块和化脓性溃疡。病鲵体表常出现不规则的红色肿块，发病初期于红色肿块中央部位有米粒大小的浅黄色脓包，并逐渐向周周皮肤组织扩散增大。当脓包穿破后，便形成较大的溃烂病灶。解剖检查，肝脏肿大有出血点，肠糜烂，腹水增多。

【诊断方法】

（1）根据大鲵症状、病理变化可进行初步诊断；

（2）可采用细菌学方法分离致病菌等方法确诊。

【防治方法】

（1）采用伤口涂抹红霉素软膏和肌肉注射硫酸庆大霉素治疗发病大鲵，每天剂量为公斤体重 15mg，7d 后完全治愈；

（2）每隔 10～15d，水体用"鱼虾安"消毒 1 次，可预防该病；

（3）注意在换水、清池过程中，要防止操作时损伤大鲵的皮肤，否则病菌通过体表伤口入侵感染。养殖中若长期不加新水，势必水质恶化，水体中病菌大量繁殖，也容易侵入大鲵伤口。因此，勤换新水，也可预防此病。注意在换水、清池过程中，要防止操作时损伤大鲵的皮肤，否则病菌通过体表伤口入侵感染。

四、大鲵打印病

【病原】

大鲵打印病（Stigmatosis of Andrias davidianus）又称红梅斑病。主要由迟缓爱德华氏菌、屈桡菌等菌引起。

【流行情况】

大鲵打印病主要感染成鲵，以 5 ~ 9 月份为发病高峰。

【症状及病理变化】

病鲵体表出现豆粒似的红斑，呈肿块状，有的表皮腐烂，腐烂位置均在红斑处，患病部位多在背部，尾部，也有少数在躯干和四肢的。被感染的大鲵多游出人工筑穴，离群独游。解剖检查，心脏、肝、肺无病变。

【诊断方法】

（1）用红药水涂擦大鲵患病部位；

（2）用金霉素针剂肌肉注射鲵体，每千克病鲵体重肌注 3mg，连续注射 10d 即可治愈。

【防治方法】

（1）一经发现，捞出病鲵，全池用聚维酮碘浸泡后彻底更换池水；

（2）病鲵单独饲养，每天用抗生素浸泡；

（3）如果病鲵已出现溃烂，用先锋霉素浸泡的同时，再腹腔注射硫酸阿米卡星或硫酸庆大霉素，1 ~ 2 周可基本治愈。

五、大鲵烂嘴病

【病原】

大鲵烂嘴病（Bad mouth disease of Andrias davidianus）又称口腔溃烂病。主要由嗜水气单胞菌、屈桡菌引起。

【流行情况】

大鲵烂嘴病主要感染成鲵，亲鲵，死亡率极高。

【症状及病理变化】

主要病症是口腔溃烂，存在两种类型。一种是病鲵的上、下唇肿大、渗血、溃烂，严重的露出上、下颌骨；另一种是嘴唇外表正常，但口腔内上腭组织形成大块蚀斑，并引起严重出血。也有的病鲵两种症状均有。病鲵长时间不能进食，体质减弱，易引起并发感染而死亡。

【诊断方法】

（1）该病主要是有大鲵吃了患口腔溃烂病的青蛙而传染，为此，在投喂大鲵青蛙前要严格消毒，最好就是不要投喂有病的青蛙；

（2）发现病鲵后，要及时隔离，病情较轻，可用庆大霉素 4mg/L 连续浸泡 10d，可治愈；病情严重的，先用庆大霉素原粉涂抹患处，1 ~ 2h 后，再放入环丙沙星药液里浸泡，浓度是 4mg/L，每天浸泡 8h，连续浸泡 10d，可治愈；病情极严重的，除浸泡外，还要注射庆大霉素，剂量是按每千克病鲵体重 1 万单位，此病如果治疗及时，治愈率较高。

【防治方法】

（1）注意饵料鱼消毒处理，切勿用感染嗜水气单胞菌、屈桡菌的鱼类喂养大鲵，或水质污染；

（2）发现病鲵后，要及时隔离，病情较轻的，选用氟苯尼考和复合维生素（1 ~ 3g/m³ 氟苯尼考和 5g/m³ 复合维生素）进行浸泡；病情较重的，先用氟苯尼考和复合维生素进行灌服，病情严重的，除浸泡、灌服外，还要注射庆大霉素，剂量是按每公斤病鲵体重 1 万单位。此病如果治疗及时，治愈率较高。

六、大鲵烂尾病

【病原】

主要由嗜水气单胞菌、屈桡菌引起。

【流行情况】

大鲵烂尾病（Tail-Rot disease of Andrias davidianus）患病主要是成鲵，幼鲵极少患此病。

【症状及病理变化】

大鲵患此病初期，尾柄基部至尾部末端，常出现红色小点或红色斑块，周围皮肤组织充血发炎，表皮呈灰白色。当病期过长，形成疮样病灶。严重时患处肌肉组织坏死，尾部骨骼外露，常有暗红色或淡黄色液体渗出。病鲵停止进食，伏底不动，不久便死亡。

【诊断方法】

（1）营造舒适的环境条件；

（2）鲵种放养消毒；

（3）控制水质与水温；

（4）放养个体规格整齐；

（5）投喂优质饵料；

（6）用二氧化氯 0.2 ~ 0.3g/m³ 水体浓度全池泼洒，每天一次，连用 3 ~ 5d 为一个疗程。

【防治方法】

（1）发现病鲵后，应及时隔离治疗；

（2）对病鲵先用高锰酸钾溶液清洗患处，浓度是每立方米水加入 20g 高锰酸钾，随后用红霉素软膏涂敷患处，每天一次，连续 7d 可治愈；

（3）大鲵本来是常年生活在有流水的深山溪流中，水质清洁无污染，但人工饲养水体中常有大量的病菌。当大鲵的皮肤受伤后，病菌就乘虚而入，引起此病。因此，使用流水养殖，勤打扫水池，可以减少此病发生，同时打扫水池时，注意尽量避免伤到大鲵。

七、蛙红腿病

【病原】

蛙红腿病（Skin-Limb disease of Frog）的病原比较复杂，主要为嗜水单胞菌及乙酸钙不动杆菌的不产酸菌株等革兰染色阴性菌，据相关研究，豚鼠气单胞菌也能引起该病。

【流行情况】

蛙红腿病的主要流行地区是广东、福建和江苏等省；这是牛蛙养殖中最常见、危害严重的一种疾病；一年四季均可发生，主要发病季节在 3 ～ 11 月份，5 ～ 9 月份是发病高峰期，流水温度是 10 ～ 30℃，20 ～ 30℃发病普遍和严重；该病发病急，传染快，死亡率高，损失大，常与肠炎病并发，发病率一般为 20% ～ 80%。

【症状与病理变化】

患红腿病蛙分为急性和慢性两种类型，患急性型病蛙精神不佳，不愿活动，低头伏地或潜入水中，不动，不吃食；四肢无力，腹部鼓臌气，临死前呕吐，粪便带血；头部、嘴周围、腹部、腿和脚趾上有绿豆至花生米粒大小的不等、粉红色的溃疡或坏死灶，后腿水肿呈红色，严重的后腿关节有花生米粒大的脓疮，脓疮破裂后，流出淡红色的浓汁，形成光滑、湿润和边缘不整齐的溃疡。解剖后，病蛙腹内有大量淡黄色透明或为红色的混浊液，肝、肾和脾肿大明显，肝、脾呈黑色，脾髓切片呈暗红色，似煤焦油状。

【诊断方法】

将病蛙腹部及后腿皮肤剥离，观察肌肉有点状淤血，或后腿肌肉严重充血而呈红色，可作初步诊断；确诊需要进行病原的分离、培养和鉴定，也可进行血清学诊断。

【防治方法】

（1）适当控制放养密度，根据池塘大小、水温高低和牛蛙规格及时分养，调整放养密度；

（2）水体消毒：用浓度 1.4mg/L 硫酸铜和硫酸亚铁合剂（5：2）全池泼洒；或用浓度 0.3mg/L 的高锰酸钾溶液全池泼洒；

（3）发现病蛙及时将它们隔离饲养，并用 0.05mg/L 的高锰酸钾溶液，或浓度 2mg/L 的漂白粉溶液全池消毒，每周 1 次，连续 3 周；

（4）发现病蛙后，对病蛙每千克、每日 1 次拌饵投喂乳酸诺氟沙星可溶性粉 [规格（诺氟沙星计）：5%，15 ～ 20mg，连用 3 ～ 5d，或其他国家规定的水产养殖用抗菌药。

八、蛙腐皮病

【病原】

乙酸钙不动杆菌（Acinetobacter calcoaceticus）、奇异变形杆菌（Proteus mirabilis）、克氏耶尔森氏菌（Yersiais kristensenii）和坏死杆菌（Necrobacillosis sp.）。

【流行情况】

各种不同规格的蛙都可发生，而以幼蛙和成蛙的发病率较高。主要流行于夏、秋两季，尤以 8 月 ~ 10 月为甚。该病具有发病快、病期长等特点，死亡率为 30% ~ 70%，幼蛙可高达 90% 以上。且常与红腿病并发。外伤、营养不良和水质恶化是此病发生重要的诱因。

【症状和病理变化】

蛙腐皮病（Skin-Rot disease of frog）发病初期，蛙头、背、四肢失去光泽，继而，表皮局部开始腐烂、脱落，露出红色肌肉和骨骼。严重时，背部皮肤腐烂面积占体背部的一半，并出现肌肉腐烂情况。剖解见肠壁薄而透明，肝、肾、脾肿大。病蛙通常食欲不振，常群集于一起，蜷缩不动，不肯下水。

【诊断方法】

（1）根据症状及流行情况，特别头背部皮肤表皮脱落，呈现白斑状，可做出初步诊断。

（2）进行病原的分离、鉴定可确诊。

【防治方法】

（1）保持蛙的营养摄入平衡，多投喂动物性和维生素含量丰富的鲜活饵料或在饵料中添加适量维生素 A、D，以及其他微量元素如钙、磷、碘等。

（2）合理控制饲养密度，改善养殖环境，并对养殖场作定期药物消毒，每 7d ~ 10d 用浓度（1 ~ 2）× 10^{-6} 漂白粉或（0.3 ~ 0.5）× 10^{-6} 三氯异氰尿酸全池泼洒 1 次。

（3）发现病蛙时，用浓度（0.3 ~ 0.5）× 10^{-6} 三氯异氰尿酸对养殖区消毒，每天 1 次，连续 3 次；同时用维生素 A 营养粉按 1% ~ 2% 拌入饵料中饲喂 5d。

（4）拌料内服：四环素（40 ~ 80）mg/kg 体重 /d，或氟苯尼考（5 ~ 15）mg/kg 体重 /d，连用 5 ~ 7d。

九、链球菌病

【病原】

链球菌，为革兰染色阳性菌，在血琼脂平板恒温 30℃ 培养 24h 后，细菌形成白色、直径约 0.7mm、边缘整齐、表面湿润的圆形菌落。

【流行情况】

链球菌病（Streptococcal disease）在全国各地养蛙地区都可发生，幼蛙和成蛙均可发病，100g 以上的成蛙更易被感染。该病具有传染性和爆发性，有发病面广、死亡率高危害大的特点，发病率和死亡率可达 90% 以上；发病季节为 5 ~ 9 月份，7 ~ 8 月份为发病高峰，发病水温在 25℃以上，温度越高，温差越大，密度越大，发病率就越高。

【症状与病理变化】

患链球菌病蛙腹膨大，口腔常有黏液流出，舌头有血丝，并常将舌头露出口腔之外；精神不佳，失去食欲，大多集中在岸边阴湿的草丛中死亡。解剖后，发现肝脏、胃肠病变，有充血型和失血型两种，充血型心脏有暗红色或紫黑色的凝血块；失血型心脏、肝脏呈灰白色或花斑样，胆汁浓且为墨绿色，有套肠现象。

【诊断方法】

（1）通过发病过程中无停食期，出现症状后很快死亡，呈爆发性；口腔时有出血及舌头外吐现象；解剖后，肠白色，肝脏充血或失血，肠套叠明显进行初诊；

（2）确诊需进行病原分离和鉴定。

【防治方法】

（1）不从疫区引种，避免将病原体引入；

（2）放养前半个月，彻底清除蛙池淤泥，并进行消毒处理；

（3）种苗下池前用浓度 20 ～ 30mg/L 的高锰酸钾溶液浸浴 15 ～ 20min，或用浓度 50mg/L 的聚维酮碘溶液浸浴 5 ～ 10min；

（4）每 15 ～ 20d 消毒水体 1 次，可用浓度 200 ～ 300mg/L 的生石灰全池泼洒；

（5）注意饵料投喂"四定原则"，尤其是不投喂变质、发霉和营养成分单一的饲料；

（6）对患病蛙池，用浓度 0.3mg/L 的漂白粉泼洒，每日 1 次，连续 2d。

第五节　其他水产动物细菌性疾病

一、鳖红脖子病

【病原】

嗜水气单胞菌（*Aeromonas hydrophila*）、温和气单胞菌（*A. sobria*）、豚鼠气单胞菌（*A. caviae*）及迟钝爱德华氏菌野生型（*Edwarsiella tarda wild type*）等。

【流行情况】

鳖红脖子病（Red-Neck disease of Trionyx sinensis）该病对各种规格的鳖都有危害，尤其对成鳖危害最严重。流行季节为 4 ～ 8 月份，温室养殖一年四季均可发生。发病率高，死亡率可达 20% ～ 30%，最高可达 60%。水质不良，有机质含量高的鳖池易发生该病。

【症状和病理变化】

病鳖颈部充血红肿，食欲减退，反应迟钝，腹甲严重充血，甚至出血、溃疡，眼睛白浊，严重时失明，口腔、舌尖和鼻孔充血，甚至出血。剖解见肠道内无食物，消化道（口腔、食管、胃、肠）黏膜呈明显的点状、斑块状或弥散性出血。肝脏肿大，有针尖大小的坏死灶；肺出血，脾肿大，心脏苍白，严重贫血。

【诊断方法】

（1）根据病症、病理变化及流行情况，特别是脖颈肿胀，充血、出血可初步判断。

（2）病原的分离、鉴定可确诊。

【防治方法】

（1）做好分级饲养，避免鳖互咬受伤，受伤的鳖不要放入池中。

（2）定期用浓度 2mg/L 的漂白粉或浓度 0.5mg/L 漂白粉精泼洒消毒。

（3）发病后，用浓度 3 ~ 4mg/L 的漂白粉或 0.4mg/L 的二氧化氯泼洒，连续 2 次，隔 1 ~ 2d 一次。

（4）用庆大霉素、卡那霉素、链霉素等抗菌药物后腿皮下或肌肉注射，注射量为每千克鳖体重 20 万国际单位，注射后立即放入较大水面的隔离池饲养。

二、鳖腐皮病

【病原】

嗜水气单胞菌（Aeromonas hydrophila）、温和气单胞菌（A. sobria）和无色杆菌（Achromdacter spp.）等多种细菌。

【流行情况】

鳖腐皮病（Skub-rot disease of trionyx sinensis）主要危害高密度囤养育肥的 0.2 ~ 1.0kg 的鳖，尤其是 0.45kg 左右者。具有发病率高，持续期长，危害较严重等特点，其死亡率可达 20% ~ 30%。流行季节为 5 ~ 9 月份，7 ~ 8 月份是发病高峰季节；温室中全年均可发生。该病的发生与水温和受伤有较密切的关系，且常与疖疮病、红脖子病等并发。

【症状和病理变化】

病鳖精神不振，反应迟钝，颈部、背甲、裙边、四肢以及尾部等糜烂或溃烂。颈部皮肤溃烂剥离，肌肉裸露；背甲粗糙或呈斑块状溃烂，皮层大片脱落；四肢、脚趾、尾部溃烂，脚爪脱落；腹部溃烂，裙边缺刻，有的形成结痂。

【诊断方法】

根据外部溃烂等症状即可判断，确诊需进行病原分离与鉴定。

【防治方法】

（1）放养时，确保鳖中健康无伤，入池前用浓度 20mg/L 的高锰酸钾浸洗 30min，或用 1% 的聚维酮碘（PVP-I）浸洗 20 ~ 30min。

（2）控制养殖密度，及时分养，防止鳖的相互撕咬，尤其是温室养殖的鳖，须经常更换池水，注意水质清洁。

（3）对病情较轻的鳖分别用浓度 30mg/L 高锰酸钾浸浴 20 ~ 30min。

（4）病情较重的鳖，用1%的龙胆紫涂抹溃烂处；用氟哌酸或四环素（30～50）mg/kg体重/d，或氟苯尼考（5～15）mg/kg体重/d，连用5～7d。

三、鳖疖疮病

【病原】

有嗜水气单胞菌（Aeromonas hydrophila）、温和气单胞菌（A. sobria）和小肠结肠炎耶尔新氏菌（Yersinia enterocolitica）等。

【流行情况】

对各生长阶段的鳖都可感染鳖疖疮病（Furunculosis disease of trionyx sinensis），尤其对稚幼鳖的危害较大，体重为20g以下的稚鳖发病率可达10%～50%。流行季节是5～9月份，发病高峰是5～7月份；若气温较高，10月份也会继续流行。在连续阴雨闷湿天气，密度过大，水质不良，且晒背条件较差的情况下容易流行。

【症状和病理变化】

病鳖不安，食欲减退或不摄食，体质消瘦，常静卧食台，头不能缩回，眼不能睁开。颈部、背腹甲、裙边、四肢基部长有一个或数个黄豆大小的白色疖疮，以后疖疮逐渐增大，向外突出，最后表皮破裂，用手挤压四周可压出黄白色颗粒状或豆腐渣状、有腥臭味的内容物，内容物散落后，形成明显的溃疡。剖解见肺充血，肝肿大，呈暗黑色或深褐色，质脆，脾淤血，肾充血或出血，体腔中有较多腹水。

【诊断方法】

（1）根据病鳖体表疖疮病灶，可进行初步判断。

（2）无菌操作将濒死鳖的肝、肾、血液、腹水或未破灭的疖疮的黄白色粉状物等涂片，固定，革兰氏染色，若发现较多的大小相似，两端着红色的短杆菌，基本可确诊。

【防治方法】

（1）采用合理的养殖密度与雌雄比例，搭建有效的晒背台，投喂新鲜、营养合理的饲料，保持良好的养殖水质是预防本病的关键。

（2）发病后，用0.4mg/L二氧化氯泼洒2～3次，隔天1次。

（3）按每公斤鳖体重每天用复方新诺明或四环素0.2g拌饲投喂，连用5～7d。

（4）病鳖及时隔离，挤出病灶内容物，用生理盐水将创口面冲洗干净、晒干，然后涂抹红霉素软膏，或用庆大霉素按每千克鳖8～15万国际单位腹腔注射，病情严重者注射2～3次。

第五章 水产动物真菌性疾病

　　水产动物因真菌感染而患的病，称为水产动物真菌病。真菌具有细胞壁、真核的单细胞或多细胞体。危害水产动物的主要是藻菌纲的一些种类。如水霉、绵霉、鳃霉、鱼醉菌、链壶菌、离壶菌、海壶菌等，同时还有半知菌类的镰刀菌等。真菌病不仅危害水产动物的幼体及成体，且危及卵。目前对真菌病尚无理想的治疗方法，主要是进行预防及早期治疗，有些种类是口岸检疫对象。藻类只有当大量寄生附着时，才造成危害。

第一节　鱼类真菌性疾病

一、水霉病

【病原】

　　主要是水霉（Saprolegnia）和绵霉（Achlya）属的种类。一般由内外两种丝状的菌丝组成，菌丝为管状，为没有横隔的多核体，由内菌丝和外菌丝两部分组成。内菌丝象根样附着在水产动物的损伤处，分枝多而纤细，可深入至损伤、坏死的皮肤及肌肉，具有吸收营养的功能；外菌丝菌丝较粗壮，分枝较少，伸出于鱼体组织之外，可长达3cm，形成肉眼能见的灰白色棉絮状物。

【流行情况】

　　水霉病（Saprolegniasis）又称肤霉病或白毛病，在全球各地均有发现，是水产动物常见的疾病之一，几乎所有水产动物都可感染发病。水霉在淡水中广泛存在，对水温适应性较广，5～26℃均可繁殖生长，最适流行水温为13～18℃。受伤是该病发生的重要诱因。

【症状和病理变化】

　　患水霉病鱼焦躁不安，与其他固体物发生摩擦，以后鱼体负担过重，游动迟缓，食欲减退，继而发生死亡。患病部位可见灰白色棉毛状菌丝。在鱼卵孵化过程中，若内菌丝侵入卵膜内，卵膜外则丛生大量外菌丝，故叫"卵丝病"；被寄生的鱼卵，因外菌丝呈放射状，故又有"太阳籽"之称。

【诊断方法】

根据体表形成用肉眼可见的灰白色棉毛状絮状物可进行初步诊断，必要时可用显微镜检查进行确诊。

【防治方法】

（1）全池遍洒食盐及小苏打（碳酸氢钠）合剂（1∶1），使池水成 8mg/L 的浓度。

（2）全池遍洒亚甲基蓝，使池水成 2～3mg/L 浓度，隔两天再泼 1 次。

（3）内服抗菌药物，防止细菌感染，疗效更好。

二、鳃霉病（Branchiomycosis）

【病原】

鳃霉（Branchiomyces spp.），寄生在草鱼鳃上的鳃霉，菌丝粗直而少弯曲，通常是单枝延生生长，不进入血管和软骨，仅在鳃小片的组织生长；菌丝的直径为 20～25μm，孢子较大，直径为 7.4～9.6μm，平均 8μm。寄生在青、鲢、鲮、黄颡鱼鳃上的鳃霉菌丝细常弯曲成网状，分枝沿鳃丝血管或穿入软骨生长，纵横交错，充满鳃丝和鳃小片；菌丝的直径为 6.6～21.6μm，孢子的直径为 4.8～8.4μm。

【流行情况】

鳃霉病（Branchiomycosis）在我国南方各省以及北方的辽宁等地均有流行，主要危害草、青、鲢、鲮等鱼，其中鲮鱼最敏感，发病率 70%～80%，死亡率 90% 以上。流行季节为水温较好的 5～10 月份，发病高峰为 5～7 月份，水质恶化，有机质含量高时，易暴发此病。

【症状和病理变化】

病鱼食欲丧失，呼吸困难，游动缓慢，鳃上黏液增多，有出血、淤血、缺血和坏死的斑点，呈现花斑鳃外观；病重时鱼高度贫血，整个鳃呈青灰色。由于鳃的损伤，病鱼由于却氧窒息而死亡。

【诊断方法】

用显微镜检查鳃，当发现鳃上有大量鳃霉寄生时，即可作出诊断。

【防治方法】

（1）清除池中过多淤泥，用浓度为 450mg/L 生石灰或 40mg/L 漂白粉消毒。

（2）加强饲养管理，注意水质，尤其是在疾病流行季节，定期灌注清水，每月全池遍洒 1～2 次生石灰（浓度为 20mg/L 左右）；掌握投饲量及施肥量，有机肥料必须经发酵后才能放入池中。

三、鱼醉菌病

【病原】

霍氏鱼醉菌（Ichthyophonus Hoferi），在鱼组织内看到的主要有两种形态：一种为球形合胞体（又叫多核球状体），直径从数微米至 200μm，由无结构或层状的膜包围，内部有几十至几百个小的圆形核和含有 PAS（高碘酸雪夫氏反应）反应阳性的许多颗粒状的原生质，最外面有寄主形成的结缔组织膜包围，形成白色胞囊；另一种是胞囊破裂后，合胞体伸出粗而短、有时有分枝的菌丝状体，细胞质移至菌丝状体的前端，形成许多球状的内生孢子。

【流行情况】

对多种海水、淡水鱼类的稚鱼及成鱼均可感染鱼醉菌病（Ichthyophonosis），其感染方式有两种，一种是通过摄食病鱼或病鱼的内脏而引起；另一种为由鱼直接摄取球形合胞体或通过某种媒介（如蛰水蚤等）被鱼摄入而引起。一般不会引起急性批量死亡。但有时也会引起虹鳟、鲕的大量死亡。流行于春季，水温为 10 ~ 15℃。

【症状和病理变化】

患病稚鱼除体色发黑外，轻者看不出外部症状，严重时肝脏、脾脏表面有小白点。成鱼一般表现为体色发黑，腹部膨大，眼球突出，脊椎弯曲，大多内脏及肌肉都有白色的结节。皮肤上密布白点。寄生于卵巢时，丧失繁殖能力，寄生于神经系统时，导致失去平衡，在水中作翻滚运动。

【诊断方法】

根据症状，再用显微镜检查，发现有大量霍氏鱼醉菌寄生时，即可确诊为患此病。

【防治方法】

（1）不用可能寄生鱼醉菌的生鱼作饲料，必须煮熟后投喂。

（2）加强检疫制度，不从疫区运进鱼饲养。

（3）鱼池要清除过多淤泥，并用生石灰清塘。

（4）病鱼必须全部捕起，煮熟后作饲料处理。

（5）鱼池及工具都要进行严格消毒。

四、流行性溃疡综合征

流行性溃疡综合征（Epizooticulcerative syndrome，EUS），又称红点病（RSD）、霉菌性肉芽肿（MS）、溃疡性霉菌病（UM）或流行性肉芽肿丝囊菌病（EGA）。2008 年农业部公告第 1125 号将其列为二类动物疫病，世界动物卫生组织（OIE）在《水生动物卫生规范和动物诊断试验手册（2011 年）》中将其列为必须申报的疾病。

【病原】

由各种不同的丝囊霉菌如 Aphanomyces invadens，A. piscicida，A. invaderis 等引起。

弹状病毒也和疾病流行有关，并且革兰氏阴性菌也总是在该病的继发性感染中对病鱼造成进一步损伤。

【流行情况】

流行性溃疡综合征（EUS）是野生及养殖的淡水与半咸水鱼类季节性流行病，往往在低水温（18～22℃）和大降雨之后发生，流行于日本、澳大利亚、南亚、西亚和东南亚等地。丝囊霉菌对稻田、河口、湖泊和河流中各种野生和养殖鱼类都有很高的致死率；根据相关报道可知，目前已有100多种鱼类感染该病，其中以乌鳢和鲃科鱼类特别易感。寄生虫、细菌或病毒感染造成的表皮损伤是EUS的诱发条件；该病的传播方式主要是水平传播，可以通过水媒介从一尾鱼传染到另外一尾鱼身上。

【症状和病理变化】

患流行性溃疡综合征病鱼初期不吃食，鱼体发黑，漂浮在水面上，有时不停地游动；中期，在病鱼体表、头、鳃盖和尾部可见红斑；后期，出现较大的红色或灰色的浅部溃疡，并伴有棕色坏死，在躯干和背部往往出现一些区域较大的溃疡灶，继而引起大量死亡。对于特别敏感的鱼如乌鳢，损伤会逐渐扩展加深，以至达到身体较深的部位，或者造成头盖骨的坏死，使活鱼的脑部暴露出来。病理变化包括坏死性肉芽肿、皮炎和肌炎、头盖骨软组织和硬组织坏死。

【诊断方法】

将病灶四周感染部位的肌肉压片，可以看到无孢子囊的丝囊霉菌的菌丝结合流行病学与症状可进行诊断。

【防治方法】

大型水体发病条件下控制该病几乎不可能。若该病在小水体和封闭水体里暴发，通过消除病鱼、用生石灰消毒池水、改善水质等方法，可以有效降低死亡率。

第二节　其他水产动物真菌性疾病

一、链弧菌病

【病原】

链弧菌。菌丝有不规则分支，不分隔，直径7.5～40μm。

【流行情况】

链弧菌病（Vibrio disease）为全球性疾病，其宿主范围广，可感染各种甲壳类动物卵和幼体。对无节幼体、潘状幼体和康虾幼体危害尤为严重。该病发生快，病程短，死亡率高，感染十余小时后就可引起大量死亡，在1～3d的死亡率可达100%，其对幼虾体的危害仅次于幼体弧菌病。

【症状与病理变化】

甲壳动物卵感染病原后，发育很快停止；幼体感染病原后，首先表现为活力下降，趋光性降低，停止摄食，空肠胃，后期患病个体变为灰白色，肌肉棉花状，弯曲分支的菌丝布满全身，并逐渐下沉至池底，引起卵和幼体大量死亡，在死亡的卵或幼体内有大量病原的菌丝。

【诊断】

可直接取患病卵或幼体做成水浸片镜检，在卵表面或幼体头胸甲边缘和附肢上可发现菌丝，或在成熟的菌丝体上课发现顶囊及散放的动孢子。若要鉴别诊断病原的具体种类，需使用真菌培养基分离培养病原。

【防治方法】

目前还未出现国家规定的水产养殖用针对该病的药物，只能采取预防措施；

（1）育苗前池塘应彻底消毒，特别是已经发生过真菌病的育苗池，再次使用前更应该严格消毒；

（2）产卵亲虾在产卵前，先用聚维酮碘溶液 0.5 ~ 1mg/L 浓度浸洗 30min；

（3）发病池塘使用过的工具，必须消毒后才能再用于其他池塘。

二、镰刀菌病

【病原】

镰刀菌。镰刀菌的菌丝呈分支状，有分隔。生殖方法是形成大分生孢子、小分生孢子和厚壁孢子。其最主要的特征是，大分生孢子呈镰刀形，有 1 ~ 7 个隔膜。

【流行情况】

镰刀菌病（Fusaridiosis）是全球海水和淡水虾类养殖常见疾病之一。我国山东、江苏、福建、广东和台湾均有发生，主要危害的是日本囊对虾和甲州对虾，蓝对虾和中国明对虾也可感染，主要感染成虾以及越冬期的亲虾，镰刀菌为典型的机会病原，对虾受到创伤、摩擦和化学物质的伤害后，病原则可乘虚而入，从而导致感染发病。

【症状与病理变化】

镰刀菌病的病原主要寄生于虾的鳃、头胸甲、附肢、体壁和眼球等部位。主要患病症状：感染部位先出现浅黄色到橘黄色斑，并逐渐发展为浅褐色、黑褐色直至黑色。病理检查为患病个体变黑处有许多浸润性的血细胞、坏死的组织碎片、真菌菌丝和分生孢子。

【诊断方法】

镰刀菌感染后，可根据感染部位变黑进行初诊，然后进行实验室确诊。

【防治方法】

目前还未出现国家规定的水产养殖用针对该病的药物，只能采取预防措施：

（1）对虾放养前池塘应彻底消毒，特别是已经发生过真菌病的育苗池，再次使用前更应该严格消毒；

（2）产卵亲虾在入池前，先用聚维酮碘溶液 0.5 ~ 1mg/L 浓度浸洗 30min；

（3）池水入池前应进行砂滤；

（4）严防亲虾受伤。

第二部分

·水产动物免疫学·

第一章 免疫及免疫学

第一节　免疫及免疫学概念

一、免疫的概念

免疫（immune）是机体识别"自身"与"非己"抗原，对自身抗原形成天然免疫耐受。对"非己"抗原产生排斥作用的一种生理功能。在正常情况下，这种生理功能对机体有益，具有抗感染、抗肿瘤、维持机体生理平衡和自身稳定的保护作用，在异常情况下，会产生对机体有害的反应，一起发超敏反应、自身免疫病和肿瘤等。

二、免疫功能

免疫功能是机体免疫系统在识别和清除抗原过程中产生的各种生物学作用的总称，主要有以下三大功能：

（一）免疫防疫

免疫防疫（immunological defence）是机体排斥外来抗原性异物的一种免疫保护功能。这种功能正常时，机体可及时抵抗病原微生物及其毒性产物的感染和损害，因而这种功能也叫做感染免疫。如果这种反应过强，会引发超敏反应，也称为过敏反应或变态反应。如果反应过低，会发生免疫缺陷，机体出现反复感染。

（二）免疫自稳

免疫自稳（immunological homeostasis）是机体维持内环境相对稳定的一种生理机能。如果这种功能正常，机体可及时清除体内损伤、衰老、变形的血细胞和抗原抗体复合物，对自身成分则保持免疫耐受。如果这种功能异常，机体可发生生理功能紊乱或自身免疫性疾病。

（三）免疫监视

免疫监视机体内的细胞常因物理、化学和病毒等致癌因素的作用突变为肿瘤细胞，这是体内最危险的"敌人"。动物机体免疫功能正常时即可对这些肿瘤细胞加以识别，然后调动一切免疫因素将这些肿瘤细胞清除，这种功能即为机体的免疫监视（immunological surveillance）。若此功能低下或失调，则可导致肿瘤的发生。免疫监视机体内的细胞常因物理、化学和病毒等致癌因素的作用突变为肿瘤细胞，这是体内最危险的"敌人"。动物机体免疫功能正常时即可对这些肿瘤细 胞加以识别，然后调动一切免疫因素将这些肿瘤细胞清除，这种功能即为机体的免疫监视（immunological surveillance）。若此功能低下或失调，则可导致肿瘤的发生。

水产动物的免疫功能也包括上述 3 个方面，有关病理性的反应也有少量报道，如鳟的"草莓病"，叉尾鮰注射福氏完全佐剂疫苗后产生的肉芽肿，鱼类、蛙、鳖类的肿瘤等都被认为是免疫功能异常导致的结果，但自身免疫鲜有报道。

三、免疫学的概念

（一）免疫学的概念

免疫学（immunology）是研究抗原物质、机体的免疫系统、免疫应答规律与调节、免疫应答的产物和各种免疫现象以及如何进行人为调控的科学，它是生命科学的重要组成部分。该学科起始于微生物学，已成为一个独立的具有对分支和与其他学科交叉的学科，其分支学科包括有医学免疫学、兽医免疫学、动物免疫学、水产动物免疫学、免疫血清学、免疫生物学、肿瘤免疫学、生殖免疫学、免疫诊断学、免疫防疫学和营养免疫学等，各学科各有侧重，并互相渗透配合，共同促进免疫学不断发展。

（二）水产动物免疫学

水产动物免疫学（aquatic animals immunology）是研究各类水产动物免疫系统的组成和功能、免疫应答规律、免疫应答产物，以及相关水产动物疾病的免疫学发病机制、诊断和防治的一门生物科学。水产动物免疫学可分为基础免疫学和水产动物免疫学两个部分，基础免疫学研究的内容主要是抗原物质、机体免疫系统的组成和功能、免疫应答过程及其调节和产生的效应、抗感染免疫等；水产动物免疫学包括应用免疫学基础理论和基本方法研究贝类、甲壳类、鱼类的免疫以及水产动物的免疫检测技术等内容。

第二节　免疫学发展简史

从免疫学诞生到今天，纵观该学科的发展过程，大致可分为 4 个发展时期，即经验免疫学时期、实验免疫学时期和免疫学的发展时期和现代免疫学时期。

一、经验免疫学时期

这个时期大约从 11 世纪到 18 世纪末，人类在长期实践 和同疾病作斗争的过程中，积累大量的、朴素的免疫学知识，如观察到很多传染 病（如麻疹、天花、腮腺炎、马腺疫等），在其康复后，很少再患同一类疾病。

二、实验免疫学时期

从 18 世纪末到 20 纪初为实验免疫学时期。自 Jenner 创立种痘法之后，大约近一个世纪免疫学没有任何进展。到 19 世纪末，微生物病原研究取得突破后，免疫学在人工主动免疫和被动免疫以及免疫应答机制方面取得了大量的研究进展。Pasteur（1881—1885）在数年的时间里成功地研制出禽霍乱、炭疽、狂犬病弱毒疫苗。Salmon 和 Smith（1886）采用加热杀死的禽霍乱多杀巴氏杆菌制成灭活疫苗。Pfeiffer（1889）用霍乱弧菌的死菌苗免疫豚鼠，能抵抗同源细菌的攻击，但不能抵抗其他菌株，由此证明了免疫现象具有高度的特异性。当时在免疫机制方面形成了两大派别：一是"细胞免疫学说"；二是"体液免疫学说" Metchinikoff（1883）由于发现吞噬细胞的吞噬作用，而提出"细胞免疫学说"；Nuttal（1888）和 Buchner（1889）发现血清的杀菌作用和血清中存在一种非耐热性的杀菌因子，当时称为防御素（alexin），即补体（complement）。Behring 和北里（1890）发现，在破伤风毒素免疫动物的血清中，存在一种能中和毒素的因子，即抗体（anltibody），称为抗毒素（antitoxin）。1894 年 Pfeiffer 发现免疫血清对细菌有特异性 溶解作用。Durham 和 Gruber（1896）发现免疫血清凝集细菌的作用，并应用凝集试 验诊断细菌性传染病。Paul-Ehrlich（1889-1990）创立了毒素和抗毒素的定量标准化方法，并提出抗体产生的侧链学说（side chain theory），试图解释抗体产生的机制。Bordet（1898）较好地阐述了免疫血清溶菌作用中的抗体和补体的作用。在以上实验的基础上，以 Ehrlich 为首的一派学者提出了免疫现象的"体液免疫学说"，而与细胞免疫学说形成对立。直到 20 世纪初，Wright（1903）观察到免疫血清能显著增强白细胞的吞噬作用，并将此种抗体称之为调理素（opsonin），从而将细胞免疫与体液免疫联系起来。

三、免疫学的发展时期

进入 20 世纪，免疫学步人发展时期，随着各生物学科的发展，在很多方面进行了深入研究，许多免疫现象得到了圆满的阐明。免疫 学无论在理论上还是技术上均取得了突飞猛进的发展，突出表现在形成了众多分 支学科与边缘学科。主要的分支学科有：免疫生物学（immunobiology）、免疫化学（immunochemistry）、免疫血清学（immunoserology）、免疫遗传学（immunogeneucs）、免疫病理学（immunopathology）、肿瘤免疫学（tumor immunology）、分子免疫学（molecularimmunology）等。

克隆选择学说（clonal selection theory），才合理地解释了诸如免疫反应的特异性、免疫记忆、免疫识别和免疫耐受性等免疫学的核心问题。这一学说奠定了现代免 疫生物学研究的理论基础。

证实和阐明了免疫系统在机体免疫应答中的主导地位，明确了各免疫器官的免疫功能和地位。禽类法氏囊的免疫功能是免疫学在 20 世纪 50 年代的一个重要发现。通过对免疫系统的深入研究，明确了 T、B 细胞及各免疫细胞在免疫应答中的作用。70 年代 Jerne 提出了免疫网络学说（immune network theory），进一步 发展了克隆选择学说。

在免疫血清学方面抗体在体外可与抗原结合并引起多种免疫反应，基于这一现象的发现，人们建立了很多血清学技术,如血清凝集试验、补体结合试验,并用于传染病的诊断、病原鉴定、血清型鉴定等。随着科学技术的发展，血清学技术与一些物理、化学及分子生物学技术相结合，使新的血清学技术层出不穷，如琼脂免疫扩散试验、免疫电泳技术、间接凝集试验、免疫荧光抗体技术、免疫酶技术、放射免疫分析等，这些技术不仅广泛用于动物传染病的诊断、监测与检疫和病原鉴定，而且在用于一些诸如激素、酶、药物等微量生物活性物质的超微定量方面取得了巨大成功。

在免疫化学方面很多学者对各种抗原的物理、化学性质进行了深入研究，特别是半抗原一载体合成技术的创立，为人们研究抗原、抗体结合的特异性提供了有效的手段。20世纪30年代开始，人们对抗体的本质进行了大量的研究，Kabat和Tiselius（1939）首先证实抗体的本质属于 γ—球蛋白。随后，Porter和Edelman（1959）阐明了抗体的化学结构，提出了抗体分子的结构模型。1975年，Kohler和Milstein创立了单克隆抗体，一方面有力地证实了克隆选择学说，另一方面实现了免疫学家多年在体外制备单克隆抗体的梦想，推动了免疫学和其他生物科学的发展。近年来，人们在利用基因工程技术制备抗体方面也获得了成功，为抗体的制备又开创了一条新路。

在免疫遗传学方面免疫应答与遗传具有密切的关系，免疫应答的产生是受到遗传基因控制。免疫应答的遗传控制主要与两类基因有关：一是主要组织相容性复合体（major histocompatibility complex，MHC）；二是免疫球蛋白的可变区基因。MHC通过编码基因产物控制着机体的免疫应答，研究表明，T、B细胞对抗原的识别，抗原递呈细胞（树突状细胞、巨噬细胞、B细胞、有核细胞）对抗原的递呈，免疫细胞之间的相互作用，细胞毒性T细胞杀伤靶细胞等都与MHC基因编码的 II 类和 I 类分子有关。现已确定十余种动物均具有自身的MHC。免疫球蛋白可变区基因是决定抗体分子特异性和多样性的基因，在20世纪50至80年代，Fonegawa S（利根川进）等研究和阐明了抗体球蛋白的基因结构，从分子水平上解释了抗体分子的多样性，亦论证了克隆选择学说的可信性。

现代免疫学时期20世纪80年代以来，分子生物学和遗传学技术为免疫学插上了腾飞的翅膀，免疫学的研究已进入了分子水平时代，成为一门发展迅速的生物学科和探索很多生命现象所不可缺少的工具，并在各个方面取得了重大的突破。

免疫应答是现代免疫学研究的前沿性课题，近20余年来对T、B细胞的抗原受体、免疫应答过程中的抗原加工和递呈、免疫识别、免疫细胞活化与信号传递以及细胞产物（细胞因子）等进行了深入研究。利用单克隆抗体技术及分子生物学技术对T、B细胞及其他免疫细胞的分化（CD）抗原的化学本质、分子结构、免疫生物学功能的研究，使对免疫应答的研究进入了分子水平。迄今已发现和命名了近200种淋巴细胞CD抗原分子，并明确了很多CD分子在机体免疫应答中作用。

现代免疫学研究表明，动物机体免疫系统内部存在着许多调控网络，一是免疫分子如抗原、细胞因子、抗体和补体的调节作用；二是免疫细胞之间的调节网络；三是由独特型与抗独特型抗体之间形成的网络；四是由神经、内分泌与免疫系统之间构成的调节网络。这些网络对机体的免疫应答的调控起着十分重要的作用。

免疫荧光、免疫酶、放射免疫3大标记技术在近20年里取得了极大的发展，并推出很多新型的血清学技术，如免疫转印技术、免疫沉淀技术、化学发光免疫测定等，它们已广泛用于生物科学的各个领域，并已成为不可缺少的研究手段。

20 世纪 80 年代，DNA 重组技术及其他遗传工程技术在疫苗研究中的应用。

为人类和动物疫苗的研究开创了一条全新的途径，各类基因工程疫苗，如基因工程亚单位疫苗、基因工程重组活载体疫苗、基因缺失疫苗、DNA 疫苗等相继问世。蛋白质合成技术的发展又为疫苗的研制开辟了另一条途径，即人工合成肽疫苗的诞生。20 世纪 90 年代，随着对免疫网络学说的进一步认识，人们又研究出另一类新型疫苗，即抗独特型疫苗（anti-idiotypevaccine）。

第三节　我国水产动物免疫研究的主要进展

世界上最早对水产动物的免疫研究始于 1903 年，Riegler 等发行丁鱼岁能产生凝集抗体，我国对水产动物的免疫研究从 1962 年王德明铭先生研究报道的草鱼肠炎病菌苗开始，比鳝、长吻鱼危、鲆、牛蛙、乌龟、虾、蟹和贝类等动物；研究队伍由水产研究机构、水产院校扩展到农业院校、师范大学、综合性大学和养殖单位；研究内容包括免疫器官、免疫细胞、免疫球蛋白、单克隆抗体、淋巴因子、补体、干扰素、免疫分子与基因、免疫诊断、免疫检测、疫苗研制、免疫佐剂、免疫增强剂、影响免疫效果的因素和抗病育种等。研究方法不仅应用了免疫学常用实验技术、微生物学、组织胚胎学、病理生物学和细胞生物学实验技术，还较多地采用分子生物学技术和免疫新技术；免疫防治研究取得了一系列成就，对草鱼、兴国红鲤和甲鱼的免疫基础研究和应用研究形成了较成熟的体系，草鱼出血疫苗经 30 余年推广应用，在全国草鱼养殖基地区普遍受到欢迎，改变了鱼用疫苗过去难于普及的状况，使草鱼出血病得到有效控制，各种快速诊断方法和新型疫苗的不断涌现，出现了与产生紧密结合的发展态势，并促进了基础免疫研究进程。我国对水产动物免疫研究的某些方面已进入世界行列。

一、贝类免疫

我国对贝类免疫研究始于 20 世纪 90 年代末，短时间内就对鲍、扇贝、合浦浦珠母贝和淡水育珠蚌等贝类的免疫进行了研究，先后研究了血细胞的分类、体液中的抗微生物因子及其诱导物、诱导方法与效果等，并将多种诱导成功用于贝病防控，进展很快，对贝类化学递质介导的免疫信号传导和各种免疫因子相互作用、免疫基因及其应用、免疫分子、免疫机制以及脊椎动物适应性免疫之间的异同等已展开深入研究。

二、甲壳动物免疫

我国对甲壳类水产动物的免疫稍早于对贝类免疫研究，研究的对象主要是各种对虾、沼虾、河蟹、青蟹等。其中对对虾免疫研究得最多也最深入。确认甲壳、鳃、血窦和淋巴器官为免疫器官，淋巴细胞等血细胞的吞噬、包括以及血淋巴中的一些酶活其他抗微生物因子有强大的防御功能，其免疫类型只有非特异免疫一种，但病原病、海藻多糖（包括凝集素、灵芝多糖、活性多糖、脂多糖等）都有增强这种免疫的作用，并在防病实践中广泛应用。对上述方面的研究卓有成效，对其相关免疫基因的研究也已展开。

三、鱼类免疫

我国对鱼类免疫的研究早于对其他水产动物免疫的研究，研究的广度和深度堪称为最。不仅涉及动物种类及免疫学内容多，而且对免疫器官、免疫分子、免疫应答、免疫基因和免疫应用等方面的研究手段和结果已居世界先进水平，特别能及时吸收国外的经验和成果，紧密结合国内的生产实践进行研究，形成了基础理论与实际应用并重的研究特色，促进了水产养殖业的大发展。大量研究结果表明，鱼类具有非异性和特异性两种免疫类型，参与非特异免疫的因子较多，产生的抗体只有 IgM，在血液、体液和黏液中均有分布，各种免疫分子及免疫应答过程有类似于哺乳类的特征和规律，但更受诸多胁迫因子影响，疫苗和多种免疫增强剂具有确实的抗病作用。娱乐免疫已成我国生物科学中的研究热门领域。

第四节　免疫学应用的主要范围

免疫学是基础学科，也是应用学科，研究基础的目的，是为了更好滴开展应用，目前其应用范围主要有如下几个方面：

一、快速诊断疾病

很多疾病（主要是传染病和寄生虫）可以应用血清学技术或细胞免疫检测技术进行快速诊断。因为一方面病原微生物和寄生虫是很好的抗原物质，可以和相应的已知抗体发生肉眼可见的反应或借助特殊仪器和方法可以检测到的反应；另一方面，病原微生物和寄生虫感染机体后机体可产生抗体和免疫反应，应用已知抗体或变应原与之反应也可以检测出来。因此，免疫学诊断方法不仅检出率高，而且反应快速，在短时间内可获得准确结果，在人医兽医上已广泛应用，水产上也有人用荧光体技术、酶联免疫吸附法等方法诊断水产动物的某些疾病，同时可利用血清学学技术对分离的病原进行血清型分型和鉴定，有些血清学试验已成为疫苗效果评价和抗体监测的重要手段。

二、防治疾病

病原微生物和某些寄生虫的致病作用，可以被相应抗体消除，因而可将病原做成疫苗，用于预防疾病，已有多种类型疫苗用于水产动物。取抗血清对动物进行被动免疫，不仅可用于紧急预防，还可治疗疾病。不过，水产动物的被动免疫应用价值有限。

目前人们正式图在医学上利用免疫系统的强大威力来征服传染性疾病、癌症、艾滋病、心血管疾病、免疫性疾病及移植排斥反应。从分子水平、细胞水平和临床水平研究重要的细胞因子和抗原的性质、免疫细胞的分化和调节，以及免疫与病原、药理、营养、移植、生殖和衰老的关系，致使免疫学研究日新月异，涵盖生命科学的各个领域。特别是最近被称为"基因组免疫系统"（是指能阻止病毒和转座子插入基因组的保护机制，这种保护机制只产生并保存于真核生物之中，有特异性识别、清除入侵核酸分子的能力，称为（genome's immune system，GIS）的干扰现象，将在人类后基因组时代的基因功能研究、抗病毒感染和许多遗传性疾病的治疗研究中发挥重要作用。

三、确定动物的亲缘关系和鉴定血型

由于动物的组织和蛋白成分是很好的抗原，即使是亲缘关系很近的种类也有抗原性，亲缘关系越远，抗原性越好，因此，用这些成分做成抗原接种动物，可产生抗体，用抗体与欲检测动物的组织进行血清学反应，可了解动物之间的亲缘程度。有人用沉淀反应得知人与黑猩猩和狐猴的亲缘相关性分别为97%、75%和25%。水产上已应用血清学反应测得金鱼不同品系之间血清抗原存在差异，并对金鱼的亲缘关系做出了评价，此外，应用血清学试验也可以检测人和动物的血型。

四、控制性别

性别控制方法较多，用免疫学方法控制的一般原理是用决定雌雄性别的精细胞免疫雄性动物，该动物体内可产生针对该精细胞的抗体，因此体内只有决定雌性或雄性的精细胞存活，所产生后代就只能是某一性别的动物，但水产上尚未见应用。

五、检测动物体内的超微量活性物质

机体内有很多超微量生物活性物质，用一般理化方法难于检出的可用某些反应敏感的免学方法，如酶联免疫吸附法（ELISA）、放射免疫测定法的检出量可达纳克（ng）或皮克（pg）水平，在水产上已有较多应用，如应用免疫学方法检测激素水平和基因表达产物及其含量。

六、检测药物残留

少数药物具有抗原性，可直接利用血清学方法进行检测。但大多数外源化合物多属于小分子物质，不具备免疫原性，需将其制备成能产生抗体的抗原后才能用免疫学方法检出。不过这些小分子物质与大分子物质联结后，可作为抗原决定簇，能刺激机体产生结合原抗体，这类小分子物质称为半抗原（hapten）。特定的免疫原相对分子质量小于1000甚至3000的物质都属于简单的半抗原，它们本身并无免疫原性，必须与大分子的、本身具有免疫原性的载体物质（如蛋白质）相结合后形成合成抗原（artificial antigen），才能诱导抗体的产生。当然，一部分待测外源化合物可作为免疫半抗原直接与载体蛋白连接来免疫动物产生抗体，但相当大的一部分待测物不宜直接作为免疫半抗原，如结构中不含有直接与载体蛋白连接的基团，或者连接载体的基团对维持免疫特性和特征十分重要，或者容易受结构相近的物质干扰，特征性不强容易发生交叉反应。因此，在合成

化学技术允许条件下，需要对半抗原进行必要的设计。小分子的特异抗体制备的关键流程主要包括半抗原的设计与合成、人工抗原的制备、抗体的制备和抗体抗原的标记。国内外已开展这类研究工作，主要应用检测某些有毒、有害药物在水产产品中的残留情况。

七、体内某些物质的定位

有时为了弄清某些物质和成分在体内的分布，常需要采用标记抗体技术对所检物质进行定位，常用的技术有免疫荧光技术、酶标技术和放射免疫测定。水产上在这方面的研究报道较多，如检测病原微生物在体内的侵入、扩散、分布状况以阐明致病机理；检测某种产物在 体内是否存在确认某种基因及其表达效率。

第二章 免疫学基础

第一节 抗原与免疫原的概念

一、抗原与抗原性

（一）抗原

凡是能刺激机体产生抗体和效应性淋巴细胞并能与之结合引起特异性免疫反应的物质称为抗原（antigen）。

（二）抗原性

抗原分子具有抗原性（antigenicity），其包括免疫原性与反应原性两个方面的含义。

免疫原性免疫原性（immunogenicity）是指抗原能刺激机体产生抗体和致敏淋巴细胞的特性。

反应原性反应原性（reactinogenicity）是指抗原与相应的抗体或效应性淋巴细胞发生特异性结合的特性，又称为免疫反应性（immunoreactivity）。这种应的特异性可能是生物学中已知的最特异的反应。

二、完全抗原与半抗原

根据抗原物质的抗原性，可将抗原分为完全抗原与不完全抗原。

（一）完全抗原

既具有免疫原性又有反应原性的物质称为完全抗原（complete antigen），也可称为免疫原（immunogen）。如大多数蛋白质、细菌、病毒等。

（二）半抗原

只具有反应原性而缺乏免疫原性的物质称为半抗原（hapten），亦称为不完全抗原（incomplete antigen）。半抗原多为简单的小分子物质（分子质量小于 1 ku），单独作用时无免疫原性，但与蛋白质或多聚赖氨酸等载体（carrier）结合后可具有免疫原性。大多数的多糖、类脂、某些药物等属于半抗原。半抗原又有简单半抗原和复合半抗原之分。

简单半抗原既不能单独刺激机体产生抗体，在与相应抗体结合后也不能出现可见反应，但却能阻止该抗体再与相应抗原结合，这种半抗原称为简单半抗原（simple hapten）或封阻性抗原。如肺炎球菌荚膜多糖的水解产物与家兔的抗肺炎球菌血清作用后，不能形成沉淀反应，但可以与抗体特异性结合，阻止该抗体与肺炎球菌荚膜多糖发生沉淀反应。此外，抗生素、酒石酸、苯甲酸等简单的化学物质也是简单半抗原。

复合半抗原不能单独刺激机体产生免疫应答，但可与相应的抗体结合，在一定的条件下出现肉眼可见的反应，这种抗原称为复合半抗原（complex hapten）。如细菌的荚膜多糖、类脂质、脂多糖等都属于复合半抗原。

三、免疫原

在具有免疫应答能力的机体中，能使机体产生免疫应答的物质称为免疫原（immunogen），故抗原物质又可称为免疫原，但半抗原不是免疫原。在某些情况下，抗原也可诱导相应的淋巴细胞克隆对该抗原表现出特异性无应答状态，称为免疫耐受（immune tolerance）。有些抗原还可引起机体发生病理性免疫应答，如超敏反应（hypersensitivity）。这些抗原分别称为耐受原（tolerogen）和变应原（allergen）。

第二节　影响免疫原性的因素

抗原物质是否具有免疫原性，一方面取决于抗原本身的性质；另一方面取决接受抗原刺激的机体反应性。影响免疫原性的因素主要有以下 3 个方面。

一、抗原分子的特性

（一）异源性

异源性（heterogenos）又称异质性或异物性。某种物质，若其化学结构与宿主的自身成分相异或机体的免疫细胞从未与它接触过，这种物质就称为异物。异源性是抗原物质的主要性质。免疫应答就其本质来说就是识别异物和排斥异物的应答，故激发免疫应答的抗原一般需要是异物。异物性物质包括以下几类：

异种物质异种动物之间的组织、细胞及蛋白质均是良好的抗原。从生物进化过程来看，异种动物间的亲缘关系相距越远，生物种系差异越大，其组织成分的化学结构差异即越大，免疫原性亦越好，此类抗原称为异种抗原。动物种属关系不同，其组织抗原的异物性强弱亦不同，借此可作为分析动物进化的依据。

同种异体物质同种动物不同个体之间由于遗传基因的不同，其某些组织分的化学结构也有差异，因此也具有一定的抗原性，如血型抗原、组织移植抗原，此类抗原称为同种异体抗原。

自身抗原动物自身组织成分通常情况下不具有免疫原性，其机制可能是在胚胎期针对自身成分的免疫活性细胞已被清除或被抑制，形成了对自身成分的天然免疫耐受。但在下列异常情况下，自身成分也可成为抗原物质，成为自身抗原。

（1）自身组织蛋白的结构发生改变，如在烧伤、感染及电离辐射等因素的作用下，自身成分的结构可发生改变，可能对机体具有免疫原性。

（2）机体的免疫识别功能紊乱，将自身组织视为异物，可导致自身免疫病。

（3）某些隐蔽的自身组织成分（如眼球晶状体蛋白、精子蛋白、甲状腺蛋白等）正常情况下，由于存在解剖屏障而与机体淋巴系统隔绝，但在某些病理情况下（如外伤或感染）进入血液循环系统，机体视之为异物而引起自身免疫应答。

一定的理化性状抗原均为有机物，但有机物并非均为抗原物质。有机物成为抗原须具备下列理化性状。

分子大小抗原物质的免疫原性与其分子大小有直接关系。蛋白质分子大多是良好的抗原，如细菌、病毒、外毒素、异种动物的血清都是抗原性很强的物质。免疫原性良好的物质分子质量一般都在 10ku-1ak，在一定范围内，分子质量越大，免疫原性越强；分子质量小于 5ku 的物质其免疫原性较弱；分子质量在 1ku 以下的物质为半抗原，没有免疫原性，但与大分子蛋质载体结合后可获得免疫原性。

大分子物质具有良好抗原性的原因是：①相对分子质量越大，其表面的抗原表位越多，而淋巴细胞需要在一定数量的抗原表位刺激下才能被激活；②大分子物质，特别是大分子的胶体物质其化学结构稳定，不易被破坏和清除，在体内停留时间长，有利于持续刺激机体产生免疫应答。

化学组成和分子结构一般蛋白质是良好的免疫原，糖蛋白、脂蛋白和多糖类、脂多糖都有免疫原性，但脂类和哺乳动物的细胞核成分如 DNA、组蛋白难以诱导免疫应答。在活化的淋巴细胞中，其染色质、DNA 和组蛋白都有免疫原性，能诱导自身抗 DNA、抗组蛋白等抗核抗体生成。大分子物质并不一定都具有抗原性。例如，明胶是蛋白质，分子质量达到 100ku 以上，但其免疫原性很弱，因明胶所含成分为直链氨基酸，不稳定，易在体内水解成低分子化合物。若在明胶分子中加入少量酪氨酸，则能增强其抗原性。因此，抗原物质除了要求具有一定的相对分子质量外，其表面必须有一定的化学组成和结构。相同大小的分子如果化学组成、分子结构和空间构象不同，其免疫原性也有一定的差异。一般而言，分子结构和空间构象越复杂的物质免疫原性越强，譬如含芳香族氨基酸的蛋白质比含非芳香族氨基酸的蛋白质免疫原性强。某些多糖的抗原性是由单糖的数目和类型所决定的，如血型物质和肺炎球菌荚膜多糖等抗原表面均有较复杂的结构。核酸的抗原性很弱，但与蛋白质载体连接后可刺激机体产生抗体。脂类一般无抗原性。

分子构象与易接近性分子构象（conformation）是指抗原分子中一些特殊化学基团的三维结构，它决定该抗原分子是否能与相应淋巴细胞表面的抗原受体相互吻合，从而启动免疫应答。抗原分子的构象发生细微变化，就可能导致其抗原性发生改变。

（二）易接近性

易接近性（accessibility）是指抗原分子的特殊化学基团与淋巴细胞表面相应的抗原受体相互接触的难易程度。人工合成的多聚丙氨酸、多聚赖氨酸复合物，其分子质量超过 10ku，但缺乏抗原性。若将酪氨酸和谷氨酸残基连接在多聚丙氨酸外侧，即可表现出较强的抗原性；若连接在内侧，则抗原性并不增强。这是因为抗原分子内部的氨基酸残基（特殊的化学基团）不易与淋巴细胞表面的抗原受体靠近，两者虽然相对应，但仍不能启动免疫应答。如将抗原侧链间距增大，造成较理想的易接近性，则又可表现出抗原性。如果用物理、化学的方法改变抗原的空间构象，其原有的免疫原性也随之消失。同一分子不同的光学异构体之间免疫原性也有差异。

物理状态　不同物理状态的抗原物质其免疫原性也有差异。一般颗粒性抗原的免疫原性通常比可溶性抗原强。可溶性抗原分子聚合后或吸附在颗粒表面可增强其免疫原性。例如，将甲状腺球蛋白与聚丙烯酰胺凝胶颗粒结合后，免疫家兔可使 IgM 的效价提高 20倍。因此，对某些抗原性弱的物质，设法使其聚合或附着在某些大分子颗粒（如氢氧化铝胶、脂质体等）的表面，可增强其抗原性。

（三）易感性

对抗原加工和递呈的易感性（suscep tibility）具有免疫原性的物质须经非消化道途径进入机体（包括注射、吸入、伤口等），被抗原递呈细胞加工和递呈并接触免疫活性细胞，才能成为良好抗原。如大分子胶体异物，口服后可被消化酶水解，破坏了抗原表位和载体的完整性，从而丧失其免疫原性。只有在肠壁通透性增高的情况下（如新生幼畜、烧伤等），抗原异物易通过肠壁，才具有免疫原性。

二、宿主生物系统

1.受体动物的基因型　动物中不同种类对同一种免疫原的应答有很大差别，同一种动物不同晶系，甚至不同个体对一种免疫原应答也有很大差别，这与免疫应答基因（immune response gene）及其表达有密切关系，还与动物本身的发育及生理状况有关。因受体动物个体基因不同，故对同一抗原可有高、中、低不同程度的应答。如多糖抗原对人和小鼠具有免疫原性，而对豚鼠则无免疫原性。

2.受体动物的年龄、性别与健康状态　一般来说，青壮年动物比幼年动物和老年动物产生免疫应答的能力强；雌性动物比雄性动物产生抗体的能力强，但怀孕动物的免疫应答能力受到显著抑制。

三、免疫方法的影响

免疫抗原的剂量、接种途径、接种次数及免疫佐剂的选择等都明显影响机体对抗原的应答。免疫动物所用抗原剂量要视不同动物和免疫原的种类而定。免疫原用量过大会引起动物死亡，也可以引起免疫耐受而不发生免疫应答；用量过少也不能刺激应有的免疫应答。一般来说颗粒性抗原，如细菌、细胞等用量较少，免疫原忆较强；可溶性蛋白或多糖抗原，用量适当增大，并要多次免疫或加佐剂辅助，但免疫注射间隔要适当，次数不要太频。免疫途径以皮内免疫最佳，皮下免疫次之，肌肉注射、腹腔注射和静脉注射效果差，口服易诱导免疫耐受。要选择好免疫佐剂，弗氏佐剂主要诱导 IgG 类抗体产生，明矾佐剂易诱导 IgE 类抗体产生。

第三节　抗原表位

　　一种抗原物质只能引起机体产生相应的抗体，该种抗体只能与相应的抗原相结合，这是抗原的特异性决定的。抗原的分子结构十分复杂，但诱导免疫应答并与抗体或效应性淋巴细胞发生反应的并不是抗原分子的全部，即抗原分子的活性和特异性并不是整个抗原分子决定的，决定其免疫活性的只是其中的一小部分抗原区域。

一、表位的概念

　　抗原分子表面具有特殊立体构型和免疫活性的化学基团称为抗原决定簇（antigenic determinant）或抗原决定基，由于抗原决定簇通常位于抗原分子表面，因而又称为抗原表位（epitope）。抗原表位决定着抗原的特异性，即决定着抗原与抗体发生特异性结合的能力。抗原分子母体表面连有不同的抗原表位亦即具有不同的特性，而同一化学基团的不同异构体均可影响抗原的特异性。

二、表位的大小

　　抗原表位的大小相当恒定，但也有差异，通常具有 50 ~ 70nm 的表面积，其大小主要受免疫活性细胞膜受体和抗体分子的抗原结合点所制约。表位的环形结构容积一般不大于 3nm 蛋白质分子抗原的每个表位由 5 ~ 7 个氨基酸残基组成，多糖抗原由五六个单糖残基组成，核酸抗原的表位由 5 ~ 8 个核苷酸残基组成。研究最深入的是天然蛋白质鲸肌红蛋白，目前对其抗原结构已完全了解。从三维结构来看，其抗原表位位于肽链的第 16 ~ 21，56 ~ 62，94 ~ -99，113 ~ 119 和 6 ~ 151 位氨基酸残基的各区段上，均分布在表面突出的部位，即肽链的转折处或末端。艺的表位大小均在六七个氨基酸范围内，与抗体的抗原结合位点大小相符。

三、表位的数量

　　抗原分子抗原表位的数目称为抗原的抗原价（antigenic valence）。含有多个抗原表位的抗原称为多价抗原（multivalent antigen），大部分抗原都属于这类抗原；只有一个抗原表位的抗原称为单价抗原（monovalent antigen），如简单半抗原。根据表位特异性的不同，又有单特异性表位（modospecific epitope）和多特异性表位（multispecific epitope）之分，前者只含有一种特异性表位（图 2-1），后者则含有两种以上不同特异性的表位。

　　抗原分子表面能与免疫活性细胞接近，对激发机体的免疫应答起着决定意义的表位称为中荜唯奉年，即抗原的功能价；隐蔽于抗原分子内部的抗原表位称为隐蔽表位，即非功能价。后者可因理化因素的作用而暴露在分子表面成为功能性表位，或因蛋白酶解及修饰（如磷酸化）产生新的表位。

天然抗原一般都是多价和多特异性表位抗原。抗原价与分子大小有一定的关系，据估计分子质量 5 ku 大约会有 1 个表位，例如牛血清白蛋白（BSA）的分子质量为 69ku，有 18 个表位，但只有 6 个表位暴露于外面。表位的种类视抗原结构不同而异，如鸡卵白蛋白分子质量为 42ku，有 5 种表位；分子质量为 70ku 的血清蛋白有 6 种表位；而分子质量为 700ku 的甲状腺球蛋白则有 40 种表位。多特异性表位一定是多价抗原（图 2-2），但多价抗原未必是多特异性表位。

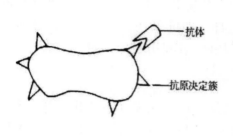

图 2-1 单特异性表位多价抗原　　　　图 2-2 多特异性表位多价抗原

四、构象表位和顺序表位

抗原分子中由分子基团间特定的空间构象形成的表位称为构象表位（conformational epitope），又称不连续表位（discontinuous epitope），一般是由位于伸展肽链上相距很远的几个残基 2 或位于不同肽链上的几个残基 2 由于抗原分子内肽链盘绕折叠而在空间上彼此靠近而构成，因此其特异性依赖于抗原大分子整体和局部的空间构象。抗原表位空间构象的改变，其抗原特异性也随之改变。抗原分子中直接由分子基团的一级结构序列（如氨基酸序列）决定的表位称为顺序表位（sequential epitope），又称为连续表位（continuous epitope）。

五、B 细胞表位和 T 细胞表位

免疫应答过程中，B 细胞抗原受体（B cell receptor，BCR）和 T 细胞抗原受体（T cell receptor，TCR）所识别的表位具有不同特点，分别被称为 B 细胞表位和 T 细胞表位。

（一）B 细胞表位

抗原中被 BCR 和抗体分子所识别（直接接触或结合）的部位称为称 B 细胞表位（B cell epitope）。蛋白质抗原中的 B 细胞表位一般由序列一不相连，但在空间结构上相互连接的氨基酸构成；除此之外，B 细胞表位还可以是大分子中的糖苷、脂类及核苷酸等组成的表位。B 细胞表位具有构象特异性，一般存在于天然抗原分子的表面，不经抗原递呈细胞（APC）的加工处理即可直接被 B 细胞识别。构成 B 细胞表位的氨基酸或多糖残基须形成严格的三维空间构型，才能保证与 BCR 或抗体分子高变区间的严格识别、接触，因此，B 细胞表位须位于抗原三维大分子表面的氨基酸长链或糖链弯曲折叠处。若蛋白质抗原发生变性，二维结构被破坏或折叠不正确，则失去其 B 细胞表位。某些情况下，若天然状态的线性表位位于蛋白质的表面或呈延伸的构象，则也可能直接被 BCR 或抗体识别。此外，简单的连续多肽序列形成的螺旋也可作为一种 B 细胞构象型表位与抗体特异性结合。但绝大多数 B 细胞表位为非线性表位。

（二）T 细胞表位

蛋白质分子中被 MHC 分子递呈并被 TCR 识别的肽段称为 T 细胞表位（T cell epitope）。一个肽段是否能成为 T 细胞表位与其在分子中的位置基本无关，而主要取决于其与宿主携带 MHC 分子的亲和力。T 细胞表位一般含有 9～17 个氨基酸残基，是由序列上相连的氨基酸组成，主要存在于抗原分子的疏水区，也称为线性表位或序列表位。T 细胞表位没有构象依赖性，将一个蛋白质分子变性处理，不会影响 T 细胞表位。由于 T 细胞只能识别加工过的表位，故一般不识别天然抗原的构象型表位。近年来发现，某些 MHC 样分子或非 MHC 类分子，如 H-2Q，H2-T 和 CDl 等，也可结合简单多肽、多糖或脂类抗原，并直接递呈给 T 细胞。

虽然尚难以直接证明天然大分子蛋白质抗原存在有 T 细胞表位和 B 细胞表位，但对已知结构的小分子免疫原进行研究，证明确实存在有两类表位。例如，人胰高血糖素是含有 29 个氨基酸的小分子抗原，将其免疫小鼠，可产生针对氨基端的抗体；而 T 细胞应答则主要针对胰高血糖素的羧基端（相当于载体部分）。由此证明，胰高血糖素的分子的氨基端为 B 细胞表位所在，而羧基端为 T 细胞表位。一个较为复杂的蛋白质大分子可以有多个 T 细胞和 B 细胞表位，由于胸腺依赖性抗原诱导 B 细胞应答依赖于 T 细胞的辅助，故 T 细胞表位也是大多数 B 细胞发生免疫应答所必需的（图 2-3）。半抗原只有 B 细胞表位而没有 T 细胞表位，故只能作为与抗体结合的靶分子，而不能诱导免疫应答。

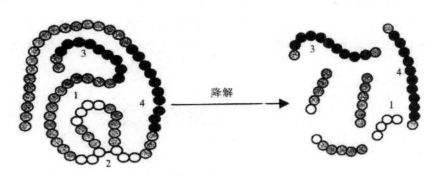

天然抗原分子　　　　　　抗原分子的降解片段

图 2-3 抗原分子中的 T 细胞与 B 细胞表位

六、半抗原 – 载体

小分子的半抗原不具有免疫原性，不能诱导机体产生免疫应答，但当与大分子物质（载体）连接后，就能诱导机体产生免疫应答，并能与相应的抗体结合，这种现象称为半抗原 - 载体现象。大多数天然抗原都可以看成是半抗原与载体的复合物，半抗原实质上就是抗原表位，而其余部分则为载体。研究表明，半抗原结构的任何改变（如大小、形状、表面基团、立体构型和旋光性），都会导致产生的抗体的特异性发生改变。

半抗原与载体结合后首次免疫动物，可测得半抗原的抗体（初次免疫反应），当2次免疫时，半抗原连接的载体只有与首次免疫所用的载体相同时，才会有再次反应，这种现象称为载体效应（carrier effect）。例如，用半抗原二硝基苯（DNP）上J载体卵白蛋白（OVA）结合免疫动物，可引起对DNP和OVA的初次应答，产生抗DNP和OVA抗体。用同一半抗原载体进行再次免疫时，则引起机体对DNP和OVA抗原的再次应答，反应强烈。但是，如果用DNP和另一载体牛/球蛋㈠（BGG）结合进行第2次免疫，则只引起初次应答，抗DNP抗体滴度很低。只有别原来的半抗原载体复合物（DNP-OVA）时才能引起再次应答。这说明尽管抗原特异性没有改变，但载体的改变会影响抗DNP抗体的产生，表明载体并不单纯是增加半抗原分子大小使其获得免疫原性，而且在再次应答的免疫记忆中起着重要作用，也可以说再次应答与回忆应答是由载体决定的。用OVA作初次免疫，再注射OVA-DNP，动物可产生对半抗原和载体的再次应答，如果用DNP初次免疫则才；能诱导抗DNP抗体的再次应答，这进一步证明机体对半抗原—载体的再次应答依赖于载体。

半抗原-载体现象的实验进一步表明，机体在对抗原物质的免疫应答过程中，T细胞抗原受体主要与载体表位作用，而B细胞抗原受体与半抗原表位作用。如果用DNP-OVA复合物免疫动物后，再用同一复合物或单独用OVA作抗原均可引起细胞介导免疫应答的再次反应，但如果单独用DNP或DNP与另一载体（BGG）复合物免疫，则不能诱导细胞介导免疫的再次反应，这表明致敏的T淋巴细胞只能识别载体，而不能对半抗原或结合在另一载体上的半抗原发生免疫反应。由此说明细胞免疫应答的特异性取决于载体，而体液免疫应答的特异性决定于半抗原。

在本质上，任何一个完全抗原均可看成是半抗原与载体的复合物。在免疫应答中，T细胞识别载体，B细胞识别半抗原，因此载体在细胞免疫应答中起主要作用。

第四节　抗原的交叉性

自然界中存在着无数多的抗原物质，不同主抗原物质之间、不同种属的微生物间、微生物与其他抗原物质间，难免有相同或相似的抗原组成或结构，也可能存在共同的抗原表位，这种现象称为抗原的交叉性或类属性。而这些共有的抗原组成或表位就称为共同抗原（common antigen）或交叉反应抗原（cross reacting antigen）。种属相关的生物之间的共同抗原又称为"类属抗原"。如果两种微生物有共同抗原，它们除与各自相对应的抗体发生特异性反应外，还可与另一种抗体发生交叉反应（cross reaction）。交叉反应不仅在两种抗原表位构型完全相同时发生，也可在两种抗原表位构型相似的情况下发生。即一个表位的相应抗体，也可与构型相似的另一表位发生交叉反应，但由于两者之间并不完全吻合，故其结合力相对较弱。抗原的交叉性有以下几种情况。

一、不同物种间存在共同的抗原组成

这种情况在自然界是普遍存在的，例如牛冠状病毒和鼠肝炎病毒都具有相同的 gpl90、gp52 和 gp26 抗原。猫传染性腹膜炎上与猪传染性胃肠炎病毒之间也有相同的抗原组成。

二、不同抗原分子存在共同的抗原表位

在沙门氏菌中，A 群沙门氏菌有抗原表位 2，B 群沙门氏菌有抗原表位 4，D 群沙门氏菌有抗原表位 9，而抗原表位 12 为 A、B，D3 群所共有。

三、不同表位之间有部分结构相同

蛋白质抗原的表位取决于多肽末端氨基酸组成，尤其是末端氨基酸的羧基对特异性影响最大，如果末端氨基酸相似，即可出现交叉反应，而且交叉反应的强以与相似性成正比。

第五节 抗原的分类

抗原物质种类繁多，从不同的角度可以将抗原分成许多类型。

一、根据抗原的性质分类

根据抗原的性质可分为完全抗原和不完全抗原（半抗原），依据半抗原与相应的抗体结合后是否出现可见反应，可分为简单半抗原和复合半抗原。

二、根据与抗原加入和递呈的关系分类

1. 外源性抗原　存在于细胞间，自细胞外被单核巨噬细胞等抗原递呈细胞吞噬、捕获或与 B 细胞特异性结合后而进入细胞内的抗原均称为外源性抗原（exogenous antigen），包括所有自体外进入的微生物、疫苗、异种蛋白等，以及自身合成而又释放于细胞外的非自身物质。如各种天然抗原（动、植物蛋白质，微生物，同种异体抗原等）、人工抗原（与化学物质结合的天然抗原如偶氮蛋白等）、合成抗原（化学合成的高分子氨基酸聚合物）、基因工程抗原（如用于免疫的基因工程疫苗）等。

2. 内源性抗原　自身细胞内合成的抗原称为内源性抗原（endogenous antigen）。如胞内菌和病毒感染细胞所合成的细菌抗原，病毒抗原，肿瘤细胞合成的肿瘤抗原，自身隐蔽抗原，变性的自身成分等。

三、根据抗原来源分类

1. 异种抗原　来自与免疫动物不同种属的抗原性物质称为异种抗原（hetero antigen）。如各种微生物及其代谢产物对畜禽来说都是异种抗原；猪的血清对兔来说是异种抗原。

2. 同种异型抗原　与免疫动物同种而基因型不同的个体的抗原性物质称为同种异型抗原（alloantigen），如血型抗原、同种移植物抗原。

3. 自身抗原　能引起自身免疫应答的自身组织成分称为自身抗原（autoantigen）。如动物的自身组织细胞、蛋白质在特定条件下形成的抗原，对自身免疫系统具有抗原性。

4. 异嗜性抗原　与种属特异性无关，存在于人、动物、植物及微生物之间的 共同抗原称为异嗜性抗原（heterophile antigen）。它们之间有广泛的交叉反应性。该现象首先由瑞典病理学家 Forssman（1868—1947）于 1911 年发现，故又称为 Forssman 抗原。他将豚鼠的肝、脾等脏器悬液免疫家兔制备的抗血清，不仅能与原来的脏器发生反应，还可以凝集绵羊红细胞，在补体的参与下使红细胞发生溶解。这种抗体具有异嗜性，因此将相应抗原称为异嗜性抗原。这说明豚鼠脏器与绵羊红细胞之间有共同的抗原。异嗜性抗原的存在十分普遍，在疾病的发生和传染病诊断上具有一定的意义。如溶血性链球菌的细胞壁脂多糖成分与肾小球基底膜及心肌组织有共同的抗原，因此反复感染链球菌后，可刺激机体产生抗肾抗体和抗心肌抗体，这是肾小球肾炎和心肌炎等自身免疫病的病因之一。牛心肌与梅毒螺旋体有共同抗原，故可利用牛心肌酒精抽提液检查梅毒唐者血清抗体。

四、根据对胸腺（T 细胞）的依赖性分类

在免疫应答过程中依据是否有 T 细胞参加，将抗原分为胸腺依赖性抗原和非胸腺依赖性抗原，这两种抗原生物学性质的区别主要由于其抗原表位的结构不同所致，

1. 胸腺依赖性抗原　胸腺依赖性抗原（thymus dependent antigen）简称 TD 抗原，这类抗原在刺激 B 细胞分化和产生抗体的过程中，需要巨噬细胞等抗原递呈细胞和辅助性 T 细胞（Th）的协助。绝大多数抗原属于 TD 抗原，如异种组织与细胞、血清蛋白、微生物及人工复合抗原等。它们的共同特点是均为蛋白质抗原，相对分子质量大，表面表位多，但每种表位数量不同，且分布不均匀。此外，在 TD 抗原中既有可被 Th 细胞识别的载体表位，也有被 T 细胞识别的半抗原表位。TD 抗原主要是大分子蛋白质，其刺激机体主要产生 1gG 类抗体，还可刺激机体产生细胞免疫应答和回忆免疫。

2. 非胸腺依赖性抗原　非胸腺依赖性抗原（thymus independent antigen）简称 TI 抗原，这类抗原直接刺激 B 细胞产生抗体，不需要 T 细胞的协助。仅少数抗原 物质属 TI 抗原，如大肠杆菌脂多糖（LPS）、肺炎球菌荚膜多糖（SSS）、聚合鞭毛素（POL）和聚乙烯吡咯烷酮（PVP）等。TI 抗原的特点是由同一构型重复排列的结构组成，有重复出现的同一抗原表位，降解缓慢，且无载体表位，故不能激活 Th 细胞，只能激发 B 细胞产生 IgM 类抗体，不易产生细胞免疫，也不引起回忆应答。

五、微生物抗原

各类细菌、真菌、病毒等都具有较强的抗原性，一般都能刺激机体产生抗体。由于各种微生物其组成成分比较复杂，因此每一种微生物都可能含有性质不同的各种蛋白质，以及与其结合的多糖、类脂等，每一种成分都可能具有抗原性，刺激机体产生相应的抗体和效应性淋巴细胞。

1. 细菌抗原

细菌虽是一种单细胞生物，但其抗原结构却比较复杂，因此应把细菌看成是多种抗原成分组成的复合体。根据细菌各部分构造和组成成分的不同，可将细菌抗原（bacterial antigen）分为鞭毛抗原、菌体抗原、荚膜抗原和菌毛抗原。

（1）菌体抗原（somatic antigen）又称 O 抗原，主要指革兰氏阴性菌细胞壁抗原，其化学本质为脂多糖（LPS）。细胞壁最内层，紧靠胞浆膜外有一层黏肽（肽聚糖），之外为脂蛋白，它与外边的外膜连接：外膜之外为类脂 A，其外附着一个多糖组成的核心，称为共同基核（common core），菌体抗原较耐热，不易被乙醇破坏，一般认为与毒力有关。

（2）鞭毛抗原（flagllar antigen）又称 H 抗原。鞭毛为细菌的丝状附器官，由丝状体（filiform，filament）、钩状体（hook）和基体（basal body）3 部分组成，其中丝状体占鞭毛的 90% 以上，因此鞭毛抗原主要决定于丝状体。细菌鞭毛是一种空心管状结构，由蛋白亚单位（亚基）组成，此亚单位称为鞭毛蛋白或鞭毛素（flagellin）。不同种类细菌的鞭毛蛋白，其氨基酸种类、序列等可能彼此有所不同，但具有不 含半胱氨酸、芳香族氨基酸含量低、五色氨酸的共同特点。鞭毛抗原不耐热，易被乙醇破坏，与毒力无关。鞭毛、鞭毛蛋白多聚体的免疫效果好于鞭毛蛋白单体，并可产生 IgG 和 IgM。因鞭毛抗原的特异甘较强，用其制备抗鞭毛因子血清，可用于沙门氏菌和大肠杆菌的免疫诊断。

（3）荚膜抗原（capsular antigen）又称 K 抗原。荚膜由细菌菌体外的黏液物质组成，电镜下呈致密丝状网络。细菌荚膜构成有荚膜细菌有机体的主要外表面，是细菌主要的表面免疫原。细菌的荚膜大多与细菌的毒力和抗原性有关。带 荚膜的细菌一般是有毒力的，如肺炎球菌、炭疽杆菌等。荚膜抗原的成分为酸性 多糖，可以是多糖均一的聚合体和异质的多聚体。只有炭疽杆菌和枯草杆菌是 7D - 谷氨酸多肽的均一聚合体。各种细菌荚膜多糖互有差异，同种不同型间多糖侧 链也有差异。

（4）菌毛抗原（pili antigen）为许多革兰氏阴性菌（如大肠杆菌的某些菌株、沙门氏杆菌、痢疾杆菌、变形杆菌等）和少数革兰氏阳性菌（如某些链球菌）所具有。菌体表面有无数细小、坚韧、没有波曲的绒毛，称为菌毛（pili）或称纤毛（firebriae）。根据菌毛的形态和功能，分为普通菌毛和性菌毛。菌毛由菌毛素组成，有很强的抗原性。

2. 病毒抗原

病毒是极小的微生物，只有通过电镜才能观察到，各种病毒结构不一，因而其抗原成分也很复杂，每种病毒都有相应的抗原结构。一般有囊膜抗原、衣壳抗原、核蛋白抗原等。

病毒表面抗原（viral antigen）简称为 V 抗原。有囊膜的病毒其抗原特异性主要是由囊膜上的纤突（spikes）所决定，故 V 抗原也称为囊膜抗原（envelope antigen）。V 抗原具有型和亚型的特异性。如流感病毒囊膜上的血凝素（hemagglutinin，HA）和神经氨酸酶（neuraminidase，NA）都是 V 抗原，具有很高的特异性，是流感病毒亚型的分类基础。HA 与 NA 抗原的变异频率很高，主要表现为抗原漂移（antigenic drift 引起的次要抗原变化和抗原转换（antigenic shifl）引起的主要抗原变化。

病毒衣壳抗原（Viralcapsidan tigen）简称 VC 抗原。无囊膜的病毒，其抗原特异性决定于病毒颗粒表面的衣壳结构蛋白，如口蹄疫病毒的结构蛋白 VP1，VP2，VP3 和 VP4 即为此类抗原，其中 VP1 能使机体产生中和抗体，可使动物获得抗感染能力，为口蹄疫病毒的保护性抗原。VC 抗原也具有型和亚型的特异性。口蹄疫病毒还可产生一种病毒感染相关抗原（virus infection associated antigen），简称 VIA 抗原，是具有酶活性的病毒特异性核糖核酸聚合酶，只有当病毒复制时才出现，并能刺激机体产生抗 VIA 抗体，但当病毒粒子装配完后，VIA 就不存在于病毒结构中。灭活疫苗免疫动物体内不产生抗 VIA 抗体，因此在临床诊断和进出口检疫中检测 VIA 抗体具有重要意义。

核蛋白抗原（nucleoprotein antigen）简称 NP 抗原。核衣壳是指 病毒的蛋白—核酸复合体，特别是在有囊膜的病毒，例如披膜病毒的核衣壳蛋白以及流感病毒 N 蛋白和 RNA 的丝状复合体等。流感病毒的核蛋白分子质量为 60ku，是单体磷酸化的多肽，是构成核衣壳的主要成分。核蛋白具有型特异性， 根据其抗原性的不同，可将流感病毒分为甲、乙、丙 3 型，它是可用补体结合试验方法测定的型特异抗原，即可溶性抗原（soluble antigen，S 抗原）。

3. 毒素抗原

很多细菌（如破伤风杆菌、白喉杆菌、肉毒梭菌）能产生外毒素，其成分为糖蛋白或蛋白质，具有很强的抗原性，毒素抗原（toxin antigen）可刺激机体产生抗体，即抗毒素。外毒素经甲醛或其他方法处理后，毒力减弱或完全一丧失，但仍保持其免疫原性，称为类毒素（toxoid）。

4. 其他微生物抗原

真菌、寄生虫及其虫卵都有特异性抗原，但免疫原性较弱，特异性也不强，交叉反应较多，一般很少用抗原性进行分类鉴定。

①真菌抗原：真菌在自然界广泛存在，而真菌病的发病率却较低，说明多数动物对真菌有高度抵抗力。在感染过程中，体液免疫和细胞免疫均可产生。一般而言，形成的抗体无保护作用，但抗体的存在可减少某些真菌的传染性，且抗体对真菌感染的诊断和预后推测是有帮助的。真菌的细胞壁抗原主要由壳多糖和脂多糖等成分组成。感染浅部真菌后一般无显著的免疫性，受深部真菌感染后可能产生一定程度的免疫性，患畜血清中可出现凝集素、沉淀素和补体结合抗体等。

②寄生虫抗原：在寄生虫与宿主的相互作用中，寄生虫抗原引起宿主产生免疫应答，

特别是那些存在于寄生虫体表或分泌排泄物内的抗原，与宿主免疫细胞直接接触，具有重要的免疫原性。寄生虫抗原的化学构成包括多肽、蛋白质、糖蛋白、脂蛋白及多糖。在同一虫种的不同发育时期，可存在共同抗原和期特异抗原，在不同虫种之间以及寄生虫与宿主之间也可存在共同抗原。这表明虫种种内和种间的亲缘关系，以及寄生虫与宿主之间长期演化的结果。寄生虫抗原按照免疫学标准可大致分为宿主保护性抗原、免疫诊断抗原、免疫病理抗原、寄生虫保护性抗原等。研究寄生虫抗原对于了解寄生虫与宿主的相互关系及寄生虫的致病作用，诊断寄生虫病，研究相应疫苗等方面均有重要作用。

5. 保护性抗原

微生物具有多种抗原成分，但其中只有一两种抗原成分刺激机体产生的抗体具有免疫保护作用，因此将这些抗原称为保护性抗原（protective antigen）或功能抗原（functional antigen），如口蹄疫病毒的VP1，传染性法氏囊病毒的VP2，肠致病性大肠杆菌的菌毛抗原（如K88，K99等）和肠毒素抗原（如ST，LT等）。

6. 超抗原

超抗原的概念由White等于1989年首先提出。他们发现，某些细菌或病毒的产物可使很高比例的T细胞激活。由于这类物质具有强大的刺激T细胞活化的能力，只须极低数量（1 ~ 10ng / mL）即可诱发最大的免疫效应，故被称为超抗原（superantigen，SAg）。超抗原可与抗原递呈细胞表面的MHCII类分子及TCR的可变区结合，非特异性地刺激T细胞增殖并且释放细胞因子。超抗原主要有以下两类：

外源性超抗原（exogenous SAg）主要是某些细菌的毒素，包括金黄色葡萄球菌肠毒素（staphylococcus enterotoxin，SE）、A群链球菌M蛋白和致热外毒素A-C、关节炎支原体丝裂原（mycoplasma arthritis mitogen，MAM）等。细菌性超抗原的共同特点是均为由细菌分泌的具有水溶性的蛋白质，对靶细胞，无直接伤害作用，可与MHCII类分子结合，活化CD4+T细胞。

内源性超抗原（endogenous，SAg）是由某些病毒基因编码的抗原。病毒（主要是逆转录病毒）感染机体后，病毒DNA整合到宿主细胞DNA中，可产生内源性超抗原。如小鼠乳腺肿瘤病毒侵犯淋巴细胞，其DNA整合至淋巴细胞DNA中，在体内持续表达病毒蛋白质产物，即内源性超抗原；金黄色葡萄球菌蛋白A（staphylococcus protein A，SPA）和人类免疫缺陷病毒（human immunodeficiency virus，HIV）在体内的某些表达产物也属于内源性超抗原。

超抗原具有不同于一般抗原的若干特点，主要表现为具有强大的刺激能力，无须经APC的处理而直接与抗原递呈细胞的MHCII类分子的肽结合区以外的部位结合，并以完整蛋白分子形式被递呈给T细胞，而且SAg-MHCII类分子复合物仅与T细胞的TCR的e链结合，因此可激活多个T细胞克隆。此外，超抗原还与多种病理或生理效应有关。

六、非微生物抗原

1.ABO 血型抗原

ABO 血型抗原是糖蛋白分子，其抗原表位在多糖链上，现已基本明确了人类 A、B、H（决定 O 型抗原的物质）抗原表位的分子结构。H 物质实际上是 A 或 B 血型物质的前体，受片基因（编码岩藻糖转移酶）控制。当 H 物质的多糖叉链末端通过口（1-t$_3$）糖苷键和乙酰半乳糖胺相连时，即为 A 血型物质，受 A 基因（编码 N- 乙酰半乳糖胺转移酶）控制，当 H 物质多糖叉链末端通过口（1-3）糖苷键和半乳糖相连时，即为 B 型物质，受 B 基因（编码半乳糖胺转移酶）控制。因此，只有当 H 物质形成后，A 和 B 基因才发挥作用。用 A、B、H 基因编码的特异酶可人为改变红细胞的血型，这方面已经初步获得成功。除了人类红细胞外，其他细胞表面也有 A、B、H 物质。80% 的人，在分泌液（唾液、胃液、胰液、汗液）中也有 A、B、H 物质。A、B、O 抗原在体内有两种存在形式：一种为水溶性的分泌形式，一种为分子上附有类脂的细胞膜结合形式。在个体中是否有分泌的 A、B、O 抗原取决于等位基因 Se 和 Ae 的控制。

2. 动物血清与组织浸液异种

动物血清与组织浸液是良好的抗原。各种植物浸液也有良好的抗原性，如叶绿素即为良好的抗原。

3. 酶类物质

酶是蛋白质，因此具有良好的抗原性。在酶学研究中，用免疫学技术测定生物体内酶的含量是十分有效的。

4. 激素类

激素生长激素、肾上腺皮质激素、催乳素、胰高血糖素等蛋白质类激素具有良好的抗原性，都能直接刺激机体产生抗体。一些小分子的脂溶性激素属于半抗原，用载体连接后可制成人工复合抗原，制备抗体后即可用于免疫检测。

七、人工抗原

（一）人工抗原的种类

人工抗原是指经过人工改造或人工构建的抗原，包括合成抗原与结合抗原两类。

1. 合成抗原

合成抗原依据蛋白质的氨基酸序列，用人工方法合成蛋白质肽链或合成一段短肽后与大分子载体连接，使其具有免疫原性。合成抗原一方面可用于抗原结构、抗原特异性等免疫理论研究，另一方面可开发研制人工合成肽疫苗。

2. 结合抗原

结合抗原是将天然的半抗原（如小分子的动植物激素、药物分子、化学元素等）与大分子的蛋白质载体连接，使其具有免疫原性，用于免疫动物可制备出针对半抗原的特异性抗体。

（二）抗原的人工制备

传统方法传统的人工抗原的制备方法是将半抗原或用化学方法制备的合成肽与载体通过偶联剂进行连接，常用的偶联方法有戊二醛法、碳二亚胺法、活泼酯法、亚胺酸酯法和卤代硝基苯法等，这些偶联方法使半抗原或合成肽与载体在—COOH，—NH。或—SH 等基团部位发生结合。

基因工程方法随着分子生物学技术的发展，人工抗原的制备也越来越多地借助基因工程方法。如利用基因工程技术表达特定抗原蛋白或通过核苷酸序列推导合成相应编码的蛋白质抗原肽段。

八、有丝分裂原

可活化淋巴细胞的物质有两大类：即特异性抗原和非特异性的有丝分裂原（mitogen）。抗原能刺激抗原特异性淋巴细胞（T 细胞和 B 细胞）活化，这种活化具有高度特异性。一种特定的抗原，只能激活具有相应抗原受体的淋巴细胞。而有丝分裂原是非特异的多克隆激活剂，能使某一群淋巴细胞的所有克隆都被激活。T、B 细胞表面均表达多种丝裂原受体，在体外实验中丝裂原可 以刺激静止的淋巴细胞转化为淋巴母细胞，表现为体积增大，胞浆增多，DNA 合成增加，出现有丝分裂等变化。丝裂原属于外源性凝集素（1eetin），多为植物种子中提取的糖蛋白以及细菌结构成分或产物等。免疫学上常用的有丝分裂原有刀豆素 A（ConA）、植物血凝素（PHA）、美洲商陆（PWM）、脂多糖（LPS）、葡萄球菌 A 蛋白菌体（SAC）、纯蛋白衍生物（PPD）、葡聚糖等。

实践中常利用淋巴细胞对丝裂原刺激的反应性（淋巴细胞增殖试验）检测机体免疫系统的功 能状态。常用对 PHA 或 ConA 的反应来测定 T 细胞功能，用对 SAC 的反应测定人 B 细胞功能，用对 LPS 的反应测定小鼠 B 细胞功能；也常用 PWM 来测定体液和细胞免疫功能。对这些丝裂原的反应下降，表明 T 细胞或 B 细胞数量减少或功能障碍。

第六节　佐剂与免疫调节剂

一、佐剂

（一）佐剂的概念

一种物质先于抗原或与抗原混合同时注入动物体内，能非特异性地改变或增强机体对该抗原的特异性免疫应答，发挥辅助作用，这类物质统称为免疫佐剂（immunoadjuvant），简称佐剂（adjuvant）。

佐剂在人工免疫中得到了广泛应用，除可增强弱抗原性物质的抗原性外，还可通过加人佐剂减少抗原用量和接种次数，增强抗原所激发的抗体应答，达到产生大量特异性抗体的目的。此外，一些佐剂可增强对肿瘤细胞或胞内感染细胞的有效免疫反应，增强吞噬细胞的非特异性杀伤功能和特异性细胞免疫的刺激作用等。

（二）佐剂的种类

不溶性铝盐类胶体佐剂是一类在疫苗上应用很广泛的佐剂，通常使用的主要有氢氧化铝胶、明矾（铵明矾、钾明矾）、磷酸三钙等。油水乳剂这类佐剂是用矿物油、乳化剂（如Span-80，Tween-80）及稳定剂（硬脂酸铝）按一定比例混合作为油相，然后与抗原液混合制成各种类型的油水乳剂，例如，油包水型乳剂（water in oil）、水包油包水型双乳化佐剂（water in oil in water）等。油水乳剂中最著名的是弗氏佐剂（Freund's adjuvant），该佐剂是用矿物油（石蜡油）、乳化剂（羊毛脂）和杀死的分支杆菌（结核分支杆菌或卡介苗）组成的油包水乳化佐剂，这3种成分俱全的佐剂成为弗氏完全佐剂（FCA），不含分支杆菌的佐剂为弗氏不完全佐剂（FIA）。

微生物及其代谢产物佐剂某些杀死的菌体及其成分、代谢产物等均可起到佐剂作用。这类佐剂有革兰氏阴性菌脂多糖（LPS）、分支杆菌及其组成成分、革兰氏阳性菌的脂磷壁酸（LTA）、短小棒状杆菌和酵母菌的细胞壁成分、白色念珠菌提取物、细菌的蛋白毒素（如霍乱毒素、百日咳杆菌毒素及破伤风毒素）等。核酸及其类似物佐剂从一些微生物中提取的核酸成分（如非甲基化的CPG序列）与抗原一起接种动物，可起到佐剂作用。

细胞因子佐剂多种细胞因子都具有佐剂作用，可提高病毒、细菌和寄生虫疫苗的免疫效果。例如，白细胞介素1（IL-1）、白细胞介素2（IL-2）、干扰素γ（IFN-γ）及其他细胞因子等。不同的细胞因子佐剂作用机制有差异。例如，IL-1的作用是增强机体对抗原的初次和再次体液免疫应答、促进IL-2的产生、提高特异性Th细胞的活力及诱导B细胞的增殖与分化，对提高非胸腺依赖性抗原的免疫应答尤其重要。

免疫刺激复合物佐剂免疫刺激复合物佐剂（immunostimulating complex，ISCOM）是一种较高免疫活性的脂质小体，由两歧性抗原与QuilA（植物皂甙）和胆固醇按1：1：1的分子混匀共价结合而成。它是一种具有较高免疫学价值的新的抗原递呈系统，能活化Th，CTL和B细胞，作为佐剂可递呈免疫刺激，产生强烈而长期的免疫应答。现已广泛用于细菌、病毒及寄生虫的疫苗。

蜂胶佐剂：蜂胶（propolis）是蜜蜂采自植物幼芽分泌的树脂，并混入蜜蜂上腭腺分泌物，以及蜂蜡、花粉及其他一些有机与无机物的一种天然物质。它作为佐剂具有良好的免疫增强作用。

脂质体：脂质体（1iposome）是由磷脂和其他极性两性分子以双层脂膜构型形成的密闭的、向心性囊泡，它对与其结合或偶联的蛋白或多肽抗原具有免疫佐剂作用。脂质体能显著增强对抗原的免疫应答，包括刺激产生保护性抗体和细胞免疫应答。脂质体除了具有良好的佐剂作用外，它在体内能经生物途径降解，其本身几乎无免疫原性。

人工合成佐剂这类佐剂有胞壁酰二肽（MDP）及其衍生物、海藻糖合成衍生物。

（三）佐剂的免疫生物学作用

1.增强抗原的免疫原性，使无免疫原性或仅有微弱免疫原性的物质变成有效的免疫原。

2.增强机体对抗原刺激的反应性，可提高初次应答和再次应答所产生抗体的滴度。

3.改变抗体类型，使由产生 IgM 转变为产生 IgG。

4.引起或增强迟发型超敏反应。

（四）佐剂的作用机制

佐剂增强免疫应答的机制尚未完全阐明，不同佐剂的作用也不尽相同。概括而言，其作用机制包括：

1.在接种部位形成抗原贮存库，使抗原缓慢释放，延长抗原在局部组织内的滞留时间，较长时间使抗原与免疫细胞接触并激发对抗原的应答。

2.增加抗原表面积，提高抗原的免疫原性，辅助抗原暴露并将能刺激特异性免疫应答的抗原表位递呈给免疫细胞。

3.促进局部的炎症反应，增强吞噬细胞的活性，促进免疫细胞的增殖与分化，诱导细胞因子的分泌。

二、免疫调节剂

广义的免疫调节剂（immunomodulator）包括具有正调节功能的免疫增强剂和具有负调节功能的免疫抑制剂。

（一）免疫增强剂

免疫增强剂（immunepotentiator）是指一些单独使用。即能引起机体出现短暂的免疫功能增强作用的物质，有的可与抗原向时使用，有的佐剂本身也是免疫增强剂。

1.免疫增强剂的分类

免疫增强剂的种类繁多，主要有以下几类：

（1）生物性免疫增强剂：这类免疫增强剂有转移因子、免疫核糖核酸（iRNA）、胸腺激素、干扰素等。

（2）细菌性免疫增强剂：包括短小棒状杆菌、卡介苗、细菌脂多糖等。

（3）化学性免疫增强剂：有左旋咪唑、吡喃、梯洛龙、多聚核苷酸、西咪替丁等。

（4）营养性免疫增强剂：包括维生素、微量元素等。

（5）中药类免疫增强剂：包括香菇、灵芝等的真菌多糖成分、药用植物（如黄芪、人参、刺五加等）及其有效成分、中药方剂（如"十全大补汤"等）。

2.免疫增强剂的作用及特点

免疫增强剂可用于治疗某些传染病如真菌感染、免疫性疾病如免疫缺陷、免疫抑制性疾病以及非免疫性疾病如肿瘤。大多数免疫制剂，尤其是细菌来源的制剂及其产物、细胞因子及其诱导剂等，往往具有双向调节的特点，即低浓度时的刺激作用和高浓度时的抑制作用；或者依机体免疫功能状态，可使过高或过低的免疫功能调整到正常水平。左旋咪唑、异丙肌苷等可使低下。的免疫功能恢复，故又被称为免疫恢复剂。免疫系统的天然产物（如胸腺素等）可替代体内缺乏的免疫分子而提高免疫功能，故又称免疫替代剂。胞壁酰二肽等与抗原同时应用可显示佐剂效应，但在一定条件下也可诱导免疫抑制。另外，某些中药对，机体正常状态无影响，但可使免疫功能异常状态恢复正常。按照 WHO 的标准，选择一种化合物作为免疫增强剂的基本条件是；该种化合物的化学成分明确、易于降解、无致癌或致突变性、刺激作用适中及无毒副作用或后继作用。

（二）免疫抑制剂

免疫抑制剂（immuno suppressant）是指在治疗剂量下，可产生明显免疫抑制效应的物质。近年来，免疫抑制剂的药理作用正日益受到重视，并已广泛用于抗移植排斥反应、自身免疫病以及超敏反应等的治疗。

1. 免疫抑制剂的分类

具有免疫抑制作用的物质种类较多，根据其来源可分为以下几类：

（1）合成性免疫抑制剂：包括糖皮脂激素类固醇、烷化剂（如环磷酰胺）和抗代谢药物（如嘌呤类、嘧啶类及叶酸对抗剂等）。

（2）微生物性免疫抑制剂：主要来源于微生物的代谢产物，多为抗生素或抗真菌药物。

（3）生物性免疫抑制剂：某些生物制剂如抗淋巴细胞血清及单克隆抗体、抗黏附分子单克隆抗体及某些细胞因子等，具有免疫抑制作用。

（4）中药类免疫抑制剂：目前已发现多种中草药具有免疫抑制作用，如雷公藤、冬虫夏草等。

2. 免疫抑制剂的作用及特点

免疫抑制剂可作用于免疫反应过程的不同环节，如抑制免疫细胞的发育分化、抑制抗原加工与递呈、抑制淋巴细胞对抗原的识别、抑制淋巴细胞效应等；不同分化阶段的免疫细胞对免疫抑制剂的敏感性不同；且免疫抑制剂对细胞和体液免疫应答的抑制效应各异；免疫抑制剂一般具有较为严重的副作用，可能引起骨髓抑制、肝肾功能损伤、继发严重感染和胎儿畸形等。理想的免疫抑制剂应能够选择性地作用于免疫系统且不损害机体免疫功能，应用后在短时间内即可降低机体对特异性外来抗原的免疫应答能力，但不影响机体的免疫防御机制。

第三章 免疫球蛋白与抗体

抗体是动物机体对抗原应答的产物，本质是免疫球蛋白（Ig），单体分子 由两条重链和两条轻链组成，了解其单体分于结构模式与功能极为重要。抗 体本身是蛋白质也具有抗原性，除含有同种型决定簇、同种异型决定簇外，其可变区呈现的抗原性称为抗体的独特型。免疫球蛋白有类、亚类、型和亚型之分，重链决定免疫球蛋白的类，而轻链决定型。5 类免疫球蛋白（IgG， IgM，IgA，IgE，IgD）有各自的特点及免疫学功能。各种动物的免疫球蛋白在类、亚类上有所不同。体内细胞上还有一些在结构上与 Ig 相似的免疫球蛋白 超家族蛋白。

第一节　免疫球蛋白与抗体的概念

一、免疫球蛋白的概念

免疫球蛋白（immunoglobulin，简称 Is）是指存在于人和动物血液（血清）、组织液及女缸异芬钮液中的一类具有相似结构的球蛋白。过去曾称为了球蛋白，在 1968 年和 1972 年两次国际会议上决定以 Ig 表示。依据化学结构和抗原性差异，免疫 球蛋白可分为 IgG，IgM，IgA，IgE 和 ISD。

二、抗体的概念

应抗原发生特异性结合反应的免疫球蛋白，这类免疫球蛋白称为抗体（antibody，简称 Ab）。抗体的本质是免疫球蛋白，它是机体对抗原物质产生免疫应答的重要产物，具有各种免疫功能，主要存在于动物的血液（血清）、淋巴液、组织液及其他外分泌液中，因此将抗体介导的免疫称为体液免疫（humoralimmunity）。也有的抗体可与细胞结合，如 IgG 可与 T、B 细胞、K 细胞、巨噬细胞等结合，IgE 可与肥大细胞和嗜碱性粒细胞结合，这类抗体称为亲细胞性抗体。此外，在成熟的 B 细胞表面具有抗原受体，其本质也是免疫球蛋白，称为膜表面免疫球蛋白（mer..brane surface immunoglobulin，简称 mlg）。

就其本质而言，抗体与免疫球蛋白一致，但两者在概念上还是有区别的。抗体的化学本质是免疫球蛋白，它是免疫（生物）学和功能上的名饲，是抗原的对立面，也就是说抗体是有针对性的，如某种细菌或病毒的抗体；而免疫球蛋白并不都具有抗体的活性，如存在于多发性骨髓瘤患者血清中的骨髓瘤蛋白（myeloma proteins）和尿中的本周氏蛋白（Bence-Jones proteins）通常无抗体活性，但仍属于免疫球蛋白。免疫球蛋白是结构和化学本质上的概念。从分子的多样性方面来看，抗体分子的多样性极大，动物机体可产生针对各种各样抗原的抗体，其特异性均不相同，而免疫球蛋白分子的多样性则小。

第二节　免疫球蛋白的分子结构

免疫球蛋白是一类其分子结构和功能研究得最为清楚的免疫分子。免疫球蛋白分子的结构和功能是现代免疫学的一大突破，尽管抗体的发现很早，但由于在血清中存在的抗体分子不均一，即有异质性，故对其结构的研究十分困难。自发现多发性骨髓瘤病人血清中含有分子均一的免疫球蛋白（单克隆 Ig）后，在 1959—1963 年 Porter R. 和 Edelman G. 以骨髓瘤蛋白（占血清免疫球蛋白的 95%）为材料，采用酶及还原剂消化和分离技术，弄清了免疫球蛋白的基本结构，从而提出免疫球蛋白的结构模型。

一、免疫球蛋白的单体分子结构

所有种类免疫球蛋白的单体分子结构都是相似的，即是由两条相同的重链和两条相同的轻链 4 条肽链构成的"Y"字形的分子（图 3-1）。IgG，IgE，血清型 IgA，IgD 均是以单体分子形式存在的，IgM 是以 5 个单体分子构成的五聚体，分泌型的 IgA 是以两个单体构成的二聚体。

1. 重链（heavy chain，简称 H 链）

重链是由 420 ~ 440 个氨基酸组成，分子质量为 50 ~ 77ku，两条重链之间由一对或一对以上的二硫键（-S-S-）互相连接。重链从氨基端（N 端）开始最初的 110 个氨基酸的排列顺序以及结构是随抗体分子的特异性不同而有所变化，这一区域称为重链的可变区（variable region，VH），其余的氨基酸比较稳定，称为稳（恒）定区（constant region，CH）。在重链的可变区内，有 4 个区域的氨基酸变异度最大，称为高（超）变区（hypervariable region），氨基酸残基位置分别位于 31 ~ 37，51 ~ 58，84 ~ 91，101 ~ 110，其余的氨基酸变化较小，称为骨架区（framework region）（图 3-2）.

2. 轻链（1ight chain，简称 L 链）

轻链由 213 ~ 214 个氨基酸组成，分子质量约为 22.5ku。两条相同的轻链其羧基端（C 端）靠二硫键分别与两条重链连接。轻链从氨基端开始最初的 109 个氨基酸（约占轻链的 1 / 2）的排列顺序及结构是随抗体分子的特异性变化而有差异，称为轻链的可变区（VL），与重链的可变区相对应，而构成抗体分子的抗原结合部位，其余的氨基酸比较稳定，称为恒定区（CL）。在轻链的可变区内部有 3 个高变区，其氨基酸残基位置位于 26 ~ 32，48 ~ 55，90 ~ 95，这 3 个部位的氨基酸变化特别大。其余的氨基酸变化较小，称为骨架区（图3-2）。

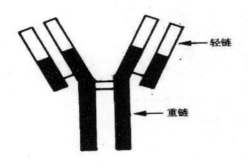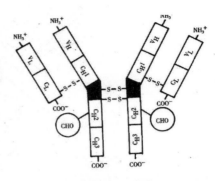

图3-1 免疫球蛋白单体分子"Y"字形结构示意图　　图3-2 IgG分子的基本结构示意图

免疫球蛋白的轻链根据其结构和抗原性的不同可分为 κ（kappa）型和 λ（lamb-da）型，各类免疫球蛋白的轻链都是相同的，而各类免疫球蛋白都有 κ 型和 λ 型两型轻链分子。κ 型和 λ 型轻链的差别主要表现在 C 区氨基酸组成和结构的不同，因而抗原性不同，这也是轻链分型的依据。

3. 免疫球蛋白的功能区 免疫球蛋白的多肽链分子可折叠形成几个由链内二硫键连接成的环状球形结构，这些球形结构称为免疫球蛋白的功能区（domain）。IgG、IgA、IgD的重链有 4 个功能区，其中有一个功能区在可变区，其余的在恒定区，分别称为 VH，，Cu1、Cu2，CH3；IgM 和 IgE 有 5 个功能区，即多了一个 CM4。轻链有两个功能区，即VL 和 CL，分别位于可变区和恒定区。免疫球蛋白的每一个功能区都是由约 110 个氨基酸组成。

Vh-Vl 这是抗体分子结合抗原的所在部位。由重链和轻链可变区内的高变区构成抗体分子的抗原结合点（antigen-binding site），因为抗原结合点是与抗原表位结构相互补，所以高变区又称为抗体分子的互补决定区（complementarity determining regions，CDRs）。

CH1-Cl 为遗传标志所在。

CH2 为抗体分子的补体结合位点，与补体的活化有关。

CH3 与抗体的亲细胞性有关，是 IgG 同一些免疫细胞的 Fc 受体的结合部位。

免疫球蛋白的这些功能区虽然功能不同，但其结构上具有明显的相似性，表明这些功能区最初可能是由单一基因编码的，通过基因复制和突变衍生而成。此外，在两条重链之间二硫键连接处附近的重链恒定区，即 CH1 与 Cu2 之间大约 30 个氨基酸残基的区域为免疫球蛋白的绞链区（hinge region），由 2 ~ 5 个链伺二硫键、Cu1 尾部和 Cu2 头部的小段肽链构成（图3-3）。此部位与抗体分子的构型变化有关，当抗体与抗原结合时，该区可转动，以便一方面使可变区的抗原结合点尽量与抗原结合，和与不同距离的两个抗原表位结合，起弹性和调节作用；另一方面可使抗体分子变构，其补体结合位点暴露出来。免疫球蛋白的绞链区具有柔韧性，主要与该部位含较多脯氨酸残基有关。

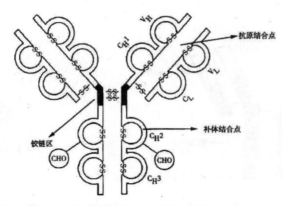

图 3-3 免疫球蛋白分子的功能区示意图

二、免疫球蛋白的水解片段与生物学活性

前已述及，免疫球蛋白的结构和功能是通过采用酶消化、水解后，研究各片段的免疫活性而被证明的。Porter（1959）应用木瓜蛋白酶（papain）将 IgG 抗体分子水解，可将其重链于链间二硫键近氨基端处切断，得到大小相近的 3 个片段，其中有 2 个相同的片段，可与抗原特异性结合，称为抗原结合片段（fragment antigen binding，Fab），分子质量为45ku；另一个片段可形成蛋白结晶，称为 Fc 片段（fragment crystallizable，Fc），分子质量为55ku。后来，Nisonoff 又应用胃蛋白酶（pepsin）将 IgG 重链于链间二硫键近竣基端切断，获得了 2 个大小不同的片段，一个是具有双价抗体活性的（Fab'）2 片段，小片段类似于 Fc，称为 pfc'片段，后者无任何生物学活性，Ig 的酶消化片段示意图见图 2-4。

1.Fab 片段的组成与生物学活性

Fab 片段由一条完整的轻链和 N 端 1/2 重链所组成。由两个轻链同源区 VL，CL 和两个重链同源区 VH，CHl 在可变区和稳定区各组成一个功能区。抗体结合抗原的活性就是由 Fab 所呈现的，由 VH 和 VL 所组成的抗原结合部位，除了结合抗原而外，还是决定抗体分子特异性的部位。

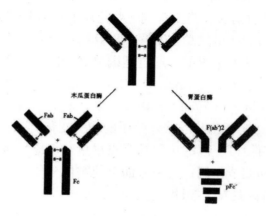

图 3-4 免疫球蛋白分子的酶消化片段

2.Fc 片段的组成与生物学活性

Fc 片段由重链 C 端的 1/2 组成，包含 CH2 和 CH3 两个功能区。该片段无结合抗原活性，但具有各类免疫球蛋白的抗原决定簇，并与抗体分子的其他生物学活性有密切关系。

与免疫球蛋白选择性通过胎盘有关如人的 IgG 可通过胎盘进入胎儿体内，就与 Fc 片段有关。已有研究证实，胎盘母体一侧的滋养层细胞能摄取各类免疫球蛋白，但其吞饮泡内只有 IgG 的 Fc 受体而无其他种类 Ig 的受体。与受体结合的 IgG 可得以避免被酶分解，进而通过细胞的外排作用，分泌到胎盘的胎儿一侧，进入胎儿循环。

与补体结合，活化补体有关补体可与抗原抗体复合物结合，其结合位点位子抗体分子 Fc 片段的 CH2 上。

决定免疫球蛋白分子的亲细胞性一些免疫细胞如巨噬细胞、淋巴细胞、嗜碱性粒细胞、肥大细胞等表面都具有免疫球蛋白 Fc 片段的受体，因此免疫球蛋白可通过其 Fc 片段与这些带有 Fc 受体的细胞结合。Ig 与这些细胞 Fc 受体的结合部位因其种类不同而有差异，IgG 与巨噬细胞、K 细胞、B 细胞的 Fc 受体的结合部位是 Cs3，而 IgE 与嗜碱粒细胞和肥大细胞 Fc 受体的结合部位是 Cu4。与免疫球蛋白通过黏膜进入外分泌液有关如分泌型 IgA 可由局部黏膜固有层中的浆细胞产生，然后通过黏膜进入呼吸道和消化道分泌液中，这与 IgA 的 Fc 片段有关。

决定各类免疫球蛋白的抗原特异性 Fc 片段是免疫球蛋白分子中的重链稳定区，因此它是决定各类免疫球蛋白的抗原特异性的部位。用免疫球蛋白免疫异种动物产生的抗抗体（第 2 抗体）即是针对免疫球蛋白 Fc 片段的。

此外，免疫球蛋白的 Fc 片段还与 Ig 的代谢（分解、清除）以及抗原抗体复合物、抗原的清除有关。由于各类免疫球蛋白的 Fc 片段的结构上存在差异，因此它们的生物学活性也有不同。

三、免疫球蛋白的特殊分子结构

免疫球蛋白还具有一些特殊分子结构，为个别免疫球蛋白所具有。

1. 连接链

连接链（joining chain，简称 J 链）在免疫球蛋白中，IgM 是由 5 个单体分子聚合而成的五聚体（pentamer），分泌型的 IgA 是由两个单体分子聚合而成的二聚体（dimer），这些单体之间就是依靠 J 链连接起来的。J 链是一条分子质量约为 20ku 的多肽链，内含 10% 糖成分，富含半胱氨酸残基，它是由分泌 IgM，IgA 的同一浆细胞所合成的，可能在 IgM、IgA 释放之前即与之结合，因此 J 链起稳定多聚体的作用，它以二硫键的形式与免疫球蛋白的 Fc 片段共价结合。

2. 分泌成分

分泌成分（secretary component，简称 SC）是分泌型 IgA 所特有的一种特殊结构。过去曾称为分泌片（secretary piece）、转运片（transport piece）后来世界卫生组织建议改称分泌成分。SC 为一种分子质量 60～70ku 的多肽链，含 6% 糖成分。它是由局部黏膜的上皮细胞所合成的，在 IgA 通过黏膜上皮细胞的过程中，SC 与之结合形成分泌型的二聚体。

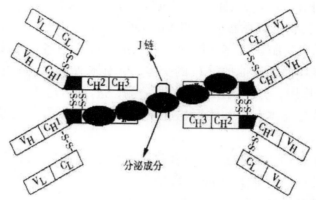

图 3-5 IgM 和分泌型 IgA 的结构示意图（示 J 链和分泌成分）

3. 糖类免疫球蛋白

糖类免疫球蛋白是含糖量相当高的蛋白质，特别是 IgM 和 IgA。糖类（carbohydrate）是以共价键结合在 H 链的氨基酸上，在大多数情况下，是通过由 N—糖苷键与多肽链中的天冬酰胺连在一起，少数可结合到丝氨酸上。糖的结合部位因免疫球蛋白的种类不同而有差异，如 IgG 在 CH2、IgM、IgA、IgE 和 IgD 在 C 区和绞链区。糖类可能在 Ig 的分泌过程中起着重要作用，并可使免疫球蛋白分子易溶和具有防止其分解的作用。

第三节 免疫球蛋白的种类与抗原决定簇

一、免疫球蛋白的种类

免疫球蛋白可分为类、亚类、型、亚型等。

1. 类

免疫球蛋白类（class）的区分是依据其重链 C 区的理化特性及抗原性的差异，在同种系所有个体内的免疫球蛋白可分为 IgG、IgM、IgA、IgE 和 IgD 5 大类，重链分别为 γ、α、δ、μ 和 ε，因此重链决定免疫球蛋白的种类。

2. 亚类

同一种类免疫球蛋白，又可根据其重链恒定区的微细结构、二硫键的位置与数目及抗原特性的不同，可分为亚类（subclass）。如人的 IgG。

3. 型

根据轻链恒定区的抗原性不同，各类免疫球蛋白的轻链分为 κ 和入 λ 两个型（type）。任何种类的免疫球蛋白均有两型轻链分子，如 IgG 的分子式为（Yκ）2 或（Yλ）2。

4. 亚型

免疫球蛋白亚型（subtype）的区分是依据 λ 型轻链 N 端恒定区上氨基酸排列顺序的差异，可分为若干亚型，例如轻链 190 位的氨基酸为亮氨酸时，称为 0ZW 亚型，为精氨酸时，称为 OZH 亚型；轻链 154 位氨基酸为甘氨酸时，称为 KernW 亚型，若为丝氨酸时，则称为 Kern，κ 型轻链无亚型。

此外，根据免疫球蛋白 V 区的一级结构特点，可进一步分为一些亚群（图 3-6）。

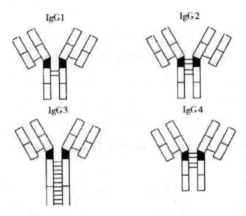

图 3-6 IgG 的亚类结构示意图

二、免疫球蛋白的抗原决定簇

免疫球蛋白是蛋白质，因此其本身可作为免疫原诱导产生抗体。一种动物的 免疫球蛋白对另一种动物而言是良好的抗原。免疫球蛋白不仅在异种动物之间具 有抗原性，而且在同一种属动物不同个体之间，以及自身体内同样是一种抗原物 质。免疫球蛋白分子的抗原决定簇（表位）分为同种型决定簇、同种异型决定簇和独特型决定簇 3 种类型。

1. 同种型决定簇

同种型决定簇（isotypic determinants）是指在同一种属 动物所有个体共同具有的免疫球蛋白抗原决定簇（图 3-7），即是说在同一种动物不 同个体之间同时存在不同类型（类、亚类、型、亚型）的免疫球蛋白，不表现出抗原性，只是在异种动物之间才表现出抗原性。将一种动物的抗体（免疫球蛋白）注射到另一种动物体内，可诱导产生对同种型决定簇的抗体。免疫球蛋白的同种型 抗原决定簇主要存在于重链和轻链的 C 区。

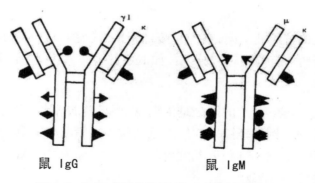

鼠 IgG　　　　　　鼠 IgM

图 3-7 免疫球蛋白的同种型决定簇示意图

2. 同种异型决定簇

虽然一种动物的所有个体的免疫球蛋白具有相同的同种型决定簇，但一些基因存在多等位基因。这些等位基因编码微小的氨基酸差异，称为同种异型决定簇（allotypic determinants）（图 3-8），因此免疫球蛋白在同一 种动物不同个体之间会呈现出抗原性，将一种动物的某一个体的抗体注射到同一 种动物的另一个体内，可诱导产生针对同种异型决定簇的抗体。同种异型抗原决定簇存在于 IgG、IgA、IgE 的重链 C 区和 κ 型轻链的 C 区，一般为 1 ~ 4 个氨基酸的差异。同种异型是 Ig 稳定的遗传标志。

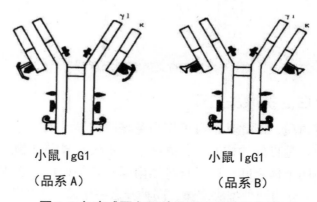

小鼠 IgG1　　　　　　小鼠 IgG1

（品系 A）　　　　　　（品系 B）

图 3-8 免疫球蛋白同种异型决定簇示意图

IgG 重链的同种异型标志迄今已鉴定出 Y 链有 25 种同种异型，用类和亚类加上等位基因数目表示，如 G1m（1），G2m（23），G3m（11）（G 代表 IgG，数字代表亚类，m 表示标志 -m&rker，括号内的数字表示等位基因的 IgA 重链的同种异型标志在 IgA2 分子上已发现两种同种异型标志，为 A2m（1），A2m（2），IgA1 分子上未发现有同种异型标志。

IgE 重链的同种异型标志（Em markers）在 IgE 分子上仅发现一个同种异型，为 Em（1）。

κ 型轻链的同种异型标志（Km markers）K 型轻链上发现有 3 种同种异型，为 Km（1），Km（2），Km（3）。尚未发现 λ 型轻链上有同种异型标志。

3. 独特型决定簇

独特型决定簇又称为个体基因型。动物机体可产生针对各种各样抗原的抗体，其特异性均不相同。抗体分子的特异性是由免疫球蛋白的重链和轻链可变区所决定，因此在一个个体内针对不同抗原分子的抗体之间的差别表现在免疫球蛋白分子的可变区。这种差别就决定了抗体分子在机体内具有抗原性，所以由抗体分子重链和轻链可变区的构型可产生独特型决定簇（idiotypic determinants）。可变区内单个的抗原决定簇称为独特型（idiotoype）（图 3-9），有时独特位就是抗原结合点，有时独特位还包括抗原结合点以外的可变区序列。每种抗体都有多个独特位，单个独特位的总和称为抗体的独特型（idio-type）。独特型在异种、同种异体乃至同一个体内均可刺激产生相应的抗体，这种抗体称为抗独特型抗体（anti-idiotype antibody）。

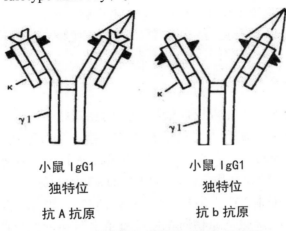

小鼠 IgG1　　　　　小鼠 IgG1
独特位　　　　　　独特位
抗 A 抗原　　　　　抗 b 抗原

图 3-9 免疫球蛋白独特型决定族示意图

总之，在动物体内具有成千上万的产生抗体分子的 B 细胞，它们产生的抗体分子的抗原结合部位的立体构型各不相同，而呈现出不同的独特型，从而可适应各种各样抗原决定簇（表位）的多样性。因此，单从这一方面即可看出抗体分子的多样性是极大的。自然界有多少种抗原分子，有多少种抗原决定簇，机体即可产生与之相适应的特异性抗体分子。

第四节　各类免疫球蛋白的主要特性与免疫学功能

一、IgG

IgG 是人和动物血清中含量最高的免疫球蛋白，占血清免疫球蛋白总量的 75% ~ 80%。IgG 是介导体液免疫的主要抗体，多以单体形式存在，沉降系数为 7S，分子质量为 16 ~ 18ku。IgG 主要由脾脏和淋巴结中的浆细胞产生，大部分（45% ~ 50%）存在于血浆中，其余存在于组织液和淋巴液中。IgG 是唯一可通过人（和兔）胎盘的抗体，因此在新生儿的抗感染中起着十分重要的作用。IgG 在人和动物均有亚类，如人的有 4 个亚类，即 IgG1、IgG2、IgG3、IgG4，这些亚类的子链上氨基酸序列很相似，只是以二硫键与轻链连接时半胱氨酸残基位置不同，以及绞链区二硫键的数目有差异。

IgG 是动物自然感染和人工主动免疫后，机体所产生的主要抗体。因此 IgG 是动物机体抗感染免疫的主力，同时也是血清学诊断和疫苗免疫后监测的主要抗体。IgG 在动物体内不仅含量高，而且持续时间长，可发挥抗菌，抗病毒，抗毒素等免疫学活性，IgG 能调理、凝集和沉淀抗原，但只在有足够分子存在并以正确构型积聚在抗原表面时才能结合补体。在抗肿瘤免疫中，IgG 是不可缺少，肿瘤特异性抗原的 IgG 抗体的 Fc 片段可与巨噬细胞、K 细胞等表面的 Fc 受体结合，从而在肿瘤细胞与这些效应细胞之间起着搭桥作用，引起抗体依赖性细胞介导的细胞毒作用（ADCC）而杀伤肿瘤细胞等靶细胞。此外，IgG 是引起 II 型、III 型变态反应及自身免疫病的抗体，在肿瘤免疫中体内产生的封闭因子可能与 IgG 有关。

二、IgM

IgM 是动物机体初次体液免疫反应最早产生的免疫球蛋白，其含量仅占血清免疫球蛋白的 10% 左右，主要由脾脏和淋巴结中 B 细胞产生，分布于血液中。IgM 是由 5 个单体组成的五聚体（pentamer），单体之间由链连接，分子质量为 900 ku 左右，是所有免疫球蛋白中分子质量最大的，又称为巨球蛋白（macroglobulin），沉降系数为 19S。

与 IgG 相比，IgM 在体内产生最早，但持续时间短，因此不是机体抗感染免疫的主力，但由于它是机体初次接触抗原物质（接种疫苗）时体内最早产生的抗体，因此在抗感染免疫的早期起着十分重要的作用，也可通过检测 IgM 抗体进行疫病的血清学早期诊断。IgM 具有抗菌、抗病毒、中和毒素等免疫活性，由于其分子上含有多个抗原结合部位，所以它是一种高效能的抗体，其杀菌、溶菌、溶血、促进吞噬（调理作用）及凝集作用均比 IgG 高（高 500 ~ 1 000 倍）。IgM 也具有抗肿瘤作用，在补体的参与下同样可介导对肿瘤细胞的破坏作用。此外，IgM 可引起 II 型和 III 型变态反应及自身免疫病而造成机体的损伤。

三、IgA

IgA 以单体和二聚体两种分子形式存在，单体存在于血清中，称为血清型 IgA，占血清免疫球蛋白的 10% ~ 20%；二聚体为分泌型 IgA，是由呼吸道、消化道、泌尿生殖道等部位的黏膜固有层中的浆细胞所产生的（图 3-10），两个单体由一条 J 链连接在一起，形成二聚体，然后与黏膜上皮细胞表达的、存在黏膜上皮基底膜表面的多聚免疫球蛋白受体（polymeric immunoglobulin）结合，形成的 poly-Ig / IgA 复合体通过上皮细胞转运到腔膜，poly-Ig 被酶裂解形成分泌成分，后者与二聚体 IgA 紧密结合在一起释放到黏膜分泌液（图 3-10）。因此，分泌型 IgA 主要存在于呼吸道、消化道、生殖道的外分泌液中以及初乳、唾液、泪液，此外在脑脊液、羊水、腹水、胸膜液中也含有 IgA。分泌型

IgA 在各种分泌液中的含量比较高，但差别较大。

分泌型 IgA 对机体呼吸道、消化道等局部黏膜免疫起着相当重要的作用，特别是对于一些经黏膜途径感染的病原微生物，动物机体的这种黏膜免疫功能就显得十分重要，若动物机体呼吸道、消化道分泌液中存在这些病原微生物的相应的分泌型 IgA 抗体，则可抵御其感染，因此分泌型 IgA 是机体黏膜免疫的一道"屏障"。在传染病的预防接种中，经滴鼻、点眼、饮水及喷雾途径免疫，均可产生分泌型 IgA 而建立相应的黏膜免疫力（见图 3-10）。

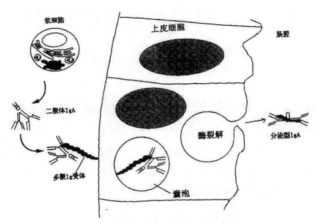

图 3-10 分泌型 IgA 形成示意图

四、IgE

IgE 是以单体分子形式存在，分子质量为 190ku，其重链比 Y 链多一个功能区（CH4），此区是与细胞结合的部位。IgE 的产生部位与分泌型 IgA 相似，是由呼吸道和消化道黏膜固有层中的浆细胞所产生，在血清中的含量甚微。IgE 是一种亲细胞性抗体，其 Fc 片段中含有较多的半胱氨酸和蛋氨酸，这与其亲细胞性有关，因此 IgE 易于与皮肤组织、肥大细胞、血液中的嗜碱粒细胞和血管内皮细胞结合。结合在肥大细胞和嗜碱粒细胞上的 IgE 与抗原结合后，能引起这些细胞脱粒，释放组织胺等活性介质，从而引起 I 型过敏反应。

IgE 在抗寄生虫感染中具有重要的作用，如蠕虫感染的自愈现象就与 IgE 抗体诱导过敏反应有关。已有的研究表明，蠕虫、血吸虫和旋毛虫等寄生虫病，以及某些真菌感染后，可诱导机体产生大量的 IgE 抗体。

五、IgD

IgD 很少分泌，在血清中的含量极低，而且极不稳定，容易降解。IgD 分子质量为 170 ~ 200ku。IgD 主要作为成熟 B 细胞膜上的抗原特异性受体，是 B 细胞的重要表面标志，而且与免疫记忆有关。有报道认为 IgD 与某些过敏反应有关。

各种动物和人血清中各类免疫球蛋白的含量以及主要理化特性和免疫学。

第四章 贝类的免疫

第一节　贝类及其免疫的特性

一、贝类概述

贝类均属软体动物门。软体动物门有 13 万多种，是动物界的第二大门，因大多数的软体动物具有贝壳，故常通称为贝类。依据软体动物的贝壳、足、鳃、神经及发生特点，可将软体动物门分为 7 纲：单板纲、多板纲、无板纲、腹足纲、掘足纲、瓣鳃纲（又名双壳纲）和头足纲。其中仅腹足纲及瓣鳃纲有淡水生活的种类，腹足纲还有陆生种类（如蜗牛），这两纲包含了软体动物种类的 95% 以上。其余各纲均生活于海洋中。软体动物的生活方式可分为游泳、浮游、底栖、寄生和共生等多种类型。多数软体动物具有食用或药用价值，如鲍、红螺、田螺、牡蛎、扇贝、贻贝、蚶、文蛤、蛏、蚌、白玉蜗牛、乌贼、柔鱼和章鱼等，有些已是水产上的主要养殖对象。

软体动物的形态结构差别大，但基本结构相似，身体柔软，不分节，可区分为头（但蚌和牡蛎的头已消失）、足和内脏团 3 部分，体外被套膜，常常分泌形成贝壳。瓣鳃纲和蚌的形态结构分别见图 4-1 和图 4-2。外套膜从内向外由表皮和其间的结缔组织组成。水生种类的内层表皮游离端密生纤毛，依靠纤毛的摆动，可使水流在外套腔内流动，借以完成呼吸、摄食和排泄等。贝壳是由外套膜的外层表皮细胞分泌而成的，是动物适应不活动方式而发展起来的一种保护性结构。贝壳成分 95% 为碳酸钙，其余为贝壳素（壳基质）。

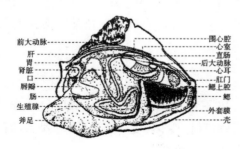

图 4-1　瓣鳃纲的形态结构

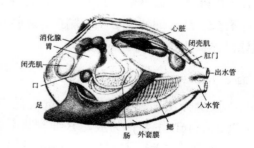

图 4-1　蚌的内部形态结构

水生软体动物用鳃呼吸，鳃由外壳腔内壁皮肤伸展而成。消化系统由发达的口腔（内有颚片和齿舌）、消化管、唾液腺和肝脏等消化腺组成，有的种类具晶杆。软体动物同时存在初生体腔和次生体腔。次生体腔极度退化，仅残留围心腔、生殖器官和排泄器官的内脏。初生体腔存在于各器官组织之间，血液在其中流动，这些空隙称为血窦。贝壳的血液为开管式循环，而一些体大、行动敏捷的软体动物，其动脉和静脉有微血管联络，为闭管式循环。血液一般无色，内含变形虫状血细胞，但毛蚶等的血液中含有血红素而呈红色，乌贼的血液因含有血清素而成青蓝色。软体动物的排泄器官基本上为后肾管，其数目一般与鳃的数目一致，只有少数种类的幼体为原肾管。后肾管分腺质部和管状部，腺质部富血管，肾口具纤毛，开口于围心腔，可排除围心腔和血液中的代谢产物；管状部为薄壁的管子，具纤毛，肾孔口开口于外套腔。软体动物的原始种类的神经系统无神经节的分化，仅有围咽神经环及体后伸出一对足神经索和一对侧神经索。较高的种类有4对神经节，各神经节间有神经相连，有些种类的主要神经节集中在一起形成脑，外有软骨包围，如头足类。软体动物已分化出触角、眼、嗅检器及平衡器等感觉器官。

二、贝类免疫的特性

软体动物的进化已经到了较高的程度，有较完善的器官系统及功能。从原生动物到多细胞的海绵、腔肠动物、环节动物、软体动物、节肢动物和棘皮动物等均属于二胚层无脊椎动物，存在着对外入侵者的防御和修复自身组织损伤的机制。例如，在纽形动物、昆虫、软体动物、环节动物、棘皮动物及背囊动物中已发现了白细胞生成组织，这类组织在受到免疫刺激时发生增殖，已观察到环节动物和棘皮动物的细胞在有丝分裂素的刺激下发生有丝分裂。几乎所有的无脊椎动物都可以看到有吞噬作用的细胞能吞噬外来异物，如果外来物太大不能被吞噬时，则会出现许多细胞聚集起来包围异物的现象。但这些均属于自然免疫性，它们没有完善的免疫系统，缺乏特异性免疫。目前对软体动物免疫的研究尚缺乏系统性，主要是对养殖贝类的免疫有一定研究。

目前，将贝类免疫功能分为细胞防御和体液防御两方面。血细胞的吞噬作用是贝类最主要的防御手段，吞噬作用的具体实现涉及复杂的细胞行为及多种生化反应过程。由于贝类缺乏特异性免疫球蛋白，因此，除了细胞免疫外，依靠凝聚素的凝集和调理作用、溶血素及溶酶体酶等各种非特异性免疫因子的共同作用的体液免疫也起到了重要的作用。与脊椎动物相比，贝类只有非特异性免疫的防御机制，其参与反应的水解酶活性可以被入侵的病原微生物、异体移植组织等诱导。贝类细胞免疫学与高等动物和甲壳类的不同之处为：①在贝类中，内部防御系统比许多节肢动物和脊椎动物更依赖于细胞防御；②免疫防御更依赖于先天的成分，即非特异性反应，例如，水解酶活力、细胞的吞噬能力和细胞介导的对病原的细胞毒作用；③贝类表现出一种强烈的体外凝聚现象，这是另一个与大多数节肢动物和脊椎动物不同的地方。贝类血细胞在体外会迅速凝聚成团，现在还没有找到合适的抗凝剂来抑制其凝聚。与甲壳类不同，贝类依赖强烈的黏液机制作为第一防御线，其身体被黏液覆盖，当受刺激时，黏液会大量增加。

第二节　贝类免疫机制

　　贝类的免疫反应主要依赖于血细胞的吞噬、包裹、呼吸爆发等细胞免疫反应，血淋巴中的一些酶及调节因子（如溶酶体酶、凝集素和抗菌肽等体液因子）在免疫中也有重要作用。此外，在免疫和神经内分泌系统之间存在起信息传递作用的化合物，如促肾上腺皮质激素释放激素、单胺类、糖皮质激素、自由基、细胞因子（IL-1、IL-6 和 TNF-α）、阿片肽等。

一、贝类的细胞防御

（一）贝类血细胞的分类及结构

　　贝类血细胞的分类一直分歧很大，目前对贝类血细胞的结构描述和分类尚无统一标准。在对贻贝血细胞分类研究中，Moore 等根据血细胞超微结构对染色体反应的不同，将紫贻贝（MytilusedulLis）的血细胞分为两大类：有颗粒的嗜酸粒细胞（Eosinophilic granμLocyte）和无颗粒的嗜碱粒细胞（basophilic granulocyte），并将后者进一步又分为小淋巴细胞和大的吞噬性巨噬细胞。他们认为，巨噬细胞是主要参与清除外来异物的细胞类型，而小淋巴细胞可能是嗜碱粒细胞系的干细胞，因为在小淋巴细胞中发现有丝分裂现象。Bubel 等和 Bayne 等分别在紫贻贝和加州贻贝（Mytilus californianus）也发现了 3 种血细胞细胞：嗜酸性颗粒细胞、小嗜碱性透明细胞和大嗜碱性透明细胞，其中嗜碱性细胞包含有溶酶体酶，能吞噬胶体碳颗粒；而颗粒细胞体积较小，在血淋巴中占优势，是防御反应中最早出现的细胞类型，无吞噬能力。孙虎山等将栉孔扇贝（Chlamys farreri）血细胞分为拟淋巴细胞、血栓细胞、中性粒细胞、嗜碱粒细胞、嗜酸粒细胞和巨噬细胞 6 类，并认为，中性粒细胞和巨噬细胞为主要的吞噬细胞。张维翥等分别对海湾扇贝和栉孔扇贝的血细胞分类进行了研究，根据血细胞的大小、形态结构将海湾扇贝血细胞分为 4 种类型：小透明细胞、大透明细胞、小颗粒细胞和大颗粒细胞；栉孔扇贝血细胞分为 5 种类型：小透明细胞、大透明细胞、小颗粒细胞、中性粒细胞和大颗粒细胞。实际上，上述分类就是将海湾扇贝和栉孔扇贝血细胞分为透明细胞和颗粒细胞两大类，两类细胞在根据大小进一步细分。

　　在对牡蛎血细胞分类研究中，Ruddell 将长牡蛎（Crassostrea giga）血细胞分为 3 种类型：无颗粒阿米巴状细胞（agranular amebocyte）、嗜碱粒细胞和嗜酸粒细胞。Cheng 等将美洲牡蛎的血细胞分为颗粒细胞、透明细胞和纤维细胞（fibrocyte）。Xue 等应用组织化学染色法，将食用牡蛎（Ostrea edulis）血细胞分为颗粒细胞、大透明细胞和小透明细胞。Renault 等应用流式细胞仪结合单克隆抗体技术，将食用牡蛎血细胞分为颗粒细胞、大透明细胞和小透明细胞。Allam 等应用流式细胞仪结合细胞化学染色，将美洲牡蛎的血细胞分为颗粒细胞、非颗粒细胞（agranulocyte）和小颗粒细胞。

在对蛤血细胞分类研究中，根据细胞化学染色法，Cheng 等将硬壳蛤（Mercenaria mercenaria）的血细胞分为 3 类：颗粒细胞、透明细胞和纤维细胞，Huffman 等将软皮蛤（Mya arenaria）血淋巴液中血细胞分为颗粒细胞和透明细胞。Gima 等将菲律宾缀锦蛤（Tapes philippinensis）血细胞分为颗粒细胞（包括嗜酸颗粒细胞、嗜碱颗粒细胞和嗜中性颗粒细胞）、透明细胞、成血细胞和浆液细胞（serous cell）。应用流式细胞仪结合细胞化学染色，Allam 等将菲律宾蛤仔和硬壳蛤血细胞分为颗粒细胞和肺颗粒细胞。Wen 等用光学显微镜和电子显微镜观察丽文蛤（Meretrix lusoria）血细胞，将其分为透明细胞、大嗜酸性颗粒细胞和小嗜酸性颗粒细胞及纤维细胞。

在对鲍血细胞分类研究中，丁秀云等以剥离前和剥离后的幼鲍以及成鲍为材料，分别对其血细胞类型及超微结构进行分析研究。结果表明，剥离前幼鲍血淋巴中可观察到 3 种细胞：巨噬细胞、较大的椭圆形细胞（含细胞质较多）和较小的椭圆形细胞（含细胞质较少）。剥离后的幼鲍中可以观察到 3 种细胞：形状不规则细胞、打核细胞和一头较尖另一头较钝的椭圆形核细胞。幼鲍在剥离前后，血细胞的类型无大变化。3 种细胞的共同特点是细胞质内不含颗粒。超微结构观察，这 3 种细胞都属于透明细胞，有可能代表透明细胞的不同发育阶段。第一种细胞通过有丝分裂产生许多子细胞，随着发育的进行，进一步分化为巨噬细胞和透明细胞，即由透明的造血干细胞分化为其他透明细胞。成鲍血细胞可分为透明细胞和颗粒细胞两类，两者在亚显微镜结构上有很大差别。透明细胞呈圆球形或椭球形，细胞内没有致密颗粒，核的位置居中；而颗粒细胞呈球形，细胞质中含有许多圆形的电子致密颗粒。李太武等根据染色结果，将皱纹盘鲍（Haliotis discus hannai）血淋巴中的细胞分为颗粒细胞和透明细胞两大类，颗粒细胞又细分为颗粒多和颗粒少两种类型，颗粒细胞具有吞噬能力而透明细胞无吞噬能力。陈全震等通过透射电子显微镜观察将皱纹盘鲍血细胞分为大颗粒细胞、小颗粒细胞、特殊颗粒细胞、透明细胞和淋巴样细胞。

Reade 等根据细胞化学染色法将长砗磲（Tridacna maxima）血细胞分为颗粒细胞和透明细胞。Ottaviani 等根据血细胞的形态和运动能力以及流式细胞仪结合单克隆抗体，将扁卷螺血细胞分为伸展细胞和球形细胞。由于不同学者用不同的材料对软体动物血细胞进行分类，故血细胞的种类和命名有所差异，主要结果见表 4-1。

表 4-1 双壳类动物血细胞的分类

水产动物	血细胞分类
紫贻贝（Myilus edulis）	巨噬细胞、嗜酸性颗粒细胞、小淋巴细胞（无颗粒）
长牡蛎（Crassostrea gigas）	嗜碱性颗粒细胞、嗜酸性颗粒细胞、无颗粒阿米巴状细胞
加州贻贝（Myilus californianus）	大嗜碱性颗粒细胞、嗜酸性颗粒细胞、小嗜碱性透明细胞
美洲牡蛎（Crassostrea uirginica）	颗粒细胞、透明细胞、纤维细胞
硬壳蛤（Mercenaria mercenaria）	颗粒细胞、透明细胞、纤维细胞
长砗磲（Tridacna maxima）	颗粒细胞、非颗粒细胞
番红砗磲（Tridacna crocea）	嗜酸性颗粒细胞、无颗粒细胞、桑葚样细胞
皱纹盘鲍（Haliotis discus hannai）	颗粒细胞、透明细胞

基于以上研究发现，学者们主要根据血细胞中颗粒的有无及对染色的反应，运用光学显微镜和电子显微镜对贝类血细胞进行分类。随着研究的深入，近年来不少研究者运用新技术、新方法对贝类血细胞的分类进行研究，如密度梯度离心、单克隆抗体、植物凝聚素、免疫磁力分离、酶细胞化学、流式细胞技术等方法。Ford 应用 Couter 计数器和流式细胞计数器，将牡蛎血细胞分为 2 种颗粒细胞和 1 种无颗粒细胞 3 个亚群。Russell-Pinto 利用光学显微镜、电子显微镜及酶细胞化学法对双壳贝类进行研究，根据其对绵羊红细胞反应不同，将血细胞分为 3 个类型：大的吞噬型细胞、球形凝聚细胞和圆形颗粒细胞。Nakayama 等通过形态观察和细胞化学研究，认为番红砗磲（Tridacna crocea）存在 3 类血细胞，命名为嗜酸性颗粒细胞、无颗粒细胞和桑葚样细胞，并发现这 3 类细胞在吞噬作用和血细胞凝聚等过程中表现不同的功能。Carballal 等发现紫贻贝的血细胞在功能上有差异，颗粒细胞吞噬能力很强，而透明细胞则不具备吞噬能力。Hine 等认为，在贝类血淋巴中，颗粒细胞是一个独立的类群，而无颗粒细胞在表型和超微结构上是不相同的，可分为 3 种细胞：胚样（blastlike）细胞、嗜碱性巨噬样细胞和透明细胞，颗粒细胞和巨噬样细胞的功能不同，血淋巴的组成在个体间变化很大，而且颗粒细胞在早期和发育过程中可能是透明的。胚样细胞的区分表明造血过程可以发生在周围相连的广泛组织中，产生血细胞的方式与脊椎动物相似。Xue 等采用流式细胞仪测定欧洲扁牡蛎血细胞亚群，结果显示血细胞可能由 3 个血细胞亚群组成，这 3 个亚群分别对应光学显微镜和电子显微镜分析鉴定的 3 个亚群：小透明细胞、大透明细胞和颗粒细胞。Soaresda-Silva 等利用流式细胞仪技术和形态学观察将淡水蛏（Anodonta cygea）的血细胞分为两大类，一类较大，有颗粒，占血细胞总数的 75%；另一类较小，无颗粒，约占血细胞总数的 25%。

由于研究方法、贝类种间的差异性和贝类的血细胞发育不同，贝类血细胞的分类没有统一的标准。但血细胞一个重要的特征是细胞质内颗粒的有无，因此，目前比较认同的标准是将贝类血细胞分为颗粒细胞和透明细胞两大类。单 Nakayama 等所报道的桑葚样细胞不同于颗粒细胞和透明细胞，可能是一种新的细胞类型。这种情况可能是由于在有的贝类种确实存在不止两类血细胞，但也有可能是形态学手段不能区分的同一细胞系的不同发育阶段和形式，因此采用多种手段和方法对贝类血细胞进行分类是必要的。

（二）血细胞免疫功能

1. 吞噬作用

贝类的主要防御手段是由血细胞完成的吞噬作用（phagocytosis）。吞噬作用能够清除入侵的病原体，包括细菌、原虫、大分子物质及无机颗粒等。当外界条件改变，尤其是动物受到外界抗原物质刺激时，贝类的主要表现就是吞噬反应。血细胞吞噬外来异物时，清除的速率取决于细胞表面的特征。在大多数报道的贝类中，吞噬作用主要是由颗粒细胞完成的，颗粒细胞表现出很高的吞噬能力，而且其吞噬能力与年龄无关，但易受外界环境因素的影响，如温度、盐度等。透明细胞也具有一定的吞噬能力，但不是主要的。

李静等研究圆背角无齿蚌（Anodonta woodiana pacifica）损伤后血细胞对荧光极毛杆

菌的吞噬活性，结果发现，4 种血细胞中有吞噬能力的主要是颗粒细胞和无颗粒细胞，而透明细胞和类淋巴细胞没有吞噬能力。Nakayama 等发现黄砗磲嗜曙红颗粒细胞表现出对乳胶颗粒的吞噬作用，而无颗粒细胞和浆液细胞没有表现出吞噬作用。

大多数贝类颗粒细胞还分为几个亚群。Moore 等研究发现，硬壳蛤的小颗粒细胞对酵母细胞的吞噬活性要高于大颗粒细胞。孙虎山等研究栉孔扇贝血细胞对细菌的吞噬作用时也发现吞噬能力最强的为小颗粒细胞，大颗粒细胞无吞噬能力，无颗粒细胞中只有少量较大的似巨噬细胞具吞噬细菌的能力。小颗粒细胞在吞噬初期细胞质内小颗粒较多，随着细菌的降解，小颗粒数量逐渐减少，小颗粒可与吞噬体融合，帮助杀死及降解细菌。

吞噬作用的过程大致可分为趋化、黏附、内吞以及杀伤消化 4 个阶段。研究证明，贝类血细胞可以向外源颗粒趋化靠近。贝类具有开放式循环系统，器官浸浴在血淋巴中，血管也没有完整的内皮系统，血细胞可以较自由地到达广泛的器官和组织。血细胞靠近异物后首先发生黏附，随后，血细胞伸出伪足对异物进行包裹，伪足相接触后细胞质融合，形成吞噬小体进入细胞。Cajaraville 和 Pal 对贻贝亚显微结构的电子显微镜研究表明，颗粒细胞和透明细胞都可以由局部细胞质膜内陷形成衣被小泡，或无衣被的电子透明的内吞小体，完成内吞。Legall 等还证明内吞过程有细胞骨架的活跃参与。

血细胞对吞噬后的病原体的杀伤作用主要通过两条途径实现。①将外源颗粒内化后形成吞噬小体，然后吞噬小体与含有水解酶类的胞质颗粒融合，逐步将外源颗粒水解消化，颗粒细胞中的水解酶包括溶菌酶、磷酸酶、脂酶、蛋白酶、葡萄糖苷酶等，有很高的活性，并随温度和季节有所变化。Mohandas 等经扫描电子显微镜证明，在受到细菌刺激时，硬壳蛤的颗粒细胞在吞噬外来细菌的过程中，将溶菌酶释放到血清中，可见血细胞不仅直接参与吞噬反应，还释放水解酶类到血淋巴中参与体液免疫。Carballal 等用半定量光密度法测定了贻贝血细胞中与免疫防御功能相关的酶类，表明该贻贝血细胞含有磷酸酶、脂酶、蛋白酶和葡萄糖苷酶，这些酶类的活性水平在 11 月龄和 19 月龄贝中无显著差异。研究同时表明，溶菌酶活性在血细胞中较高，在血清中较低。Xue 等对欧洲扁牡蛎和太平洋牡蛎血淋巴的酶进行测定，结果显示在欧洲扁牡蛎可检测 15 种酶，而太平洋牡蛎血淋巴中检测到 16 种酶。Cronin 等对欧洲扁牡蛎血淋巴中的溶菌酶活性水平测定结果表明，血淋巴中溶菌酶活性水平个体差异较大，但在健康贝和患病贝之间无显著差异。Antonio 等研究发现，在成体太平洋牡蛎血细胞中的溶菌酶活性比血清中的溶菌酶高 5 倍，幼贝血细胞中的溶菌酶活性比血清高 98 倍。②通过伴随吞噬作用的呼吸爆发（respiratory burst）来激活位于质膜上的 NADPH 氧化酶，从而产生多种活性氧中间体（Reactive oxygen intermediate，ROI）来杀伤病原微生物，此过程中产生的活性氧中间体包括超氧化物自由、过氧化氢、羟基自由基和单线态氧等。

丝裂原活化蛋白激酶（Mitogen-activated protein kinase，MAPK）信号通路是近年来发现广泛存在于各种动物细胞中的一条信号转导途径，在低等无脊椎动物贝类中也存在。最近研究发现，宿主在清除体内入侵病原体的时候，丝裂原活化蛋白激酶的激活也发挥着至关重要的作用。研究证明，有纤毛的大肠杆菌和贻贝的血细胞作用后，在血淋巴液的环境中可诱导 p38MAPK 的持续磷酸化，如果没有血淋巴液存在，仅靠血细胞不能引起 p38MAPK 的磷酸化，但 p38MAPK 特异性抑制剂 SB302580 可显著降低血淋巴液的杀菌活性。这些结果说明 p38MAPK 在介导血细胞的杀菌过程中起着重要作用，而且血淋巴液中的其他细胞因子在血细胞杀菌过程中也起着重要作用。

2. 异己识别

在吞噬作用中涉及的一个重要的问题是血细胞怎样有效地识别异物，区分自我和非我，这是吞噬作用发挥防御功能的前提。趋化过程中首先进行识别，识别后的清除速率取决于细胞表面的特征，吞噬反应的强度由外源颗粒的表面特征和调理素及外源凝集素等类似调理素的调理因子共同控制。

由于贝类没有类似于高等动物主要组织相容性复合体（MHC）和免疫球蛋白（Ig）那样的基于可重排分子的识别系统，贝类对异物的识别主要依赖一些其他非特异的识别因子。研究发现，贝类血细胞的趋化、黏附和吞噬过程都可被某些血清因子促进，这说明贝类血细胞对异物的识别，类似于高等生物，也依赖血浆中某些因子的作用，这些因子统称为调理素。Smlnia 等证明，将酵母和绵羊红细胞预先在静水椎实螺（Lymnaea stagnalis）的无细胞血淋巴中进行温育，可以显著提高其血细胞在体外对酵母和绵羊红细胞的吞噬。Renwrantz 和 Mohr 的体内实验从另一个角度说明了同样的问题：他们将人 A₁ 和 B 型红细胞预先与盖罩大蜗牛（Helix pomatia）的血清在体外进行温育处理，然后注入该动物，发现可以显著提高其对人红细胞的清除速率。他们还发现，在首次注射大剂量未经处理的 A₁ 型人红细胞后，经过 12 ~ 19h 再次注射同样未经处理的 A₁ 型人红细胞时，清除速率与第一次注射相比则极为缓慢，表现出一种抑制效应，而如果将第二次注射的红细胞预先与该种动物的血清进行温育，则其清除速率与第一次注射类似。这说明产生抑制效应的原因是第一次注入大剂量的外源颗粒消耗了血浆中某种对识别起辅助作用的调理因子而不是饱和了动物的吞噬能力，这同时说明调理素对血细胞识别异物有重要的促进作用。

贝类血淋巴中的内源性凝聚素对于识别和吞噬外源颗粒具有重要的辅助作用。Lackie 研究结果证明，除了部分酶对异物有一定的识别作用外，凝集素在识别异物方面也起重要作用。Olafsen 等证实，有时细菌的感染可以诱导贝类凝聚素的产生并促进对细菌的抑制和破坏。Chintala 等证实，寄生虫的感染可以引起美洲牡蛎血清凝集素浓度的改变。Tunkijjanudija 等从马贻贝的血淋巴中得到一种能与脂多糖（LPS）特异结合的凝聚素，它不同于与唾液酸特异结合的凝聚素，该凝聚素经纯化后能对多种海洋细菌表现抗菌活性，而未经处理的贻贝血淋巴对这些细菌的抗菌作用不明显。凝聚素是一类糖蛋白具有糖结合专一性，可与细胞表面的不同糖组分结合，同时可以与吞噬细胞相结合，像桥梁一样连接血细胞和异物起调理作用。凝聚素在贝类中广泛存在，有的存在于血清中，有的分布于血细胞表面。一些凝聚素可使细菌凝聚，便于血细胞对其进行吞噬，一些作为血细胞和细菌表面的中介分子介导吞噬过程。

Howland 和 Cheng 等发现美国东部牡蛎的血细胞可与细菌表面的一种不含糖蛋白

的蛋白质结合，说明在贝类血液中还有别的因子参与异己识别过程。另外，Cheng 和 Dougherty 认为，吞噬细胞的脱颗粒作用释放出的酶可以修饰外来细胞的表面结构，从而使外源细胞被有效识别，因此溶酶体酶在此也起到了调理素的作用。但并不是所有的识别作用都依赖血浆因子的调理作用，如 Renwrantz 等证明盖罩大蜗牛对酵母的清除并不依赖血浆成分的调理作用。

无论识别是否依赖调理作用，吞噬细胞表面特定的识别分子（受体）也是必需的。在需要调理素的情况下，调理素通过识别并结合于外来物质或损伤组织的表面，未吞噬细胞表面受体提供易于识别的标记。吞噬细胞受体识别外来颗粒表面的调理素分子。而在不依赖调理素的情况下，细胞表面受体直接识别异物，识别的完成最终取了取决于吞噬细胞膜上的受体。目前对贝类吞噬细胞的膜表面特征还知之甚少，一些工作揭示了吞噬细胞表面存在不同专一性受体。例如，Frye 等发现双肺螺（Biomphlaria glabratad）血细胞对未被调理的酵母的识别可被 β-1, 3- 葡萄糖封闭，因而推测双肺螺血细胞具有 β-1, 3- 葡萄糖专一性的表面受体。Syefano 等的实验证明，贻贝血液中血液阿片肽类物质可引起免疫活性细胞的定向迁移，显著加快血细胞的黏附过程。由于吡咯烷酮可大大抑制此黏附过程，表明贻贝体内的阿片肽类物质也和哺乳动物体内的阿片肽一样，是通过细胞表面的受体介导而起作用的。Stefano 进一步研究了阿片神经肽的生理作用，证明阿片肽通过免疫活性细胞表面一种 δ 受体的介导起作用。Harris-Young 等证明，美国东部牡蛎的血细胞没有其他体液因子的协同作用也能够杀死创伤弧菌同样条件下，紫贻贝的血细胞能够吞噬并杀死霍乱弧菌和大肠杆菌。Kanaleys 实验得出血细胞表面受体成分类似于 N- 乙酰葡萄糖胺和 2- 甲基吡喃甘露糖。这些实验说明，在贝类血细胞中存在和外源物质结合的受体，并且这些受体依据外源物质的不同有不同的结合率。

贝类没有像高等动物那样复杂的基于基因重排分子的识别系统，它怎样识别众多入侵的病原体和异物呢？研究发现，天然免疫识别分子可以识别一大组或几大组病原体所共有的、保守的、不同于宿主自身成分的某类分子的结构模式，称为病原体相关分析模式（pathogen associated molecular pattern，PAMP），如细菌细胞壁中的肽聚糖、革兰氏阴性菌细胞壁的脂多糖、革兰氏阳性菌细胞壁的磷壁酸、细菌 DNA 中未甲基化的非甲基化胞苷酸鸟苷（CPG）二核苷酸、RNA 病毒的双链 RNA 等。与抗体对抗原物质识别不同的是，天然免疫分子识别的不是高度专一性的空间结构和化学结构（抗原决定簇），而是某种结构模式，因而是广谱的。这些对病原相关分子模式进行识别的免疫识别分子包括血浆中的调理因子以及血细胞表面的某些受体，它们的存在保证了贝类可以有效地对异物进行识别进而清除。对外源无机物颗粒的识别，可能也依赖类似的机制，即无机颗粒与宿主细胞在疏水性和携带电荷方面的显著不同构成了另一种可识别的结构模式，被相关的免疫分子识别。

3. 呼吸爆发

呼吸爆发伴随着吞噬作用而产生，由于在这个过程中可产生大量的活性氧中间体来杀灭和消化病原微生物，所以在免疫防御中起重要的作用。适当的刺激后，吞噬细胞经历呼吸爆发并制造大量的细胞毒氧化剂，即胞毒活性氧，这一现象最初是在哺乳动物的中性粒细胞和巨噬细胞中观察到的。现已证明，呼吸爆发的第一个反应是氧还原一个电子形成超氧阴离子（O_2^-），是由于吞噬细胞膜上的 NADPH 氧化酶催化的，超氧阴离子（O_2^-）被胞质超氧化合物歧化酶（SOD）催化转换成过氧化氢（H_2O_2）。过氧化氢活性很高，是有毒的活性氧中间体之一，与髓过氧化物酶（MPO）及卤素形成强力杀菌系统的基础。另外还可产生羟基自由基（—OH）和单线态氧（$^1O_2$）等毒性活性氧中间体，这些活性氧中间体能够参与细胞介导的杀灭细菌、真菌和原生动物过程。

很多贝类的血细胞都有典型的呼吸爆发现象，同时伴有活性氧中间体的产生。Dikkeboom 等刺激椎实螺血细胞后成功地测定了 O_2^- 的产生。同年，Nakamura 等测定了扇贝血细胞在静止和刺激状态时产生的 H_2O_2。此后，有关贝类血细胞产生活性氧中间体的报道不断增多，在这些报道中，O_2^- 的测定采用氮蓝四唑（NBT）或细胞色素 c 还原法，H_2O_2 测定采用比色（二氨基联苯胺或酚红还原）或荧光法。

细胞化学发光（chemiluminescence，CL）也用作活性氧中间体产生的指示剂，化学发光不能提供特殊活性氧中间体（ROI）种类的定量信息，要区别 O_2^- 或 H_2O_2 产生的化学发光信息要用适当的酶抑制剂。目前认为，吞噬细胞的化学发光反应与呼吸爆发时的杀菌活性有关，这种方法特别推荐用于贝类。Anderson 和 Adema 等已经将鲁米诺化学发光方法用于测定几种双壳类产生的活性氧中间体，如太平洋长牡蛎、美国东部牡蛎、大扇贝（Pecten maximux）和欧洲扁牡蛎。同样，刺激腹足类血细胞后用化学发光测定也能显示活性氧中间体的产生，如椎实螺等。

在哺乳动物中，一氧化氮（NO）存在于巨噬细胞中，在细胞因子（如干扰素、肿瘤坏死因子、白介素或脂多糖）刺激下由一氧化氮合成酶（NOS）产生，这种分子在生物机体免疫防御过程起关键的作用。近年来，在贝类血细胞中也开始报道一氧化氮的产生，这说明贝类的免疫系统和脊椎动物存在很大的相似性。在鲁米诺、豆蔻酰佛波醇乙酯（PMA）或酵母聚糖的刺激下，学者们曾用化学发光技术、酶法、精氨酸标记试验（精氨酸和瓜氨酸转化实验）直接或间接检测到太平洋牡蛎、紫贻贝、蛤仔的血细胞产生 NO。O_2^- 本身并没有很强的杀菌作用，而是歧化产生过氧化氢来参与免疫作用或与 NO 结合产生 ONNOO$^-$。ONNOO$^-$ 具有很强的氧化性，而且具有很强的细胞毒作用来抵抗病原。近年来，研究者们围绕贝类血细胞内 NO 产生的机理开展一些研究。Novas 等报道，脂多糖（LPS）刺激紫贻贝的血细胞不能诱导 NO 的产生，而人的 IL-2 和紫贻贝血细胞作用 24h 后能够诱导 NO 的产生，而且在经过刺激和没有经过刺激的血细胞中都有一个 130ku 的蛋白质能够和鼠抗诱导型一氧化氮合成酶（iNOS）抗体反应，而且试验实验证明一氧化氮合成酶和 NADPH 氧化酶参与了 NO 合成过程。

4. 包囊作用

如果异物比血细胞大得多，直径大于 10μm 时，例如寄生虫、坏死组织、外源植入物等，则血细胞对异物的吞噬将动员全部的细胞膜表面积，表现为血细胞在异物表面上完全伸展，扁平化，由若干吞噬细胞共同将异物包裹起来，这称为包裹作用。最初，血细胞对异物的包裹比较疏松，随着越来越多的细胞聚集到异物处，与异物直接接触的细胞变扁平，并充分伸展，形成包裹异物的连续的细胞层。在伸展和扁平化的过程中，微管以及成束的微丝出现在细胞质周边区域，说明这些结构在细胞伸长的过程中起到了重要的作用。最后，包裹变得越来越坚固，血细胞通过细胞内消化和细胞外消化将被包裹的异物消除。

5. 其他免疫功能

贝类血细胞除了上述的免疫功能外，还可以在伤口修复、炎症反应、神经免疫反应过程中发挥重要作用。贝类血细胞参与这些免疫功能的基础是血细胞的异己识别和吞噬功能。神经内分泌系统产生的某种多肽激素具有细胞因子样作用，可调节免疫应答。有研究证明，贻贝体内的神经肽不仅存在于血液中，也存在于细胞中，经外源性或内源性阿片神经肽孵育贻贝的血细胞，均可显著提高血细胞的黏附能力并可引起定向迁移。Ottaviani 等在贝类血细胞膜上发展促肾上腺激素释放因子，将贝类血细胞用含有促肾上腺素释放因子的血清孵育 15min 后，可刺激血细胞向血清中释放肾上腺素，在此反应中，酪氨酸脱氢酶和多巴胺脱氢酶参与了生物胺在血细胞内的合成过程。以上结果表明，无脊椎动物的原始应激反应与哺乳动物的吞噬细胞中出现的反应是相似的。

关于血细胞在损伤修复和炎症反应中的作用，国内外研究较少。形态学上的损伤修复过程主要是血细胞识别并吞噬其损伤的细胞，血细胞发生形态学上的变化，并产生胞外基质，形成凝血，阻止血液流失。Suzuki 等通过研究珍珠贝的伤口修复过程发现，无颗粒细胞是伤口修复的关键细胞，它分泌的胞外基质影响上皮细胞的迁移和再生。

依据形态学和酶化学对贝类的不同血细胞进行分类一直存在很多争议，利用这些指标分类的血细胞有可能仅仅是它们发育时期的不同阶段，而且这些指标不能从功能上区分血细胞的亚组分，所有研究血液的表面抗原特征和血液表面受体分子并明确不同血细胞的功能，已成为血细胞分类的一个新的研究方向。研究贝类血细胞表面受体分子对不同抗原结合能力以及结合过程中的信号转到机制，能为养殖贝类产业找到合适的免疫增强剂或免疫刺激剂打下理论基础。由于贝类免疫研究起步较晚，有关贝类血细胞免疫功能的研究还有很多需要解决的问题，但可以肯定的是，贝类血细胞在贝类免疫防御过程中起重要作用，是贝类免疫学研究的重要领域。所以这一领域的深入研究不仅将揭示一些无脊椎动物免疫学的基础理论问题，而且对解决养殖贝类病害的监测、预报、防治及抗逆品种的培育等问题更有重要指导意义。

二、贝类的体液防御因子

相对于细胞防御机制而言，贝类的体液免疫机制的研究还不够深入。但越来越多的研究表明，体液因子在机体防御反应中起十分重要的作用。尤其是抗菌肽的研究在近年引起了国内外许多学者的关注，希望能从中寻求突破，为贝类的病害防治以及人类新型抗菌药物的开发应用提供一条新途径。

（一）溶酶体酶

贝类的溶酶体酶主要存在于颗粒细胞的溶酶体中，有溶菌酶、β-葡萄糖苷酸酶、酸性磷酸酶、碱性磷酸酶、脂肪酶、氨肽酶和 α - 岩藻糖酶等。颗粒细胞在吞食异物脱颗粒时这些酶被释放到血清中，发挥免疫防御、消化分解食物及调节带着等作用。

1. 溶菌酶

1979 年，第一次在海洋贝类体内发现溶菌酶（lysozyme），以后又陆续在多种贝类体内发现溶菌酶，如冰岛扇贝和贻贝等。溶菌酶在软体动物的许多组织器官中广泛存在，尤其是产卵器、消化腺、足丝腺和外套膜分泌液，根据它们的结构特征和氨基酸序列，把它们归为 i 型溶酶体。邹慧斌等在海湾扇贝体内得到一种 g 型溶酶体基因。贝类溶菌酶是一种碱性球蛋白，分子质量约为 15ku，其作用机制主要在于它能够溶解细菌细胞壁中的肽聚糖成分，从而使细菌的细胞壁破损，细胞崩解。溶菌酶不仅能够溶解杀灭多种细菌，防御病害，还有滤食海洋细菌的作用。细菌的攻击会改变溶菌酶的活性，这种改变依赖贝类和细菌的种类及其感染部位。

2. 酸性磷酸酶和碱性磷酸酶

酸性磷酸酶（acid phosphatase，ACP）和碱性磷酸酶（alkaline phosphatase，ALP）是动物体内参与免疫防御的两种重要水解酶，能催化有机磷酸酯水解，打开磷酸酯键，释放磷酸根离子。但是两种酶作用需要的酸碱性不同，一种为酸性，另一种为碱性。酸性磷酸酶广泛分布于动物组织中，是溶菌酶的标志酶。碱性磷酸酶常见于各种动物组织活跃运输的膜上。贝类中，碱性磷酸酶与钙的吸收、膜的吸收和转运以及维持细胞内磷酸浓度有关。Cheng 等认为，磷酸酶可通过改变细菌表面的结构增强其异己性，起调理素的作用，从而加速吞噬细胞吞噬和降解异物的速度，因此在免疫防御中发挥重要的作用。

透射电子显微镜显示，扇贝血细胞的酸性磷酸酶主要分布于溶酶体内。溶酶体内的酸性磷酸酶是在糙面内质网上合成的，经小泡的转运并经高尔基复合体，最终到达光滑面内质网形成溶酶体。因此，酸性磷酸酶亦见于与碱性磷酸酶阳性颗粒较多的血细胞内。

3. 脂肪酶

在美洲牡蛎、硬壳蛤、软壳蛤的血淋巴中发现有脂肪酶（lipase）的活性。Cheng 和 Yoshion 等分别在双肺螺（B. glabrata）和美洲牡蛎等动物的血清、血淋巴细胞或组织液中发现氨肽酶（aminopeptidase）活性，并指出在血清中氨肽酶活性最高，其功能可能与在吞噬前降解血清蛋白中外来蛋白有关。

4. β – 葡萄糖苷酸酶

Lackie 发现软体动物血细胞进行吞噬和包裹的过程中伴随着 β - 葡萄糖苷酸酶（β -glucuronidase）的释放。Cheng 等在硬壳蛤和美洲牡蛎的血清和血细胞中均发现有 β - 葡萄糖苷酸酶的活性，这种酶可通过作用于敏感的入侵细菌，在内部防御中起作用。

5. 溶酶体酶的消化功能

贝类溶酶体酶还有消化功能。在很多情况下，消化腺中溶酶体酶的含量很高。脂肪酶、氨肽酶具有消化分解脂肪和蛋白质的功能。实际上，消化和防御两种功能可以同时发挥。

因为被滤过的细菌就是贝类所需要的营养物质，所以消化道内的溶酶体酶水解细菌时同时发挥了消化和杀菌双重功能。

（二）凝集素

根据性质和功能，凝集素（agglutinin）可以定义为一大类对特定细胞多糖具有结合亲和力的、能选择凝集脊椎动物一些血细胞和某些微生物细胞的、多价构型的糖蛋白。内源性的动物凝集素广泛分布于细胞外基质中、细胞膜上、细胞质中和细胞核内。除血液中有凝集素存在在，水生动物的皮肤黏液、体液、受精卵、未受精胚胎中皆发现存在凝集素。无脊椎动物体内的凝集素最初是在 1903 年从一种鲎（Limulus polyphemus）的体液中检测到。凝集素是贝类血淋巴的常见成分，在双壳贝类中广泛存在，如美洲牡蛎、虾夷扇贝（Patinopecten yessoensis）、紫贻贝、褶牡蛎（Ostrea plicatula）、栉江珧（Pinna pectinata）、杂色蛤（Ruditapes uariegata）、栉孔扇贝、丽文蛤（Meretrix lusoria）、长牡蛎、巨大石房蛤（Saxidomus giantea）等。凝集素是贝类免疫防御的重要体液因子之一。

某些贝类凝集素已被分离和提纯。如 Belogortseva 在贻贝（Crenomytilus grayanus）体内分离和提纯了一种 GalNAC/Gal 特异性凝聚素。Dam 等在蚶（Anadara granosa）中分离到一种能够与半乳糖特异性结合的凝聚素。Kim Y.M. 等研究报道了感染伯金斯虫的非律宾蛤仔（Ruditapes philippinensis）合成的凝聚素，命名为蛤仔凝聚素（Manila clam lectin，MCL）。蛤仔血细胞受到血淋巴中感染的伯金斯虫的刺激后合成蛤仔凝聚素，首先蛤仔血细胞合成接近 74ku 的蛤仔凝聚素前体，然后分泌到血淋巴液中，转变为 30ku 或 34ku 的多肽。合成的蛤仔凝聚素能够结合到纯化的伯金斯虫孢子表面，这种结合可被 EDTA 或 N- 乙酰半乳糖胺抑制。荧光珠包被纯化的蛤仔凝聚素能激活蛤仔体内血细胞的吞噬活性。免疫组织化学表明，分泌的蛤仔凝聚素可以识别终端没有减少的 β 连接的 N- 乙酰半乳糖胺。该研究表明，受到寄生虫感染的蛤仔对蛤仔凝聚素的合成起特异性的正调节作用，蛤仔凝聚素可以通过识别寄生虫终端 N- 乙酰半乳糖胺起到调理素的作用。

动物的凝聚素分子按照糖识别域肽链序列分有 3 类：C 型凝聚素、S 型凝聚素和 P 型凝聚素（Mannose-6-phosphate receptor），还有一些目前尚未确切归类的凝聚素。C 型凝聚素，因其活性需要钙离子而得名，均位于细胞外；S 型凝聚素，因其活性的完全表达通常依赖疏基而得名；P 型凝聚素则因其主要配体为甘露糖 -6- 磷酸盐（mannose-6-phosphate）而得名。

C 型凝聚素作为一种糖结合蛋白，能够识别糖蛋白和糖脂，特别是在识别和结合外源微生物的细胞壁或细胞膜中复杂碳水化合物中发挥重要作用。C 型凝聚素的结构中含有一个长度约为 130 个氨基酸残基的保守碳水化合物结合域（Carbohydrate binding domain，CDR）。大多数的 C 型凝聚素都与 D 型甘露糖（D-mannose）、D 型葡萄糖（D-glucose）这一类的 Man 型配体（Man-type ligand）或 D 型半乳糖（D-galactose）及其衍生物 Gal 型配体（Gal-type ligand）结合。目前已经在哺乳动物中克隆并鉴定出了 150 种 C 型凝聚素。在所有的这些哺乳动物 C 型凝聚素中，研究最多的是甘露糖结合蛋白（Mannose-binding protein，MBP）的结构和碳水化合物识别能力的关系。这一类 C 型凝聚素是激活免疫系统补体途径的最主要因子。C 型凝聚素不仅出现在许多脊椎动物体液中，在很多无脊椎动物（如海胆、海参、被膜动物、藤壶和昆虫）中也有报道。相对于脊椎动物 C 型凝聚素来说，无脊椎动物的 C 型凝聚素的结构中一般只有一个 C 型碳水化合物识别域（C-type carbohydrate recognition domain，CRD），据推测其可能有取代脊椎动物免疫系统中免疫球蛋白的作用。胥炜等在 EST 分析的基础上采用锚定 PCR 方法克隆得到了栉孔扇贝 C 型凝集素基因的全长 cDNA。栉孔扇贝 C 型凝集素 cDNA 全长 1038bp，编码区 684bp，可以编码 228 个氨基酸，在该编码的氨基酸序列中发现了 C 型凝集素家族的特征模体和一个 C 型凝集素结构域（C-type lectin domain，CTLD）。通过 Clustalw 和 SMART 软件分析在该序列中发现了形成二硫键的 4 个保守的半胱氨酸，与其他物种 C 型凝集素的二硫键结构非常相似。结合 BLAST 分析的结果，可以确认所获得的 cDNA 序列是栉孔扇贝 C 型凝集素的编码序列。用 RT-PCR 技术在鳗弧菌感染前后的血细胞中均可以检测到该基因的表达，但病原刺激前的表达水平较低，病原刺激后 4h 起表达量开始增加，并在 6h 达到最高，随后逐渐开始下降，并于 32h 恢复到原来水平。该结果表明，C 型凝集素存在组成型和诱导型两种调控机制，在扇贝防御病原感染的过程中发挥重要作用。Kang Y.S. 等在 EST 分析的基础上研究了感染伯金斯虫的菲律宾蛤仔血细胞 C 型凝集素的表达，得到了 7 个 C 型凝集 cDNA 克隆，其中包括两个全长 C 型凝集的 cDNA，C 型凝集编码 151 个氨基酸，包括 17 个氨基酸残基组成的信号肽和一个接近 130 个氨基酸残基组成的 C 型凝集素结构域，与其鳗鱼 C 型凝集素高度同源。RT-PCR 分析了血细胞中 7 个不同 C 型凝集素的表达，感染伯金斯虫菲律宾蛤仔血细胞表达的一系列 C 型凝集素与感染弧菌血细胞表达的 C 型凝集素不同，结果表明多种凝集素参与蛤仔的非特异性免疫并且不同的诱导物可诱导表达不同的凝集素。

虽然无脊椎动物的凝集素在机体内的生理功能还不十分明确，但越来越多的证据表明凝集素作为贝类的一种非特异性识别因子，能识别病毒、细菌、真菌、原虫和非生命物质，可以通过凝集素包围、调理、促进血细胞的吞噬作用等方式将外来物质清除，并具有参与机体止血、凝固、物质运输及创伤修复等一系列作用。研究表明，贝类的各种凝集素虽然有一定的特异性，但并非抗体，与脊椎动物的免疫球蛋白没有相同的氨基酸序列。

由于凝集素具有与血细胞结合的特性，已越来越多地被用于对贝类血细胞的表面分子特征的研究。单克隆抗体以及多克隆抗体也被用来对贝类细胞表面特征进行研究，但主要集中在血细胞的分型。虽然目前这方面的工作还不多，单克隆抗体和凝集素的运用必将大大推动对细胞膜表面结构的了解，并将成为重要的研究手段。

（三）抗菌肽

抗菌肽（Antibacterial peptide）是指在动物或植物细胞中，由特定基因编码的一类具有广谱抗菌活性的小分子多肽。迄今已有 500 多种抗菌肽被分离鉴定。在海洋贝类体内存在多种抗菌肽，并发挥重要的防御功能。在贻贝、菲律宾蛤仔、太平洋牡蛎、泥螺、泥蚶等贝类体内合成迅速并能对入侵细菌做出快速反应；具有广谱抗菌活性的物质。他们具有下述一些共同的特点：多数是富含半胱氨酸的阳离子型分子；分子质量一般在 10ku 以下；具有热稳定性，多数分子的等电点大于 7；在体内合成迅速并能对入侵细菌做出快速反应；具有广谱抗菌活性，对细菌、真菌、病毒、原虫以及肿瘤细胞都有作用，但对真核细胞无毒害；细菌不容易对其产生耐药性。目前对海洋贝类抗菌肽的研究主要集中在贻贝。

贻贝抗菌肽是一类小分子的阳离子抗菌肽，以富含半胱氨酸为特征。Mitta 等从紫贻贝（Mytolus edulis）和地中海胎贝（Mytilus galloprovincialis）中分离到多种抗菌肽，根据一级结构和半胱氨酸的不同分为 4 类：防御素（Defensin）、贻贝素（Mytilin）、贻贝肽（Myticin）和贻贝霉素（Mytimycin）。

防御素与动物的防御素家族相似，在贻贝中有两种同分异构体，分成命为 MGD1、MGD2。MGD1 在紫贻贝和地中海贻贝血液中均能分离到。MGD2 是在贻贝血细胞 cDNA 文库中分离到的，其含有 8 个半胱氨酸，是防御素家族的特殊成员。

贻贝素包括 5 个同分异构体（A、B、C、D、G1）。同分异构体 A 和 B 是在紫贻贝血液中分离到的。B、C、D、G1 是从地中海贻贝的血液中分离得到的。mytilinA 和 mytilinB 分别含有 37 个氨基酸残基和 35 个氨基酸残基，其中均有 6 个半胱氨酸残基存在。

贻贝肽包括 myticin A 和 myticin B，是从地中海贻贝的血液中分离得到的。序列分析证实 myticin A 和 myticin B 有共同的结构，20 个信号肽高度保守，40 个氨基酸序列中 C 端氨基酸序列一致。两种抗菌肽的结构中有 2 个氨基酸残基不同，myticin A 的第 4 和第 9 序列的异亮氨酸（I）和亮氨酸（L）分别在 myticin B 被蛋氨酸（M）和缬氨酸（V）取代。贻贝霉素是贻贝血浆中分离到的，含有 12 个半胱氨酸残基，分子质量为 6.5ku。

Northern 印迹分析认为，防御素、贻贝素和贻贝肽的前体主要存在于细胞中，在贻贝各个组织的血细胞中均有抗菌肽的大量表达，在与外界环境接触的上皮组织中表达量最大。原位杂交证实，不同组织的血细胞表达不同的抗菌肽。各种抗菌肽在血细胞中表达并通过血液循环运送到贻贝各组织中。在相同的细胞亚群中，所有细胞所表达的抗菌肽却没有同一性。应用共聚焦显微镜观察，发现 37% 的血细胞中只有贻贝素（Mytinlin）而没有防御素（Defensin），16% 都血细胞中只有防御素而没有贻贝素，32% 的血细胞中两种抗菌肽均存在，余下的 15% 的血细胞则没有这两种抗菌肽的表达。

双壳贝类的幼体容易被弧菌感染，与此阶段缺乏抗菌肽特定表达有关。在贻贝的卵中没有检测到 mytilin B 和 MGD2 的 mRNA 编码序列，mytilin B 的基因表达开始于变形期是发生形态学变化的主要时期，在这期间幼体器官消失，而成体器官出现。可见此种免疫功能在变形期出现。

抗菌肽以前体的形式存在，在缺乏感染刺激物的情况下，成熟前体以活性方式储存在血液中，在机体受到细菌感染后引起抗菌肽增加并在数小时迁移至感染部位，在感染部位吞噬细菌以发挥其抗菌活性。血浆中抗菌肽的数量增加能引起一系列的抗菌反应。例如，贻贝素能够大量分泌到血细胞的周围环境中并发挥它的抗菌作用，贻贝素释放到血浆的浓度大于其最小杀菌浓度，因此能够杀死多数细菌。不同的抗菌肽具有不同的抗菌谱。防御素与贻贝肽主要对革兰氏阳性菌有抗菌活性，包括一些海洋无脊椎动物的病原体，抗革兰氏阴性菌和真菌的作用较弱。贻贝霉素有较强的抗真菌活性。贻贝素的同分异构体 mytilin B、mytilin C、mytilin D 对革兰氏阳性菌和革兰氏阴性菌均有活性；mytilin G1 只对革兰氏阳性菌有活性。Mytilin B 和 mytilin C 虽然有高度相同的一级结构，却有不同的抗菌活性，主要表现在抗镰刀菌、抗海洋甲壳类病原体、抗革兰氏阴性菌（如弧菌）和双壳贝类病原体上。

抗菌肽的合成只是贻贝免疫调节的一部分，在血淋巴中的作用是复杂的，还需要在这些肽的亚细胞水平以及微生物的释放方面进一步研究。对于贻贝抗菌肽作用时的空间分子结构与生物活性的关系也需深入探讨。

（四）氧化酶和抗氧化酶类

需氧生物细胞在正常代谢时会产生部分还原性的氧种类，人们称其为活性氧自由基，包括超氧阴离子、过氧化氢和羟自由基等。活性氧自由基具有细胞毒性，能够使细胞膜脂类过度氧化，使细胞内的氧化还原反应是去平衡、酶失活和 DNA 损伤。因此，需氧生物体内进化出非常有效的防御机制，一类是具有抗氧化作用的组分或清除剂，包括亲水的物质（如谷胱甘肽和维生素 C 等）和亲脂性的物质（如维生素 E 和类胡萝卜素等）；另一类是特异性的抗氧化酶系统，如超氧化物歧化酶和过氧化氢酶等。

1. 酚氧化酶和髓过氧化酶

酚氧化酶（Phenoloxidase，PO）和髓过氧化酶（Myeloperoxidase，MPO）是动物体内参与免疫防御的两种重要的氧化酶。酚氧化酶原在激活酶（一种丝氨蛋白酶）的作用下转变为有活性的酚氧化酶。当机体受到病原微生物或寄生虫等浸染后，异物的结构成分（如细胞壁中的葡萄糖或脂多糖等成分）作为非已信号按一定顺序激活丝氨蛋白酶，丝氨酸蛋白酶随后又激活酚氧化酶原。酚氧化酶能够催化酪氨酸及儿茶酚类物质氧化成醌类并进一步转化成黑色素，沉积在包囊内部及其周围，从而促进吞噬作用。醌类等中间产物能抑制细菌和菌丝体的酶活性，并引起细胞溶解和细胞毒效应。这种类补体途径在酶级联反应中产生一系列的活性物质，具有多种功能，包括杀灭病菌和抗寄生虫、识别异物以及参与调理作用等。在软体动物中，已证实在贻贝、栉孔扇贝（孙虎山）等双壳贝类的血淋巴中存在。Munoz P. 等对 3 种蛤的血淋巴细胞和血细胞的酚氧化酶活性进行比较，酚氧化酶活性在 3 种蛤血淋巴细胞和血细胞中具有相似的活性，伯金斯虫感染可以提高 3 种蛤血淋巴细胞和血细胞中的酚氧化酶活性。

扇贝血淋巴中存在髓过氧化酶（MPO）、H_2O_2 和卤化物组成的强力抗微生物体系。吞噬细胞杀死侵入的病原微生物最重要的机理是在吞噬包裹过程中引起呼吸爆发，由细胞膜 NADPH 氧化酶利用分子氧形成各种超氧化物自由基，包括 O_2^-、—OH 和 $^1O_2$ 等。胞液中的超氧化物歧化酶（SOD）能够催化 O_2^- 等发生歧化反应形成 H_2O_2，其杀菌作用会因为过氧化物酶的存在而极大地增强，含髓过氧化酶的溶酶体与吞噬空泡融合后，将髓过氧化酶释放到空泡中，髓过氧化酶与 H_2O_2 和 Cl^- 等作用可产生次氯酸等较强的杀菌剂，以杀死吞入的病原微生物。髓过氧化酶、H_2O_2 和 Cl^- 共同作用，形成强有力的抗感染体系。

2. 超氧化物歧化酶和过氧化氢酶

超氧化物歧化酶（Superoxide dismutase，SOD）和过氧化氢酶（Catalase，CAT）是广泛存在于需氧和耐氧生物体各组织中的两种重要的抗氧化酶。超氧化物歧化酶能催化超氧化物自由基 O_2^- 发生歧化反应形成 H_2O_2，过氧化氢酶则催化 H_2O_2 和 O_2^-。超氧化物歧化酶和过氧化氢酶能够作为活性氧清除剂参与清除体内自由基 O_2^- 和 H_2O_2，以消除 O_2^- 等的中间产物对细胞的毒害，并能够增强吞噬细胞的防御能力和机体的免疫功能，在抗辐射损伤、防机体衰老和抗肿瘤等方面，具有极为重要的作用。孙虎山等采用邻苯三酚自氧化法和过氧化氢法测定了栉孔扇贝血细胞和血清中的超氧化物歧化酶（SOD）和过氧化氢酶（CAT）的活力，从扇贝血细胞中检测到铜/锌过氧化物歧化酶（Cu/Zn SOD）和锰过氧化物歧化酶（Mn SOD），分别占其总活力的 70.3% 和 29.7%。牟海津等（1999）发现，在栉孔扇贝的血清和血细胞中，均有超氧化物歧化酶的活性。Gonzalez M.（2005）对牡蛎细胞外与细菌脂多糖（LPS）结合的超氧化物歧化酶（Cg ～ EcSOD）进行鉴定，从牡蛎细胞浆中提取蛋白并纯化，根据其 N 端序列和生物活性鉴定该蛋白为铜/锌超（过）氧化物歧化酶（Cu/Zn SOD）。原位杂交与免疫组织化学表明 Ca-EcSOD 在血细胞中的表达和合成是有限的，血管循环和结缔组织中观察到了 Cg ～ EcSOD 的表达，其于血管内皮系统相关，Cg ～ EcSOD 与大肠杆菌具有亲和性，纯化的能与牡蛎血细胞结合，具有 β 整合素样的免疫定位作用。

第三节　影响贝类免疫的主要因素

一、环境因子对海洋双壳贝类免疫系统的影响

绝大多数的海洋双壳贝类为滤食性贝类，利用鳃上的纤毛过滤水中的悬浮颗粒为食，因此需要过滤大量的海水，同时由于其生存环境一般是近岸，所以富集重金属和有机化合物的概率很高。由于在鱼类和贝类中都存在着生长异常、死亡率增高的趋势，研究者将其与目前日益增长的海水污染联系起来，有关研究也证实了环境污染与贝类的非病原性疾病有着一定的关系。

（一）血细胞总数的变化

双壳贝类在受到污染刺激后，血细胞总数有增加的趋势，这已经在贝类研究中得到了证实，诸如 Cd^{2+} 对紫贻贝（Coles 等）、苯酚对紫贻贝（Renwrantz）、Cd^{2+} 对长牡蛎和美洲牡蛎（Cheng）。但是，也有一些贝类在受到污染刺激后，其血细胞总数并未变化。Suresh 研究证明高浓度 Cu^{2+} 的刺激会使 Villorita cyprinoides 血细胞总数降低。

双壳贝类的血细胞总数在受到外来污染的作用后会发生不同程度的变动。但由于动物个体本身存在着差异，同时季节性波动及其他诸多环境因素也会严重影响贝类血细胞

的数量，因此在研究数据时还需要谨慎重考虑，综合分析。

（二）血细胞类型的变动

双壳贝类的血细胞被分为不同的细胞亚群，这些细胞亚群各自具有不同的功能，有一些具有较高的吞噬能力，释放较多的水解酶和活性氧自由基，杀灭外来病原。Auffret研究证实，0.3mg/kg的Cd^{2+}能够增加长牡蛎透明细胞中的小细胞，同时降低大细胞的数量。Cheng等报道Cu^{2+}降低了美洲牡蛎透明细胞的数量；Cloes报道Cu^{2+}使贻贝的嗜碱粒细胞的比例增高。

（三）对血细胞吞噬作用的影响

Anderson、Cheng及Cloes室内实验表明，双壳贝类在受到短期、低浓度污染时，其血细胞的吞噬指数会有所增加，但是在受到高浓度、长期污染的作用后吞噬指数则会下降。Sami实验证明，来自多环芳烃（PAH）污染地区的牡蛎血细胞的吞噬能力低于来自非污染地区的牡蛎。

Anderson检测了不同浓度的五氯酚（PCP）和六氯苯（HCB）可使圆蛤免疫力的影响，结果表明，低浓度的五氯酚（50～100μg/L）或六氯苯（40～130μg/L）可使血细胞活性增强，细胞的吞噬能力增强，细胞内溶酶体酶的浓度增加。不过，这种血细胞活性的增强和酶浓度的提高并不完全对贝类有利，因为在这种情况下，溶酶体酶和抗菌因子的释放对贝类自身的组织也会造成一定的损伤。高浓度的五氯酚（1000～2000μg/L）或六氯苯（1500～2000μg/L）则会明显抑制贝类机体的防御功能，使其血淋巴清除细菌等病原生物的能力部分或全部受阻。

（四）对血细胞杀伤机制的影响

重金属、杀虫剂或其他有机化合物在体外或体内对贝类血细胞的化学发光反应有着明显的作用。一般来说，大多数无污染物在低浓度时有促进作用，而在高浓度时有明显的抑制作用。Fisher等报道，在体外条件下，用tributyltin（TBT）处理美洲牡蛎和长牡蛎，在低浓度时产生轻微的促进作用（0.4μg/L），而高浓度时有抑制作用（40～400μg/L）。Pipe等证实，重金属Cd^{2+}作用过的贻贝再次受到病原侵染时超氧化物的产生明显减少，而没有受到重金属作用的贻贝受到病原的侵染是超氧化物明显增加，也证实了重金属对免疫系统的损伤。

（五）对免疫识别及免疫因子的影响

污染物对双壳贝类免疫因子的影响研究主要集中在凝集素结合位点的变化和对酚氧化酶活性的影响。美洲牡蛎在多环芳烃作用11周后，刀豆素（Con-A）结合位点数量明显降低（Sami，1993）。Cloes证实，贻贝在400μg/L荧蒽处理7d后导致酚氧化酶活性血细胞数量的比例增加。

二、病原刺激对贝类免疫活性的影响

除了非生物的攻击，双壳贝类在其生长过程中都会不可避免地要面对病原的侵染。

在自然界，由病原感染所造成的损失是无法预测的，但是在养殖中由于大规模流行病的暴发所造成的经济损失却是有目共睹的。

无脊椎动物无免疫球蛋白，同时对病原前次的侵染也不具有记忆性。然而无脊椎动物（如某些虾类）在地球上的生存时间却可以追溯到 3000 万年前，很明显，他们必须有有效的防御系统。当病原侵入宿主后，会发生一系列复杂的反应，病原侵入后试图能够生存下去，而宿主又试图消灭和分解病原。为了更好地了解这一过程，研究人员对研究对象进行人工侵染试验，分别在刺激后几小时、几天，收集血淋巴和血清，用于研究各种具有细胞毒性或杀菌作用的体液免疫因子和同免疫相关的各种酶的活性等。

（一）对吞噬作用的影响

早在 1890 年，Metchnikof 就证实吞噬作用是所有动物共有的现象，通过吞噬作用中和或杀灭外来物质，包括一些无机颗粒、异源生物以及一些机体自身变异的成分。Ottaviani 等用细菌注射刺激蜗牛（Planorbarius corneus）后，发现在注射后 2h 内细菌清除率最高，达到 76%，在 192h 后几乎全部清除。证明血细胞吞噬率能够为贝类机体免疫反应的一个指标，并能够很好地反映出机体的免疫活性。Mohandas 等用扫描电镜的方法和 Cheng 等的实验表明，在受到细菌刺激时，硬壳蛤的颗粒细胞在吞噬外来细菌的过程中，将溶菌酶释放到血清中，可见血细胞不进直接参与吞噬反应，还释放水解酶类到血淋巴中参加体液免疫。

（二）对各种相关酶活性的影响

由于软体动物缺乏免疫球蛋白，所以其体液免疫主要被依靠血清中的一些非特异性的酶或因子来进行。在受到外界刺激后，免疫活性因子被释放到血清中，是机体对抗入侵生物的一种体液防御机制。已有的研究表明，溶酶体酶可以被诱导产生，具有与脊椎动物获得性体液免疫相似的作用。在软体动物受到病原等异物刺激时，体内与免疫活动相关的酶活性会在短时间内发生显著的变化，包括溶菌酶、酸性磷酸酶和氨肽酶的溶酶体酶。这些酶活性的升高主要是由于血细胞在外源刺激下迅速合成这些酶类，并将其释放到血清中参与免疫反应。

Linda H-Y 等发现，美洲牡蛎血细胞在受到细菌刺激后，溶菌酶和酸性磷酸酶的产生情况与感染细菌的类型有关，在创伤弧菌的刺激下并未观察到这两种酶活性的增强，而霍乱弧菌的刺激会导致溶菌酶水平升高。由于在吞噬过程中，凝集素和溶酶体酶等体液因子能够促进异物的消化和降解作用，而在美洲牡蛎感染创伤弧菌时这些体液因子的增加不明显，所以体内感染的创伤弧菌不易被清除掉。

硬壳蛤在受到巨大芽孢杆菌刺激时，吞噬细胞将溶菌酶释放到血清中，从而起到对抗入侵生物的作用。实验表明，在受到细菌刺激的一些软体动物血细胞和血清中，水平升高的几种酶特别是溶菌酶，使细菌细胞壁溶解，部分或完全抑制外来病菌的存活或正常发育。Camino 利用伯金斯虫进行刺激实验发现，在未感染的蛤体中，血细胞浓度、吞噬率和抗菌活力较高，而溶菌酶活力、血清蛋白含量和凝集效价却低于被感染个体，由此可见，伯金斯虫对其免疫系统产生了一定的影响。LaPeyre 等比较了对伯金斯虫敏感的长牡蛎和美洲牡蛎，在受到伯金斯虫刺激后，长牡蛎循环血细胞的浓度、粒细胞比例、血清凝集素效价都有所升高，而美洲牡蛎的变化很小，而且溶菌酶水平在受到刺激后降低。

孙虎山等对栉孔扇贝注射大肠杆菌后，测定了扇贝血清和血细胞中 7 种活力的变化情况，发现大肠杆菌可以促进酸性磷酸酶的释放和血细胞中酸性磷酸酶的产生。丁秀云等（1996）利用大肠杆菌和弧菌对皱纹盘鲍进行免疫刺激，发现其对血清的溶菌活力和超氧化物歧化酶、酚氧化酶活性均产生不同程度的诱导作用。

三、免疫增强剂对贝类免疫的影响

免疫增强剂是指单独或同时与抗原使用均能增强机体免疫应答的物质。它通过提高动物的非特异性免疫功能以及特异性免疫功能来增加水产动物的抗疾病感染能力。水产动物因其生存环境特殊，极易受到各种致病因素的影响，通过提高水产动物的免疫力来防病治病具有十分重要的意义。

孙虎山等发现，脂多糖可提高栉孔扇贝血清或血细胞中溶菌酶、碱性磷酸酶、酚氧化酶、髓过氧化酶、超氧化物歧化酶和过氧化氢酶的活力，说明脂多糖也可提高贝类的非特异性免疫能力。β-1，3 葡萄糖注射栉孔扇贝也能够对栉孔扇贝血淋巴中的酸性磷酸酶、超氧化物歧化酶和过氧化氢酶的活力有增强作用；β-1，3 葡萄糖还可以促进血细胞中酚氧化酶原向血清中释放，且对血清中酚氧化酶原系统具有激活作用；同时，β-1，3 葡萄糖还能够显著增强栉孔扇贝血清和血细胞中的髓过氧化酶（MPO）活力，其不仅可促进血细胞髓过氧化酶向血清中释放并可促进髓过氧化氢酶在血细胞内的产生。孙虎山等注射脂多糖对免疫相关酶类的作用证明了植物提取物可以用做贝类免疫增强剂，具有开发应用前景。

第四节　检测贝类免疫的主要方法

由于贝类的免疫学研究起步较晚，加之其特性与高等动物有较大的差异，因此研究和检测方法存在较大差异，而且很不完善。目前主要利用非特异性免疫的检测方法对贝类的免疫因子进行检测，如血细胞分类和形态学观察、血细胞吞噬活性、凝集素、抗菌肽和相关酶类等免疫物质的性质、结构及活性功能的检测。检测技术大致可分为：免疫细胞及免疫分子的电子显微技术、血细胞的化学染色技术、血清免疫活性物质的分离和鉴定、免疫细胞及其功能的测定等。

一、贝类血细胞的分类和形态观察

贝类的血细胞分类没有统一的标准，采用常规染色法对被贝类血淋巴进行染色，可以区分不同种类的血细胞，对贝类血细胞研究具有重要意义。

（一）贝类血淋巴细胞的常规染色法

1. 试剂

①固定液：有 50% 甲醇溶液、纯甲醇。

②染色液：有瑞氏（Wright）染色液、吉姆萨（Giemsa）染色液、伊红染色液、May-Grunwald 染色液。

③ Alsever's 液：称取柠檬酸三钠 8g、柠檬酸 0.5g、葡萄糖 18.7g 和 NaCl4.2g，加水溶解并定容至 1000mL。

④ pH7.5MAS 液：含葡萄糖 20.8g/L、柠檬酸三钠 8.0g/L、EDTA3.36g/L、NaCl22.5g/L。

2. 方法

（1）血淋巴的采集　取健康毛蚶或扇贝，撬开贝壳，用滤纸吸干水分后，割开闭壳肌用毛细血管从伤口吸取血淋巴液，以等量灭菌 Alsever's 液或 MAS 液作为抗凝缓冲液。

（2）血细胞涂片制备　血淋巴液涂片，室温干燥，甲醛固定，瑞氏染色液 5min ~ 10min，乙醇脱水，室温干燥，中性树胶封片，光学显微镜下观察。

（3）血淋巴单层细胞制备　滴一滴血淋巴液于干净的载玻片上，置湿盒中 30min，使其自然形成单层细胞。然后，用过滤海水冲洗，自然干燥后，甲醇固定 5min，室温干燥，吉姆萨染色液染色 5 ~ 10min，乙醇脱水，室温干燥，中性树胶封片，光学显微镜下观察。

（4）吉姆萨 - 伊红染色　将贝类血淋巴液滴在载玻片上，静置 15min，吸去液体，放入纯甲醇中固定 10min，晾干，滴加伊红染色液，将玻片放入湿盒中，染色 24h。水洗，晾干后，用吉姆萨染色液染色 15min，乙醇脱水，室温干燥，中性树胶封片，光学显微镜观察。

（5）May-Grünwald 染色　将贝类血淋巴滴在载片上，静置 15min，吸去液体，晾干。滴加 May-Grünwald 染色液染色 5min，然后滴加等量蒸馏水，再染色 10min。乙醇脱水，室温干燥，中性树胶封片，光学显微镜下观察。

（二）贝类细胞计数和细胞大小的测量

1. 细胞计数

用改良的 Alsever's 溶液 3 : 1 的比例抽取血淋巴，滴在血球计数板上，以心脏或血窦计数器计数。血细胞数按下式计算。

$$每毫升血细胞数 = 测的血细胞数 \times 50000 \times 稀释倍数$$

2. 单层细胞大小的测量

在光学显微镜下用台微尺校好目微尺，测量细胞的大小。细胞的大小应除伪足外的最长轴为准，细胞核的大小应以细胞核的最长轴为准。

3. 细胞悬液中大小测量

用 6% 的甲醛 Alsever's 溶液和血淋巴以 1 : 1 的比例混合，固定 15min，以 1200r/min 离心 5min，用 PBS 将血细胞重悬，1% 的台盼蓝溶液染 30min，滴一滴悬液于载玻片上，观察并测量细胞大小。细胞大小，以细胞质的最长轴为准。

（三）透射电子显微镜（TEM）观察血细胞结构

用含 2.5% 戊二醛 Alsever's 溶液（3：1）取血约 2mL 细胞悬液以 2000r/min 于 4℃ 离心 5min，将沉降下来的血细胞块放入 2.5% 戊二醛溶液固定 1～3h，用缓冲液充分清洗，再用 1% 的锇酸固定 30min 左右，乙醇梯度脱水，环氧树脂包埋，干燥。超薄切片，染色，透射电子显微镜观察。

（四）流式细胞仪分类贝类血细胞

流式细胞仪对血细胞的分类结构与化学染色观察的结果基本一致。流式细胞仪具有操作方便、结构快速等特点，可以用于大量样品的快速检测。

用改良的 Alsever's 溶液以 4：1 的比例从贝类的闭壳肌血窦中取血约 1mL 于测试管中，经 200 目筛过滤，加入 2%NaCl 调整血细胞浓度为 1×10^6 个 /mL，即可上机分析。应用 488nm 的氩离子气体激光器，根据正向散射光（FSC）和侧向散射光（SSC）参数分析血细胞的大小和颗粒。正向散射光反应细胞的大小，侧向散射光反应细胞内部结构或颗粒，数据越高表明细胞内部的颗粒物质越多。

二、扇贝血细胞化学染色法

细胞化学染色法常用于贝类的血细胞碱性磷酸酶（ALP）、过氧化物酶（POD），酚氧化酶（PO）等胞内酶在免疫细胞中的化学定位研究。

（一）血涂片的制备

用移液枪从扇贝后闭壳肌血窦中吸取血淋巴液，然后与等量抗凝缓冲液充分混合，将悬液在洁净的载玻片上进行涂片。

（二）碱性磷酸酶（ALP）孵育反应

碱性磷酸酶染色反应以氮蓝四唑 /5- 溴 -4- 氯 -3- 吲哚 - 磷酸（nitroblue tetrazolium/5-bromo-4-chloro-3-indolyl-phosphate，NBT/BCIP）（取 NBT 33mg 和 BCIP 16.5mg 溶于 10mLpH9.5 碱性磷酸酶缓冲液）为反应底物，血涂片与 NBT/BCIP 反应液于 30℃温浴 40min 后，用 PBS 缓冲液冲洗，瑞氏染色液复染。阴性对照只孵育在碱性磷酸酶缓冲液（含 100mmol/LNaCl、5mmol/LMgCl$_2$、100mmol/LTris-HCl、pH9.5）中，显微镜观察 100 个细胞，计算碱性磷酸酶阳性率，碱性磷酸酶阳性率计算公式为。

$$碱性磷酸酶阳性率 = 阳性细胞数 /100 个细胞 \times 100\%$$

血细胞碱性磷酸酶孵育反应后，光学显微镜观察，在胞质中可见蓝色小颗粒，阳性对照组无染色颗粒。

（三）过氧化物酶（POD）孵育反应

血涂片在加有 0.02%H$_2$O$_2$、0.5mg/mL 二氨基联苯氨（diaminobenzidine，DAB）的 pH7.6 0.2mol/LTris-HCl 缓冲液中 20℃温浴 1h 后，用水冲洗，瑞氏染色液复染，阴性对照组在 Tris-HCl 缓冲液中孵育。

过氧化物酶阳性率计算同碱性磷酸酶计算方法，光学显微镜观察，血细胞过氧化物酶孵育反应后，在胞质中可见褐色小颗粒，阴性对照组无染色颗粒。

（四）酚氧化酶（PO）孵育反应

血涂片用 10%Baker's 甲醛钙液（取甲醛 100mL、蒸馏水 800mL、10%CaCl_2 100mL，混合）加 2%NaCl 溶液（1：1）固定 30min，水洗，然后孵育在 L-多巴胺反应液中 30℃温浴 2h。血涂片水洗，瑞氏染色液复染，阴性对照组在 PBS 缓冲液孵育。酚氧化酶阳性率计算同碱性磷酸酶计算方法。光学显微镜观察，在胞质中可见灰色到黑色的反应产物，阴性对照组无染色反应。

三、贝类血细胞吞噬作用研究

（一）体外吞噬白色念珠菌法

白色念珠菌（Candida albicans）斜面培养 48h 后，用生理盐水配成 10^9/mL 浓度的菌悬液。取 500μL 血细胞悬液与 40μL 细胞悬液混合均匀，30℃水浴 30min 后，冰浴终止反应、血涂片瑞氏吉姆萨染液染色观察，计算吞噬百分率（有吞噬作用的血细胞数/被计血细胞总数 ×100%）和吞噬指数（被吞噬或粘附的菌数/计数 100 个细胞）。

光学显微镜下可以观察到有些白色念珠菌黏附在血细胞膜外部，有些血细胞膜在白色念珠菌黏附处已经形成了凹陷，有些血细胞伸出伪足正在吞噬白色念珠菌。

（二）氮蓝四唑法

鳗弧菌（Vibrio anguillarum）斜面培养 48h 后，用生理盐水配成 10^9mol/mL 浓度的菌悬液。血细胞悬液 0.05mL 与鳗弧菌 0.05mL 和氮蓝四唑（NBT）液 0.1mL 加入塑料凹孔板中，湿盒中 37℃温浴 30min，移至室温静置 15min。取该混合液 1 滴置载玻片上，室温干燥，瑞氏染色，中性树胶封片。油镜下观察，凡胞浆内有点状或块状蓝黑色颗粒沉着的为氮蓝四唑阳性细胞。计数 200 个血细胞，算出氮蓝四唑阳性细胞百分率。计数时，凝聚成团或破裂的血细胞不计在内。吞噬率和杀菌率按下式计算。

吞噬率 = 吞噬细菌的血细胞/100 个血细胞

杀菌率 =100 个血细胞中共有染成蓝色微生物的细胞数/100 个血细胞

四、血淋巴中与免疫相关酶的测定

（一）过氧化物酶（POD）活性测定

过氧化物酶可催化 3，3-二氨基联苯胺是盐酸盐，并被 H_2O_2 氧化，产生稳定的有色物质。利用分光光度计 470nm 波长测定吸光值，计算出样品中过氧化物酶的活性。

方法：将 100μL 细胞悬液与 200μL 0.01% 过氧化氢和 1mL 0.05%DAB-4HCl（3，3-二氨基联苯胺四盐酸盐）混合后 37℃孵育 1h，然后置室温 30min。于 470nm 处测定光吸收值，在标准曲线上查酶活单位。

标准曲线的制作：以辣根过氧化物酶为标准酶，梯度稀释，在相同条件下，测定

470nm 各浓度光吸收值，以光吸收值为纵坐标，相应标准浓度为横坐标，绘制标准曲线。

（二）酸性磷酸酶（ACP）的测定

酸性磷酸酶活力测定用磷酸苯二钠法，1 个酶活力单位定义为：每毫克的蛋白质中在 37℃下与底物反应 30min 后产生 1mg 苯酚的酶量。

（三）碱性磷酸酶（ALP）的测定

碱性磷酸酶活力测定，采用磷酸对硝基粉（pNPP）法。37℃下，20μL 血细胞悬液与 1mL 碱性磷酸酶缓冲液混匀，立即加入 100μL 磷酸对硝基粉（pNPP）（Gibco）底物溶液，反应 10min，然后用 2mL 0.1mol/LNaOH 溶液终止反应，测 405nm 波长下的吸光值，连续测 300s。碱性磷酸酶活力以每分钟吸光值的增加计算（ΔOD_{405}/min）。

1 个酶活力单位的定义：每升溶液每分钟催化底物水解产生 1μmol 产物的酶量。

比活力的定义为：每毫克酶蛋白所具有的活力单位数。

（四）酚氧化酶（PO）活力的测定

500μL L- 多巴（3mg/mL 溶于 50mmol/L pH7.5TrisHCl 缓冲液），与 100μL 血细胞悬液充分混合混合，37℃孵育 0.5h，然后立刻在 460nm 波长下测定 10min 吸光值的变化。

1 个酶活力单位定义为：每分钟每毫克蛋白质中使吸光值变化 0.001 的酶量。

血细胞悬液蛋白质含量测定采用 Lowry 法，以牛血清蛋白为标准蛋白。

（五）溶菌酶活力的测定

方法一：取 0.5mL 样品加入到 1.5mL 的溶壁微球菌（Micrococcus lysoleiticus）悬浮液中（0.2mg/mL0.1mol/L PBS，pH6.8），在 25℃下预热 10min，立即混合，在 540nm 波长下测定 5min 吸收光值的变化。

1 个酶活力单位定义为：每分钟每毫克蛋白质中使吸收光值变化 0.001 的酶量。

方法二：采用抑菌圈的方法，2% 琼脂溶液与 1mg/mL 的溶壁微球菌液等量混匀，制成 0.5mg/mL 琼脂板。按孔径 3mm 打孔加入 10μL 血细胞悬液（10^5/mL），置 4℃冰箱内 24h，测量溶菌环直径，查标准曲线求得其含量，以 mg/L 表示。

标准曲线制作：将溶菌酶标准品，梯度稀释测定相同条件下溶菌环直径。

（六）超氧化物歧化酶活力的测定

邻苯三酚自氧化速率的测定：在 10mL 比色管中加入 pH8.3 的 4.50mL、50mmol/L K_2HPO_4-KH_2PO_4 缓冲溶液，在 25℃的恒温水浴中保温 10min。然后加入在 25℃的恒温水域中事先预热好的领苯三酚溶液（空白管用 10mmol/LHCl 代替），迅速摇匀倒入 1cm 比色皿中，以空白管为参比，在 325nm 波长下，每隔 30s 测 1 次吸光值（A），连续记录 3min。调节邻苯三酚溶液用量，将其自氧化速率控制在（0.070 ± 0.002）D/min，经实验测得邻苯酚溶液的用量。

样品活性的测定：在 10mL 比色管中加入 pH8.3 的 4.50mL 50mmol/LK_2HPO_4-KH_2PO_4 缓冲溶液和一定体积的样液，在 25℃的恒温水浴中保温 10min。然后加入在 25℃的恒温水浴中事先预热好的邻苯三酚溶液，（空白管用 10mmol/LHCl 代替），迅速摇匀倒入 1cm 比色皿中，以空白管为参比，在 325nm 波长下，每隔 30s 测 1 次吸光值（A），连续记录 3min。调节样品体积，使样液中邻苯三酚的氧化速度控制在（0.035 ± 0.002）D/min，记录此时样液体积。

酶活力单位定义：将一定条件下使每毫升反应液自氧化速率抑制 50% 的酶量定义为一个单位（U）。

$$单位体积活性 = \frac{\Delta A_{325} - \Delta A'_{325}}{50\%} \times \frac{V}{V'} \times D$$

式中，ΔA_{325} 为邻苯三酚自氧化速率；$\Delta A_{325}'$ 为样液抑制邻苯三酚自氧化速率；V' 为反应液总体积（mL）；V 为所加样液体积（mL）；D 为样液稀释倍数。

总活力（U/g）= 单位体积活性（U/mL）× 原液体积（mL）/ 样品质量（g）

五、扇贝血细胞活性氧自由基检测

（一）细胞色素 c 还原法

细胞色素 c 还原法主要用于细胞外的活性氧的检测。利用高铁细胞色素 c 还原为亚铁细胞色素 c 时在 550nm 波长处的吸光度变化，通过检测被还原的高铁细胞色素 c 的量，间接推算出反应体系中产生超氧阴离子的量。但由于一部分超氧阴离子和过氧化氢在细胞内经过过氧化氢酶和超氧化物歧化酶作用生成分子氧，这部分超氧阴离子和过氧化氢不能通过检测细胞外氧耗或释放到胞外的超氧阴离子和过氧化氢的生化方法检测到，这样就低估了细胞的呼吸爆发作用。

（二）二氯苯胺检测法

二氨基联苯胺（DAB）检测法主要根据二氯联苯胺在有过氧化氢和过氧化物酶存在时会在细胞溶酶体内有氧化成明显的棕色产物，因此可以在显微水平评价呼吸爆发作用。此检测法主要针对过氧化氢。

（三）比色法

比色法是利用荧光测定高香草酸（Homovanilic acid）或测定在 610nm 波长处酚红氧化时的最大吸收值，此检测方法也主要用于检测过氧化氢。

（四）化学发光法

化学发光法主要利用呼吸爆发时产生的活性氧同化学发光探针反应产生光子，然后用液体闪烁计数器或标准鲁米诺计进行定量。化学发光法已经成为最常用的测定活性氧自由基的方法，通常是在酵母聚糖或豆蔻酰佛波醇乙酯（Phorbol myristic acetate，PMA，又名乙酸豆蔻佛波醇）作用后来进行检测。这种方法比较稳定，并能进行定量分析，已经广泛应用于环境胁迫、污染物或抗生素对水产生物影响的研究。但是，化学发光法需要特定的仪器，影响了这种方法的应用。

（五）氮蓝四唑还原法

氮蓝四唑（NBT）还原检测法用于检测栉孔扇贝血细胞活性氧的自由基的方法如下：

1. 原理

氮蓝四唑还原检测法检测栉孔扇贝血细胞活性氧的产生，在有超氧阴离子存在时，浅黄色的氮蓝四唑被转变成暗蓝色，形成在吞噬细胞质内易观察到的不溶性沉淀物。通过此法可以研究血细胞产生超氧阴离子及细胞内反应的程度。

2. 试剂

试剂有 0.2%NBT、pH7.2PBS、甲醇、MAS 抗凝缓冲液。

3. 方法

选取健康的栉孔扇贝，撬开贝壳，用滤纸擦干海水，割开闭壳肌，用毛细滴管从伤口出取血淋巴液，加入等量的 MAS 抗凝缓冲液后用于血细胞活性氧的检测。

取上述抗凝血淋巴液 100μL 滴于小试管管底，加入等量氮蓝四唑应用液（0.2% 氮蓝四唑，用 pH7.2PBS 配制），将管口盖上，轻轻摇匀。置 37℃温箱孵育 35min，中间轻轻摇匀一次。将上清液取出摇匀推片立即吹干，用 100% 甲醇固定 2min，干后用 1% 沙黄水溶液染色 5min，自来水冲洗，干后油镜观察。

第五节 增强贝类免疫的措施

一、一般性措施

在我国，随着贝类养殖的兴起，贝类养殖业出现日益严重的病害问题。过去人们基本是采用抗生素类药物来治疗，现在多通过改善生态环境、强化饵料营养等综合措施来保护和增强机体抗病力，防治病害的发生。

二、使用非特异性免疫刺激物

近年来，人们已经开始将免疫学原理应用于各类动物的疾病防治，初步探索了贝类体内某些生理生化因子的特性、变化规律及它们与免疫功能的关系，并通过外源刺激物作用后，找出上述因子的变化规律，探讨运用免疫学原理防治贝类疾病的技术方法。例如，如运用从微生物、动植物获得的各种免疫多糖、溶菌酶等对贝类进行口服、浸浴甚至注射，用于促进贝类的免疫水平，取得了一定的成效。

三、抗病育种

不同贝类的免疫状况存在差异，其免疫特性是可遗传的，因此，包括抗病育种的多种改善贝类性状的技术在养殖贝类中逐渐兴起。

　　由于贝类等无脊椎动物只有非特异性免疫这种免疫类型，而且人们对参与其免疫过程中的相关因子的种类、性质、作用、变动规律、相互关系和影响因素等尚无系统而深入的了解。加之贝类品种繁多，相互之间的差异性甚至与脊椎动物非特异性免疫的差异性也未完全掌握。因此，目前在实践中采用的免疫措施多停留在推测和一般性实验论证的基础上，缺乏坚实的科学依据，有必要今后深入探讨。

第五章 甲壳动物的免疫

随着甲壳动物虾和蟹的养殖规模的不断扩大，各类病害频繁发生，严重影响了水产养殖业的健康发展。全面深入研究甲壳动物的免疫机制和免疫防治技术，对控制虾类和蟹类病害具有重要意义。因此，有关甲壳动物免疫学的研究日益得到重视。近年来，甲壳动物免疫学发展较快，正逐渐从无脊椎动物免疫学中分离出来，形成一门新的学科。本章主要介绍甲壳动物的免疫系统、免疫机制、影响免疫功能的主要因素、免疫功能的检测方法以及增强免疫功能的措施。

第一节　甲壳动物的免疫系统

虾、蟹、水蚤等甲壳动物属无脊椎动物节肢动物门（Arthropoda）甲壳纲（Crustacea），因身体外披有一硬质的盔甲而得名。甲壳动物的分类十分复杂，共分为 8 亚纲 30 余目、约 35000 种。甲壳动物通常用鳃呼吸，肢体比较原始，身体分化为头胸部和腹部两部分，触角 2 对，足至少 5 对，多数栖息在海洋里，少数生活在淡水的江河湖沼中，极少数营陆栖生活。免疫系统是在动物的系统发生过程中，有低级向高级的进化中而逐步发展和完善的。与脊椎动物的免疫系统相比，甲壳动物的免疫系统不完善，由少量的免疫器官、免疫细胞和免疫因子所组成，但这些免疫系统成员能广泛识别外来的一切异物并对其产生积极的免疫应答。

一、虾类免疫系统

虾类属于节肢动物门（Arthropoda）甲壳纲（Crustacea）十足目（Decapoda）游泳亚纲（Natantia），其代表种为日本沼虾（Macrobrachium nipponense）。虾类身体分为头胸部和腹部两部分。头胸甲呈圆筒形，前端有额剑，鳃完全被其包裹而不外露。腹部发达，分为6个体节，第6腹节之后另有尾节。虾类的附肢对数较多，胸肢前 3 对形成颚足，后 5 对为步足（图 5-1）。目前资料显示，虾类免疫系统由免疫细胞、免疫器官和体液

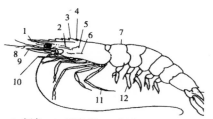

1. 额角；2. 后脊背；3. 侧背；4. 胃上刺；
5. 肝刺；6. 肝脊；7. 腹部；8. 第 1 触角；
9. 触角鳞片；10. 第 3 颚肢；11. 胸肢；
12. 腹肢；13. 尾肢；14. 尾柄

图 5-1 日本沼虾形态

免疫因子所组成。

（一）虾类免疫细胞

凡能参与免疫应答的细胞统称为免疫细胞。虾类免疫细胞主要包括血细胞和固着性细胞。

1. 固着性细胞

虾类免疫的固着细胞主要包括分布在鳃和触角腺的足细胞（Podocyte）、附着在心脏和肌纤维上的吞噬性储藏细胞（Phagocytic reserve cell）以及连接肝胰腺细动脉管壁的固着性吞噬性细胞。固着性细胞具有识别、吞噬和清除外源蛋白类物质与病毒的能力。

2. 血细胞

虾类血细胞又称为血淋巴细胞。由于虾类种类繁多和形态多样以及血细胞离体后易发生变形等诸多问题，血细胞分类学研究进展缓慢。近年来，人们应用电子显微镜技术、组织化学技术和免疫学技术等对虾类血细胞进行研究，获得了一些研究进展，但至今仍无统一的分类标准。通常根据血细胞中有无颗粒及其大小将其分为透明细胞（Hyaline cell）、小颗粒细胞（semigranular cell）和颗粒细胞（Granular cell）3种类型。不同类型的血细胞所起的作用不同（表5-1），其中吞噬作用是血细胞最重要的细胞免疫反应。

表 5-1 虾类血淋巴细胞的免疫功能

细胞类型	免疫功能
透明细胞	吞噬作用，参加血淋巴凝固，伤口修复
小颗粒细胞	包囊作用，吞噬作用，储存和释放酚氧化酶原激活系统，细胞毒作用
颗粒细胞	储存和释放酚氧化酶原激活系统，细胞毒作用，伤口修复

（1）透明细胞

透明细胞为近球形，直径 10 ~ 12μm，核质比较高，细胞质中含有少量核糖体、粗面内质网、滑面内质网和线粒体，无电子致密颗粒存在，故又称为无颗粒细胞。除血淋巴中存在透明细胞外，在细菌与病毒混合感染的组织器官内，也较易见到透明细胞。透明细胞具有较强的吞噬能力，可能与它在光滑表面有极强的附着和扩散能力有关，并且透明细胞的吞噬能力可被体外活化的酚氧化酶系统组分所激活。

（2）小颗粒细胞

小颗粒细胞为球形或卵圆形，直径 9 ~ 11μm，核质比较低，细胞质中含有较多体积小的高电子密度颗粒（颗粒直径在 0.4μm 左右）和线粒体，小颗粒细胞是甲壳动物免疫防御反应中的关键细胞，具有很强的识别和吞噬异物能力。研究发现，小颗粒细胞在离体条件下对外源物质非常敏感，极易脱颗粒，释放酚氧化酶系统组分，并且小颗粒细胞也只有在脱颗粒后吞噬活性。

（3）颗粒细胞

颗粒细胞为球形，直径 20 ~ 30μm，核质比较低，细胞质中含有较多体积大的高密度颗粒（颗粒直径在 0.8μm 左右），颗粒内含有大量酚氧化酶原。此类细胞无吞噬能力，附着和扩散力也较弱。用 β-1，3-葡萄糖和脂多糖处理颗粒细胞时，通常观察不到脱颗粒现象，但使用活化的酚氧化酶原系统组分处理时，它们迅速进行胞吐作用，释放大量酚氧化酶，进行促进透明细胞的吞噬作用。

以上 3 种血细胞在虾类免疫防御反应中表现出相互协同作用，小颗粒细胞对异物敏感，在异物刺激下发生胞吐作用，释放酚氧化酶系统组分。活化的酚氧化酶系统组分一方面作用于透明细胞，诱导其发挥吞噬作用，另一方面又可刺激颗粒细胞释放更多的酚氧化酶系统组分，参与体液免疫应答。

有关虾类血细胞的演化途径，目前有 3 种观点。一些学者认为，各类血细胞均是由单一的一种干细胞分化而来（Bacuchau，1981）。有些学者认为 3 种血细胞是由一种干细胞在造血细胞中分化而来（Ghiretti-Magaldi，1997）。另外一些学者的观点是，干细胞分化出两种细胞系列，如颗粒细胞系列和透明细胞系列，小颗粒细胞是颗粒细胞的未成熟阶段（Martin，1993），或者颗粒细胞系列和小颗粒细胞系列，透明细胞是这两种细胞的未成熟阶段（Van de Braake，2002）。

（二）虾类免疫器官

免疫器官是指一些与免疫相关的器官，虾类免疫器官包括鳃（Gill）、血窦（Haemal sinus）和淋巴器官（Lymphoid organ）。

1. 鳃

进入机体内的异物，不仅可通过血细胞的吞噬作用加以清除，还可随血淋巴进入鳃中存储和清除。异物被滤入鳃丝中，存储在鳃血窦和鳃丝末端膨大结构中，鳃丝腔中的血细胞可游走至此囊状结构中进行吞噬清除，或在蜕皮时一起蜕掉（管华诗，1999）。

2. 血窦

虾类的血窦分布与机体各处，既是血淋巴交换的场所，吞噬作用明显增强，并且吞噬体的降解产物和毒物可引起类炎症反应（管华诗，1999）。

3. 淋巴器官

虾类的淋巴器官位于虾体胃的腹侧，左右各 1 叶，长 5～7mm，外包被结缔组织膜，内部由淋巴小管（动脉管）和球状体组成。对淋巴小管的超微结构观察发现，它是由一类形态相似具有高吞噬活性的细胞组成，其吞噬活性甚至比血细胞还强。目前认为球状体是由退化的血细胞在血窦中聚集形成的血细胞团，具有酚氧化酶和过氧化物酶活性。球状体的形成是虾类对病原微生物感染做出的一种普通反应，根据球状体的形态学变化将其形成分为无囊状纤维细胞包绕的肿瘤样阶段、完全被纤维包绕的球形阶段和具有泡囊细胞的退化阶段 3 个阶段。

（三）虾类体液免疫因子

虾类血淋巴中含有天然形成的或诱导产生的各种免疫因子，如模式识别蛋白、凝集素、酚氧化酶原激活系统、溶血素、抗菌肽、热休克蛋白等。有关各免疫因子的内容将本章第二节的体液免疫中介绍。

二、蟹类免疫系统

蟹类属于节肢动物门（Arthropoda）甲壳纲（CrustaceaD）十足目（Ecapoda）爬行亚目（Reptantia）。蟹类身体分为头胸部、腹部和胸足（胸部附肢）3部分。头胸甲特别发达，呈横椭圆形，通称"蟹兜"，额剑退化。腹部退化而扁平，左右对称，弯曲贴附在头胸部之下，通称"蟹脐"，雌蟹的蟹脐呈圆形，雄蟹的蟹脐呈三角形。蟹多无尾肢，也不形成尾扇（图5-2）。

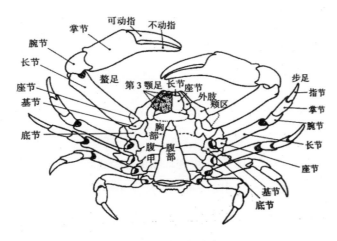

图5-2 蟹的形态

由于养蟹业滞后于养虾业，人们对蟹类免疫学的研究远远落后于虾类免疫学，目前虽然尚未有系统的蟹类免疫系统研究资料，但是许多学者已证实蟹类免疫系统中至少含有血淋巴细胞和体液免疫因子。蟹类血淋巴细胞也具有很强的吞噬作用，但有关蟹类血淋巴细胞的包囊作用和伤口修复目前尚未见报道。蟹类能在自然界中长期生存，必然具有抵抗外来病原微生物侵袭的免疫系统和免疫能力。因此，蟹类基础免疫学理论的研究有待于进一步加强。

第二节　甲壳动物的免疫机制

同其他无脊椎动物一样，甲壳动物缺乏特异性免疫应答，只能依靠先天性免疫应答抵御病原微生物的感染。甲壳动物先天性免疫应答机制主要由血淋巴细胞以及存在或释放到血浆中的多种体液免疫因子来完成。当外来病原微生物入侵时，机体首先要依靠其特有的模式识别蛋白（Pattern recognition protein，PRP）识别病原微生物，然后将信息传递给血淋巴细胞，一方面促使血淋巴细胞发挥吞噬作用和包掩作用，另一方面促使血淋巴细胞合成体液免疫因子病利用这些免疫因子杀死和清洗外来病原微生物，达到免疫保护的目的（图 5-3）。此外，甲壳动物的屏障结构也发挥着一定的免疫防御作用。

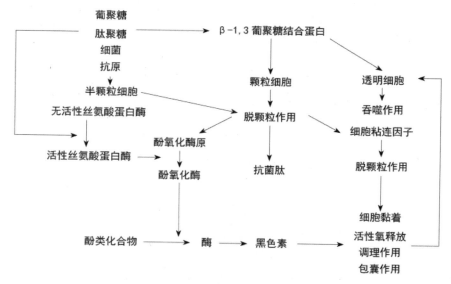

图 5-3 甲壳动物免疫模式

（引自 Smith 等，2003）

一、屏障结构

坚硬的甲壳是甲壳动物防御体系的第一道屏障。除了起到机械阻挡作用之外，甲壳和表皮上还存在一些免疫因子和正常菌群发挥着免疫作用。例如，当病原真菌侵入甲壳动物表皮时，可见黑色素环绕真菌菌丝以抑制其进一步蔓延扩散。又如，虾类的表皮中含有蛋白酶抑制剂，可抑制病原菌分泌的毒性胞外蛋白酶的作用，阻遏其穿透体表。存在于甲壳动物表皮上的正常菌群也可以阻止或拮抗外来病原微生物的定居与繁殖。当表皮损伤而被穿透时，上皮细胞则分泌一种"损伤因子"而引起表皮下细胞局部簇集，发生凝固作用以封闭伤口。此外，虾类蜕皮行为也是排除体内异物的最有效方式。

二、细胞免疫

甲壳动物的血淋巴细胞既是细胞免疫应答的承担者，也是体液免疫因子的提供者。当病原微生物突破机体第一道防御屏障进入血淋巴后，会刺激体内血淋巴细胞发生一系列的细胞免疫应答。首先，血淋巴细胞通过吞噬、包囊。形成结节等防御反应清除血窦中入侵的病原微生物，其次它们通过释放胞浆凝结因子参加伤口的愈合。此外，血淋巴细胞还参与合成一些重要的体液免疫因子。

（一）吞噬作用

吞噬作用在动物界普遍存在，低等单细胞动物通过吞噬作用摄食食物，高等多细胞动物的吞噬作用则是吞噬消化和清除一切异物的重要手段。目前已证实，甲壳动物的血淋巴细胞具有吞噬异物能力，其吞噬过程是血淋巴细胞首先接触异物，通过辨别其表面特征结构识别异物；然后在黏附分子作用下血淋巴细胞与异物黏附，相互凝集形成细胞团；最后血淋巴细胞伸出伪足或直接形成凹陷将异物吞入形成吞噬泡，细胞内溶解酶释放水解酶或产生活性氧对异物进行杀死、消化和清除。与此同时，常常伴随血细胞解体。

1. 甲壳动物的黏附分子

黏附分子是由细胞产生，存在于细胞表面或细胞外基质中，通过存在于细胞或细胞间基质上的配体使细胞与细胞间，或细胞与基质间相互结合的一类分子。根据黏附分子的结构特点不同，脊椎动物体内的黏附分子为整合素家族、选择素家族、钙黏蛋白家族和免疫球蛋白家族4类。在虫刺蛄、斑节对虾、螯虾、小龙虾和岸蟹等多种甲壳动物中也发现了一些黏性分子，主要是整合蛋白（Integrin）和过氧化物酶家族的peroxinectin分子。Peroxinectin分子最初是由Johansson和Soerhall（1988）从软尾太平虫刺蛄血细胞分泌物中分离纯化获得，经cDNA克隆及序列分析表明，此蛋白与其他动物体内的过氧化物酶家族中蛋白质极其相似，分子质量约为76ku，在蛋白质羧基末端含有黏性因子特有的KGD基序。因此，peroxinectin基因也被克隆，其与软尾太平虫刺蛄peroxinectin编码基因的同源性为60%，与脊椎动物peroxinectin编码基因的同源性为45%～55%。整合蛋白是一种跨膜二聚糖蛋白，是许多胞外黏附配体受体，配体蛋白多种多样，分属于不同蛋白家族，如胶原蛋白、纤粘连蛋白等，但其共同特征是具有RGD基序，借此可被整合素识别。Peroxinectin黏附分子也含有整合蛋白结合识别位点，可与之结合。

在甲壳动物血淋巴细胞黏附病原微生物的过程中，上述两种黏附分子共同发挥作用。黏附分子由血淋巴细胞产生后，以无活性形式储存于分泌性颗粒中，受到病原微生物刺激后被激活并释放到细胞表面或胞外基质中，首先是整合蛋白与病原微生物靶蛋白上特定基序结合，然后peroxinectin黏附分子再与整合蛋白结合，引起细胞内的信号传递，触发细胞吞噬、杀死、消化和清除病原微生物。

2. 血淋巴细胞的杀菌机制

血细胞吞入病原微生物后可通过氧化性杀菌机制和非氧化性杀菌机制杀死病原微生物。

氧化性杀菌机制

氧化性杀菌现象最初是在哺乳动物的嗜中性白细胞和巨噬细胞中发现，又称为呼吸爆发。Bell等正实了甲壳动物血淋巴细胞吞噬病原微生物后，细胞膜上的NADPH氧化酶催化氧还原形成超氧阴离子（O_2^-），随后在活化为各种活性氧或活性氧中间体如过氧化氢、羟自由基和单线态氧等。活性氧或活性氧中间体直接作用于微生物，或通过髓过氧化物酶和卤化物的协同作用而杀死病原微生物。

非氧化性杀菌机制

非氧化性杀菌机制主要以溶酶体酶的水解作用来杀死病原微生物。溶酶体酶一般包括溶酶菌、过氧化物酶及各种水解酶类（如蛋白酶、肽酶、磷酸酶、脂酶和糖酵解酶等）。

吞噬细胞对外来异物进行吞噬或包裹后，细胞内的溶酶体与异物进行融合形成吞噬溶酶体，并释放各种酶类，其中溶菌酶、过氧化物酶、磷酸酶等直接杀死外来入侵的病原微生物，随后各种水解性酶类再进一步将它们水解消化并将消化后的残渣碎片排出胞外。

（二）形成结节和包裹作用

当大量异物进入机体后，吞噬细胞难以完全吞噬和清除异物，这时血细胞形成层状结节结构将异物包围而与机体隔离开来，最终结节发生黑色素化。所谓包囊化就是当异物（如真菌、寄生虫等）的体积大于吞噬细胞时，血细胞与其他细胞联合将异物包围起来，形成类似于包裹的结构，将异物与机体隔离的现象。对包裹的结节进行超微结构和组织化学观察发现，形成包裹和结节中血细胞失去游离状态并相互连接，细胞器趋于退化，RNA 和色氨酸含量明显减少，在包裹和结节中均能检测到较多量的黑色素，黑色素一方面能够隔离病原微生物，避免它们的宿主接触，另一方面对真菌或寄生虫等病原微生物具有抑制或杀死作用。

（三）伤口修复作用

血淋巴细胞在甲壳动物的伤口修复过程中起着十分重要的作用，其机制同人类的伤口修复过程基本相似，主要包括以下几个阶段：①血淋巴细胞浸润；②血淋巴细胞对异物或坏死组织的包裹；③纤维细胞使胶原纤维沉积；④血淋巴细胞对异物或坏死组织的吞噬；⑤上皮细胞迁移到伤口，形成新表皮。

三、体液免疫

甲壳动物缺乏免疫球蛋白，体液免疫主要依靠血淋巴细胞中天然形成的或诱惑产生的各种免疫因子，如模式识别蛋白、凝集素、酚氧化酶原系统、溶血素、抗菌肽、热休克蛋白免疫因子等来完成。这些体液免疫因子相互协同，参与识别异物、免疫调理以及促进血淋巴细胞的吞噬、包裹和细胞毒性等作用，最终杀灭和清除病原微生物。

（一）模式识别蛋白

病原微生物（抗原）侵入到体内，刺激机体发生免疫应答的第一步是机体对病原微生物（抗原）进行识别。在脊椎动物中可通过抗体，T 细胞和补体途径识别抗原表位而启动免疫应答。对于缺乏抗体和 T 细胞的甲壳动物来说，则是通过血淋巴中的模式识别蛋白（Pattern recognition protein，PRP）来识别或结合微生物表面保守的病原体相关分子模式（Pathogen associated molecµLar pattern，PAMP），如革兰氏阴性菌细胞壁脂多糖、革兰氏阳性菌细胞壁肽聚糖、真菌细胞壁甘露糖 β-1，3 葡萄糖以及 RNA 病毒的双链RNA 等。横式识别蛋白识别抗原后，通过激活血淋巴中的蛋白酶或通过组织细胞内信号转导途径而启动免疫应答。横式识别蛋白也是一种调理素，调理血细胞的吞噬作用。目前从甲壳类动物中纯化或克隆的模式识别蛋白主要有 β-1，3 葡萄糖结合蛋白（βGBP）、脂多糖结合蛋白（LBP），葡萄糖百合脂多糖结合蛋白（LGBP），其中一些模式识别蛋白（如脂多糖结合蛋白）也是外源性凝集素，可直接作为凝集素或调理素发挥作用。甲壳类动物模式识别蛋白的来源、分子大小和作用总结见表 5-2。

表 5-2 甲壳动物中纯化或克隆的模式识别蛋白

模式识别蛋白或其基因	状态	分离动物	分离年份	蛋白分子或编码基因大小	作用
βGBP	已纯化	欧洲螯虾	1993	95～105ku	结合 GBP，启动血细胞脱颗粒
βGBP	已纯化	普通滨虾	1994	110ku	结合 GBP，启动血细胞脱颗粒
LBP	已纯化	加州对虾	1993	175ku	结合 LPS，激活酚氧化酶原系统
βGBP	已纯化	加州对虾	1996	100ku	结合 GBP，启动血细胞脱颗粒
βGBP	已纯化	加州对虾	1998	112ku	结合 GBP，启动血细胞脱颗粒
βGBP	已纯化	太平虫刺蛄	1990	100ku	结合 GBP，启动血细胞脱颗粒
LGBP	已纯化	太平虫刺蛄	2000	40ku	结合 GBP 和 LPS
βGBP	已纯化	克氏螯虾	1993	100ku	结合 GBP，启动血细胞脱颗粒
βGBP	已纯化	南滨对虾	1997	100ku	结合 GBP，启动血细胞脱颗粒
βGBP	已纯化	凡纳对虾	1997	100ku	结合 GBP，启动血细胞脱颗粒
βGBP	已纯化	凡纳对虾	1998	112ku	结合 GBP，启动血细胞脱颗粒
βGBP	已纯化	斑节对虾	2004	31ku	结合 GBP，启动血细胞脱颗粒
βGBP	已克隆	太平虫刺蛄	1994	4679bp	结合 GBP，启动血细胞脱颗粒
LGBP	已克隆	太平虫刺蛄	2000	1650bp	结合 GBP 和 LPS
βGBP	已克隆	斑节对虾	2002	1314bp	结合 GBP，启动血细胞脱颗粒
LGBP	已克隆	南滨对虾	2002	1352bp	结合 GBP 和 LPS
βGBP	已克隆	凡纳对虾	2004	6379bp	结合 GBP，启动血细胞脱颗粒
LGBP	已克隆	凡纳对虾	2004	1272bp	结合 GBP 和 LPS
LGBP	已克隆	中国明对虾	2005	1275bp	结合 GBP 和 LPS

（二）凝集素

凝集素（lectin）是一类具有糖结合专一性、可促使细胞凝集的蛋白质或糖蛋白。凝集素广泛存在于生物体中，在植物、动物及微生物中均有发现。自 1999 年 Hall 等首先从螯虾中克隆、分离和鉴定出凝集素蛋白以来，已在龙虾、寄居蟹、马蹄蟹、蓝蟹、美洲巨螯虾、中国明对虾、斑节对虾和日本囊对虾等 40 多种甲壳动物体内发现凝集素，甲壳动物的凝集素存在于血淋巴中或规则排列在血细胞膜表面，其实质是一个蛋白质家族，分子质量为 68～72ku，具有结构异质性和异物结合位点的特异性，对热不稳定，56℃下15min 即可灭活；PH 适应范围较广，最适 pH 为 5～8。甲壳动物凝集素活性需 Ca^{2+} 激活，但不能被葡萄糖、蔗糖、D-棉子糖、D-鼠李糖、D-果糖、L-阿拉伯糖、D-半乳糖、L-山梨糖、纤维二糖和麦芽糖所抑制。

凝集作用是甲壳动物免疫防御的主要机能之一，凝集素作为一种非特异型免疫识别因子（模式识别蛋白）识别自身和异己成分，包括外来入侵的病原微生物，并通过凝集、包围、调理、促进吞噬等方式将其排出体外。此外，凝集素参与清除体内组织和细胞碎片的过程。研究表明，凝集素活力的强弱与甲壳动物免疫水平有关，可作为衡量甲壳动物免疫功能的一项指标。

（三）酚氧化酶原系统

酚氧化酶原系统（Prophenoloxidase system，pro，POS）是甲壳动物体内最重要的免疫识别和防御系统，它是一个类似于脊椎动物补体系统的复杂酶级联系统。从软尾太平虫刺蛄中鉴定出的该系统成员有：酚氧化酶原（prophenoloxidase，proPO）、酚氧化酶原激活酶（prophenoloxidase activating enzyme，ppA）、β-1，3-葡萄糖结合蛋白及其膜受体和酚氧化酶原抑制蛋白（蛋白酶抑制剂、α_2巨球蛋白）。目前已经有5种甲壳动物的酚氧化酶原基因被克隆测序，序列分析表明，酚氧化酶原是一条由688个氨基酸残基组成的多肽链，氨基酸序列中有2个铜结合位点，此位点周围的序列高度保守，酶原激活的切割位点在Arg_{44}和Val_{45}之间，脊椎动物补体分子中常见的激活酶切割位点硫醇酯基序（GCGEQNM）在酚氧化酶原中也有发现。酚氧化酶原激活酶是一种内源性丝氨酸蛋白酶，它通过蛋白水解作用可将酚氧化酶原裂解为具有活性的酚氧化酶（Phenoloxidase，PO）。β-1，3-葡萄糖结合蛋白本身不具任何酶活性，但与β-葡萄糖结合后，可通过增强酚氧化酶原激活酶的活性来激活酚氧化酶。酚氧化酶原抑制蛋白的存在，可避免酚氧化酶原激活系统自身释放对机体造成的损伤，从而起到自我保护作用。

在正常情况下，酚氧化酶原系统中各成分以无活性的酶原形式存在于血细胞颗粒中，只有在微量的激活剂作用下，进行一系列的酶促反应，各成分才依次被活化并释放到血淋巴中，这些酶促反应的基本规律是第一个反应的产物催化第二个反应，第二个反应的产物催化第三个反应，以此类推。这种连锁反应又称为级联反应。能激活酚氧化酶原系统的物质统称为酚氧化酶原激活剂，常见的激活剂有β-1，3-葡萄糖、脂多糖、肽聚糖、胰蛋白和十二烷基硫酸钠，加热或Ca^{2+}浓度下降也可被激活酚氧化酶原系统。

酚氧化酶原系统的内源性调控机制（图5-4）类似于高等动物中的补体激活旁路途径，其调控模式如下：当微生物或寄生虫等侵入机体后，小颗粒细胞和颗粒细胞表面模式识别蛋白与微生物表面的脂多糖、肽聚糖、甘露糖或β-1，3-葡萄糖等保守分子结合，促使细胞扩张和部分脱颗粒，释放少量酚氧化酶原和无活性的酚氧化酶原激活酶原前体（proppA）。活化后的酚氧化酶原激活酶通过蛋白水解作用将酚氧化酶原裂解为具有活性的酚氧化酶（PO）分子。酚氧化酶氧化单酚或双酚形成醌，然后再通过多聚化的非酶促反应产生黑色素，激活的酚氧化酶原系统组分还可以将非活性的76ku蛋白转变为有活性的76ku蛋白，后者一方面可以促进血淋巴细胞对病原微生物进行包裹，另一方面又可以正反馈调节小颗粒和颗粒细胞胞吐酚氧化酶原激活酶前体。由于酚氧化酶原系统主要存在于颗粒细胞中，因此，β-1，3-葡萄结合蛋白和76ku蛋白就成为控制酚氧化酶原系统释放的重要物质。通过酚氧化酶原系统激活过程产生的黑色素及其代谢中间活性物资，可以多种方式参与免疫防御反应，包括提供调理素、促进血细胞吞噬作用、包囊作用和结节形成，以及介导凝集、产生杀菌物质等。此外，对甲壳动物酚氧化酶原系统的最新研究进展表明，该系统成分还可直接参与免疫细胞间的信息传递。因此，酚氧化酶活性可作为衡量甲壳动物免疫功能的指标。

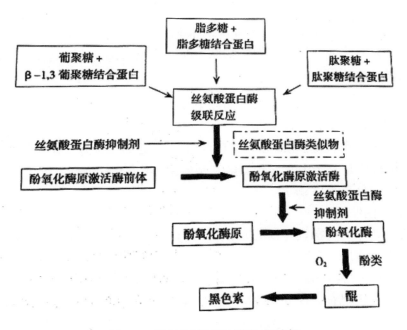

图 5-4 酚氧化酶原系统激活过程

酚氧化酶原系统的外源性调控机制是脂类、胰蛋白、十二烷基磺酸钠、甲醇、乙醇和异丙醇等化学因子与酚氧化酶原结合后，使蛋白去折叠，导致酚氧化酶原构想发生变化，暴露其活性位点，从而活性酚氧化酶原。

（四）溶血素

溶血素（Hemolysin）也是一种非特异性的免疫因子，已在多种无脊椎动物的血清中被发现，但有关甲壳动物溶血素的报道较少，仅限于美洲马蹄蟹（Arimstrong，1992）、龙虾（高健，1992）日本对虾（牟海津等，1999）。研究表明，甲壳动物的溶血素具有以下特性：① Ca^{2+} 离子和 Fe^{2+} 离子是溶血素发挥生物学功能所必需的；②偏酸性或偏碱性环境对溶血素活性均有破坏作用；③溶血范围较广；④具有可诱导性，外源刺激物的诱导可以促使血淋巴中的溶血素浓度有所提高；⑤对热不稳定性，加热至56℃即可失活。

甲壳动物溶血素在免疫应答中的作用类似于脊椎动物的补体系统，具有容解细胞和细菌作用以及免疫调理作用，并且还可以与酚氧化酶原系统的激活有关。

（五）抗菌肽

1.抗菌肽的发现

抗菌肽（Antimicrobial peptide）是由动物和植物细胞特定基因编码的肽类抗微生物分子广泛分布于整个生物界，是脊椎动物、无脊椎动物和植物防御细菌、真菌等病原微生物入侵的重要分子屏障。自 1980 年 Steiner 等在美国天蚕（Hyatophra cecropia）蛹中发现抗菌肽天蚕素以来，人们不断地从细菌、真菌、两栖类、昆虫、高等植物、哺乳动物和人类体内分离到抗菌肽，已从各种真核生物中分离到 700 多种抗菌肽，并确定了部分抗菌肽氨基酸结构和基因序列。随着研究工作的深入，人们发现，抗菌肽除具有广谱高效杀菌活性外，对部分真菌、原虫、病毒及癌细胞等也具有强有力的杀伤作用。因此，许多学者认为将这类活性多肽称为抗微生物肽（Antimicrobial，AMP）更为合适。

2. 抗菌肽的分类

根据抗菌肽分子结构不同，将其分为以下 4 类。

（1）线性两亲 α 螺旋性抗菌肽

目前已经发现此类抗菌肽 20 多种，广泛分布于无脊椎动物、脊椎动物和人体内。此类抗菌肽的结构特征是分子内富含赖氨酸和精氨酸，不含半胱氨酸，不形成分子内二硫键，但能形成 2 个线性两亲的 α 螺旋结构。

（2）环形抗菌肽

此类抗菌肽又称为防御素（Defensin），因其富含半胱氨酸，可形成分子内二硫键而呈发夹式 β 片层结构或 α 螺旋与 β 片层结构的混合结构。

（3）分子内富含脯氨酸的线性抗菌肽

此类抗菌肽带正电荷，又可分为两类，一类是小分子活性肽，由 15 ~ 34 个氨基酸残基组成，其中脯氨酸含量在 25% 以上，分子结构中含均含有精氨酸 - 脯氨酸或赖氨酸 - 脯氨酸对；另一类是分子量较大的活性肽，由 83 个氨基酸残基组成，分子结构中含有两个明显的结构域，即 N 端富含脯氨酸的 P 结构域和由其余富含甘氨酸的 G 结构域，这两个结构域可能与该类抗菌肽的广谱抗菌作用有关。

（4）分子内富含甘氨酸的线性抗菌肽

这是近几年才发现的一类抗菌肽，分子内富含甘氨酸，不能形成二硫键，氨基酸残基中不具有修饰基团。通常这类抗菌肽的 N 端有一个富含脯氨酸的 P 结构域，C 端与一个富含甘氨酸的 G 结构域。

3. 抗菌肽的作用机制

抗菌肽是重要的先天性免疫因子，广泛存在于生物界的各个门类，进化上相对保守，具有广谱的抗菌、抗病毒和抗肿瘤作用。已经研究的比较清楚的是昆虫抗菌肽的抗细菌机制，包括细胞膜电势依赖通道的形成、抑制细胞呼吸、抑制细菌外模蛋白的合成、抑制细菌细胞壁的合成、抑制热休克蛋白的 ATP 酶活性以及对病原微生物和肿瘤细胞染色体 DNA 的断裂作用。而对抗菌肽抗真菌的作用机理尚不清楚。

（1）胞膜电势依赖通道的形成

抗菌肽扮演着离子泵的角色，它使细菌细胞内的 K+ 快速被析出，ATP 含量迅速下降，继而导致细菌细胞死亡。通过经抗菌肽处理后的脂质体膜的电势和电流的变化，也可以判断出抗菌肽在膜上形成了孔道，并且孔道的形成、开启和关闭都依赖膜电势。只有当膜电势高于 110mV 时，孔道才能形成或处于开启状态，因此，这种孔道被称为电势依赖通道。最近，一些学者通过电子显微镜直接观察到抗菌肽在细胞膜上形成的孔道，也为电势依赖通道的形成提供了直接的证据。

（2）抑制细胞的呼吸作用

抗菌肽的抗菌机制也与抑制细菌和真菌细胞的呼吸作用有关。线粒体是细胞呼吸代谢最重要的细胞器，对经抗菌肽处理过的线粒体进行超微结构观察，发生线粒体出现肿胀、空泡化、嵴脱落和排列不规则，核膜界限不清，有的核破裂，内容物溢出。用 40μmol/L 的抗菌肽处理细菌 1h 后，可检测到细菌的呼吸变弱；处理 6h 后，细菌的呼吸作用完全停止。

（3）抑制细菌外膜蛋白的形成

抗菌肽能够干扰大肠杆菌细胞外膜蛋白 OmpC、OmpA 和 LamB 基因的转录，使相应的外膜蛋白表达量减少，从而导致细菌细胞膜的通透性增加，细菌生长受抑制。

（4）抑制细菌细胞壁的形成

抗菌肽能够抑制细菌细胞细胞壁的形成，使细菌不能维持正常形态而抑制细菌生长，甚至使细菌细胞壁破裂，导致细胞死亡。

（5）抑制热休克体蛋白的 ATP 酶活性

富含脯氨酸的抗菌肽能够与细菌热休克蛋白相结合，抑制其 ATP 酶活性，进而阻止它协助蛋白质的折叠，导致细菌正常正常生理功能受到抑制，甚至导致细菌死亡。

（6）对病原微生物和肿瘤细胞染色体 DNA 的断裂作用

研究表明，昆虫抗菌肽首先作用于病原微生物的外模，然后破坏细胞器，最后破坏核膜。由此可以推测，抗菌肽有可能对核内染色体起作用。单细胞凝胶电泳技术是一种快速灵敏的检测哺乳动物细胞单个 DNA 断裂的技术，一些学者采用此技术研究昆虫抗菌肽对人髓样白血病细胞和正常人白细胞核染色质的影响，在荧光显微镜下观察到经抗菌肽处理后的癌细胞染色质 DNA 明显断裂，而正常人白细胞和未经抗菌肽处理的癌细胞未观察到 DNA 的断裂现象。这说明抗菌肽对某些癌细胞的 DNA 有断裂作用。同时也说明，抗菌肽对癌细胞和正常人细胞具有选择性，但其选择机理尚不清楚。

在目前已知的抗菌肽多种抗菌机制中，抑制细胞的呼吸作用被认为是抗菌肽最重要的作用机制。当然同一种抗菌肽也可能通过多种途径发挥作用，了解不同抗菌肽的作用机制有助于抗菌肽的临床应用，使抗菌肽的研究开发更具有针对性。

蛋白质功能与结构的密切关系为抗菌肽的分子设计提供理论依据，抗菌肽分子的改造与设计已经成为获得新抗菌肽的重要途径。目前，抗菌肽分子设计的主要策略是改变抗菌肽两性分子 α 螺旋结构的氨基酸组成，增强其螺旋度，即可能获得活性更高、抗菌谱更广的抗菌肽。Boman 设计了 4 种天蚕素（Cecropin）类抗菌肽类似物，获得了与天然抗菌肽相似的合成肽。Jaynes 等置换了 cecropin B 中的许多氨基酸，结果使新抗菌肽分子的抗菌活性大大增加，作用范围更加大，甚至可以杀死原虫。Bomman 将提取的 cecropin A 与具有抗菌活性的蜂毒素 melittin 分子进行重组，形成的杂合肽不仅有更高的抗菌活性，而且还克服了蜂毒导致溶血的缺点。

4. 甲壳动物的抗菌肽

与陆地节肢动物源抗菌肽相比，甲壳动物源抗菌肽较少。自 1996 年 Schnapp 等从三叶真蟹（Carcinus maenas）的血细胞溶解产物中首先分离到第一个富含脯氨酸抗菌肽以来，从甲壳动物体内分离纯化的抗菌肽主要有下述 4 类。

（1）对虾素家族抗菌肽

①种类与结构：对虾素（Penaeidin）是从多种对虾体内分离获得的阳离子抗菌肽，等电点为 9.34 ~ 9.84。通过分子生物学研究证实，对虾素家族抗菌肽共有 5 种，分别命名为 Pen-1、Pen-2、Pen-3、Pen-4 和 Pen-5。其共同结构特征是：分子中含有富含脯氨酸的 N 末端和由 6 个半胱氨酸组成的 3 个分子内二硫键构成的环形 C 末端。富含脯氨酸的 N 端结构域在锚定微生物细胞膜中起着重要作用，而富含半胱氨酸的 C 端结构域则起着抗菌作用，两个结构域的功能互为补充。对虾素成熟肽由前体分子加工而来，Pen-3 的翻译后修饰，是通过将 N 末端谷氨酸而形成环状；Pen-2 和 Pen-3 的 C 末端在翻译后加工时，因谷氨酸的酰胺化而被去除，这与其他海洋无脊椎动物中分离的抗菌肽 C 末端酰胺化作用相同。

②表达调控机制：对虾素在血细胞中以组成型合成，并储存于颗粒细胞或半颗粒细胞的细胞质中，不存在于透明细胞中。在脂多糖、β - 葡萄糖或微生物的刺激下（半）颗粒细胞释放包括抗菌肽在内的内含物至血淋巴中，参与抗菌反应。研究发现，对虾素的表达在虾类无节幼体阶段就已经出现，不同对虾个体间对虾素的相对表达量也有较大差异。对虾素的表达和分布主要通过血细胞总数的变化和细胞内对虾素的释放进行调控。病原微生物感染早期，由于表达对虾素的血细胞数量减少，引起对虾素 mRNA 浓度降低，对虾素表达量较少。感染中期，血淋巴和其他组织中的血细胞数量恢复至正常水平，对虾素 mRNA 进行高水平转录表达，血淋巴中对虾素浓度增高并转运到微生物所在的局部发挥抗菌作用。

③生物学功能：对虾素既具有抗真菌活性又具有抗细菌活性，并且还具有与几丁质相粘连的特性。其抗菌机制是在细菌细胞膜上形成孔洞，导致细菌裂解而死亡；抗真菌作用则是通过抑制丝状真菌孢子的萌发和菌丝的生长而实现。对虾素与几丁质相粘连的功能使对虾素参与几丁质聚合以及伤口愈合的过程，对于维持对虾在蜕皮周期中的防御保护机能是非常必要的。此外，对虾素通过几丁质结合特性而结合到对虾的表皮，进而防止微生物入侵。

（2）甲壳素类抗微生物肽

①种类与结构：甲壳素（Crustin）是在甲壳动物中发现的第二类阳离子抗菌肽。已在岸蟹、南美白对虾、大西洋白对虾、斑节对虾、日本对虾和刺龙虾中发现有甲壳素存在。蟹类和虾类的甲壳素具有高度同源性，甲壳素与其他抗菌肽和乳清酸蛋白家族（WAP）中的蛋白酶抑制剂也具有较高的同源性。

岸蟹甲壳素的分子质量为 11.5ku，结构中富含疏水性甘氨酸和 1 个乳清酸蛋白（WAP）结构域。凡纳滨对虾甲壳素的分子质量为 16.3ku，氨基酸序列的 N 端含有 25 个氨基酸残基组成的信号肽，随后是大约 50 个甘氨酸残基组成的疏水区，C 端是富含脯氨酸或半胱氨酸的序列，其中部分半胱氨酸参与形成二硫键，这也是与岸蟹甲壳素的同源区域。南美白对虾和大西洋白对虾甲壳素由 163 个氨基酸残基组成，N 端含有一个由 18 个氨基酸残基组成的信号肽，随后是大约 24 个氨基酸残基和一个乳清酸蛋白结构域。斑节对虾甲壳素与大西洋白对虾和南美白对虾甲壳素结构相似，也带有一个有由 18 个氨基酸残基组成的信号肽，在 C 端结构域中含有一段乳清酸蛋白保守区，但斑节对虾的甲壳素只含有 11 个半胱氨酸残基，与大西洋白对虾和南美白对虾的甲壳素在半胱氨酸残基数目和位置上存在着差异。在日本对虾血细胞的 cDNA 由 679 个核苷组成，ORF 由 573 个碱基对组成，编码一个由 191 个氨基酸残基组成的肽；这 5 种甲壳素在 N 端氨基酸序列中含有不同的富含甘氨酸残基的重复区。日本对虾甲壳素的氨基酸序列与南美白对虾和大西洋白对虾的甲壳素的同源性均为 80%，与岸蟹甲壳素的同源性为 44%。Stoss 等在刺龙虾的上皮细胞中也发现了一种甲壳素样肽，该肽在先天性免疫应答中具有一定的作用。

②生物学功能：甲壳素具有抗菌活性和蛋白酶抑制剂活性。在乳清酸结构域中，N 端带正电荷的氨基酸和疏水性氨基酸的正确定位可使蛋白质呈现出两性分子特征，而两性分子蛋白质可以插入至微生物细胞膜中破坏膜结构，从而起到抗菌作用。C 端结构域显示蛋白酶抑制活性。与抗菌活性一样，蛋白酶抑制剂活性在甲壳动物免疫应答中起到一定作用，通过参与蛋白酶级联反应，防止蛋白酶的过量激活，从而避免宿主组织的自身损伤和抵抗病原微生物的感染。

（3）抗脂多糖因子

①种类与结构：抗脂多糖因子（Antilipopolysaccharid factor，ALF）最初发现与马蹄蟹体内，是一种具有抗菌作用和结合脂多糖（LPS）的多肽分子。此后，在白滨对虾、斑节对虾和中国明对虾中也发现抗脂多糖因子，并且虾类抗脂多糖因子与马蹄蟹抗脂多糖因子具有较高的同源性。抗脂多糖因子的分子质量约为 11.5ku，由 102 个氨基酸残基组成，N 端有 20 个高度疏水性氨基酸，在 Cys_{32}-Cys_{53} 间形成二硫键，二硫桥内有保守的正电荷氨基酸。

②生物学特征：抗脂多糖因子能替换脂多糖分子中的 Ca^{2+}，然后利用它的正电荷特性，结合到脂多糖的磷酸基因和羧基集团上，抗脂多糖因子与脂多糖结合后可阻止启动子炎性细胞因子的级联反应，减少组织损伤。此外，脂多糖是革兰氏阴性菌的内毒素，抗脂多糖因子与脂多糖的毒性成分类脂 A 结合后，可破坏内毒素的毒素作用。

（4）来自血蓝蛋白的抗菌肽

①阴离子抗菌肽：Dexstoμmieux-Garzon 等从细角滨对虾（Penaeus stylirostris）和南白美对虾（Penaeus vannamei）的血淋巴中分离到 3 种具有抗真菌活性的阴离子抗菌肽。两种来源于细角滨对虾的酸性血浆，分子质量分别为 7.9ku 和 8.3ku，分别命名为 PsHct1 和 PsHct2，PsHct1 是 PsHct2 除去了部分残基所得到的短肽。另一种来源于南美白对虾，分子质量为 2.7ku，命名为 PvHct。3 种阴离子抗菌肽与其他类型的抗菌肽没有序列上的相似性，但与对虾血蓝蛋白的的 C 端氨基酸具有 95% ~ 100% 的同源性，表明它们是血

蓝蛋白的裂解片段。阴离子抗菌肽与阳离子抗菌肽最大的区别是它们在生理 PH 条件下带负电荷，PI 为 5.65 ~ 6.54，分子结构中不包含铜离子结合位点。通过免疫检测发现，受真菌感染的甲壳动物血淋巴中的阴离子抗菌肽浓度高于未被感染动物血淋巴中的阴离子抗菌肽浓度，说明阴离子抗菌肽与抗真菌免疫反应有关。同时，通过体外抑菌试验发现，阴离子抗菌肽对革兰氏阳性菌和革兰氏阴性菌均无抗菌活性，但对真菌显示出光谱的抗菌活性。

②Astacidin1：Lee 等应用阳离子交换层析和反相 HPLC 从淡水小龙虾（Pacifastacus leniusculus）的血淋巴中分离纯化了一种具有 16 个氨基酸残基组成的分子质量为 1.95ku 的抗菌肽，并命名为 astacidin1。与小龙虾血蓝蛋白 C 端的 3 种阴离子抗真菌肽无同源性。Astacidin1 的一级结构序列为 FKVQNQHGQVVKIFHH-COOH，不含糖残基及半胱氨基酸残基。astacidin1 的二级结构中含有一个 β 折叠结构。Astacidin1 对革兰氏阳性和阴性菌均具有抗菌活性，但切去其氨基端后，抗菌活性明显降低，说明 Astacidin1 的氨基端是具有抗菌活性的主要区域。此外，脂多糖或葡萄糖可以刺激螯虾血蓝蛋白产生 Astacidin1。

③来自血蓝蛋白抗菌肽的产生机制：已有研究表明，许多抗菌肽都是由较大的前体蛋白加工后形成的。如蟾蜍素 I 是从亚洲蟾蜍胃腺细胞中的组蛋白 H_{2A} 经胃蛋白酶水解而形成的。从牛蜱肠中分离得到的一种 3.2ku 抗菌肽是牛血蛋白的分解片段。此外，用人胃蛋白酶裂解牛乳铁蛋白（Lactoferrin）后产生了具有更高抗菌活性的 lactoferricin 片段。这说明金属结合蛋白能通过蛋白酶水解作用产生抗菌肽而参加免疫防御反应，也为来自血蓝蛋白的甲壳动物抗菌肽的发现提供了一个佐证，因为它们是由结合铜的血蓝蛋白产生的。

对虾遭受病原微生物感染后，其血淋巴中可检测到高浓度的 PvHct，说明血蓝蛋白的裂解不是由于抽取过程造成的，而是由生物学信号所引起的。虽然血蓝蛋白的加工机制还不清楚，但推测它很可能是被来源于血细胞的酶所驱动的，因为甲壳动物在遭受病原微生物感染后，血细胞发生胞吐作用，胞吐作用有助于血蓝蛋白裂解酶的释放，从而使 PvHct 的浓度增加。Astacidin1 也是经过半胱氨酸样蛋白酶对血蓝蛋白加工而形成的。因此，加深对这些酶的研究有助于揭示甲壳动物的免疫应答机制以及血蓝蛋白在防御中所起到的作用。

④血蓝蛋白与酚氧化酶：血蓝蛋白是存在与节肢动物和软体动物血淋巴中的含铜呼吸蛋白。血蓝蛋白不仅具有运输氧气、调节渗透压、储存能量、调节蜕皮过程和合成黑色素等功能外。近几年研究表明，血蓝蛋白及其降解片段还具有酚氧化酶活性、凝集素活性以及抗菌抗病毒等多种免疫学功能。虽然血蓝蛋白的氨基酸序列与酚氧化酶的氨基酸序列显示出高度同源性，但两者的合成部位不同。酚氧化酶在血细胞中表达，以酶原的形式合成，其氨基端被裂解后才会发挥生物学活性，参与角质硬化和免疫防御反应；血蓝蛋白则是在肝胰腺中合成并释放至血浆中。据报道，血蓝蛋白可能由酚氧化酶进化而来，酚氧化酶的激活又与甲壳动物体内凝血蛋白的凝血机制密切相关。由此推断，血蓝蛋白、酚氧化酶和凝血蛋白可能是是由同一起源蛋白进化而来，血蓝蛋白仍保留其免疫学活性。

（六）热休克蛋白

1. 热休克蛋白的发现

热休克蛋白（Heat shock protein，HSP）是生物体在不利环境因素刺激下合成的一组糖蛋白。1962 年，Ritossa 最早观察到，将果蝇幼虫的饲养温度从 25℃提高到 30℃，经 30min 后，其唾液腺多丝染色体上某一区域出现了"膨突"。1974 年，Tissierres 研究证实，这种现象的产生是因为温度升高增强了这一区域的基因转录，生成了分子质量为 26 ~ 27ku 的蛋白质，将这些蛋白质命名为热休克蛋白。随后研究发现，生物体受到环境、生理或病理胁迫时，诱导产生热休克蛋白是一种普遍存在的生物学现象。目前关于甲壳动物热休克蛋白的报道不多，主要集中在环境因子变化和一些化学药品对甲壳动物体内热休克蛋白表达水平的影响，以及热休克蛋白在这些变化过程中可能发生的作用。甲壳动物热休克蛋白研究概况见表 5-3。

表 5-3 甲壳动物的热休克蛋白（HSP）

HSP	来源	研究简述
HSP70、HSP90、泛素	美洲龙虾	热休克刺激后 HSP70、HSP90、泛素的 mRNA 表达水平明显升高
HSP70	卤虫	投喂卤虫导致氯四环素在体内富集程度与 HSP70 的表达水平密切相关
HSP70、P26	卤虫	热休克、缺氧及低 pH 和 HSP70 集中于细胞核，推断热休克蛋白与保护核结构相关
HSP70	螯龙虾	杀虫剂七氯处理后，HSP70 水平明显升高，处理时间越长，HSP70 表达水平越高
P26	卤虫	海藻糖与 P26 协同作用博湖细胞
HSP 家族	南美白对虾、白滨对虾	通过对两种对虾血细胞和肝胰腺 cDNA 文库的分析，找到 HSP 基因
P26	卤虫	对 P26 进行分离、cDNA 克隆、测序，分析不同发育阶段 P26mRNA 及其表达水平变化
HSP70	卤虫	四种化学药品影响 HSP70 表达水平
HSP 家族	淡水螯虾	对中央轴突分别进行体内和体外热休克，HSP 家族表达水平均升高
HSP70	淡水螯虾	热休克、亚砷酸盐、创伤导致心脏组织 HSP 表达水平升高
HSP86	红螯螯虾、草虾	通过 ELISA 检测到高温、高渗透压条件下 HSP 表达水平升高

2. 热休克蛋白的分类

热休克蛋白种类繁多，广泛存在与自然界原核生物及真核生物中。不同的学者对热休克蛋白的分类具有不同的划分方法，但是大多数情况下是按其分子质量大小而分为 4 个家族：HSP90 家族（分子质量为 83 ~ 110ku）、HSP70 家族（分子质量为 66 ~ 78ku）、HSP60 家族（分子质量为 60ku 左右）及小分子 HSP 家族（分子质量为 12 ~ 43ku），每个家族又由多个成员组成。不同种属生物间同种热休克蛋白基因的核苷酸序列及蛋白质的氨基酸序列具有高度同源性。

3. 热休克蛋白的生物学特性

（1）普遍性

热休克蛋白在生物界普遍存在，从原核生物到真核生物都有热休克蛋白的表达，而且在同一生物不同组织内均有表达。

（2）保守性

不同物种的热休克蛋白同源性很高，原核生物和真核生物的热休克蛋白有 40% ~ 60% 的同源性，而不同来源的真核生物间的热休克蛋白同源性为 60% ~ 78%。

（3）热激反应性

热应激状态下热休克蛋白合成速度快速增加，一般在几分钟至 30min 内即可到达最高水平，而其他蛋白质的合成则相对减少。

（4）应激因子多样性

除热以外的各种应激因子，如物理的寒冷、辐射等，化学的重金属、醇类、氨基酸类似物、过高或过低 pH 等，生理的饥饿、感染、缺氧、疾病等以及心理因素均可诱导细胞发生热休克反应。

4. 热休克蛋白的生物学功能

（1）分子伴侣功能

热休克蛋白作为分子伴侣或伴侣蛋白参与蛋白折叠、亚基的组成、细胞内运输以及蛋白质降解等过程，以调节靶蛋白的活性和功能。当机体受到刺激时，热休克蛋白在自稳保护作用中主要增强细胞对损害的抵御及加速异常蛋白质的降解，维持细胞的正常功能代谢，提高细胞生存率。例如，在应激条件下，细胞产生变性蛋白，其表现为肽链伸展、失去盘旋及折叠，分子空间构性改变，从而使细胞蛋白质丧失原有功能。而与此同时产生的热休克蛋白则促使蛋白质肽链重新折叠，恢复原有的构象，并将其转移到相应部位，使细胞内蛋白质恢复原有功能。

（2）促进生物生长发育和分化的作用

在胚胎发育期，细胞基因转录活跃，蛋白质大量合成，这个时期的热休克蛋白变化和作用表现得非常突出，其通过参与细胞分裂、神经分化等，在胚胎发育中起到看家基因的功能。

（3）抑制或促进细胞凋亡

细胞凋亡是细胞内基因调控发生的程序性死亡过程。细胞凋亡是免疫应答和免疫调控的重要形式之一，免疫系统形成识别外来异物和自身组织的功能，必须依靠对自身起反应的淋巴细胞的删除，而这种删除过程主要是通过细胞凋亡来完成的。淋巴细胞对病原微生物入侵的靶细胞的杀伤过程部分也是通过诱导靶细胞凋亡来实现的。热休克蛋白与细胞凋亡的关系错综复杂，对其是否能直接促进细胞凋亡尚未定论。一般认为，应激诱导的热休克蛋白既可出现于细胞表面，也可存在于细胞内部。细胞膜上的热休克蛋白具有抗原特性，增强对自身淋巴细胞杀伤活性的敏感性，成为免疫攻击的目标而促进细胞凋亡。存在于细胞内的热休克蛋白可抑制应激蛋白激酶、抑制细胞凋亡信号转导中的蛋白水解酶和氧自由基生成，并抑制 p53 介导的细胞凋亡，从而在热休克、氧化应激、电离射线等引起的细胞凋亡中起保护作用。

（4）参与免疫应答

热休克蛋白通过模式识别受体（PRR）传递信号给天然免疫应答系统，应激效应细胞产生免疫应答。热休克蛋白还具有结合并传递呈抗原肽的作用，热休克蛋白 - 肽复合物能够激活 T 细胞产生特异性免疫应答。

（5）维持细胞或生物体的动态平衡，保护其免遭应激因素的损害

在此功能中，最为明显的是热耐受能力的形成，既当细胞或生物接触亚致死温度后，表现出对致死温度的存活率明显增加。在热耐受的形成过程中，HSP70 起到主要作用，转录表达 HSP70 基因的细胞多表现为热耐受，而注射 HSP70 单克隆抗体可明显降低细胞对热应激的耐受性。HSP70 表达增加，也可以提高小鼠对内毒素致死效应的抵抗力。

5. 热休克蛋白的表达调控

人们对真核生物应激反应调节机制的研究得较透彻。真核生物热休克蛋白表达调控包括 3 个关键步骤。其一，体内外各种因素的变化改变热休克因子（Heat shock factor，HSF）的活性；其二，活化的热休克因子识别并结合热休克元件（Heat shock element，HSE）；其三，热休克基因的转录活化区域开放，促进转录。

（1）热休克蛋白生成诱因

引起真核生物热休克应答的各种因素，无论来自体内还是体外，其作用机制及效应都是通过改变热休克因子活性，进一步诱导热休克蛋白的合成。外界多种物理化学因素（如热休克、PH 变化、紫外线照射、表面活性剂、蛋白合成抑制剂等）作用于细胞后，均可造成细胞内的未正常折叠蛋白和变性蛋白浓度过高，降低游离热休克蛋白浓度，从而激活热休克因子。而内环境发生的生理或病理改变（如细胞周期、细胞分化、生长因子、激素刺激、病原微生物感染、炎症、自身免疫等）也都可以通过直接或间接的途径激活热休克因子。此外，在影响热休克因子活性的内环境多种因素中，热休克蛋白是重要的双重调节因素，游离热休克蛋白浓度的降低可激活休克因子，高浓度的热休克蛋白则能抑制热休克因子的活性、降低热休克因子与 DNA 的结合，但目前还不清楚热休克蛋白是以直接还是间接的方式抑制热休克因子。

（2）热休克因子

热休克因子的本质是具有转录调节活性的蛋白质。热休克因子与启动子结合后，热休克蛋白基因即开始转录和表达热休克蛋白。目前在人、番茄、酵母等多种生物体内已发现了多种热休克因子（HSF1 ~ HSF4），虽然各种热休克因子的分子质量大小和功能不相同，但其结构却极为相似，均具有两个进化上高度保守的结构域，即一个 DNA 结合区和一个三聚化区。DNA 结合区为转录激活的功能区，位于热休克因子的 N 末端，长约 100 个氨基酸残基，由 3 个螺旋（H1、H2 和 H3）和 4 个反向平行的 β_2 片层（β_1、

β_2、β_3 和 β_4）组成具有 DNA 结合蛋白特征性的螺旋 - 转角 - 螺旋片层模体，3 个 α_2 螺旋构成一个紧密的疏水核心，4 个 β_2 折叠反向平行排列，将疏水核心区封闭。三聚化区为热休克因子活性时相互结合形成三聚体的区域，位于热休克因子的 c 末端，由 3 以脂肪族疏水氨基酸组成的七肽重复单位构成。每个七肽重复单位的第一个和第四个疏水氨基酸残基是螺旋型卷曲螺旋结构所特有的。可用于形成亮氨酸拉链。

根据 HSP70 具有与变性蛋白和热休克因子结合的能力，Abravaya 提出了一个热休克因子活化的反馈调控模型：在非应激细胞中，热休克因子以无活性的单体形式与 HSP70 结合，应激条件下，增加的变性蛋白竞争性地结合 HSP70，导致热休克因子（HSP）从 HSFHSP70 复合体中解离，随后解离的热休克因子被蛋白激酶 C 或其他丝氨酸 / 苏氨酸激酶磷酸化形成同源三聚体，暴露出 DNA 结合区和核定位序列（NLS），在核定位序列介导下，经过主动转运过程，热休克因子三聚体进入细胞核，通过 DNA 结合区结合热休克蛋白基因启动子内的特定区域而开启热休克蛋白的转录；当 HSP70 转录过量时又与热休克因子结合，热休克因子恢复单体结构，封闭 DNA 结合区和核定位序列，从而使热休克蛋白的合成处于动态平衡。

（3）热休克元件

热休克蛋白基因启动子内与热休克因子特异性结合的区域就是日热休克元件（HSE）。热休克因子与热休克元件的结合是热应激转录必需的。热休克元件也是一个高度保守的 DNA 序列，其基本结构特征是含有一个保守的五核苷酸序列 nGAAn，其中 n 代表保守程度较低的核苷酸。热休克因子单体与 nGAAn 结构 1：1 结合。热休克元件上 nGAAn 结构的数目对热休克因子与热休克元件亲和性有很大的影响。一个完整热休克元件结构上通常有 3 个 nGAAn 结构，而完整的热休克因子也是以三聚体的形式与热休克元件结合，这样的结合具有最大的亲和力。此外，热休克元件还具有增强子的一些特性。将热休克元件接在其他基因 5' 端上游时，该基因可以获得热休克蛋白的诱导性。将果蝇 HSP70mRNA 结构基因上游的一个启动子序列转染到爪蟾卵母细胞。结果热刺激可以激活爪蟾卵母细胞此启动子的活性。

（4）热休克蛋白基因翻译水平调控

热休克蛋白 mRNA 在常温下不稳定，应激时其稳定性增强，序列分析发现，3' 端非翻译区含有丰富的 A、U，3' 端非翻译区的删除可以增加热休克蛋白 mRNA 在正常温度下的稳定性。这说明热休克蛋白 mRNA 在常温下的稳定性是由 mRNA 降解系统控制，而应激影响这种系统的活性。在常温下，热休克蛋白 mRNA 的半衰期只有 15～30min，通过帽位点依赖的翻译体系，即由 5' 远端和中部的两个保守区与某些因子结合而促进与核糖体的结合，原始翻译，维持热休克蛋白低水平表达。热应激条件下，由于热休克蛋白 mRNA 的半衰期延长达 4h，此时细胞内其他 mRNA 虽不被降解，但细胞内存在的翻译启动因子能够识别热休克蛋白 mRNA5' 端信号肽，使热克蛋白 mRNA 被优先翻译，高水平表达热休克蛋白。

（七）其他免疫因子

除上述几种重要的体液免疫因子外，甲壳动物体内还含有一些与免疫应答有关的免疫因子，如类免疫球蛋白和补体分子、蛋白酶抑制剂、溶酶体酶等。

1. 类免疫球蛋白和补体分子

一般认为，无脊椎动物体内无免疫球蛋白和补体存在。但近年来一些研究表明，甲壳动物血淋巴中可能存在类免疫球蛋白和补体分子。王雷采用单向免疫扩散法测定出中国对虾血淋巴中存在类似 IgM 的因子；王伟庆采用免疫比浊测定出中国对虾血淋巴中存在类 IgG、类 IgA、类 IgM 等免疫球蛋白样物质以及类 C3、类 C4 等补体蛋白样物质。免疫系统的进化是与动物的进化紧密相连的，随着动物从无脊椎动物到脊椎动物的进化，免疫系统的进化也发生了重大飞跃。突出表现在：无脊椎动物只有简单的细胞吞噬等防御手段；低等脊椎动物开始有弥散的淋巴系统，出现 IgM 样大分子抗体；哺乳类动物体内抗体进化顺序为 IgM → IgG → IgD → IgE。由于进化的连续性，作为最早出现的免疫球蛋白 IgM，在无脊椎动物中极可能含有其结构类似物。然而这些物质究竟是否存在于甲壳动物血清中，还有不同的观点，因此，这些能与哺乳动物抗血清发生反应的甲壳动物血清成分的本质有待于进一步研究。采用现代分子生物学技术克隆表达其基因，研究其功能则是一重要研究手段。

2. 蛋白酶抑制剂

蛋白酶抑制剂是另一种由血细胞产生的重要免疫因子，参与蛋白酶级联反应，防止蛋白酶的过量激活，从而避免宿主组织的自身损伤。目前已在甲壳动物血淋巴及血细胞颗粒中发现了多种蛋白酶抑制剂，其中比较重要的有以下 3 种。

（1）枯草菌素蛋白酶抑制剂

该抑制剂具有耐热性，80℃下 15min 仍保持活性；耐酸碱性（pH 范围为 1.0 ~ 11.5），分子质量为 23ku，等电点为 4.7，能够抑制枯草菌素、链霉蛋白酶和某些病原菌分泌的毒性蛋白酶。

（2）α_2 巨球蛋白

Quigley 等首次在马蹄蟹（Linmulus polyphemus）的血淋巴中分离到 α_2 巨球蛋白（α_2-macroglobμLin，α_2-M），它是动物血浆中一种高分子质量的蛋白抑制剂，单体分子质量为 180 ~ 185ku，其多肽链中的硫醇区在不同种动物之间均具有高度保守性。甲壳动物 α_2 巨球蛋白具有同哺乳动物相同的特性：①作用范围广，能抑制所有蛋白酶；②能抑制大分子物质的水解，而对小分子物质不起作用；③能被小分子胺类所抑制。α_2 巨球蛋白的主要作用是清除循环系统中病原微生物产生的毒性蛋白酶，其作用机理是由特定蛋白酶对 α_2 巨球蛋白进行水解切割，使 α_2 巨球蛋白构象改变，在其分子内部形成一"口袋"样折叠，靶酶分子嵌入此折叠中，并通过非共价结合形成蛋白酶复合物，然后通过某种机制将蛋白酶复合物迅速从循环系统中清除。另有报道指出，α_2 巨球蛋白具有调节酚氧化酶原的激活作用和类补体活性，能够溶解外源细胞。

（3）丝氨酸蛋白酶抑制剂

甲壳动物中发现的丝氨酸蛋白酶抑制因子分属 Kazal 和 Serpin 两个家族。Kazal 家族是从软尾太平刺骨血细胞中分离到的一种分子质量为 23ku 的抑制因子，可以抑制胰凝乳蛋白酶和枯草杆菌蛋白酶。Serpin 家族是从马蹄蟹及刺骨中分离出蛋白酶抑制因子，它们是有 400 个氨基酸残基组成的单链蛋白质，也在血细胞中表达，多数能抑制胰凝乳蛋白酶样蛋白。

甲壳动物的丝氨酸蛋白酶抑制剂的作用是保护机体免受病原微生物和寄生虫的侵害，一些丝氨酸蛋白酶抑制剂具有直接抑制真菌和细菌蛋白酶的活性，另外一些丝氨酸蛋白酶抑制剂则可控制一些内源蛋白酶的活性，这些蛋白酶参与凝集反应、酚氧化酶原激活系统和细胞分裂等，所以丝氨酸蛋白酶抑制剂在调节机体免疫以及其他生理功能方面起重要作用，它们的直接抗菌活性也越来越受到人们的关注。

3. 溶酶体酶

溶酶体酶的水解作用是甲壳动物免疫系统的抵抗病微生物的一种重要机制。溶酶体酶一般包括溶菌酶、过氧化物酶以及各种水解酶类（蛋白酶、磷酸酶、酯酶和糖酵解酶等）。吞噬细胞对病原微生物进行吞噬和包囊后，细胞内的溶酶体与病原微生物进行融合形成吞噬溶酶体，继而溶菌酶发生脱颗粒现象，外来入侵的病原微生物可以被其中的溶菌酶、过氧化物酶、磷酸酶等直接杀死，随后各种水解性酶类再进一步将它们水解消化而排出体外。

溶菌酶是一种碱性蛋白，广泛存在于各种动物的血细胞和血液中，在免疫应答过程中发挥着重要的作用。近年来陆续从中国对虾、日本囊对虾、凡纳滨对虾等甲壳动物体血细胞内检测到溶菌酶。Sotelo-Mundo 等（2003）克隆了凡纳滨对虾的溶菌酶基因，分析表明它属于 C 型溶菌酶，与鸡蛋清的 C 形溶菌酶有 46% 同源性。Hikima 等（2003）从日本囊对虾血细胞 cDNA 文库中克隆得到了一条 C 型溶菌酶的 cDNA，推导的氨基酸序列与凡纳滨对虾的溶菌酶有 79% 同源性。溶菌酶是血细胞杀菌的物质基础，能水解细菌细胞壁肽聚糖成分中的乙酰氨基多糖，使细菌细胞壁破损，细菌裂解，从而达到机体免疫防御功能。

磷酸酶包括碱性磷酸酶和酸性磷酸酶。碱性磷酸酶是一种重要的代谢调控酶。也是一种非特异性磷酸水解酶，直接参与磷酸基团的转移及钙磷代谢，同时与血细胞的自身代谢和吞噬作用等均有密切关系。酸性磷酸酶在甲壳动物体内也是吞噬溶酶体的重要组成部分，在血细胞进行吞噬和包囊反应中，会伴随有酸性磷酸酶的释放，可通过水解作用将表面带有磷酸酶的异物破坏或降解。

4. 超氧化物歧化酶

超氧化物歧化酶是重要的抗氧化酶之一，具有清除自由基的功能。当 SOD 酶活性降低时，生物体内自由基积累，干扰或破坏体内的一些重要生化过程，导致代谢紊乱，正常生理功能失调，机能免疫水平下降，潜在病原被激活，对动物产生致病作用。

5. 活性氧中间体

血细胞吞噬病原微生物后，激活细胞膜上 NAD（P）H 氧化酶，使细胞内糖原分解增加、氧耗增加，产生超氧阴离子（O_2^{2-}）、过氧化氢（H_2O_2），羟自由基（OH）和单线态氧（$^1O_2$）等一系列活性氧中间物（Reactive oxygen intermediaye，ROT）。这些活性氧有极强的杀菌功能，可直接和同溶酶体共同抵抗外源性病原微生物的侵入，也可通过骨髓过氧化酶-卤化物-H_2O_2 系统产生次卤化物或高卤化物等，形成潜在的杀菌体系。不同甲壳动物个体。其血细胞产生 ROIs 的水平存在明显差异，此时甲壳动物的生理状况、免疫水平及血细胞的类别有关，活性氧产生的量可直接反映血细胞的杀菌能力（见图5-5）。

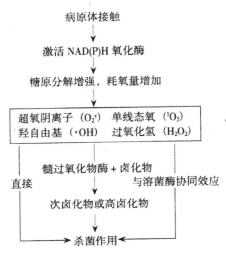

图 5-5 活性氧中间体的杀菌体系

6. 可凝固蛋白

可凝固蛋白（Clottable protein，CP）是甲壳动物血淋巴内不同于凝集素的又一类免疫因子，具有凝血作用，从而阻止血细胞通过伤口损失。鉴定出第一种甲壳动物的可凝固蛋白。甲壳动物可凝固蛋白为一种二聚体极高密度脂蛋白，分子质量为 380 ~ 400ku，由 2 个相同的亚基通过二硫键组成，每个亚基个含一个游离的赖氨酸和谷氨酸。在转谷氨酰胺酶的作用下，两者之间共价结合在一起。序列分析表明，不同甲壳动物的可凝固具有相似蛋白的氨基酸组成和 N 端序列。虽然甲壳动物可凝固蛋白与鳖的血凝素以及脊椎动物的纤连蛋白具有相似的血凝作用，但在序列上并无任何同源性。甲壳动物可凝固蛋白的凝血过程是甲壳动物受伤后，血细胞（尤其是透明细胞和小颗粒细胞）释放谷氨酰胺转移酶，在谷氨酰胺转移酶和血浆钙离子作用下不同可凝血蛋白分子之间的游离赖氨酸和谷氨酸进行共价结合，形成可凝固蛋白二聚体，从而使血淋巴发生凝固，防止机体血淋巴的流失。

第三节　影响甲壳动物免疫功能的主要因素

20世纪80年代以来，甲壳动物的人工养殖得到迅速发展。但随着养殖规模的不断扩大，养殖病害频繁发生，给水产养殖业造成了巨大的损失。已有大量研究表明，水质环境起着重要作用，当环境因子发生改变后，甲壳动物因应激反应，引起自身的免疫力下降，对病原体的易感染提高，从而导致疾病的发生。也就是说，甲壳动物疾病的暴发是病原体、机体免疫力和环境因子共同作用的结果。研究温度、酸碱度、溶解度、盐度和重金属等环境因素对甲壳动物免疫功能的影响，已成为环境免疫学的研究热点。

一、自然节律对甲壳动物免疫功能的影响

潮汐、昼夜和季节变化等自然节律通过对水体的作用，影响着甲壳动物的免疫功能。研究表明，三叶真蟹（Carcinus maenas）血细胞数量（Total hemocyte count，THC）和酚氧化酶活性随潮汐高度日变化而呈现显著的波动。低潮时，血细胞数量少，酚氧化酶活性高；高潮时血细胞数量多，酚氧化酶活性低。

季节的变化，主要体现为水温的变化。水温是水生甲壳动物生存最重要的环境因素。甲壳动物的体温直接受制于周围的环境温度，因此，包括免疫功能在内的各种生理机能，受水温的影响极大。在一定温度范围内，甲壳动物的血细胞数量与季节温度呈正相关，在冬季血细胞数量最少，而在春季随水温的升高，血细胞的生长增加，血细胞数量也随着增加。在温度骤变时，血细胞数量减少，其可能原因是温度骤变使甲壳动物的生理机能和某些组织器官遭到破坏，血细胞进行定向迁移，以帮助恢复和再生受损的组织器官。因此，血细胞数量的变化能很好地评价环境温度对甲壳动物免疫功能的影响。体外实验证明，环境温度也可以影响甲壳动物体液免疫因子的活力，日本沼虾（Macrobrachium nipponense）和中国对虾（Penaeus chinensis）酚氧化酶活力的最适温度分别为40℃和50℃，高于或低于该温度，酶活力均迅速下降，甲壳动物血清凝集对热不稳定，温度超过56℃即可失活。次外企，溶血素也受温度影响，在30~60℃范围内，其活性随温度增高而增高强，若继续升温则失活。在养殖生产中，如何利用温度调控甲壳动物体液免疫因子的活力，又能减少病原微生物的致病性，提高甲壳动物抗病力，尚需做更系统的研究。

二、酸碱度、盐度和溶解氧对甲壳动物免疫功能的影响

（一）酸碱度对甲壳动物免疫功能的影响

白昼，水体中浮游生物吸收二氧化碳进行光化作用使水体pH升高；夜间，水体中的呼吸作用，积累二氧化碳，使水体pH降低。在一定范围内水体pH的变化，对机体免疫系统影响不大，但当水体中的pH低于4.8和高于10.6时，都会改变甲壳动物的呼吸活动，

影响鳃从外界吸收氧的能力，从而降低其免疫力。

（二）盐度对甲壳动物免疫功能的影响

盐度也是影响甲壳动物免疫功能的重要环境因子。环境盐度与体液渗透调节密切相关。只有在体液等渗点附近，甲壳动物才能保持正常的生理功能和生长状态。盐度的改变会破坏甲壳动物的渗透平衡。大多数甲壳动物属于渗透调节型动物，当外界环境盐度变化时，甲壳动物从形态结构到生理功能上都会发生一系列的适应调节，以维持正常的代谢活性。例如，环境中盐度改变时，甲壳动物的鳃上皮角质层通透性随之变化，顶部质膜微绒毛收缩变短、变粗，细胞体积改变，导致细胞顶部表面区域减小，胞内线粒体数目增加，质膜透性改变。同时盐度的改变作为一种外源刺激和环境胁迫因子引起甲壳动物相关免疫指标（如血细胞数量和酚氧化酶活性）的变化，特别是降低盐度能够明显降低血细胞数量，引起酚氧化酶活性增强。由于机体免疫防御能力降低，条件致病菌大量生长繁殖，引起甲壳动物疾病爆发。因此，尽可能地保持养殖水体盐度的基本稳定，是水产养殖业应遵循的基本原则。

（三）溶解氧对甲壳动物免疫功能的影响

溶解氧含量也是甲壳动物养殖环境中重要的影响因子之一。水体 pH 的降低常伴随二氧化碳浓度增加和溶解氧含量减少。低溶解氧既能抑制甲壳动物的形成代谢，降低其生长速度，也可减少其蜕皮频率，甚至引起甲壳动物死亡。对此，甲壳动物可通过降低代谢率和调节淋巴渗透压等来适应缺氧环境。但当水体中溶解氧含量降低至超出甲壳动物的耐受范围时，会明显降低其免疫力，提高对病原微生物的易感性。通过实验也证实，当水中溶氧量降低时，红额角对虾（Penaeus stylirostris）（细角滨对虾）血细胞的呼吸爆发活力会降低，机体对弧菌的敏感性增高。因此，对养殖水面配备增氧设备并及时充氧，是提高甲壳动物免疫能力、预防疾病发生的较为经济和方便的有效方法。

三、有机物对甲壳动物免疫功能的影响

氨氮是甲壳动物养殖环境中重要的胁迫因子，主要由养殖生物残饵和分泌排泄物等有机物分解产生。氨氮在养殖水体中以离子态（NH_4^+）和非离子态两种存在，它们之间可以互相转换，其中非离子态因为不带电荷，具有较强的脂溶性，能够穿透细胞膜，表现出毒性效应。已有研究表明，高浓度的氨氮会影响甲壳动物鳃组织并渗入血液，导致淋巴氨氮浓度升高、氧和血蓝蛋白浓度降低，削弱其呼吸功能和血液载氧能力而耗氧量和体内氮累积增加则会导致甲壳动物组织缺氧或中毒。同时，氨氮对甲壳动物免疫系统也能产生不利影响，氨氮浓度升高，甲壳动物的血细胞数量明显减少，免疫活性酶类和细胞黏附分子的表达水平下降，酚氧化酶、超氧化物歧化酶、碱性磷酸酶和酸性磷酸酶的活性降低，机体抗病力下降，对病原微生物的易感性增加。

四、营养对甲壳动物免疫功能的影响

随着水产养殖业的快速发展，有关甲壳动物营养与免疫关系的研究也逐步开展起来。

研究表明，甲壳动物的营养需求、血液代谢与免疫功能有密不可分的联系。日粮中的蛋白水平、聚糖类物质水平、维生素水平和硒钴锰等微量元素水平均可影响机体免疫应答。

（一）蛋白水平对甲壳动物免疫功能的影响

许多学者研究发现，甲壳动物日粮中蛋白含量明显影响机体的各种生理功能，尤其是免疫系统的功能。研究发现，给虾类投喂蛋白饵料会直接影响其免疫系统的正常运转，血细胞总数减少，血细胞吞噬能力下降，胞内酶表达量降低，免疫相关酶类和免疫因子活性降低；而连续饲喂高蛋白饵料，虾类不仅在生长系数、肝糖原表达量上有显著性增高，而且氧合血蓝蛋白量、血细胞总数和酚氧化酶活性均与饵料蛋白含量呈剂量依赖关系。

（二）维生素水平对甲壳动物免疫功能的影响

维生素是维持动物健康、促进生长发育所必需的一类低分子有机化合物，在机体不能由其他物质合成或合成量很少，不能满足正常的生理需求，因而必须由饲料提供。如果长期维生素摄入不够或利用不足，就会导致动物的物质代谢和能量代谢障碍，从而表现出生长不良、发育迟缓、抗病抗应激能力下降甚至发生死亡等反应。因此，集约化养殖条件下，营养充足而均衡的饲料是获得养殖成功的关键因素之一。维生素有不可替代的作用，尤其是维生素 C 和维生素 E（有关内容将在本章第五节中介绍）。

（三）聚糖类物质水平对甲壳动物免疫功能的影响

聚糖类物质包括多聚糖、寡聚糖和肽聚糖等糖类衍生物，目前已证明它们是一类广谱的非特异性免疫增强剂，在甲壳动物日粮中添加一定水平的聚糖类物质可以增加机体血细胞总数，增强血细胞活性和溶酶体酶活性，提高甲壳动物对病原微生物的抵抗能力，减少疾病的发生（有关内容将在本章第五节中介绍）。

（四）硒、钴、锰水平对甲壳动物免疫功能的影响

1.硒对甲壳动物免疫功能的影响

硒是动物生命活动必需的元素，它是谷胱甘肽过氧化物酶（GSH-Px）的组成成分，能防止细胞线粒体的脂质过氧化，保护细胞膜不受脂质代谢产物的破坏。其和脊椎动物免疫的关系以研究清楚，其能显著提高脊椎动物吞噬细胞的吞噬作用、增强 T 细胞活性和刺激机体产生抗体。缺硒脊椎动物的吞噬细胞功能、抗体产生水平以及细胞免疫功能均低于正常水平、并且观察到淋巴细胞数量减少、淋巴细胞呈灶性弥漫性坏死、淋巴器官（胸腺、脾脏、盲肠和扁桃体）结构变得疏松，从而导致不同程度的免疫抑制。硒对甲壳动物免疫功能也有很大影响，研究发现，在虾蟹饲料中添加一定量的硒多糖，可明显增强血细胞的吞噬能力及清除异物能力，提高酸性磷酸酶、超氧化酶歧化酶和溶菌酶的活性。

2.钴对甲壳动物免疫功能的影响

钴是维生素 B_{12} 的组成成分，大多数动物都需要钴来合成维生素 B_{12}。钴作为维生素 B_{12} 的成分与氮的同化和血红蛋白的合成密切相关，钴也能增强机体造血功能，降低血浆

中的葡萄糖中水平。缺钴时体内抗体产生量减少，血清中IgG水平下降，细胞免疫应答降低，对病原微生物易感染性增加。实验证明，钴也是甲壳动物生长必需的微量元素，添加量为每千克饲料 0.05 ~ 0.075g 时，中国对虾的体长和体重增长率最高，肝胰脏中羧肽酶 A 的活性最高，机体免疫力最强。

3. 锰对甲壳动物免疫功能的影响

锰广泛分布于生物体组织中，是激酶，转移酶，水解酶和脱羧酶的激活剂，也是精羧氨酶的、丙酮羧酸化酶和超氧物歧化酶等的活性基因或辅助因子。锰具有促进生长、增强机体免疫力和提高动物的繁殖性能的作用。研究发现，在饲料中添加微量锰对中国对虾糠虾幼体变态发育有明显的促进作用，机体免疫力增强。但锰浓度过高时，对虾变态率底，仔虾行动迟缓，蜕皮困难。

第四节　甲壳动物免疫能力的检测方法

甲壳动物主要是通过非特异性免疫应答来抵抗病原微生物，一些免疫因子（如血淋巴细胞、分氧化酶、超氧化物歧化酶、凝集酶、溶血素等）发挥重要作用。这些免疫因子的数量和活性直接反应甲壳动物免疫功能的高低。因此，建立这些免疫因子数量和活性的检测方法，密切监测其数量和活性，对了解甲壳动物的免疫功能有重要的参考价值，对生产实践也具有指导意义。

一、总血淋巴细胞密度的测定

（一）测定方法

通常采用血细胞计数板法测定总淋巴细胞密度（Total haemocyte count，THC）。用预先吸取 100μL 预冷抗凝剂的一次性注射器心脏采血，混合均匀后，利用血细胞计数板在光学显微镜（放大 400 倍）下直接计数，每次记录两个计数室中 5 个中格的血细胞数，取其平均值（A）。根据以下公式计算总血淋巴细胞密度。

$$1mL\ 血液总血淋巴细胞数 = A \times 5 \times 10 \times 1000 \times 稀释倍数$$

由于甲壳动物血细胞比较脆弱，离体后易于变形破裂或相互粘附成团而影响血细胞计数的精确度，因此应选用适当的抗凝剂和缓冲液，防止血细胞凝集和破裂。采用阿氏液（含柠檬酸三钠 19.3mmol/L，氯化钠 239.8mmol/L，葡萄糖 182.5mmol/L，EDTA6.2mmol/L），作为抗凝剂能有效地防止血细胞破裂和结团，并较长时间保持血细胞的完整形态。

（二）测定意义

总血淋巴细胞数可作为测定和评定甲壳动物健康状况的指标之一。一般来说，患病甲壳动物体内的总淋巴细胞数有减少的趋势。但在某些特定生理条件下，总淋巴细胞数也会有明显变化，例如，虾退皮期间总血淋巴细胞数显著减少，蜕皮后则显著增加。此外，总血淋巴细胞数也可作为环境指标，对水质状况进行监控，各种水环境因子（如pH，水温，盐度等）均影响总血淋巴细胞数，在一定温度范围内，总血淋巴细胞数与水温成正相关，但升高到一定温度后。总血淋巴细胞数则逐渐减少，低盐度下的总血淋巴细胞数与高盐度下的总血淋巴细胞数差异显著，且后者比前者多；于pH7.5 ~ 7.7水环境中，饲养的甲壳动物中血淋巴细胞数与在pH4.6 ~ 5.0或pH9.0 ~ 9.5的水环境中，饲养的动物中血淋巴细胞数也有显著差异，后两者比前者少。

二、血细胞吞噬活性的测定

（一）测定方法

甲壳动物血细胞吞噬活性的测定方法有显微镜检测法，TTC还原法，血细胞花环试验和检测法。采用的方法不同，所得的试验结果也有一定的差异。目前最常用的方法是显微镜检测法，操作步骤为：剪肢放血，于4℃下以5000r/min离心5min。所得的抗凝血与$1.4 \times 10^7 cfU/mL$的白色酵母菌悬液等体积混匀，28℃水浴1h。取出后用改良瑞氏-吉姆萨染色液染色5min，高倍镜下观察计数，随机监测100个血细胞，计算吞噬率和吞噬指数。

$$吞噬率 = 吞噬有细菌的血细胞数 / 检测血细胞总数 \times 100\%$$

$$吞噬指数 = 每个细胞平均吞噬的细菌数$$

（二）测定意义

血细胞吞噬活性是衡量甲壳动物血细胞的免疫功能，是反映机体免疫状况的另一个重要指标。

三、血清酚氧化酶活性的测定

（一）测定方法

邻苯二酚（L-DOPA）被酚氧化酶（Phenoloxidase，PO）分解后产生多巴色素，可通过测定其在490nm波长处的吸光值来判断分氧化酶活性的大小。目前主要采用酶标板微量法测定分氧化酶活性。对鱼虾类一般从其头胸甲后插入心脏取血，以250r/min离心10min，取出上清液作为血清样品。对于蟹类则从其螯足第2对关节处折断，取血淋巴，置于Eppendorf管中4℃过夜，经冷冻高速离心机离心后吸出血清作为待测样品。用无菌水配制0.3%邻苯二酚（L-DOPA）作为底物，10μL底物溶液与等体积的血清混合，再加82μL生理盐水，室温放置30min后，在分光光度计上测定OD_{490}值。对照用10μL生理盐水取代血清样品。

$$分氧化酶相对活力单位 = OD_{490} \times 血清稀释倍数$$

（二）测定意义

酚氧化酶活性与机体免疫功能有直接相关性，可作为判定甲壳动物免疫功能大小的一个指标。机体受病原微生物感染或受免疫增强剂刺激，均能使血清酚氧化酶活性增强。此外，酚氧化酶也可作为环境指标，对水质状况进行监控，各种水环境因子，如容氧，水温和盐度均影响酚氧化酶活性。在一定范围内，温度和盐度越高，酚氧化酶活性越强；而溶解氧越高分氧化酶活性越弱。

四、血清凝集素活性的测定

（一）测定方法

凝集试验是检测凝集素（Lectin）最常用的方法之一，可使用红细胞，藻类细胞，肿瘤细胞、淋巴细胞，骨髓细胞和生殖细胞做凝集原来检测凝集素的凝集合力，但最常用各种脊椎动物红细胞检测血清凝集素。凝集试验的方法有玻片法，试管法和微量板法，以微量板法最为常用，具体操作步骤为：用阿氏液采集新鲜兔血和鼠血，经离心（以300r/min离心5min）洗条后，用生理盐水制成5%红细胞悬液。取25μL的5%红细胞悬液与等体积的稀释度的血清混合后，与25℃下作用40min，镜检观查有无凝集块形成，一形成明显凝集块最高血清稀释度为血清的凝集效价，该凝集效价表血清凝集素的相对活性。

（二）测定意义

凝集素的活性可以作为检测和评定甲壳动物健康状况和血清免疫活性的指标之一。对虾血淋巴的凝集活性与对虾个体大小也有一定关系，对虾个体越弱，凝集活性也越弱。此外，凝集素活性可被一些免疫增强剂诱导。

五、血清溶血素活性的测定

（一）测定方法

血清溶血素（Hemolysin）的测定，用阿氏液采集新鲜兔血或鸡血，经离心（以130r/min离心5min）洗条后，用生理盐水配制成2%红细胞悬液。取100μL2%红细胞悬液与10μL的待检血清混合，于25℃以下作用1h，立即冰浴以终止反应。以2000r/min离心5min，上清夜于分光光度计上测定OD_{540}值，对照用10μL生理盐水取代血清。

$$溶血素活力单位 = OD_{540} \times 血清稀释倍数$$

（二）测定意义

溶血素活性在一定程度上反应机体的免疫机能状态，遭受病原微生物感染的甲壳动物血清溶血素活性增强。此外，溶血素具有一定的可诱导性，外源刺激物的诱导可以使血清溶血素浓度增加。

六、血清超氧化物歧化酶活性的测定

（一）测定方法

通常采用联苯三酚自氧化法测定超氧化物歧化酶（Superoxide dismutase，SOD）活性。将0.05mol/L、pH8.4的磷酸缓冲液4.5mL与0.05mol/L联苯三酚10μL混合并迅速摇匀，立即每隔20s测OD_{325}一次，要求自氧化速率每分钟OD_{325}变化约0.07。血清酶活性测定方法与此相同，在加入联苯三酚前，加入待测血清50μL，室温下混匀。

$$酶活性 = （0.07{-}OD_{325}/min）/ （0.07{\times}50\%）{\times}100\%{\times} 反应液体积 {\times} 样液稀释倍数 / 样液体积$$

酶活力单位定义为，每毫升反应液中，每分钟抑制联苯三酚自氧化速率达 50% 的酶量为 1 个酶活单位（U/mL）。

（二）测定意义

超氧化物歧化酶是重要的抗氧化酶之一，在清除自由基，防止自由基对生物分子损伤方面具有十分重要作用，其活力的变化反映机体抵抗自由基损伤的能力。因此，超氧物歧化酶可作为判定机体免疫功能和抗氧化能力的指标之一。此外，超氧化物歧化也可作为甲壳动物的应激指标，超氧化物歧化酶活性的降低与环境中氨氮胁迫浓度和时间呈中相关。

七、血清溶菌酶活性的测定

（一）测定方法取溶壁微球菌

微球菌（Micrococcus lysoleiticus）冻干粉适量，接种于普通液体培养基摇床培养 48h 后取出，经 4000r/min 离心 5min 弃去上清液，用 0.1mol/L，pH6.4 的磷酸盐缓冲液悬浮细菌沉淀，配成 OD_{570} 约为 0.3 的细菌悬液。取 3mL 细菌悬液于试管内置冰浴中与 100μL 待测血清混匀后测其 OD_{570}（A_0）。然后将试管移入 28℃水浴中作用 30min，取出后再置冰浴中 10min 以终止反应，测 OD_{570}（A）。

$$血清溶菌酶活力（U/mL）= （A_0{-}A）/A$$

（二）测定意义

溶菌酶主要由吞噬细胞释放，故可作为判定甲壳动物吞噬细胞功能的指标之一。溶菌酶也可作为环境应激指标，甲壳动物在高浓度氨氮环境或长期处于较低氨氮环境下，均会降低其血清溶菌酶活力。

八、血清磷酸酶活性的测定

（一）测定方法血清碱性磷酸酶

碱性磷酸酶（ALP）活力测定采用磷酸苯二钠法。其原理是在碱性反应液中，碱性磷酸酶催化底物磷酸苯二钠水解，生成游离酚和磷酸。酚在碱性溶液中与 4- 氨基安替吡啉结合，并经铁氰化钾氧化生成红色的醌衍生物，颜色深浅与酚含量成正比，可在波长 510nm 处测定吸光度，查标准曲线得碱性磷酸酶活力单位（图 5-6）。以每 100mL 血清在 37℃与底物作用 15min，产生 1mg 酚者即为 1 个酶活单位。

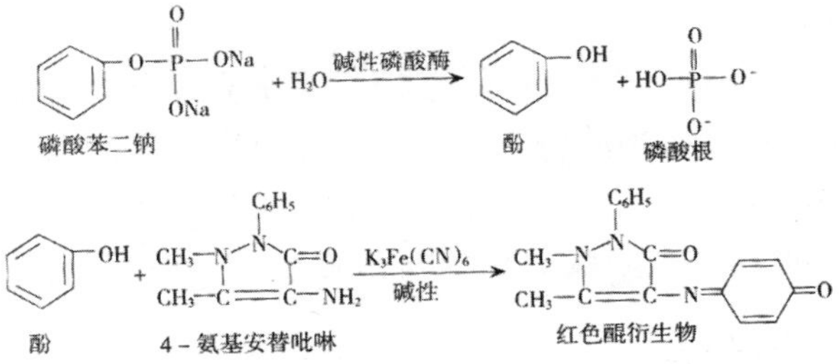

图 5-6 磷酸苯二钠法原理

血清酸性磷酸酶（ACP）活力测定亦采用磷酸苯二钠法。以每 100mL 血清在 37℃与底物作用 60min，产生 1mg 酚者即为一个酶活性单位。磷酸酶活性测定具有操作步骤如下：

1. 标准曲线的绘制

取 6 个试管按表 5-4 成分加样，立即混匀，用 1.0cm 吸收池，以 0 号管作参比调零，在 510 波长处测量吸光度，并与相应酶活力单位为横坐标绘制标准曲线。

表 5-4 标准曲线绘制中各管成分

管号	酚标准应用液 /mL	水 /mL	碳酸盐缓冲液 /mL	铁氰盐缓冲液 /mL	相当金氏活力单位
0	0	1.1	1.0	3.0	0
1	0.2	0.9	1.0	3.0	10
2	0.4	0.7	1.0	3.0	20
3	0.6	0.5	1.0	3.0	30
4	0.8	0.3	1.0	3.0	40
5	1.0	0.1	1.0	3.0	50

2. 样品测定

取 2 个 16mm × 100mm 试管按表 5-5 操作，以（测定管光密度—对照管光密度）后查标准曲线，求得酶活力大小。

表 5-5 血清碱性磷酸酶操作步骤

顺序	加入试剂	管号		操作条件
		测定管	对照管	
1	血清（mL）	0.1	0	置 37℃水浴 5min
2	碳酸盐缓冲液（mL）	1.0	1.0	
3	磷酸苯二钠溶液（预温 37℃）（mL）	1.0	1.0	混匀，置 37℃水浴，准确保温 15min
4	铁氰盐缓冲液（mL）	3.0	3.0	立即混匀，用 1.0cm 吸收池，以蒸馏水做参比调零，测定吸光度
5	血清（mL）	0	0	

（二）测定意义

酸性磷酸酶是吞噬细胞内溶酶体的标志酶，在甲壳动物血细胞进行吞噬和包囊化的免疫反应中，会伴随着酸性磷酸酶的释放。碱性磷酸酶是生物体内的一种重要代谢调控酶，不仅可以直接参与磷酸基团的转移，而且还可参与机体蛋白质的合成，也是溶酶体酶的重要组成部分。因此，两种磷酸酶活力是判断虾类免疫能力的指标之一。

九、抗菌肽活性的测定

（一）测定方法

抗菌肽活性的测定方法主要有琼脂糖孔穴扩散法和比浊法两种。琼脂糖孔穴扩散法是根据抗肽抑制敏感菌在平板培养基中生长而形成抑制菌圈大小来确定抗菌活性的。具体操作步骤为：用无菌不锈钢打孔器（直径为 3mm）在平板培养基上打孔，每孔加 5μL待检样品，于 37℃培养过夜，测定抑菌圈直径。

比浊法最适用于大量样品的一次性检测，其原理是：根据抗菌肽抑制敏感菌在液体培养基中的生长，通过测定其吸光度值的变化来测定抗菌活性。具体操作步骤为：用 0.1mol/L、pH6.5 磷酸盐缓冲液冲洗固体斜面上的检测菌，配制成一定浓度的悬浮液（在 600nm 波长下测得的悬浮液的光密度值应为 0.3 ~ 0.5）。取该悬浊液置于冰浴中，再加入 100μL 纯化抗菌肽，混匀，测定其在 600nm 波长处的光密度值 A_0。然后将其放入 37℃恒温水浴中 1h，取出后立即置冰浴中 5min，终止反应，并测定在 600nm 处的光密度值 A，按 Hultmark 方法计算抗菌活力，计算公式为：

$$U=A_0-A/A_0 \text{ 式中，} U \text{ 为抑菌活力单位}$$

（二）测定意义

抗菌肽由血细胞产生，并储存于血细胞中，在病原微生物刺激下释放到血淋巴中发挥抵抗病原微生物的作用。因此，它可作为检测甲壳动物健康状况的指标之一。

（一）测定方法

血淋巴蛋白含量的测定可才采用多种方法进行，如双缩脲法、考马斯亮蓝法，福林酚法和紫外吸收法等。双缩脲法是第一个用比色法测定蛋白质含量的方法，至今仍被采用，在需要快速、且不很精确的测定中，常用此法。

双缩脲法是由两分子尿素缩合而成的化合物。在碱性溶液中双缩脲与硫酸铜反应生成紫红色络合物，此反应称双缩脲反应。含有两个或两个以上肽键的化合物都有双缩脲反应。蛋白质含有多个肽键，在碱性溶液中能与 Cu^{2+} 络合成紫红色化合物，在 540nm 处有最大吸收。具体操作步骤如下。

1. 标准曲线的绘制

取 12 支试管编号为 0 ~ 5（0' ~ 5'），按表 5-6 操作，以 A_{540} 为纵坐标，蛋白含量为横坐标绘制标准曲线。

2. 样品液的测

取 2 支试管编号为 6（6'），按表 5-6 操作，从标准曲线上查出蛋白质含量，即为样品液的蛋白质含量（mg/mL）。

表 5-6 标准曲线及未知样品的测定

管号	0（0'）	1（1'）	2（2'）	3（3'）	4（4'）	5（5'）	6（6'）
酪蛋白标准液（mL）	0	0.2	0.4	0.6	0.8	1.0	–
未知样品液（mL）	–	–	–	–	–	–	1.0
蒸馏水（mL）	1.0	0.8	0.6	0.4	0.2	0	
双缩脲试剂（mL）	4.0	4.0	4.0	4.0	4.0	4.0	4.0
摇匀，室温（15～25℃）下放置 30min，测定吸光度 A_{540}							

（二）测定意义

血淋巴蛋白含量虽然不是一项免疫学指标，但甲壳动物具有开放式循环系统，其血淋巴担当了许多重要的生理功能，因此，在某种程度上它可以反映动物的健康状态。血淋巴蛋白也可作为环境监测指标，如研究发现蓝蟹（Callinectes sapidus）在高温季节和低温季节血淋巴蛋白含量分别呈现高低变化，在底溶氧条件下，血淋巴蛋白含量也较低。

第五节　增强甲壳动物免疫功能的措施

近年来，随着甲壳类、鱼类等水产养殖业规模不断扩大，集约化和工厂化程度越来越高，养殖水域污染也日夜严重，导致病害的频繁发生，严重妨碍水产养殖业的健康发展。与此同时，大量抗生素的使用，不仅使耐药菌株不断增加，而且造成水体污染和水产品质降低。仿照高等植物，研制水产动物疫苗不失为一个很好的选择。但疫苗在缺乏特异性免疫的甲壳动物中，应用效果较差，且生产上操作可行性较差。随后人们又发现适当使用一些物质（如多糖、中草药、维生素等）可以提高机体的免疫功能，增强抗病能力。因此，国内外对这些免疫增强剂的研究与应用都会给予高度重视，有关免疫增强剂用于水产养殖动物以增强机体非特异性免疫的研究也较多的报道。通过使用适宜的免疫增强剂以激活或诱导甲壳动物的免疫系统，从而增强其抗病和防病能力，也是解决甲壳动物病害问题的根本途径之一。目前增强甲壳动物免疫功能的主要措施是在搞好养殖环境的同时，于饲料中添加免疫增强剂。

一、免疫增强剂种类

免疫增强剂（Immunostimulant）又称为免疫促进剂。免疫增强剂的种类繁多（表 5-7），根据其作用特点分为两类，一类是单独使用能够引起机体发生短暂而又广泛的免疫增强作用的物质；另一类是免疫佐剂或简称佐剂，能先于疫苗或疫苗同时使用，非特异性地增强疫苗对机体的特异性免疫应答。按其组成成分不同又分为糖类、蛋白多肽类、微生物类、中草药类、化学合成类和维生素类。在甲壳动物中应用的免疫增强剂主要有葡萄糖、肽聚糖、脂多糖、维生素类、中草药以及一些微生态制剂等，它们通过单独使用或添加饲料中来增强甲壳动物非特异性免疫应答能力，如激活血淋巴中巨噬细胞，提高吞噬病原微生物能力；刺激血淋巴中抗菌、溶菌活力的升高；激活分氧化酶原系统产生识别信号及介导吞噬等功能。

表 5-7 免疫增强剂种类

种类	举例
化学合成类	左旋咪唑，胞壁酰二肽
多糖类	几丁质、壳聚糖、黄氏多糖、灵芝多糖、海藻多糖、香菇多糖
寡糖类	寡甘露糖、寡果糖、寡乳糖、寡异麦芽糖
细菌提取物	肽聚糖、脂多糖
微生物	卡介疫苗等各种疫苗、微生态制剂
中草药	黄芪、当归、党参等
蛋白多肽类	细胞因子、乳铁蛋白、干扰素、生长激素、泌乳刺激素、胸腺因子等
维生素	维生素 C、维生素 E、维生素 A 等
其他	蜂胶、皂苷、脂质体、多聚核苷酸类、聚肌胞、油水乳剂、不溶性铝盐佐剂

二、甲壳动物常用的免疫增强剂

（一）β - 葡聚糖

1. 来源与结构

β - 葡聚糖（β-glucan）是一类极性大分子化合物，可采用水、稀碱溶液提取。不同来源的 β - 葡聚糖分子结构和分子质量不同，但具有活性的主要是含 β-1，3 糖苷键的葡糖糖。目前水产上研究较多的 β-1，3 糖苷键葡聚糖主要来源于海藻。活性 β - 葡聚糖以 1，3 糖苷键为主链，β 沿主链随机分布着由 β-1，6 糖苷键连着的支链，呈梳状机构。三股（超）螺旋是 β - 葡聚糖的一种稳态化构想象，这种构象的热稳定性较好，一般能够耐受 100℃以上的高温，此高度有序机构对于免疫活性的调节至关重要。

2. 免疫增强机制

β - 葡聚糖具有免疫调节作用，其机制是：血细胞膜上具有 β - 葡聚糖受体，当 β - 葡聚糖与颗粒细胞膜上相应受体集合后，颗粒细胞释放丝氨酸，丝氨酸继续激活酚氧化酶原发生及联放大反应，增强血细胞吞噬及包囊作用，从而增强活调节机体的免疫功能。

3. 应用现状

β-葡聚糖是一种成功的地应用到甲壳动物的免疫增强剂，它能提高甲壳动物对细菌和病毒的抵抗力，尤其是葡聚糖和多脂糖混合使用的效果更加显著。饲料中添加来源于裂褶菌的 β-葡聚糖饲喂斑节对虾 20d 后，以白斑综合征病毒进行攻毒试验，显示 β-葡聚糖可提高对虾抵抗白斑综合征病毒活性。余水法等（2006）报道，饲料中添加 β-葡聚糖也能促进河蟹酚氧化酶和超氧化物歧化酶的活性提高，在巴拿马一个农场做了一个具有商业性质的实验，实验中使用了 3 个 4.05hm$_2$ 的养殖场，在对虾放养 28d 后，投喂添加了葡聚糖与脂多糖复合物饲料。结果显示，投喂免疫增强剂的虾池比投喂普通饲料的虾池对虾的成活率提高 55%，个体增大 9.3%，产量增加 15.4%。

（二）肽聚糖

1. 来源与机构

肽聚糖（Peptidogycan）又称粘肽，是细菌细胞壁的主要成分。它由聚糖链，肽亚单位和间肽桥三部分组成。聚糖链是由N-乙酰葡萄糖胺和N-乙酰胞壁酸两种氨基糖经 β-1，4 糖苷键重复交替连接成的多糖骨架，在 N-乙酰胞壁酸分子上连接四肽侧链，肽链之间再由肽桥联系起来，组成一个机械性很强的网状结构（见图 5-7）。

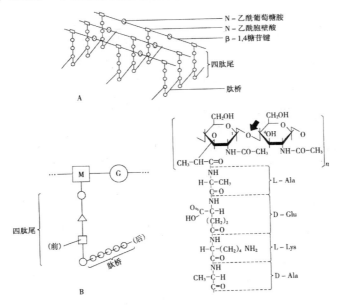

图 5-7 细菌肽聚糖的结构

2. 免疫曾强机制

大量研究结果表明，肽聚糖对所有哺乳动物，甚至无脊椎动物的免疫系统均产生不同程度的免疫调剂作用。分枝杆菌聚糖链在体内均表现出刺激哺乳动物淋巴细胞，增强体液免疫和细胞免疫功能，激活单核细胞和多核白细胞的吞噬活性以及化补体作用。研究还发现，肽聚糖中的多糖成分尚具有抗肿痛、抗感染作用。对于甲壳动物，肽聚糖主要通过两条途径来增强和调节其免疫功能。一条途径是肽聚糖直接激活甲壳动物体内无活性的丝氨酸蛋白酶原，使无活性的丝氨酸蛋白酶原转变成有活性的丝氨酸蛋白酶，然后有活性的丝氨酸蛋白酶激活酚氧化酶系统。另一条途径是肽聚糖的作用于小颗粒细胞，造成小颗粒细胞的脱颗粒，从而产生一系列的生理功能，如分泌有直接抗菌活性的抗菌肽，激活酚氧化酶系统，启动黑色素化过程，发起细胞黏附、包囊作用、呼吸爆发、产活性氧和调理作用以及透明细胞的吞噬活动等。

3. 应用现状

从海带中提取的肽聚糖在国内外已经开始投入商业性开发应用。孟凡伦等用肽聚糖肌肉注射中国明对虾，发现肽聚糖能激活对虾的细胞防御体系，且对体液免疫因子也有不同程度的诱导作用。Sitdhi 等用肽聚糖投喂斑节对虾，发现肽聚糖能显著提高对虾的存活率、生长速度、饵料转化率、血细胞吞噬活性和抗胁迫能力。Itami 等（1998）再用添加肽聚糖的饵料投喂日本囊对虾（Penaeus japonicus）95d，期间以浸浴方式连续感染白斑综合征病毒。结果显示，肽聚糖有明显的免疫保护效果，添加肽聚糖实验组的对虾的成活率为 85% ~ 100%，显著高于对照组。

（三）脂多糖

1. 来源与机构

脂多糖广泛存在于动物细胞膜、植物和革兰氏阴性细菌的细胞壁中。脂多糖的相对分子质量较大，常在 10000ku 以上，机构复杂，由脂质、核心多糖和 O 特异性侧链组成。其中脂质为一种糖磷脂，由 N- 乙酰葡糖糖胺双糖、磷酸很多种长链脂肪酸组成，它是细菌内毒素的主要成分。核心多糖由 2- 酮 -3- 脱氧辛糖酸、七糖糖、半乳糖和葡萄糖胺组成，核心多糖一边通过 2- 酮 -3- 脱氧辛糖酸残基连接在脂质上，另一边通过葡糖糖残基与 O 特异性侧链相连。O 特异性侧链位于脂多糖最外层，有重复的寡糖单位组成，糖的种类、顺序和空间构型具有菌株特异性（见图 5-8）。

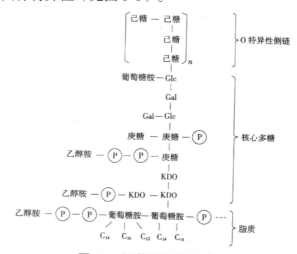

图 5-8 细菌脂多糖的结构

2. 免疫增强机制

脂多糖不仅可引起机体良好的体液免疫应答，而且还可以提高机体的非特异性免疫功能。

3 应用现状

在对虾白斑综合征流行期间，将斑节对虾幼虾在放苗之前用脂多糖多糖浸浴，并在养殖期间每隔 30d、连续 7d 投喂添加脂多糖的饲料。养殖 90d 后，实验池的对虾平均成活率为 49.2%，比对照池成活率提高 25%，随后在印度尼西亚也做了一个推广性实验，65 个实验池的斑节脂多糖浸浴并投喂添加脂多糖的饲料，其中只有 3 个虾池感染白斑综合征病毒而发病，而 10 个对照池有 2 个虾池感染白斑综合征病毒而发病。这说明多糖可提高对虾免疫力，降低病毒感染率。使脂多糖免疫增强剂预防甲壳动物病害时，注意两方面问题：①使用安全性的问题。脂多糖中的类脂 A 多糖是一种内毒素，对水产动物具有一定毒性，应采用物理或化学方法或降低其毒性，同时保留其抗原性。②免疫免疫保护率低的问题，其原因是脂多糖的抗原性较弱，只有提高脂多糖的抗原性只有提高脂多糖的抗原性，才能提高其对水产养殖动物的保护性。

（四）维生素类

维生素作为一种免疫增强剂已在水产养殖中得到了广泛的应用，维生素 C 和维生素 E 是两种水产动物具有较强免疫增强作用的维生素。

1. 维生素 C

维生素 C 又名抗坏血酸，为六碳的多羟基内酯，具有酸性和强还原性在动物体内既可以作为受氢体，又可作为供氢体，生理功能极为广泛，如对羟基、谷胱甘肽、血红蛋白、铁离子、叶酸等的还原作用，对氨基酸、胆固醇等代谢物的羟化作用，以及对细胞的吞噬作用和抗体形成的促进作用。甲壳动物自身不能合成维生素 C，必须从饲料中获得，在饲料中添加适量维生素 C 可提高体内总血细胞数，促进酚氧化酶、过氧化物酶、溶菌酶等免疫相关酶的表达，从而调节甲壳动物的免疫功能。在斑节对虾饵料中添加适量维生素 C，会减慢可显著增加超氧化物阴离子生成量，提高斑节对虾的呼吸爆发效率，促进斑节对虾生长。当饲料中维生素 C 含量为 0.06% 时增重率最高，含量继续升高时，对虾生长会减慢。维生素 C 还具有促进对虾脱壳的作用，饲料中维生素 C 含量适宜时对虾脱壳率增加，生长快，但维生素 C 添加过多，其脱壳频率及生长率则下降。

维生素 C 化学结构中，高度活泼的第 2 位碳原子上的羟基很不稳定，容易被空气氧化。水产饲料在加工过程中一般都经过熟化、造粒、烘干和包装等工序，饲料中维生素 C 很容易在加工和储藏过程中丧失活性。防止维生素 C 被破坏的方法有两种，一种是物理方法，用纤维素或硅酮等做包膜，经一定的加工工艺制成包膜维生素 C；另一种是化学方法，将维生素 C 中高度活泼的羟基用酸加以酯化，使维生素 C 形成性质稳定的衍生物，包括维生素 C 的硫酸酯、单磷酸酯、双磷酸酯及多聚磷酸酯等衍生物，稳定性强于包膜维生素 C，但维生素 C 含量低于包膜维生素 C。

2. 维生素 E

维生素 E 又称为生育维生素或抗不育因子，按结构分为生育酚和生育醇两类。当前作为饲料添加剂用的维生素 E 为 α 生育酚醋酸酯，较单体维生素 E 稳定，它能促进动物体生长，抑制脂类和脂肪酸的氧化，清除自由基，有助于机体形成重要的抗氧化机制，提高甲壳动物的抗病能力。此外，脂溶性维生素 E 与多不饱和脂肪酸存在于细胞膜中，在保护细胞免受氧化损伤、保护生物膜免受自由基攻击、保持细胞膜完整性等方面起主要作用。如果维生素 E 缺乏，则会导致动物体对环境敏感性增强，抗病力下降。

在班节对虾饵料中添加不同水平的维生素 E（每千克日粮中分别含维生素 E25、50、75、100、150、200 和 400mg），8 周后发现，添加组的总血细胞数、超氧化物阴离子数均比对照组显著提高。虾类饵料中维生素 E 最适添加量为每千克日粮 85 ~ 89mg。艾春香等（2003）等在河蟹饲料中添加维生素 E，组织中超氧化物歧化酶（SOD）活性随着维生素 E 添加量的升高而显著降低，原因是维生素 E 在河蟹饲料中充分发挥其良好抗氧化功能，降低诱导性酶超氧化物歧化酶的活性，碱性磷酸酶和酸性磷酸酶的活性随维生素 E 添加量的增加而显著升高，可增强机体的非特异性免疫功能。

（五）中草药类

中草药具有来源广泛，价格低廉、无残留、无耐药性和多功能性等优点，是水产养殖业中应用最广泛的一种天然无公害的免疫增强剂。研究表明，天然中草药植物中有效成分极为复杂，除了含有免疫物质，还含有一些未知的促生长活性物质及一定量的蛋白质、氨基酸、糖类、矿物质、维生素、脂肪和植物色素等营养物质。这些成分可以增强食欲，促进消化酶的分泌和机体代谢，提高营养物质的利用率，从而加速水产动物的生长发育，降低饲料系数，增强水产动物体质，进而提高机体免疫力和抗应激能力。

用于水产动物的中草药免疫增强剂均是经脊椎动物体内试验证明具有免疫增强作用或双向免应调节作用的药物，包括人参、党参、黄芪、红花、灵芝、当归、白术、冬虫夏草和一些清热解毒药（如板蓝根和黄连等），这些中草药大都富含多糖、生物碱、有机酸、氨基酸和微量元素等成分，但各种有效成分对机体免疫系统的调节方式不相同。多糖类具有激活网状内皮系统、诱导淋巴细胞增生、增强吞噬细胞活性、提高自然杀伤细胞的杀伤活力和诱导产生干扰素等功能。有机酸类能增强巨噬细胞的吞噬功能。苷类可诱导细胞产生干扰素，白细胞介素 2 和淋巴毒素等，增加 T 细跑的数量，提高巨噬细胞的吞噬活性。大多数清热解热解毒类中药材含有生物碱、黄酮和香豆精等，能抑制或杀灭多种病原微生物。

在水产动物机体处于病原状态时，中草药免疫增强剂还具有双向调节作用。双向调节作用是指对同一器官组织的不同功能状态（亢进和抑制）均衡调整，直至正常为止。例如，生地和玄参等，既可使异常高的 DNA 合成亢进状态降至正常状态，又可使 DNA 合成抑制态调至兴奋直至正常状态。这是中草药的多功能性的一种独特体现，每种中草药含有多种成分，其中有的含有既对某一器官组织起兴奋作用的成分，同时又含有起抑制作用的成分，并在器官组织的不同状态（兴奋、抑制）时，某一成分选择性起调节作用，而某一成分暂时不起调作用。两者相互协调，使器官组织调至正常状态。虽然中草药含有两种相反作用的成分，但有的成分可对某器官组织的不同调控系统进行调节，从而起到双向调节作用。

当前中草药免疫增强剂在水产业上的应用较广，催青曼等（2001）以不同浓度的复方草药（0.5% 和 1.0%）添加于饲料中喂河蟹，能显著提高河蟹的血细胞吞噬活性、血清杀菌活力、血清凝集效价以及抗感染能力，说明该添加剂可极大增强河蟹机体的免疫功能。杜爱芳（2001）从大蒜中提取大蒜油，配以从多种中草药中提取的皂苷类天然活性物质，组成复方制剂，以 0.2% 浓度添加于对虾饲料中，饲喂中国明对虾，可使对虾血细胞吞噬率、杀伤率和吞噬指数以及溶菌活力均有极显著提高，血细胞杀伤指数和酚氧化酶活力也显著提高，对溶藻弧菌攻毒后的免疫保护率提高 86%。

中草药饲料添加剂加工工艺主要有粉碎法、水提法和有机溶剂提取法。粉碎法是最为常用的方法，即将中草药原料经粉碎后加到饲料中，添加量一般为 1% ~ 3%，这种方法由于原料粗纤维含量高，木质化程度也高，以及由于细胞壁的包裹作用，水产动物对这些粗制中草药的有效成分很难利用，造成资源的浪费，同时降低了饲料的适口性，稀释了饲料中的营养成分，影响国料的消化吸收。提取法能避免粉碎法所造成的资源浪费和对水产动物的不利影响，添加量小，使中草药中的药物活性成分集中，有利于水产动物的消化吸收。随着对中草药免疫增强剂研究的不断深入和加工工艺的提高，利用定向浸提技术、浓缩技术和载体微粉碎技术，可将中草药加工成添加量小、药效快、吸收率高的多种规格、多种浓度的产品。据报道，超临界二氧化碳提取法和动态低温提取法两种新的中草药提取方法，其利用率比上述浸提法提高 30% ~ 60%。

（六）微生态制剂类

1. 概念其需具备条件

（1）微生态制剂的概念

微生态制剂亦称为益生菌，是指动物体内的有益微生物经特殊工艺而制成的活菌制剂。对水生动物而言，动物与其周围的水环境不断地进行着相互作用，水环境境中的微生物对水产动物肠道内的微生物组成有较大影响。因此，versebure 等（2000）将微生态制剂的定义进一步扩展为"一种活的微生物添加剂，通过改善与动物相关的或其周围的微生物群落，确保提高饲料的利用率或增强其营养价值，增强动物对疾病的应答或改善其周围环境的水质而有益于动物"。

（2）微生态制剂需具备的条件

理想的微生态制剂一般应具备有如下条件：①无毒、无害、无致病性，不易发生变异；②易于培养，繁殖速度快，在生长繁殖过程中能产生乳酸、醋酸、丙酸和过氧化氢等抗菌物质；③能在养殖水体中存活，有利于降低排泄物及残饵对水质环境的污染；④最好为动物体内，尤其是水产动物肠道内的正常菌群；⑤感染实验中能提高养殖动物对病原体的抵抗力，促进动物生长；⑥具有良好的定植能力，在低 pH 和胆汁中可以存活并能较好地黏附肠黏膜；⑦耐热、耐酸碱，在饲料加工过程中稳定性好，存活率高。

2. 微生态制剂的作用机理

微生态制剂对人和陆生动物的作用机理已被阐明。而微生态制剂对水产动物的作用机理尚未完全清楚，可能存在以下几种机制：

（1）产生抑菌物质

微生态制剂进入消化道后，大量生长繁殖，通过产生乳酸、乳酸菌素、过氧化氢等抑菌物质来抑制病原微生物的生长繁殖。

（2）竞争营养或黏附位点

微生态制剂进入消化道后，通过与条件致病菌竞争黏附位点和营养物质，抑制（条件）致病菌的黏附与生长繁殖。

（3）免疫刺激作用

微生态制剂是良好的免疫增强剂，通过菌体本身或细胞壁成分刺激机体免疫细胞，促进血细胞的吞噬活性。

（4）改善水质作用

微生态制剂进入养殖池后，发挥氧化、氨化、消化、反硝化、解磷、硫化、固氮等作用，将养殖动物的排泄物、残存饲料、动植物残骸等有机物迅速分解为硝酸盐、磷酸盐等，为单细胞藻类生长繁殖提供营养。单细胞藻类的光合作用又为有机物的氧化分解、微生物及养殖生物的呼吸提供溶解氧，从而构成一个良性生态循环，使养殖池里的菌藻趋于平衡，维持和营造良好的水质条件。

（5）营养和促生长作

微生态制剂不仅能提高对病原菌的抵抗力，防治疾病，而且具有营养和促生长的作用。作为饵料添加剂的微生态制剂，其营养作用主要表现为：①自身作为营养物质能被机体消化吸收；②参与维生素合成，提高机体对矿物质和微量元素的利用率；③能够产生消化酶，提高营养物质的利用率。

3. 应用现状

微生态制剂在水产养殖中的应用多集中于育苗上。已报道的微生态制剂主要包括乳酸菌、弧菌、芽孢杆菌、假单胞菌和光合细菌。Masdala（1992）将一株土壤细菌和硅藻、轮虫一起加入斑节对虾无节幼体的养殖水槽，13d 之后幼体的成活率为 57%，未添加微生态制剂的对照槽中 5d 后无节幼体全部死亡。NugarniMacda（1992）报道从蟹池中分离到一株益生菌，该菌可以竞争性抑制养殖池水体中常见病原菌的生长，提高蟹苗的成活率。Garriques 和 Arevalo（1995）报道了有益微生物溶藻胶弧菌对万氏对虾幼体的作用，发现在养殖水体中使用这种菌能提高万氏对虾幼体的成活率并促进幼体的生长。Morarty（1998）在印度尼西亚虾场的研究表明，在没有使用芽孢杆菌的虾池中，80d 之内虾因发光弧菌感染而死亡，而使用芽孢杆菌的虾池，160d 之后虾仍然健康无病。Fengpipat 等（2000）研究了芽孢杆菌对斑节对虾的益生保护作用，通过90d的实验发现，饲喂含有芽孢杆菌的斑节对虾，生长很好，抗病能力强。

我国的研究者在水产动物微生态制剂方面也做了不少工作。游锦华等（1995）和崔竞进等（1997）报道了光合细菌添加在对虾饲料和养殖水体中，对促进对虾的生长和改善水质都有重要作用，能为水产动物提供蛋白质、维生素和矿物质等营养，同时也可产生一些活性物质。某公司生产的加酶益生素含有嗜酸乳杆菌、芽孢杆菌、溶酶菌和酵母菌等多株益生制成适用于水产养殖鱼虾蟹类的饲料添加剂。王祥红等（1999）在系统研究中国对虾健康成虾肠道微生物区系的基础上，从实验现场筛选出多株益生菌，其中两株益生菌加入育苗水体后能显著提高不同发育时期对虾幼体的变态率和成活率，同时虾对病原微生物的抗病力、低盐耐受力等都有所提高，平均体重和体长也有所增加。

4. 使用方法

水产养殖中微生物生态制剂使用方式主要有3种：①生物体注射或浸浴；②作为饵料添加剂为生物体摄食；③直接加入水环境。这几种方式各有利弊，在实际使用中应根据具体情况选择合适的方式。

注射或浸浴法使微生物生态制剂直接与动物接触，能尽快刺激动物的免疫系统而发挥作用。但应该主要使用计量和浓度，以求取得最大的免疫效果。此法适宜于较大的动物，而对体型小的动物，剂量不好掌握且操作不便，同时注射造成的机械损伤会促使病原微生物进入体内，造成感染。微生态制剂作为饵料添加剂可被动物直接吞食而发挥作用，但同时也会受到许多因素的影响，如饵料制粒过程中微生物死亡或其活力和稳定性受到破坏，使得菌剂在实际应用中的效果不佳或不稳定。在临用前混合微生态制剂和饵料可部分解决这一问题，但所需菌剂量较大且操作不便。将微生态制剂直接加入养殖水体可避免上述不足，但抗生素、消毒剂等化学物质的使用会降低微生态制剂的效力。使用过程中应尽可能减少换水次数，定期加入一定量的微生态制剂，使其能够维持优势，中间如确需换水或使用消毒剂等化学物质，应在换水后或使用消毒剂几天后补加首次使用的剂量。

三、影响免疫增强剂效果的因素

（一）免疫增强剂的给予时间

免疫增强剂使用时间对其免疫有很大影响。水产动物和其他动物一样，在受到较强烈的应激原刺激之后，其免疫机能受到抑制而容易遭受病原体感染。处于这种状态下的动物就需要通过免疫增强剂，使其尽快恢复正常的免疫水平。因此，免疫增强剂应在动物应激时或生产性能受损或受病原微生物感染之前应用。还需要了解免疫增强剂的作用规律和特点，才能正确把握免疫增强剂的使用时间。如从益生菌的接种到开始发挥作用，一般需要3～5d，在发病前的3～5d使用益生菌，才能使其在动物体内或环境中成为优势种群，达到防病治病的目的。多糖和中草药类等免疫增强剂也应根据其药效达到的时间来确定适宜的使用时间。

（二）免疫增强剂的给予途径

免疫增强剂的给予途径主要有注射法、浸泡法和口服法，这 3 种方法各有优缺点，应根据实际情况选择使用。虽然注射法的免疫增强效果最明显，但劳动强度大，耗时长，对动物会造成严重应激刺激，对于苗期或个体较小的养殖动物不宜使用这种方法。浸泡法对动物造成的刺激较小，而且可以同时处理较多动物，但在浸泡过程中，免疫增强物质要通过鳃和皮肤进入体内，吸收量较少，若要达到与注射相同的有效浓度，势必加大浸泡浓度，增加成本，而且对免疫功能的增强是短暂的，需多次浸泡。在生产中以口服法最为实用，这种方法适用于各个生长阶段的个体，而且对养殖动物不会产生应激伤害，但是口服法的免疫增强效应不如注射法明显。

（三）免疫增强剂的使用计量与周期

免疫增强剂种类多，而且在生产实践中并不表现出剂量和效应的线性关系。剂量过小，不能发挥免疫增强作用；剂量过大，则使水产动物产生免疫抑制。例如，采用不同浓度 β - 葡聚糖浸浴方式处理斑节对虾，$0.5mg/mL$ 效果最好，$1mg/mL$ 次之，$2mg/mL$ 则引起斑节对虾鳃萎缩。饲料中添加维生素 $E1200mg/kg$ 能增强水产动物的血清溶菌活性和白细胞的吞噬作用，当饲料中添加维生素 E 达 $1800mg/kg$ 时则无任何增强效果。又如低聚糖对肠道细菌所起的增殖、拮抗以及免疫增强作用必须有一定的浓度，若浓度过低，效果不明显；若浓度过高，造成高渗环境，所有细菌脱水死亡，从而在抑制有害细菌的同时也抑制了有益菌的生长。

免疫增强剂的效果也受到使用周期的影响。用裂褶菌多糖投喂斑节对虾亲虾，24h 后其血细胞吞噬活性大大增强，超氧阴离子产量增加，这种免疫增强的高峰出现在投喂后的第 24 天，此后逐渐下降，整个免疫增强作用可持续 6 周。研究还发现，长期口服免疫增强剂可引起机体免疫抑制，但其机制尚不清楚。此外，免疫增强剂究竟应该连续使用，还是间断使用？如连续使用，应持续多长时间？若间隔使用，间隔时间又是多少？迄今为止，相关报道不多。Lopez（2003）使用 7d 投喂葡聚糖，7d 投喂对照饲料的投喂方式饲养对虾，发现采用该饲养方法的对虾比一直投喂葡聚糖的对虾提高了日增重率、酚氧化酶活性及累积胁迫指数。王秀华（2003）在凡纳滨对虾投喂肽聚糖你实验中，采用 4d 肽聚糖，3d 对照饲料的投喂方式，也取得了明显的效果。因此，选用合理的给予途径、适宜的剂量和使用周期是免疫增强剂应用生产中需要解决的问题。

（四）免疫增强剂的配伍方式

迄今为止，人们习惯于单独使用某一种免疫增强剂或将同类的不同种免疫增强剂混合使用，很少将不同种类的免疫增强剂混合。从理论上讲，不同的免疫增强剂具不同的作用，若将它们合理配伍使用，则能够起到互补作用，克服单一免疫增强剂或疫苗等异性较强的不足，使动物抵抗多种疾病，并可降低成本。例如，在斑节对虾饲料中添加 β 葡聚糖和维生素 C 混合物，饲喂 3d 后，混合物组能显著提高斑节对虾的存活率和血清蛋白水平，显著降低饲料系数，显著提高多种细菌攻击后的免疫保护率。

综上所述，已报道免疫增强剂种类较多，应用也较广。但对免疫增强剂使用效果的评价尚无统一标准。另外，免疫增强剂虽然可以增强水产动物的抗病能力，但不可能使其完全避免病原微生物的感染。免疫增强剂主要是通过提高吞噬细胞的活性发挥作用，然而对一些胞内菌感染，免疫增强剂并不能激活吞噬细菌，即免疫增强剂的作用有一定的局限性。今后，甲壳动物免疫增强剂的研究重点是建立一套稳定的免疫增强剂的评价指标。

第六章 棘皮动物的免疫

第一节 棘皮动物及其免疫的特性

一、棘皮动物概述

棘皮动物门属棘皮动物（Echinodermata），特证为外皮坚硬多刺，鉴定的已谕21钢，现存的种类包括海百合钢（Crinoidea，如海百合和海羊齿），海星纲（Asteroidea，如海盘车和海燕）、蛇尾纲（Ophiuroidea，如阳遂足和刺蛇尾）、海胆纲（Echinoidea，如海胆）和海参纲（Holothurioidea，如海参）及 Concentricycloidea 纲）有 6000 多种。中国有 5000 种左右。棘皮动物全部生活在海洋中，身体为辐射对称，大多数为五辐射对称，但这是此生形成的，是由两侧对称体形的幼体发展而来。棘皮动物的次生体腔发达，是由体腔囊又称肠腔囊（entterocoel）发育形成，即在原肠胚期，于原肠的背侧凸出的囊，以后囊脱落形中胚层，发育成次生体腔。体壁由上皮和真皮组成，上皮为单层细胞，真皮包括结缔组织、肌内层及中胚层形成的内骨骼，真皮内面为体腔上皮。内骨骼有的极微小（如海参类），有的形成骨片，呈一定形式排列（如海星类、蛇尾类及海百合类），也有的骨骼完全愈合成一完整的壳（如海胆类）。内骨骼常突出于体表，形成变棘或刺，显得皮肤很粗糙，故称棘皮动物。棘皮动物特有的的结构是水管系（Water vascular system）和管足（Tube foot）。这是次生体腔的一部分特化形成的一系列管道组成，有开口与外界相通，海水可进入循环。水管系包括：环管（Ring canal）、辐管（Radial canal）和侧管（Latera canal）。侧管连于伸出体表的管足，管足有运动、呼吸及摄食功能。依管足的分布，棘皮动物的身体可以分为 10 带区，有管足的带区称为步带（Ambulacrum）无管足的带区称为间步带（Interambulacrum），两者相间排列。棘皮动物一般运动迟缓，故神经系统和感官不发达。雄雄异体，个体发生中有各型的幼虫，如明列动虫（如短 N 羽腕幼虫、短腕幼虫、海胆幼虫、蛇尾幼虫、樽形幼虫、耳状幼虫，五触手幼虫等）。棘皮动物在动物演化上均属于后口动物（Deuterostome）。它们与原口动物（Protostome）不同的是，在胚胎发育中的原肠胚期，其原口（胚孔 Blastopore）形成动物的肛门，而在与原口相对的一端，另形成一新口称为后口，以这种方式形成口的动物称为后口动物。因此棘皮动物与大多无脊椎动物不同，与半索动物和脊索动物同属后口动物，亲缘关系较近，为无脊椎动物中最高等的类群。棘皮动物中有些种类对人类有益少数有害，少数有害。海参类中有 40 多种可供食用，它们含蛋白质高，营养丰富，是优良的滋补品。我国的刺参、梅花参等为常见的食用参。海参有可入药，有益气补阴、生肌补血之功。海胆卵为发育生物学的良好实验材料。蛇尾为一些冷水性底层鱼的天然饵料。因此我国已开展了棘皮动物的增养殖工作。

二、棘皮动物免疫的特性

与其他无脊椎动物一样，棘皮动物具有先天性免疫系统，但未发现脊椎动物所具有的获得性免疫。Metchnikoff首次利用一种海星（Astropecten pentacanthus）幼体验证了当有异物插入无脊椎动物体内时中胚层细胞可产生包囊作用，并指出吞噬作用是多细胞动物的一个基本特征。Metchnikoff因此获得了1908年诺贝尔奖，开创了比较免疫学研究领域。

棘皮动物有宽阔的真体腔，在体腔中有体腔，体腔液类似于淋巴，在体腔液中具有参加免疫反应的细胞。免疫应答是由体腔细胞同多种体液免疫因子（如凝集素，溶血素和调理素等）共同并直接作用于人侵病原体的。其免疫系统除了表现出无脊椎动物的非特异先天性免疫机制外，还突出地表现出特异性的细胞免疫应答及体液免疫应答。近年来已证明了棘皮动物免疫应答同样具有多样性，并存在数量庞大的基因家族。棘皮动物的免疫系统包括吞噬细胞、简单的补体系统和细菌诱导的转录因子等。另外，海胆的基因组序列包含可编码340种不同蛋白质的庞大 Toll样受体家族和脂多糖诱导的可编码65种不同蛋白质的基因家族。因此，其免疫应答是由参与免疫反应的效应细胞——体腔细胞和多种体液免疫因子共同介导的。

棘皮动物是高等的无脊椎动物，它起源于寒武纪之前，位于无脊椎动物与脊椎动物开始分支的进化阶段。研究棘皮动物的免疫系统及其与其他无脊椎动物和脊椎动物的异同，不仅有利于对后口动物免疫系统进化过程的了解，而且有助于对高等动物免疫机制研究的深人。我国对棘皮动物的免疫研究工作尚刚刚起步，资料较少，亟待深人研究。

第二节 棘皮动物的免疫机制

棘皮动物没有完整的免疫机制，但有多种多样的免疫防御功能。这些防御功能是通过许多免疫细胞（如吞噬细胞）和免疫分子（如凝集素、溶菌酶和海星因子等）来实现的，在无脊椎动物中只有棘皮动物有同种异型移植排斥反应，并且有特异性免疫记忆的证据。例如，用皮革海星（Dennasterias imbricate）进行的试验，第一次移植组织虽受到排斥，但平均能存活 213d。由同样的供体第二次移植到相同的宿主表现排斥加速，只能存活 44d。第三次做同样的移植，排斥发生得更快，只能存活 8d。上述结果表明，海星具有特异性免疫记忆。然而这种特异性记忆不是所有的棘皮动物都有的。海胆 Lyrechinus pictas 有同种异型排斥，但无特异性记忆。棘皮动物及被囊动物中已经发现了白细胞生成组织（Leucopoieticussue）。这类组织在受到免疫刺激时发生增殖。有丝分裂素（Mitogen）

也能刺激棘皮动物的细胞发生有丝分裂（Mitosis）。经体外试验过的其他无脊椎动物门类的细胞，除环节动物外都未发现这种功能反应。这种反应意味着有免疫活性的发生，棘皮动物的免疫系统正趋向脊椎动物过渡。

一、细胞免疫

（一）体腔细胞的类型

国内外学者对棘皮动物体腔细胞的广泛研究已经进行了至少 30 年。大量研究表明，具开放循环系统的棘皮动物体腔细胞是主要的免疫反应效应器，这些细胞能够合成和分泌多种免疫因子，如凝集素、穿孔素、多种溶酶体酶、血清蛋白及抑制蛋白等对机体损伤或感染产生免疫应答。

已发现棘皮动物体腔液中有 6 种类型的体腔细胞：吞噬细胞、桑葚细胞、震颤细胞、晶体细胞、祖原细胞和血细胞。吞噬细胞、桑葚细胞、祖原细胞和血细胞分别与低等脊椎动物的巨噬细胞、肥大细胞、淋巴细胞和有核红细胞功能相似。但并不是所有棘皮动物都存在这 6 种体腔细胞。依据种类的不同，可在形态学上分为不同类型的体腔细胞，例如，Eiseikina 等在研究仿刺参（Apostichpus japonicus）和瓜参（Cucumanajaponica）时发现，体腔细胞可以分成祖原细胞吞噬细胞，有空泡细胞、小、（幼）桑葚细胞、桑葚细胞（I 型、II 型和 III 型）、晶体细胞和震颤细胞。海胆中球海胆（Strongylocentrotus）具有 4 种类型的体腔细胞：吞噬细胞、红色桑葚细胞、白色桑葚细胞和震颤细胞。

根据细胞形态不同，可将棘皮动物的吞噬细胞分为 3 种类型：1 型吞噬细胞，2 型吞噬细胞和小吞噬细胞。1 型吞噬细胞也叫做盘状细胞，它含有从细胞中心发出的放射状排列的肌动蛋白丝。2 型吞噬细胞又叫做多边形细胞，它的肌动蛋白丝沿着细胞膜排列，形成不规则的多边形。在体外环境下，盘状细胞是静止的，而多边形细胞是运动的。这两种细胞类型的差别还表现在驱动蛋白、微管和肌球蛋白的亚细胞单位及其线粒体位置的不同。小吞噬细胞较其他两种类型吞噬细胞小，细胞质含量少。这 3 种吞噬细胞亚型在发育上的关系至今尚未见报道。

桑葚细胞有两种类型：红色桑葚细胞和无色桑葚细胞。无色桑葚细胞体积较小，且都是可以变形的。红色桑葚细胞较无色桑葚细胞密集，当组织损伤和感染时红色桑葚细胞可发生聚集，参与机体免疫反应。无色桑葚细胞的功能至今尚未明确。

震颤细胞是球状的，并未表现出变形运动，但其具有一根鞭毛，可在体腔液中运动。震颤细胞可能参与凝血反应；而凝血反应是机体受损伤时的重要免疫应答。

不同的棘皮动物的体腔细胞形态有差异，李霞（2003）观察到，海胆体腔有 2 种类型的细胞：变形吞噬细胞和色素细胞。变形吞噬细胞形状不定，能伸出伪足，核较大、线粒体、溶酶体等细胞器丰富。色素细胞具突起，内有紫红色颗粒，颗粒可溶于酒精等多种溶剂中，使得电子显微镜下细胞内含有大量空泡，细胞核很少见，细胞器较少。变形细胞离体后可凝集，具吞噬酵母的能力，细胞核很少见，细胞器较少。变形细胞离体后可凝吞噬能力与温度呈正相关，色素细胞具有辅助的免疫功能。丁君（2006）将海胆腔细胞分为 4 种类型：色素细胞、纤毛游走细胞、变形吞噬细胞和无色球形细胞，所占比例分别为 4.56% ~ 10.96%、9.69% ~ 12.18%、76.40% ~ 85.36 和 0.35% ~ 1.03%。

刘晓云（2005）应用透射电子显微镜观察仿参（Apostichopusjaponicus）体腔细胞的超微结构，结果显示，仿刺参体腔细胞可分为 4 种类型：大颗粒细胞；小颗粒细胞，透明细胞和淋巴样细胞。大颗粒细胞呈圆形，直径为孙 5 ~ 10μm，胞内充满高电密度颗粒。小颗粒细胞圆形，直径为 7 ~ 8μm。透明细胞形状不规则，直径为 5 ~ 7μm，胞质较透明，细胞核大、着色浅，细胞表面常有伪足。淋巴样细胞多呈圆形，直径 5μm 左右，细胞核大、着色深，胞质较少。

（二）体腔细胞的免疫功能

1.体腔细胞的趋化作用

趋化作用是指细胞沿浓度梯度向化学刺激物做定向移动。当病原微生物入侵机体后，受损细胞会释放某些化学物质，吸引大量的炎症细胞，并表现为局部炎症反应，此时显微镜下观察受损组织会见到大量的炎症细胞浸润现象。研究表明，棘皮动物的体腔细胞具有趋化性。拟球海胆和紫球海胆在体壁发生感染时，可由大量红色桑葚细胞的聚集而引起感染部位变成黑色或暗红色环状组织。紫球海胆在发生机械外伤、感染和棘组织再生时，可见到吞噬细胞和红色桑葚细胞浸润。斑点肛居吸虫（Proctoeces maculatus）后囊蚴感染的中间球海胆（Strongylocentrotus inermedius）可由于红色桑葚细胞的浸润而在其性腺组织见到红斑。皮革海星（Dermasteria simbriate）异体排斥的组织学分析表明，慢性排斥反应过程中会发生混合细胞浸润进而导致细胞密度增加。

2. 细胞杀伤功能（细胞毒性）

在海星和不同种类海胆的吞噬细胞毒性实验中并未检测到细胞毒性，这表明吞噬细胞并不具备细胞毒性作用或者是该种方法在分析体腔细胞功能方面还存在一定的技术困难。空斑形成试验表明，拟球海胆（Paracentrotus livdus）的无色桑葚细胞可对兔红细胞和 K562 肿瘤细胞系产生钙依赖型细胞毒性，当无色桑葚细胞和吞噬细胞共同作用于外源细胞时，产生的细胞毒性更强，说明吞噬细胞可增强细胞毒性。另外，研究人员能够从拟球海胆的吞噬细胞中分离出溶细胞颗粒，这表明吞噬细胞是通过释放这些溶细胞颗粒来增强细胞杀伤功能的。

3. 吞噬功能

吞噬过程在机体所有免疫应答中居于重要地位，吞噬作用是机体内部防御的第一道防线。海胆免疫系统的主要功能是调理作用和吞噬作用；其胚胎、幼体和成体中介导免疫应答的主要细胞都是吞噬细胞。吞噬细胞是表达免疫基因的主要细胞类型，可对外源粒子进行搜索、捕获和破坏。体腔液中的吞噬细胞能够有效地识别并吞噬外源粒子，然后将其降解或直接排出体外。这些外源粒子包括外源细胞、细菌和惰性粒子等。紫球海胆、红海胆（Strongylocentrotus franciscanus）和一种深海刺参（Stichopus trermul us）的吞噬细胞对海洋微生物具有趋化性，且均对革兰氏阳性细菌具有较强的吞噬作用，这是由于在海洋环境中，革兰氏阳性细菌相对稀少，因此对棘皮动物来讲该类细菌具有较强的外源性。Silva 等研究了十种南极红海星（Odontaster ualidus）体腔细胞的体外吞噬功能，发现其吞噬细胞能够吞噬酵母细胞。光棘球海胆（Strongylocentrotus nudus）的巨噬细胞在体外可在 30min 内吞噬人类和绵羊的红细胞而且注射前使用体腔液对红细胞进行调理可增加其吞噬率。脂多糖（LPS）刺激可以增强海参体腔细胞的吞噬活性。虽然巨噬细胞具有识别外源物质的能力，但这种能力还有赖于外源物质的大小和表面特性。玉足海参（Holothuria leucospilota）的巨噬细胞对直径为 1μm 的荧光乳胶微球的吞噬和排除能力较强，且培养条件相同时，巨噬细胞对受调理酵母细胞的吞噬率显著高于非调理酵母细胞，这说明其体腔液中含有可增强巨噬细胞作用的物质。巨噬细胞和桑葚细胞均可产生并释放杀菌物质（如脂肪酶、过氧化物酶和丝氨酸蛋白酶等），分解被吞噬的外来物质。已证明，一种海参（Holothuria leucospolota）的吞噬细胞中富含多种溶酶体酶类，包括酸性磷酸酶、碱性磷酸酶、β-葡萄糖苷酶、氨肽酶、酸性蛋白酶、碱性蛋白酶和脂肪酶。Canicatti 研究了海参（Holothuria polii）体腔细胞中的溶菌酶，并阐明这些酶类具有降解不同种类生物的能力。其中，β-葡萄糖苷酶可能与细菌细胞壁和多寄生虫被膜的主要组成成分酸性黏多糖的水解有关。已证实，在加州刺参（Parastichopus californicus）中存在溶菌酶和酸性磷酸酶。Haug 等在叶瓜参（Cucumaria frondosa）体腔细胞中也检测到了溶菌酶活性。光棘球海胆的吞噬细胞在静息状态时可产生过氧化氢，其强度可随非己物质的刺激而增大。

二、体液免疫

（一）凝集素

凝集素是通过与细胞或细胞外基质结合来完成凝集反应的。已从几十棘皮动物的体腔液中分离出凝集素。黄海产海燕（Asterina pectinifera）中 3 种凝集具有不同的凝集能力。一种优先凝集兔红细胞，第二种优先与人红细胞结合，第三种是一种细菌凝集素。拟球海胆的红细胞凝集素是一种异源三聚体，可能参与细胞 - 细胞、细胞基质的相互作用（如凝血作用、创面修复作用、调理作用和包囊作用）。已在仿刺参中鉴定出两种钙依赖型凝集素（C 型凝集素）。刺瓜（Cucumariae chinata）中，C 型凝集素是一种红细胞凝集素，它可溶解兔和人的红细胞，并可能对外来微生物产生毒性。在棘皮动物中，凝集素在进行调理作用和创伤修复等防御机制中起重要作用。海胆和仿刺参的凝集素与脊椎动物细胞膜或可溶性 C 型凝集素具有极为相似的同族关系。紫海胆体腔液中的凝集素，其羧基端同人类结合凝集素 A、鼠结合凝集素 C、鸡肝凝集素以及鼠（Asialoglycoprotein）受体结构极为相似。已有研究表，凝集素参与无脊椎动物的免疫反应，因为凝集素既能发挥可溶性凝集素和调理素的作用，也是参与细胞非自我识别的效应因子。

由于水生无脊椎动物生活环境是在温度相对稳定的水环境中，其生理活性的保持与温度有重要关系，一般凝集素在冰冻、低温状态时，性质较为稳定；多数凝集素是热敏的，不耐热。海星提取的凝集素的凝集活力是热敏感的，加热到 40℃维持 15min 可使其血淋巴的凝集活力从 128℃下降到 60℃加热 15min，凝集活力消失；但在 –20℃冻存 3 个月凝集活性无明显下降，但反复冻融可使其凝集活性部分消失。在 pH6 ~ 8 时海星血淋巴凝集活力没有明显变化；当 pH>10 其凝集活性降为正常的一半，当 pH<4 时，其凝集活性消失。

（二）白细胞介素类似物和溶血素

研究表明，赭石海星（Pisaster ochraceus）中存在高等动物白细胞介素 1（IL-1）类似物参与体腔吞噬细胞的吞噬过程。拟球海胆的溶血素可与红细胞、酵母多糖颗粒、脂多糖（LPS）和海带多糖表面结合，但并不与自我细胞膜相结合。

（三）酚氧化酶和活性氧中间体

酚氧化酶在无脊椎动物中起重要的免疫防御作用。酚氧化酶原激活系统激活后产生的黑色素及其中间产物可通过多种方式参与宿主防御反应，包括增强吞噬作用和包囊作用、介导凝集反应、产生杀菌物质等。已鉴定棘皮动物体腔液具有酚氧化酶活力。有学者借鉴节肢动物的方法提出一种棘皮动物酚氧化酶激活模式，即通过胰蛋白酶来激活酶原，经过一系列中间反应，在钙的刺激下，形成活性酚氧化酶四聚体。动植物中另一种普遍的防御机制是产生活性氧中间体，光棘球海胆的巨噬细胞在体外与红细胞共同培养时可产生过氧化氢。

（四）其他酶类

水解酶类是无脊椎动物中重要的非特异性免疫因子，包括磷酸酶和溶菌酶等。碱性磷酸酶常见于运输活跃的质膜上，可通过改变细菌表面的结构而增强其异己性，起调理素的作用。溶菌酶存在于血细胞或由血细胞释放到血清，它不仅可使病原体细胞壁溶解。还能部分或全部抑制其存活或正常发育。超氧化物歧化酶是广泛存在于需氧和耐氧生物体各组织中的重要的抗氧化酶，能作为活性氧清除剂参与清除体内活性氧自由基和 H_2O_2 以消除活性氧等的中间产物对细胞的毒害，并能够增强吞噬结胞的防御能力和机体的免疫功能。

（五）补体系统

研究表明，在紫球海胆中存在起调理作用的蛋白质，对这些蛋白质的序列分析表明，它们分别是脊椎动物补体成分 C3 和 Bf 的类似物，因此命名为 SpC3 和 SpBf，现已证实，SpC3 和 SpBf 是原始补体系统替代途径的重要成分，SpC3 蛋白包含保守的 α/β 切割位点，其成熟蛋白质含有两个链，α 链上存在一个保守的硫酯键。SpC3 序列存在氮连接的糖基化位点、因子 I 切割位点、因子 H 结合位点和因子 B 结合位点，脊椎动物补体 C3 有同源性。由此推测，SpC3 与其他 C3 类似物功能相似。编码 SpC3 的基因（sp064）在体胶细胞内发生特异性表达，表达的蛋白质存在于体腔细胞内和体控液中。为测定 SpC3 是否会在其他组织中产生，Al-Sharif 等（1998）利用探针对一些主要组织中的 RNA 进行检测，发现 Sp064 主要在体胶细胞中表达，而在其他组织织检测不到或含量微小，从而推断体腔吞噬细胞是类补体物质主要的甚至是唯一的产生部位。

对含有硫酯键蛋白质家族的系统进化分析表明，SpC3 是该家族的古老成员，且可行使调理素功能。SpC3 上硫脂位点的主要功能是调理功能。经鉴定，SpC3 是后口动物 C3、C4 和 C5 家族的前体物质，在被囊动物真海鞘（Halocynthia roretzi）、褶瘤海鞘（Styela Plicat）和玻璃海鞘（Ciona intestinalis）中均已鉴定出 C3 类似物。以往研究表明，只有后口动物才具有补体样蛋白质，然而，近年来在原口动物马蹄形蟹（Carcinoscorpius rotundiicauda）和刺柳珊瑚（Swi ftiaexserta）中也发现了 C3 类似物。在果蝇（Drosophla）和冈比亚按蚊（Anopheles）中鉴定出了含有硫酯的蛋白质，但对这些含硫酯蛋白质的系统进化分析表明，他们属于不同的进化枝，既不是补体进化枝也不是 α_2 巨球蛋白进化枝。

许多后口动物中都存在 B 因子（Bf），Bf 是含有几个短同源重复序列（SCR），一个 vonWillebrand 因子（vWF）功能区和一个丝氨酸蛋白酶功能区的嵌合蛋白。紫球海胆中的 SpBf 是一个嵌合蛋白，它包含 5 个 SCR、一个 vWF 和 1 个丝氨酸蛋白酶功能区。编码 SpBf 的基因（Sp152）仅在体控细胞内发生表达。SpBf 脊椎动物 Bf 或 C2 蛋白质的功能相近，不同的是在大多数高等后口动物中 Bf 蛋白有 3 个 SCR，而紫球海胆和玻璃海鞘等低等后口动物的 Bf 蛋白有 4 个或 5 个 SCR。究竟是高等后口动物 Bf 蛋白在进化过程从含有 5 个 SCR 的原始蛋白质结构中选择丢失 SCR，还是低等后口动物近年来经历了区域复制而导致 Bf 蛋白含有 5 个 SCR，系统进化分析法并不能得到明确的结论。

高等脊椎动物的补体系统由大约 35 个血清蛋白和细跑表面蛋白质组成，分为 3 种激活途径：经典途径、旁路途径和凝集素途径，最终与终端途径相连接。紫球海胆的体系统含有 3 个编码 C3 类似物和 3 个编码 Bf 类似物的基因模型，呈现扩展的旁路途径。然而，并没有明确的终端途径，此系统的主要功能可能是调理作用。SpC3 和 Bf 的系统发育分析表明，这些棘皮动物蛋白质分别是最原始的补体成员中的硫酯和 Bf/C2 家族。紫球海胆补体系统可能与高等后口动物补体系统相似。已有证据证明，在真海鞘（Halocynthia roretzi）中存在着凝集素相关丝氨酸蛋白酶（MASP）蛋白，这就说明这个物种中存在凝集素途径，棘皮动物体内向未发现 MASP 蛋白的存在，但这并不表示皮动物中不存在凝集素途径。随着研究的深入，棘皮动物体内补体系统的激活机制会越来越清楚。

近年来得到的证据已显示出无脊椎动物体内补体的激活和控制途径同脊椎动物相似。lachmann（1979）提出一种类似于"古补体系统'的作用方式：调理过程中，体腔液中的 SpC3 自发激活裂解，SpC3b 通过硫酯位点同异物表面结合，然后 SpBf 同其结合形成 SpC3b-SpBf 复合体，这种复合体的形成致使 SpBf 被因子 D 裂解，这种 SpC3b-SpBf 复合体作为 C3 转化酶，通过激活 SpBf 丝氨酸激酶区域，形成一个放大的反馈环来裂解和激活更多的 SpC3 黏附到异物表面，这种"古补体系统"的反馈环导致对外源细胞或颗粒进行高效的调理，从而能被含有补体受体的吞噬细胞所识别，达到增强吞噬作用的目的。对于棘皮动物（如海胆和海参）而言，这种简单的补体系统是一种重要的防御机制。

（六）Toll 样受体

Toll 样受体（Toll-like receptor，TLR）蛋白在原口动物，后口动物和脊椎动物中都具有免疫功能。一个由 20 ~ 25 个富亮氨酸重复序列（Leucine-rich repeat，LRR）组成的螺旋形外功能区、一个跨膜区和一个细胞质 Toll- 白介素 1 受体（Toll-interleukin-1receptor，TLR）区组成了 Toll 样受体蛋白。富亮氨酸重复序列可识别病原体分子，Toll- 白介素 1 受体体在信号传导过程中起重要作用。果蝇具有 8 个 Toll 基因，人类具有 7 个，然而，植物基因组具有上百个 Toll 样基因。与植物类似，紫海胆具有数量众多的 Toll 样基因，其中大部分基因都是未知的，只有少数在体控细胞中表达。

（七）清道夫受体富半胱氨酸域

清道夫受体富半胱氨酸域（Scavenger receptor cystenine-rich domain，SRCR）具有 110 个氨基酸和 6 ~ 8 个半胱氨酸残基的保守间距。 已在多种动物中鉴定出含有清道夫受体富半胱氨酸域的蛋白质。从海胆一个庞大基因家族中得到了清道夫受体富半胱氨酸域转录产物， 复杂的杂交模式证明了清道夫受体富半胱氨酸域基因可能存在多种形式。在未受到免疫刺激的海胆个体中，清道夫受体富半胱氨酸域转录产物存留非常短暂的，在损伤、 细菌或真菌刺激后会有很大改变。尽管这些基因的调节机制尚未明确，但 5' 侧翼区的高度保守性表明，清道夫受体富半胱氨酸域基因转录可能存在着协同调控。尽管单个基因编码蛋白质的特定功能还不能确定，但海胆中许多含有清道夫受体富半胱氨酸域的基因都可能与免疫相关。

（八）其他脂多糖刺激产生的表达序列标签

为了鉴定在脂多糖刺激下体腔细胞产生的转录产物，采用净免疫和脂多糖刺激的海胆体腔细胞 mRNA 抑制消减杂交产生表达序列标签（Expressed sequence tags，EST）探针。脂多糖刺激后，体腔细胞 cDNA 文库中鉴定出约 6000 个克隆产物，其中，1247 个克隆产物的表达序列标签分析鉴定出许多新表达的基因，如宿主防御、细胞表面受体、信号分子、细胞骨架修饰的分子、蛋白酶、 RNA 连接酶、蛋白质合成、蛋白质加工、蛋白质降解、细胞增殖和程序性细胞死亡等相关基因。

目前研究最多的是与细胞骨架蛋白（包括 α 微管蛋白和 β 微管蛋白）、动力蛋白重链、驱动蛋白轻链、凝集素和胸腺素 β 相匹配的表达序列标签。

（九）185/333 基因家族

185/333 基因家族是海胆免疫应答中出现的一个庞大的基因家族。对基因组 DNA 进行定量聚合酶链式反应（qPCR）分析表明， 185/333 基因家族包括 80 ~ 120 个等位基因，这些基因是紧密相连的，侧面存在二核苷酸和三核苷酸重复序列，当机体受到细菌、脂多糖和 β-1，3- 葡聚糖免疫刺激时，185/333 基因家族高度表达。185/333 蛋白的功能还未知，但它们可集中到体腔细胞表面， 可能形成合胞体来固定入侵病原体。对 185/331 表达蛋白进行 Western blot 分析表明，脂多糖和肽聚糖刺激后可表达不同的蛋白质，每个海胆可表达 200 多个不同蛋白质， 这是由于 185/333 基因家族发生频繁的基因重组、 基因复制和基因缺失，因此存在基因多样性。

第三节　棘皮动物免疫的主要检测方法

　　由于对棘皮动物的免疫学研究不如脊椎动物那样深入，加之其特性与高等动物有较大的差异，因此，研究和检测方法存在较大差异且很不完善。目前，主要利用非特异性免疫的检测方法对棘皮动物的免疫细胞和免疫因子进行检测，如血细胞分类和形态学、血细胞吞噬活性、凝集素等免疫物质的性质、结构及活性功能的检测。

　　由于棘皮动物有体腔细胞，其细胞还分为形态不同的类型。用密度梯度离心法可以分离出棘皮动物不同类型的免疫细胞。鉴定这些类别细胞亚系的标准有：①细胞结合各种植物凝集素的能力；②特异性单克隆抗体的免疫反应；③胞内颗粒中的酶含量；④细胞的特性，如黏附性、运动性及吞噬作用；⑤特殊细胞亚系对于受到损伤、免疫攻击等刺激时细胞的反应等。

　　检测技术大致可分为几个方面：免疫细胞及免疫分子的电子显微技术、血细胞的化学染色技术、体液免疫活性物质的分离和鉴定、免疫细胞及其功能的测定等。这些方法可参见贝类免疫和甲壳动物免疫。

第四节　增强棘皮动物免疫的措施

一、一般性措施

　　在我国，随着棘皮动物养殖的兴起，病害问题日益增多。过去人们基本上是采用抗生素类药物来治疗，现在多通过改善生态环境、防治各种污染、加强营养和科学饲养等综合性防控控措施来保护和增强棘皮动物抗病力，预防病害的发生。

二、使用非特异性免疫刺激物

　　近年来，人们已开始将免疫学原理应用于各类动物的疾病防治，初步探索了棘皮动物体内某些生理生化因子的特性、变化规律及它们与免疫功能的关系，并通过外源刺激物作用后，找出上述因子的变化规律，探讨运用免疫学原理防治棘皮动物疾病的技术方法。例如，运用从微生物、动植物获得的各种免疫多糖、溶菌酶和微生态制剂等促进棘皮动物免疫水平，获得了初步成效

三、抗病育种

　　不同棘皮动物的免疫状况存在差异，其免疫特性可遗传的。因此，包括抗病育种的多种改善棘皮动物性状的技术已逐渐兴起。

第七章 鱼类的免疫

  鱼类是指终年生活在水中，用鳃呼吸，用鳍辅助身体平衡与运动的变温脊椎动物。其种类繁多，约 21700 种，进化程度有所差异，一般可分为无颌类和有颌类，分类学家常将脊索动物门头索亚门的文昌鱼纲也列入鱼类范畴。鱼类是脊椎动物中最适于水中生活的大类群。从进化的意义来看，鱼类最重要的进步是首先出现上下颌和成对的附肢。鱼类的附肢被称为偶鳍。与无脊椎动物比较，鱼类的免疫进化有了重要突破，出现了淋巴组织和器官，各种免疫细胞和分子已趋逐步完善，不仅具有非特异性免疫，也具有特异性免疫，接近两栖类和爬行类免疫。人类对鱼类免疫研究投入的人力和物力资源较多，研究内容也较为全面与深入。近年来，鱼类免疫研究进展很快，涉及多种海水鱼和淡水鱼。

第一节　鱼类的非特异性免疫

  鱼类的非特异性免疫主要由机体的屏障作用、吞噬细胞的吞噬作用及组织与体液中抗微生物的各种物质组成。鱼体的生理状况、种内遗传差异、年龄及对环境的应激状态等均与鱼类的非特异性免疫有关。

一、体表防御屏障

  黏膜和皮肤是鱼类抵御各种病原体入侵的第一道防线。由表皮黏液细胞产生的黏液，极易将碎屑和微生物粘住而清除掉。鳞片、皮肤、黏液和正常菌群一起构成机体的完整的防御屏障。

（一）鳞片

  鱼类鳞片的基部下达真皮的结缔组织，向外伸出表皮外。有些鱼类的鳞片穿透黏液层，而有些则仍保持为表皮和真皮所覆。鳞片对鱼体首先是一个机械性的保护作用。鳞片的脱落必定造成表皮的损伤，这就为病原体的入侵打开了门户，引起表皮炎症和感染，有多种鱼病都是因此而引起的，如水霉病（Saprolegniasis）和赤皮病（Red-skin disease）等。有些寄生虫虽然不直接造成鱼体死亡，但是其寄生部位皮肤的破损，成为其他病原入侵的通道，可能引起并发症，使鱼死亡。现在已经证实，有些鱼类寄生虫的寄生，可以直接导致鱼体非特异性免疫能力的降低。

（二）皮肤

鱼类的皮肤分为表皮和真皮。表皮层位于黏液层下，外层为鳞状扁平上皮组胞层。鱼类的表皮层不出现脱落的死细胞层。在该层下面，就可见到有丝分裂，这一点是鱼类和哺乳动物所不同的。真皮位于基底膜下，是皮肤的另一层保护屏障。这层皮肤由散布着黑素细胞的结缔组织组成，同时布有毛细血管，这有利于鱼类的体液免疫功能。

（三）黏液

鱼类的黏液作为第一道防线是非常有效的。由黏液细胞所产生的黏液，通过不断地更新和补充，维持着相对平衡的正常菌丛。一般说来，水中的病原菌等是很难突破这道防线的，其主要原因有下述两方面。

①黏液是一种胶体状的物质，作为一层天然屏障，限制了细菌的运动。

②黏液中含有一定数量的特异性和非特异性抗体物质，现在已经证实，经免疫接种的鱼体，可在血清中检测到特异性抗体的同时，可以在体表、肠和腮部的黏液中检测到，黏液中还存在溶酶酶、壳质酶等非特异性免疫物质以及抗体，这些物质在体表发挥化学屏障作用，其溶菌和杀菌作用有助于清除病原体。

在正常情况下，鱼体分泌适量的黏液，可起到保护作用。但是由于某些原因引起鱼体分泌黏液量的减少或增加，都会妨碍鱼体的正常生活。在应用药物进行鱼体消毒时，如果剂量或浸洗时间掌握不妥当，就会引起鱼体于短时期内分泌大量黏液而导致黏液脱落等，从而造成细菌等的感染。另外，因寄生虫或其他因素的刺激，也可使鱼体黏液分泌过多，如果是鱼体腮部黏液分泌过多，即可造成呼吸困难，致使鱼体因窒息而死亡。所以，改善养殖环境，是增强鱼体非特异性免疫能力的一个重要方面。

（四）体表的正常菌丛

在动物体表生长着大量的微生物菌丛，因为这些微生物能很好地适应这种环境，所以也是低病原性的，其他适应性较差和有潜在病原性的微生物的生长，则能被有效地防止。鱼类的体表所存在的稠密而稳定的常驻细菌菌丛，受到许多因素的影响，如鱼类的黏液、水中药物等。这些环境因素的任何改变，都会扰乱体表正常菌丛的组成，体表的防御性能就会降低，而最终可导致病原微生物的侵入。

二、吞噬作用

当病原微生物或其他抗原物质进入动物机体时，吞噬细胞立即向抗原处集结，伸出伪足进行吞噬。吞噬细胞接近病原菌或其他异物颗粒时，对较大的颗粒（如细菌）则由细胞延伸伪足将其包围吞噬，即所谓吞噬作用（Phagocytosis）；对可溶性的（如球蛋白分子等）则先在细胞表面形成小囊（直径为 20～40nm），细胞膜凹陷，然后包围起来，使之进入细胞体内，这就是所谓的胞饮作用（Pinocytosis）。接着吞噬细胞中的溶酶体（Lysosome）便向吞噬体（Phagosome）靠拢，并与其融合沟通，对吞入的异物进行细胞内消化。溶酶体是一种大小不一的亚细胞结构，其中含有多种蛋白水解酶（如酸性磷酸酶、组织蛋白酶、酸性 DNA 和 RNA 酶、溶菌酶、β - 葡萄醛及髓过氧化物酶等），统称为溶酶体酶。这些酶需要在酸性环境下（pH 4 ~ 5）才能发挥作用。当溶酶体和吞唯体融合后，细胞内新陈代谢活性明显增强，为糖的酵解作用提供能量，并产生大量乳酸，从而使细胞内 pH 降低至酸性环境。乳酸本身对多种细菌有杀灭作用。与此同时，细胞内过氧化氢的形成显著增加，在激活的过氧化氢酶的作用下形成新生态氧，具有杀菌作用。髓过氧化物酶与 H_2O_2 氧化氨基酸形成醛，溶酶体中的蛋白水解酶（如溶菌酶），则可将细菌的细胞壁破坏，促使醛进入菌体内而发挥其杀菌作用。接着由溶酶体内的多种水解酶水解菌体细胞的相应成分。最后将消化后的残体经胞吐作用排出胞外。细菌等被吞噬细胞吞噬后 1 ~ 2 h 内便可被杀灭、消化而排出。这些过程都在溶酶体内进行，因为有一层膜同细胞浆隔绝，因此不会损伤细胞本身。这种吞噬消化形式属于完全吞噬（Complete phagocytosis）。而有些病毒和病原菌（如爱德华菌等），虽然能被吞噬细胞所吞噬，但是却不能被杀灭，反而能在吞噬细胞内生存并繁殖。这种吞噬称为不完全吞噬（Incomplete phagocytosis）。不完全吞噬反而可能为病原微生物提供"庇护所"，使其得到保护，从而使其免受体液中杀菌物质或抗菌药物的作用，甚至能随吞噬细胞的游动而散布到机体的其他部位，从而导致感染的扩散。另一方面，吞噬细胞对抗原的吞噬，还起着处理抗原的作用，将抗原决定簇呈给淋巴细胞，特别是 B 细胞；或者是吞噬细胞的 RNA 与抗原决定簇相结合，刺激 B 细胞产生抗体。吞噬过程也有可能引起正常组织的损伤。如吞噬细胞释放的溶酶体酶，在一定的条件下，能造成邻近组织损伤，吞噬细胞的死亡崩解还可引起局部化脓。

　　鱼类吞噬细胞主要有单核细胞、巨噬细胞、各种粒细胞和红细胞，多数吞噬细胞除作为辅佐细胞具有特异性免疫功能外，也是组成非特异性防御系统的关键成分，在抵御微生物感染的各个阶段发挥重要作用。黏膜吞噬细胞构成抗感染的第一道屏障；单核细胞和粒细胞等血细胞作为第二道防线，可以破坏出现在循环系统中的病原生物；最后，器官和组织中有吞噬活性的细胞能够摄取和降解微生物及其产物。受到微生物侵扰时，机体炎症反应的核心细胞是巨噬细胞和粒细胞，它们能够被微生物的有害产物激活并产生更多更有效的抗微生物因子。

　　鱼类吞噬细胞也像哺乳动物那样，分为游走的吞噬细胞和固定的吞噬细胞，包括造血器官中的单核细胞、血流中的淋巴细胞及单核细胞、疏松结缔组织中巨噬细胞、肾性和脾脏中的固定巨噬细胞以及心房中的固定的巨噬细胞。真骨鱼类的肝脏中基本无吞噬和滤过作用，而主要是通过肾脏和心房来承担。值得注意的是，真骨鱼类的吞噬细胞不论是固定的还是游走的，一旦满载吞噬物即形成聚集体。这些聚集体通常见于造血组织中的黑色巨噬细胞中心，也可见于慢性炎症损害灶内及其附近一带，并且往往含有色素。聚集体内的色素是否纯粹来自外界，尚不清楚。在聚集体周围通常为淋巴细胞所包围，这可能与防御有关。

　　同人和其他动物的红细胞一样，鱼类的红细胞除有携氧和运输气体等功能外，还有清除抗原、循环免疫复合物、病原体和参与免疫调控等多种功能。有人对青鱼、草鱼、鲢、鳙、鲤等鱼类红细胞吞噬微生物的作用和过程做详细描述。蔡完其等应用红细胞 C3b 受体花环试验和红细胞天然免疫黏附肿瘤细胞花环试验证实，兴国红鲤、玻璃红鲤、荷包红鲤及欧江彩鲤的红细胞表面均存在 C3b 补体受体，均可形成花环，并证明受检鱼红细胞免疫黏附能力存在种群间差异。 动物体内存在着各种具有吞噬功能的细胞，如血液中的中性粒细胞、单核细胞和血栓细胞。以及各种组织中的巨噬细胞等。一旦病原体突破第一道防线侵入机体内，就会遇到固定的或游走的吞噬细胞的围歼。

鱼类的中性粒细胞和单核细胞等具有向病原体存在部位（即炎症部位）游走的能力。而这种吸引吞噬细胞至炎症部位的现象叫做趋化作用，主要是由损伤的组织细胞释放的组织蛋白酶和革兰氏阴性菌的多糖激活补体系统，放出 C3a、 C5a 等趋化因子引起，趋化因子是一些小分子的可溶性物质，可以扩散到较远部位，以其浓度梯度作用于吞噬细胞的细胞膜，使细胞运动发生极化而向一定方向运动。

关于鱼类的吞噬细胞已有了较多的研究报道。采用微粒碳液对虹鳟进行腹腔注射，证明虹鳟的主要吞噬器官是肾脏、脾脏和心包。孵育后第 4 天，脾脏尚未发育，肾脏中未发现有淋巴样细胞，注入的碳微粒被鳃的巨噬细胞以及皮肤和消化道的相应组织所吞噬，肾脏吞噬的极少。孵育后第 18 天，肾脏充满淋巴样细胞，脾脏开始发育，此时注入碳颗粒主要通过鳃和肾脏的吞噬细胞，一部分也被脾脏和心包膜所吞噬。随后的几个星期，除了鳃的吞噬作用减弱外，其他均维持这种状态，一直到成年。

Wislocki 早在 1917 就报道了部分真骨鱼类的吞噬细胞对细菌的存噬现象，随后有较多的报道从不同的角度研究了鱼类的吞噬细胞的分布、种类及其功能。Ellis 等（1976）将碳粒子经腹腔注射鲽后，发现单核细胞和巨噬细胞参与吞噬，而中性粒细胞则未吞噬碳粒。Mckinney 等（1977）的研究也得到了相似的结果，他们观察了雀鳝（Lepisoteus osseus）的吞噬细胞对绵羊红细胞（SRBC）、酵母细胞和表皮葡萄球菌具有吞噬能力，结果只发现其单核细胞和巨噬细胞具有吞噬能力，而嗜性粒细胞未参与吞噬。而 Weinreb（1963）、Lester 等（1978）和 0' Neill 等（1985）许多学者的研究结果均表明，鱼类的嗜中性白细胞具有很强的吞噬能力。

此外，Ferguson（1976）观察到鲽的单核细胞、中性粒细胞对胶质碳粒（Colloldal carbon）的吞噬现象，还观察到血栓细胞（Thrombocyte）吞噬胶质碳粒的现象。Kusuda 等（1987）也观察到日本鳗鲡（Anguilla japonica）的血栓细胞吞噬经甲醛灭活的迟缓爱德华菌（Edwrdsiella tarda）的现象。

Chilmonczyk 等（1980）发现鲤位于血窦（Blood sinus）部位的鳃柱状细胞（Gill pillar ceell）和内皮细胞（endothelial cell）都具有微弱的吞噬异物颗粒的能力。Sovenyi 等（1987）发现，位于鲤头肾（head-kidney）的各阶段的中性粒细胞以及巨噬细胞都具有吞噬绵羊红细胞的能力。

许多实验结果已经证实，免疫接种可以增强色类吞噬细胞吞噬活性（Phagocytic activity，pA）和提高吞噬指数（Phagocytic index，PI）。例如，Song 等（1981）用迟缓爱德华菌免疫接种鳗鲡后测得每个白细胞的吞噬指数为 6.73 ~ 16.10，而对照鱼只有 2.31，用从迟缓爱德华菌中提取的脂多糖（LPS）免疫接种日本鳗鲡后，也观察到吞噬细胞的吞噬活性显著地高于对照鱼体。

三、补体系统

补体（Complement）是广泛存在于哺乳动物、鸟类、两栖类、鱼类等正常动物血清中，具有酶原活性的一组不稳定球蛋白，因为它可以补充抗体的作用，故名补体。这组球蛋白在一般情况下，除 C1q 外，在体液中均以非活性状态存在，当受激活剂（Activator）作用后，则按一定顺序活化，发挥一系列的生物学活性，如协助抗体和吞噬细胞杀死灭病原微生物，担负机体的非特异性抗感染作用。

补体的各种成分除 C1q 外，都是以不活动的酶原（Zymogen）形式存在于血清中，必须激活才能发挥作用。补体活化时，通常是前一个活化成分是后一个成分活化时的激活酶，因此补体需按一定的顺序进行反应，此称为补体顺序反应（Cornplement sequence reaction）。

鱼类的补体也存在激活途径，是非特异性免疫的主要组成部分，主要的生物学作用是非特异性地除去体内的抗原抗体复合物。补体的作用是多方面的，既参加抗体保护性的免疫应答和自身稳定功能，又可引起免疫病理损伤，在这些过程中，一般是通过补体激活后产生的各种活性物质引起的。补体的生物学作用主要包括：细胞的免疫溶解作用、免疫黏附红细胞的作用、加强吞噬作用、促使发生炎症反应、对病毒的灭活作用、免疫因素对病毒的中和作用和在免疫应答中的作用等。

（一）鱼类补体的功能、激活及相关特性

1. 鱼类补体的功能

补体系统是鱼类等脊椎动物抵抗微生物感染的重要成分，由存在于体液中的数十种具有酶活性的球蛋白组成。C3 是鱼类补体系统的主要成分，鱼类补体也具有溶菌和溶细胞作用，但是对热更不稳定，具有更低的最适反应温度。一般来说：鱼类补体在 45℃下 30 min 即灭活（冷水性鱼类的为 40 ~ 45℃下 30 min，温水鱼类为 45 ~ 50℃下 30 min），因此更难于保存。鱼类补体的抗微生物活性更高，而且具有更明显的种或种群特异性。哺乳动物的补体可以用豚鼠血清替代，但豚鼠血清不能替代禽类和鱼类补体。

2. 鱼类补体的激活

鱼类补体可以通过经典途径或旁路途径激活。无颌鱼类的 C3 通过旁路途径激活，其补体系统的主要作用是促进细胞吞噬，而不是细胞溶解，随着有颌鱼类的进化和免疫球蛋白的出现，补体激活通过经典途径得以实现。有颌鱼类补体的生物学活性与高等脊椎动物相同，主要表现在以下两个方面：①由旁路途径（抗体非依赖性）或经典途径（抗体依赖性）激活而行使细胞溶解作用；②由被激活的补体组分释放的片段行使调理作用。软骨鱼类补体系统经典途径由 6 种功能不同的成分组成，即 Cln ~ C4n、C8n 和 C9n。在鲨鱼已经证明的 6 种补体中，有 3 种在功能上与哺乳动物 C1、C8 和 C9 相似。硬骨鱼类

中发现有 C1～C9 等补体成分，虹鳟 C3 和 C9 成分 cDNA 序列已被测定，其与哺乳动物相应成分具有很大的同源性。

硬骨鱼类补体因子是通过多糖（如脂多糖）或免疫球蛋白 F_c 区糖基部分的存在激活的，能够通过攻膜复合物完成细胞溶解作用，包括血细胞溶解作用、杀寄生虫、杀菌和溶菌、细菌外毒素灭活作用、杀病毒和可能的脱毒作用，这些作用可能属于鱼类补体活性的同一机制。补体激活过程中释放的片段具有广泛的调理作用，包括对白细胞的化学吸引作用（C5a）、过敏作用（C3a）和促进细胞吞晚活性的作用（C3b）。攻膜复合物对细胞吞噬也具有调理作用。可见，作为抗体和吞噬细胞间连接的中介，鱼类补体能够增强体液和细胞介导的特异性免疫，而且在宿主非特异性自然防御机制中发挥重要作用。其中，C3 是补体系统的关键成分。

（1）不同鱼类补体的某些特性

鱼类补体的一些特性随鱼类分类地位不同而存在一定差异。

①圆口类：在圆口类中，从日本七鳃鳗和蒲氏黏盲鳗（Eptatretus burgeri）的血浆中分离的 C3 都可以在 Mg^{2+} 的存在下，由血清中的热敏物质活化，圆口类的补体被认为存在旁路途径活化 C3 的机制。日本七鳃鳗的 C3 由 3 条肽链构成，分子质量约为 190 ku，即由 α 主链（83ku）、β 链（74ku）和 γ 链（32ku）构成，α 链上存在巯基脂结合物。蒲氏黏盲鳗 C3 的分子质量为 192 ku，与其他脊椎动物的 C3 一样，由 α 链（115ku）和 β 链（77ku）2 条肽链构成，α 链上存在巯基脂结合物，因为与哺乳类的 C3、C4、C5 在结构和机能方面括似，所以被认为由共同的祖先分子演化而来。而日本七鳃鳗的 C3 具有同哺乳类 C4 相似的 3 肽链结构，从比较免疫学的角度来看，具有极为深刻的意义。从蒲氏黏盲鳗血浆中分离的 C3 如上所述只具有 2 条链，但是从其基因的碱基排列来看则存在 3 条肽整的结构。因此，蒲氏黏盲鳗的 C3 可能是 1 条肽链作为前体被合成后，未经充分装配就以 2 条肽链的形式分泌出来的缘故。

圆口类的血清中尚未检测到与溶血相关的补体后半部分的组分（C5 以后的各种成分）。虽然已证实盲鳗的血清中存在溶血因子（160ku），但是现在已确认这种蛋白质并不是补体成分。日本七鳃鳗的 C3 和 B 因子已经测出了全部氨基酸序列。

②软骨鱼类：在软骨鱼类，已证明条纹斑竹鲨（Chiloscyllium plagiosum）存在由 6 种补体成分（Cln、C2n、C3n、C4n、C8n 和 C9n）构成的经典途径。其血清中已分离出 C1n、C2n、C8n 和 C9n，可以由结合在绵羊红细胞（E）上的条纹斑竹鲨抗体（An）所活化，而形成的 EAn C1n 能与缺失 C1 成分的豚鼠血清（仅含有 C4 和 C9 成分）一起导致溶血现象的发生。而且 C9n 也可以和哺乳类的溶血中间复合体 EAC1～EAC8 一起导致多血。这些研究结果表明，鲨的 C1n 和 C9n 与哺乳类的补体在功能上具有相似性。分离条纹斑竹鲨的溶血中间复合体 EAnC1nC2n 和 EAnC1nC2nC3n 后进行的特性研究结果表明，前者类似于哺乳类的 EACl4，比较稳定；而后者类似于 EAC142，极不稳定。

条纹斑竹鲨的 C1n、C2n 和 C3n 分别相当于哺乳类的 C1、C4 和 C2，而 C8n 和 C9n 分别相当子 C8 和 C9，但是 C4n 究竟相当于哺乳类的何种补体成分仍未确定。C4n 的功能究竟是单独完成的还是结合成复合物完成的尚需要进一步研究。虽然有人认为条纹斑竹鲨补体活化存在旁路途径，但是尚未证明该途径的存在。电子显微镜的观察结果已证实，条纹斑竹鲨补体能在靶细胞上形成攻膜复合物。这种攻膜复合物的直径较人类的攻膜复合物（10.5nm）和豚鼠的攻膜复合物（9.0nm）都小一些，平均只有 8nm 左右。有报道称，条纹斑竹鲨的白细胞表面存在能识别猪 C5a 受体。

③硬骨鱼类：硬骨鱼类补体的主要特性有以下特性：在 Ca^{2+} Mg^{2+} 的存在下，虹鳟补体经典途径的活化可以由抗原体复合物（用虹鳟抗体致敏的棉羊红细胞）引起，而在只有 Mg^{2+} 的存在下，其旁路途径的活化可以由酵母聚糖、旋覆花素和兔红细胞所引起。除虹鳟外，鲤、罗非鱼（Orechromis niloticus）、香鱼、斑点叉尾、条纹金枪鱼（Thunnus plagiosμm）、真鲷（Pagrosomusmjor）和鳟等色类的补体都存在经典途径和旁路途经。可能所有硬骨鱼类的补体都存在这两条补体活化途径。从虹鳟血浆中分离到了具有 2 条肽链（α 链和 β 链）的 C3，从经虹鳟血清处理过的兔红细胞上分离到了由复数成分构成的攻膜复合物。最近，又分别分离出了五条鰤（Seriola quinqueradiata）和红点鲑（Salvelinus salvelinus）血清中的 C3 以及沙鲈（Psammo perca waigiensis）浆中作为补体系统的抑制因子的 Ⅰ 因子和 H 因子。关于虹鳟的 C3 和 C9，已根据互补 DNA 的碱基序列测定了全部一级结构。

在对鲤的补体系统进行研究后明确了以下一些问题。

①鲤血清中存在 C1 ～ C9 的 9 种补体成分，以及 D 因子和 B 因子。

②在 Ca^{2+} 存在下，C1 和 C4 能结合到 EA（鲤抗体致敏的绵羊红细胞）上；而 C2 结合到 EAC14 则需要在 Mg^{2+} 存在条件下才能进行。

③ EAC14 比较稳定；而 EAC142 则不稳定，即使在 0℃条件下也会很快失活（半衰期仅为 2.5h）。

④哺乳类的 C3 结合到 EAC142 时对温度有严格的要求，在低温条件下不可能进行，但鲤的 C3 即使在 0℃条件下仍然可以进行。

⑤鲤的 C3 转换酶（C3b、Bb）可以将 C3（184ku）裂解为 C3a（14ku）和 C3b（168ku），此外，鲤 D 因子可以将 B 因子（93 ku）裂解为 Ba（34ku）和 Bb（59 ku）。

⑥鲤的 C8 和 C9 与人和豚鼠的补体成分具有相似性。

⑦ C6 ～ C9 的各种补体成分结合为分子集合体并与 C5（C5b）形成攻膜复合物。

（2）补体的特性与机能

一般而言，硬骨鱼类的补体成分与其他脊椎动物的抗体和补体成分没有适合性，而且同其他鱼类也难以找出适合性，例如，用虹鳟和鲤抗体致敏的绵羊红细胞，只能与同种或近缘种的血清组合才能导致溶血现象的发生。虹鳟的 C3 与鲤和豚鼠的补体成分没有适合性，鲤的 C1、C4 和 C3 与人类和豚鼠的补体成分也不存在适合，硬骨鱼类的补体对热更敏感。鲤、香鱼、金鱼、真鲷和罗非鱼等温水鱼类在 45 ～ 50℃，虹鳟、白鲑（core-gonus clupeaformis）和北极红点鲑（Salvelinus alpinus）等冷水鱼类在 40 ～ 45℃条件下补体即失去活性。硬骨鱼类的补体即使在低温条件下也不失去溶血活性，许多种鱼类即使在 0 ～ 4℃也仍然显示出溶血活性。因为两栖类和爬行类的补体也存在同样的特性，所以即使在低温条件下也显示出溶血活性可能是变温动物的补体的共同特性。哺乳动物的补体成分可以由各种活性抑制剂或者热处理而特异性失活，对鲤的补体成分也观察到了同样的特性，即鲤的 C1 和 C4 可分别由朝鲜蓟酸和氨，C4 和 C3 可引起活性丧失；而 C1、C2 和 B 因子经热处理（50℃下 15 min）后失活。

硬骨鱼类的补体除了溶菌、中和外毒素、溶解寄生虫等直接的抗微生物作用外，还显示出对吞噬细胞吞噬活性的促进作用，即所谓的调理作用。关于虹鳟、鲤、斑点叉尾鮰、鳗鲡和五条鰤等多种真骨鱼类补体的调理作用已有详细的研究报告，关于鲤补体的调理作再，已用抗鲤 C3 的兔抗体进行的试验证实了是由于 C3 的作用而引起的。此外，在鲤中性粒细胞表面、虹鳟和大西洋鲑的巨噬细胞表面，以及五条鰤末梢血淋巴细胞上，都存在 C3 受体等。在虹鳟和日本鳗鲡的血清中添加酵母聚糖后孵育，即可观察到白细胞趋化因子和白细胞增殖因子的生成，这可能是由于补体活化过程中所产生的片段（C5aC3a）的作用。

（3）硬骨鱼类的补体激活的经典和旁路途径在机体防御中的作用

硬骨鱼类的补体活性基本上可以采用测定哺乳类补体的方法进行测定。对经典途径的补体活性 CH_{50} 采用同种抗体致敏的绵羊红细胞作为靶细胞，并且在 Ca^{2+} 和 Mg^{2+} 存在条件下进行测定。而旁路途径的补体活性值（ACH_{50}）可采用兔红细胞作为靶细胞，在 EGTA（Ca^{2+} 螯合剂）和 Mg^{2+} 存在条件下进行测定。不过，因为不同鱼类的最适反应温度、反应时间、 pH 等有所不同，因此有必要筛选出各种鱼类的适宜条件后再进行测定。根据上述方法对多种硬骨鱼类的 CH_{50} 和 ACH_{50} 进行测定，结果表明鱼类的 CH_{50} 与哺乳类相比存在很大的差别（有 5 ～ 10 倍之差）。这可能是由于硬骨鱼类补体的旁路途径具有比哺乳类补体的旁路途径更为重要作用的缘故。

采用抗鲤 D 因子免抗体（IgG）固定的层析柱除去鲤血清中的 D 因子后，不仅失去了补体的旁路途径活性，连经典途径的活性也失去了。当在这种缺失 D 因子的血清中添加鲤D 因子后，两条途径的活性都完全恢复了，因为 D 因子是补体旁路途径的构成成分，而除去 D 因子后补体经典途径失去活性则是不可思议的现象。于是，为了查明补体经典途径活化的那个反应阶段被抗鲤 D 因子抗体所阻碍而中止的原因，在经缺少 D 因子血清处理后室靶细胞（EA）中添加抗鲤 C3 免抗体（IgG）和豚鼠血清后孵育，观察是否产生溶血现象。其结果表明，EA 发生了溶血，并且证实了 EA 上有 C3 沉着。另外，由 D 因子引起的溶血现象并没有进行 C5 的活化。这是因为如果进行到了 C5 活化阶段，C6 以后的成分都会在C5b 上进行分子集合，就应该引起 EA 的溶血发生。这个试验结果表明了硬骨鱼类补体的经典途径单独作用并不能导致靶细胞的溶解，而只是将 C3 因子定在靶细胞上，起到启动旁路途经活性化作用而已。仅从硬骨色类的补体系统的构成成分来看，可以说已达到了同哺乳类和鸟类相同的水平。但是，硬骨鱼类的 ACH_{50} 较哺乳动物的高得多，并且将经典途径单独作用不可能溶解靶细胞等特点结合起来考察，即可以看出硬骨鱼类对抗体无关的导物处理的途径，即补体旁路途径在机体防御中具有更为重要的作用。

（4）C3 的遗传多样性

人们已经知道哺乳动物补体成分的大多数都存在遗传多样性，虹鳟 C3 也存在多样性（变异体），并且发现具有不同 C3 的虹鳟对于病毒性出血性败血症病毒（VHS）的抵抗性是不相同的。鲤的 C3 存在多样性和不同 C3 的鲤其实补体的溶血活性具有显著的差别。今后，有必要进一步阐明鱼类 C3 的基因型与抗病性之间的关系，这对于鱼类的抗病育种具有深远的意义。

补体的第三种成分（C3）是经典途径和旁路途径的共同成分，其活性片段在机体防御中起极为重要的作用。迄今为止，C3 已从许多种脊椎动物中分离到，其共同特点是：①分子质量为 180 ~ 200ku；②除七鳃鳗外都具有 2 条肽链（σ 链和 ρ 链）；③ σ 链上存在疏基脂结合物；④活化的片段（C3b、iC3b）对吞噬细胞的吞噬活性具有促进作用（调理作用）。

C3 也是补体各种成分中结构研究最为清楚的组分，到目前为止，已经解析人、山羊、鼠、豚鼠、眼镜蛇、虹鳟、七鳃鳗和盲鳗等 C3 的全氨基酸序列。关于人的 C3 分子，已经弄清楚了 C3 受体（CR1、CR2 和 CR3）、H 因子、B 因子及其备解毒素的结合部位，哺乳类 C3 的氨基酸序列与人的 C3 显示很高的相同性（72% ~ 80%）和类似性（85% ~ 89%）；眼镜蛇的 C3 与人的 C3 相比较，其相同性和类似性分别为 51% 和 66%；而盲鳗的 C3 与人的 C3 相比较，其相同性和类似性不过 31% 和 47% 而已，这就是说越是处于系统树下部的动物，其相同性和类似性越低。哺乳类的 C3 片段同人的 C3 配合基显示出很高的结合生，而低等动物的 C3 片段的结合性总体而言比较低，由此看来，高等动物和低等动物，不仅是 C3 的氨基酸序列存在差异，而且 C3 配合基的氨基酸序列也不同的。

人白细胞表面存在的 C3 受体（CR1 和 CR2），不能适合于虹鳟的 C3 活化片段，即不能识别这些片段，然而在大西洋鲑的巨噬细胞表面则存在识别人的 C3 活化片段（C3b 和 iC3b）的 C3 接受体。海胆和蚯蚓等无脊椎动物的吞噬细胞表面上也存在能识别的 C3 活化片段（C3b 和 iC3b）的受体。这些结果表明，低等动物的 C3 受体的特异性较高等动物低。这可能是随着动物免疫机能的进化和复杂化，其 C3 受体的特异性也随之增高的缘故。

鱼类补体旁路途径的杀菌作用的研究还较少。Ourth 等（1982）曾对斑点叉尾鮰的这种能力进行过观察；饭田等（1983）对日本鳗鲡、虹鳟、鲤、尼罗罗非鱼（Tilaoian niloti-ca）和黑鲷（Sparus macrocephalus）等鱼类补体旁路途径的杀菌作用进行过研究；陈昌福等（1991）对草鱼、团头鲂（Megalobrama amblycephala）、乌鳢（Channa argus）和鲢等几种淡水鱼类的这种能力进行过比较研究。从这些研究结果来看，不同的鱼类血清中补体旁落途径的杀菌能力不同，即使同一种鱼类对不同的细菌也显示出不同的杀菌能力。但是，可以看出，鱼类由补体旁路途径的杀菌能力很有限，尤其是对鱼类病原菌的杀菌力较弱。鱼类补体旁路途径的杀菌作用，特别是在鱼类受到传染病感染的初期防御中具有重要作用。对鱼类补体作用的深入研究，对于全面了解鱼类的非特异性免疫能力，从而制定科学的防病措施和免疫方法，都具有重要的意义。然而遗憾的是，这方面的研究还很肤浅。

（二）鱼类的补体系统的适宜反应条件

1. 最适 pH

楠田等（1987）用绵羊红细胞（SRBC）注射免疫日本鳗鲡后，观察到溶血素（Hemolysln）价随着凝集效价的上升而产生相应的变化，实验结果表明日本鳗鲡的补体活性在 pH7.5 条件下最高。Ross 等报道，印度斑竹鲨（Chiloscyllium indicum）的补体 C1 成分在 pH6.9 时的结合最强。Yano 等观察到鲤的补体在 pH7.2 ~ 8.5 的范围内溶血活性最高。陈昌福等（1991）对草鱼的研究结果证实，其血清中体的溶血活性的最适 pH 范围是 7.0 ~ 8.5。根据国内外的研究资料，虽然被研究的鱼类不同，所采用的研究方法和实验条件也不尽相同，因而不便于直接比较，但是，一般认为淡水鱼类的血清中补体活性适宜 pH 范围为 7.0 ~ 8.5。

2. 最适温度

关于鱼类补体活性的最适温度，学者们的试验结果也不尽相同，如 Sakai（1981）和 Nonaka（1981）在用虹鳟等所做的研究中，前者指出在 30℃条件下，虹鳟的补体活性最高；而后者认为 25℃是其补体活性的最通温度。又如 Day 等（1970）曾报道经鲤的补体活性的最适温度是 30℃；而 Yano 等（1985）用鲤所做的研究结果表明在 25℃条件下，其补体溶血活性最强。Legler 等（1980）报道，金鱼和一些软骨鱼类如（猫鲨）补体活性的最适温度相同，均为 28℃。陈昌福等（1991）试验结果证明，草鱼血清中补体活性的最适温度为 28℃。由以往的研究结果可以看出，无论是温水性鱼类还是冷水性鱼类，其补体活性的适宜范围都处于 20 ~ 30℃之间。与哺乳动物补体活性的最适温度相比是较低的，这可能也是鱼类补体活性的特点之一。

Yano（1985，1986）关于 Ca^{2+} 和 Mg^{2+} 对鱼类补体活性的影响做过比较详细的研究，指出这两种离子对于鱼类补体的激活是必不可少的，而且只用其中一种是不能使鱼类补体激活的。

四、体液中的非特异性免疫物质

非特异性免疫物质又称为非特异性溶素（Nonspecific lysin），是指正常人和动物血清和体液中各种能杀灭或溶解细菌及红细胞的物质的总称。其中作用较明显的有溶菌酶等。

（一）溶菌酶

溶菌酶（Lysozyme）是一种专门作用于微生物细胞壁的水解酶，又称为细胞壁溶解酶。这种酶在白然界中分布很广，例如，动物的黏液等分泌液、血液等组织以至植物的细胞空泡中都有溶菌醉的存在。

溶菌酶能够溶解革兰氏阳性菌及某些特定非病原性细菌的细胞壁。据测定，溶菌酶最佳活性 pH 为 6 ~ 7 以上，等电点（pI）为 10.5 ~ 11.0。其相对分子质量约为 144000。

关于鱼类的溶菌酶已有较多的研究报告，淡水鱼和海水鱼的血清、黏液及其他特定组织中都有溶菌酶的存在。在板鳃类的淋巴性骨髓组织中，发现有对溶壁微球菌（Micrococcus lysoleiticus）具有高度酶活性的物质。鱼类脾脏中溶菌酶的活性很低，在盲鳗（Myxine glutinosa）和一种鳕（Gadus spp）的脾脏中没有检测到溶菌酶的活性。

虹鳟、大麻哈鱼（Oncorhynchus keta）、北极红点鲑和鳕等鱼类黏液中存在的溶菌酶，溶菌酶在 pH6.0 的条件下，对鳗孤菌（Vibrio anguillarμm）的溶菌活性最高，而最适温度是 30 ~ 40℃，但是，即使在 2 ~ 4℃条件下，仍能保持一定的溶菌活性。

鲤体表和肠道黏液中的溶菌酶对溶壁微球菌的溶菌活性在 pH7.2 和 pH9.0 条件下最高，其酶活性最适温度为20℃，但是在 10 ~ 50℃的温度范围内均能保持70%的相对活性。100℃处理 10min 后，在 pH4.0 的条件下，仍然具一定的活性；但是在 pH7.0 和 pH9.0 的条件下则无活性，说明理体表和肠黏液中的溶菌酶对热的稳定的性与 pH 有关。

研究发现，牙鲆（Paralichthys olivaceus）血清中的溶菌酶活性在全年中处子恒定的水平，但黑线鳕（Melanogrammus aeglefinus）血清中溶菌酶活性则因季节的变化而发生变化。将某些鱼类肝脏中的溶菌酶分离提纯后，对其性状的分析结果表明，淡水鱼和海水鱼的溶菌酶活性在 pH5.0 低离子强度的缓冲系统中最高，而海水鱼则在 pH6.2 和 pH9.2 的两个较高离子强度的缓冲系统中其溶菌酶活性最高。这类差异可能是由于鱼类对栖息环境中盐分变化的一种适应，当然也不能排除感染微生物的性状及拮抗作用所引起的变化。

Lukyanenko 发现，以底栖生物为食的 4 尾鲟（Acipenser sturio）中只有 2 尾血清中溶菌酶活性达到23；而一些肉食性鱼类不仅溶菌酶出现频率高，而且溶菌酶活性也高（平均达 370）。由此可见，鱼类在变化无穷的自然条件下，为了维持机体的抵抗力及生理平衡，溶菌酶也产生了一系列适应性变化。观察到圆鳍鱼（Cyclopterus lumpus）的雄鱼较雌鱼具有更多的溶菌酶，但雌鱼在性成熟的繁殖的季节，其溶菌酶水平显著上升。鲽（Pleuronectes platessa）和圆鳍鱼血清中溶菌酶活性在 4 ~ 6 月份最高。这种现象表明，鱼类溶菌酶的水平受着温度和饵料等其他因子甚至生殖周期的影响。Vladimirov 也曾报道过鱼类溶菌酶活性夏季较冬季高 2 ~ 3 倍的现象，并用点状气单胞菌（Aeromonas punctata）制成疫苗注射鲤 7 ~ 14d 后，观察到了受免鲤血清中溶菌酶活性显著地高于对照鲤，但在 21d 后即趋于下降甚低于对照鱼的溶菌酶活性。陈昌福等（1992）在用柱状黄杆菌（Flavobacterium columnare）制成的灭活菌苗注射草鱼后，也观察到了溶菌酶活性上升的现象。

鱼类的溶菌酶主要是由中性粒细胞和单核细胞等产生的。鱼体在患病或在免疫应答过程中，白细胞及单核细胞的数量与生理状况均会发生变化，所以检测其白细胞的数量和溶菌酶活性变化状况，对于诊断鱼类疾病很有意义。但是，这方面的工作尚未引起足够的重视。

（二）壳质酶

壳质酶（Chitinase）是霉菌和细菌的菌体外酶，也存在于某些无脊椎动物的肠管以及食虫植物的分泌液中。壳质酶的相对分子质量约30000，最适 pH 为 5.3 ~ 7.5。

鱼类除胸腺以外的淋巴骨髓性组织中都有壳质酶。与溶菌酶相比，在硬骨鱼类的脾脏、血浆以及淋巴结样组织中存在较高的壳质酶活性。Fange 等（1976）发现，圆口鱼类血浆中具有较高的壳质酶活性，但在某些软骨鱼类脾脏中壳质酶活性则很低。

在食蚊鱼类的血清、肾脏及肠管黏液中都检测到大量的壳质酶。银鲛（Chtimaera monstrosa）胰脏中具有很高的壳质酶活性，人们认为这是由于这种鱼的全部食物皆为具有壳多糖外壳的甲壳动物之缘故，壳质酶正是银鲛为消化这些食物而具备的辅助机能。Fletcher 等发现，长期不摄食的鱼，其壳质酶的活性也消失，这说明了鱼类壳质酶与饵科的密切关系。

鱼类壳质酶对于含有壳多糖的霉菌、细菌及其他寄生物的入侵具有防御作用。

（三）干扰素

干扰素（Interferon）是由病毒、某些细菌、真菌、原生动物以及植物凝集素（PHA）等干扰素诱生剂（ inducer）诱导组织培养细胞或动物机体细胞而产生的一类低分子质量的可溶性糖蛋白。相对分子质量为 20000 ~ 38000，可被蛋白分解酶破坏，不受淀粉酶、脂酶、DNA 酶或 RNA 酶的影响。对热不太敏感，在 pH2.0 ~ 11.0 中稳定，抗原性弱，不能透析。它们可与细胞及病毒分开，能作用于其他细胞而产生广谱的抑制病毒增殖作用。其作用机制可能是在细胞内诱发产生另一种抑制性蛋白，后者能阻断病毒信使 RNA 的翻译。干扰素的产生和作用有细胞特异性，而不是病毒特异性。其产生是机体对病毒感染的非特异性免疫机制中的重要因素之一，是急性病毒感染之所以能恢复的重要原因。干扰素是目前正在研究的抗病原感染的一种生物制剂。

Gravell 等（1965）最早发表了关于某些海产鱼干扰素样物质的研究报告。他们利用胖头鲹（Pimephales promelas）的鳍传代细胞（FHM 细胞），对传染性胰脏坏死病毒（Infectious pancreatic necrosis virus，IPN 病毒），进行传代培养，结果发现，在 34℃条件下病毒不增殖而在 23℃时能正常增殖。这种现象并不完全是由于温度所致，而病毒诱导鳍传代细胞产生了干扰素也是其主要原因。

在利用仿石鲈（Haemulon strialum）的鳍细胞（GF-1 细胞）培养传染性胰脏坏死病毒时，结果也发现该病毒诱导细胞产生了干扰素物质，并且这种物成具有同哺乳动物干扰素相同的性状。Beasley 等将脊椎动物和无脊椎动物的免疫应答中所产生的干扰数和干扰素样物质有关的初期研究结果进行总结。从研究结果中可以看出，与哺乳动物的干扰素相比较，鱼类干扰素缺乏对病毒的特异性。鱼类血清中仅具有少量的干扰素，而且不同的宿主细胞所产生的干扰素具有相对的种特异性。Sigel 指出，干扰素在鱼体防御病毒性感染的过程中起拮抗作用，对于某些病原微生物，干扰素甚至具有同特异性免疫球蛋白同等重要的机能。在弥补鱼类迟发的免疫球蛋白的作用方面，非特异性的干扰素也是十分重要的。当鱼类处于低温条件下，其免疫功能低下时，干扰素还可以部分地防止病原体的入浸。

Oie 等对呼肠孤病毒（Reovirus）感染的鳍传代细胞进行培养，进行了诱导干扰素的产生和抑制病毒增殖的试验，结果表明，在 26℃时能产生干扰素，而在 33 ℃条件下不产生，Kelly 等（1973）用呼肠孤病毒接种剑尾鱼（Xiphophorus heller）的细胞，结果观察到了对抗生物质具有感受性的干扰的增加。

Amend 在对鲑科（Salmonoidae）鱼类干扰素特性进行研究时发现，只要将环境水温从 10℃上升到 18℃，就可以有效地防止虹鳟的传染性造血器官坏死病毒（infectious hematopoietic necrosis virus，IHN 病毒）病的发生，这种感染与防御的迅速出现与消失，是与干扰素反应的特性一致的。

De Kinkelin 等用病毒性出血性败血症病毒（Viral hemorrhagic septicemia virus，VHS 病毒）接种虹鳟后，取其免疫血清处理虹鳟性腺细胞（RTG ~ 2 细胞）进行体内的和体外的试验，结果证明了虹鳟可以产生干扰素。注射病毒后第 3 天，鱼体血清中干扰素活性最高，并显示出最强的抗感染功能，但是到第 14 天时，干扰素活性趋于下降。进一步的研究还发现，对病毒具有抑制作用的血清同时也显示出干扰素的各种特性，如广谱的抗病毒性和对 RNA 分解酶的抵抗性等。他们还发现，对虹鳟注射传染性造血器官坏死病毒后，仅 40h 后就能检测到干扰素，对鳟（Salmo trutta）接种弹状病毒（Rhabdovirus spp.）后，两天后也可以观察到干扰素的产生。

Dorson 等用病毒性出血性败血症病毒接种虹鳟后进行了干扰素分离，得到相对分子质量为 24000 ~ 28000、沉降系数 2.3S、呈酸性、pⅠ5.3 的干扰素样物质。与此同时，Dorson 等检测了虹鳟对传染性造血器官坏死病毒产生的干扰素的性状。发现这种抗病毒物质，具有干扰素的一般性状，有很强的种特异性，pⅠ7.1，相对分子质量约为94000。干扰素活性的 pH 范围，因鱼的种类不同而有差异，虹鳟所产生的干扰素活性 pH范围处于其他脊椎动物干扰素的活性 pH 范围之内。鱼类干扰素的分子质量较爬行类或其他高等脊椎动物的大得多，随着动物系统发育的进化，干扰素分子质量显示出缩小的趋势。

佐野用病毒性出血性败血症病毒接种虹鳟后，观察到其血清中干扰素活性是以接种后第 3 天最高，第 9 天以后就迅速下降，而且干扰素活性与温度及病症强度都有关系，他还提出用干扰素预防鱼苗阶段的传染性胰脏坏死、传染性造血器官坏死和病毒性出血性败血症等病毒性鱼病。

邵健忠等采用细胞病变抑制法测定了病毒诱导前后草鱼外周血中干扰素的活性变化。结果表明，经病毒诱导的草鱼血清中出现明显的干扰素抗病毒活性，25℃水温下诱 3 d，其活性达到高峰，在草鱼细胞中的效价（$1og_2 CPFⅠ_{50}/0.1 mL$）可达 11.08 ± 0.58。草鱼血清干扰素具有 100000 g 离心不沉降，耐热，在 pH2.0 ~ 10.0 范围内活性稳定，抗 DNase和 RNase，对胰蛋白酶、糖苷酶和 $NaIO_4$ 敏感等性质，其抗病毒作用依赖于细胞内 RNA和蛋白质的合成。在鱼类细胞中具有抑制不同病毒的能力，但在人、哺乳类、鸟类和贝类等细胞中无抗病毒作用，表现出抗病毒的广谱性和相对的种属特异性，与高等脊椎动物干扰素的特性相一致。

（四）凝集素

同其他一脊椎动物一样，鱼类也具有相对非特异性自发产生的固有凝集素（agglutinin）。它们属于蛋白质或糖蛋白，在理化性质、生物学特性和抗原特性方面均不同于抗原刺激产生的免疫球蛋白。凝集素能够与碳水化合物和糖蛋白结合，从而使异源细胞或微生物发生凝集，或使各种可溶性糖结合物发生沉淀，被认为是机体自然防御机制中原始的识别分子和免疫监督分子。

（五）沉降素

所请沉降素（Precipitin）是指能与可溶性抗原结合形成沉淀的物质。沉降素通常属于 IgG。在已做过研究的鱼类中，除圆口鱼类以外，其他色类只发现有 lgM 抗体。同凝集素和溶血（菌）素（补体）相比，有关鱼类沉降素的研究较少。

Janssen 等（1968）从生活在受到污染的水体中的白石鲥（Morone americana）的血清中检查出了对人体的多种病原菌的特异性沉降抗体。这种存在于正常鱼体内的沉降素，无论是因为患病而获得， 还是因为接触了其他可引起交叉反应的抗原后而获得，都是因为鱼体产生了免疫应答而获得的。

鱼类在感染的肠道寄生虫后可以查出沉降素。Harris（1972）从圆鳍雅罗鱼（Leuciscus cephalus）的正常血清中查出了对棘头虫（Pomphorynchus laevis）的提取物产生沉降反应的物。该物质对 2- 巯基乙醇敏感，相对分子质量约为 100 万，同 IgM 抗体有相似的性状。Cottrell（1977）在研究猫鲨（Scyliorinus canicula）的一种寄生线虫（Proleptus obtusus）的抗原特性时发现，其血清中存在对这种寄生虫提取物的沉降抗体。这种沉降抗体对 2- 巯基乙醇敏感，电泳位于 β 域，相对分子质量约为 90 万，沉降系数为 19.6S，其特性同哺乳动物的 lgM 相似。McArhr（1978）在感染了线虫（Telogaster opisthorchis）的鳗鲡血清中查出了沉降抗体，然而在幼鳗正常血清中查出了沉降抗体，然而在幼鳗正常血清中不存在这种抗体，其沉降抗体的活性随着鳗鲡规格的增大而增高。这说明这种沉降抗体是因为寄生虫的感染而诱发产生的。但是，这种沉降素对寄生虫的感染或是再感染究竟有多大程度的抵抗力，尚不清楚。

Hodkinson 等在患了溃疡性皮肤坏死症的鲑的血清中查出了对水霉（Saprolegnia）的沉降素， 而且这种沉降素在外观不能见到菌丝的幼鱼和成鱼血清中也存在， 这可能是鱼体曾感染过水霉孢子的缘故。

Alexander 的研究证明，沉降素活性随季节的变化而变化，以春季活性最低。鱼类的性别与沉降素的活性也有关系，通常是雄鱼较雌鱼为高。

Davls 从鲑卵的表面黏液中查出了 α 沉降素及多种卵蛋白质，证实了黏液对鱼卵的保护作用。

（六）急性期物质

所谓急性期物质（Acute phase substance）是指在传染的急性期或组织刚被损害时，血浆内出现的有杀菌活性的非特异性免疫物质，如 C 反应蛋白 C（C-reacve protein，CRP）、铁传递蛋白（Transferrin）、结合珠蛋白（Haptoglobin）等。但是，像哺乳动物那样众多的急性期物质，在鱼类中还没有发现。

1.C 反应蛋白

这种蛋白质一般不存在于正常血清中， 但是在许多炎症过程中出现， 可以用沉降试验检出。在有 Ca^{2+} 时，能与肺炎球菌的菌体多糖 C 起反应，因而得名（注意：此多糖 C

是肺炎球菌所共有，并非荚膜型特异性多糖）。这种蛋白质在号肝中合成。

C 反应蛋白在正常血清中仅微量存在（10mg/L），在受到各种微生物感染后其本平虽然呈现显著上升趋势，但是其产生量与免疫球蛋白的浓度无关系。C 反应蛋白的生物学功能尚未完全弄清，有人推测其具有促进吞噬细胞的吞噬作用、调理作用、变异诱导作用以及在凝集反应过程中起作用等。

Walson 等（1968）最先对鱼类的 C 反应蛋白进行了观察。他们对美鳊（Notemigonus crysoleucas）和金鱼用嗜水气单胞菌和链球菌（Streptococcus OX39）注射后，在鱼体产生免疫应答的期间，并未观察到 C 反应蛋白的增加，只是检测到凝集素的产生。Baldo 等在正常的鲽、泥鲽（Limanda limanda）和大西洋鳕（Gadus morhus）的血清中，用琼脂内扩散法检测到了同细菌、真菌和线虫提取物起反应的 C 反应蛋白样沉降素。与哺乳动物相比，鱼类在饲养、捕获、采血、运输中的应激状态（Stress），或者曾感染过某种微生物等与相对单纯的原因，均可导致在正常血清中增加沉降素这种蛋白成分。Avtalion 等的研究证实，在低温条件下，所有鱼类的免疫应答都受到抑制，这种非抗体的 C 反应性蛋白样物质在鱼体受到微生物和寄生虫侵袭时，可以对鱼体的体液性防御功能起辅助作用，即对入侵病原体的细胞壁及其表面构造上的抗原决定簇进行非特异性的结合。所有具有这种广特导性的血清成分，对与低等无脊椎动物是非常重要。White 等从圆鳍鱼的受精卵中分离出 C 更应性蛋白样沉降素，初步证明是与哺乳动物 C 反应蛋白类似的分子，Fletcher 等发现圆鳍鱼血清中 C 反应蛋白样沉降素价的上升，无论雌鱼还是雄鱼，都是与抗菌性酶的季节性增加同步的。与此相反，Ramos 等（1978）的试验结果证实，C 反应性蛋白的形成是由于鱼体受到物理损伤后，在继发炎症或组织坏死过程中实现的。他们在 28.5℃条件下从健康真桑比克罗非鱼（Tilapia mossambicus）中，未检测出 C 反应性蛋白，但是当他们给鱼体某些刺激后，同哺乳动物的反应一样，在 24～48 h 内血清中就检测到 C 反应蛋白。对有些外观正常的鱼检查 C 反应蛋白也可能出现阳性结果，这就意味着鱼体曾受过某种刺激，或者是患过某种严重疾病，所以这类检查对未来的养殖者将是很重要的。

Blado 等证明，鲽等鱼类的 C 反应蛋白样蛋白质与即时型变态反应（Allergy）有关。对鲽通过皮内接种霉菌提取物，尘埃等变应原（Allergen）后，即产生即时型红斑。可以说 C 反应性蛋白样沉降素充当的变态反应的媒介物，作为鲽血清中皮肤感受性因子而发挥作用。

2. 转铁蛋台、血浆铜蓝蛋白和金属硫蛋白

转铁蛋白、血浆铜蓝蛋白和金属硫蛋白是微生物生长抑制物（microbial growth inhibitory substance），它能够夺取微生物生长所需的基本养分，或在细胞内阻断其代谢路径，从而可以干扰病原微生物的代谢作用。

（1）转铁蛋白

鱼类血清转铁蛋白（又称为铁传递蛋白、运铁蛋白）是血清中一种非血红素结合铁的 β 球蛋白，相对分子质量为 70000～80000，是鱼体内铁的运输者。不同种属鱼类的

转铁蛋白有不同的物理特性、化学特性和免疫特性，但均有 2 个三价铁离子结合位点。在多种酶或 CHBr 的作用下，转铁蛋白均可降解为两个相对分子质量为 30 000 ~ 40 000 的片段，即转铁蛋白的 N 端半分子和 C 端半分子。每个半分子含有一个铁离子。即转接铁蛋白的两个铁离子位点分别位于其的 N 端结构域和 C 端结构域。转铁蛋白是由两个结构相似的分别位于 N 端和 C 端的球形结构域组成的单一肽链，含有 600 ~ 700 个氨基酸残基，多个半胱氨酸残基形成的二硫键。二硫键不仅可以稳定二级和三级的肽链内部结构，而且可以介导肽链间四级结构的形成。

转铁蛋自存在于所有脊椎动物血清、卵白以及哺乳动物乳汁中，是一种球状的铁结合并转运铁的 β 球蛋白。

未饱和的转铁蛋白具有抗菌特性，即抑制向病原菌供给内因性铁，使病原菌不能利用铁，因而在细菌传染病的预防方面具有重要功用。Putnam 指出，一切动物的转铁蛋白呈现高度的遗传学的多型性。Drilhon 等对鳗鲡科（Anguilldae）、Mallk 对鲑科（Salmonoidae）鱼类的研究结果表明，这两个科的鱼类都有 3 ~ 5 种基因型的变异型。

Webster 等报告海产七鳃鳗的转铁蛋白都具有同样性状，相对分子质量为 73000 ~ 80000，pI9.2 ~ 9.3。Boiia 等的研究指出，猫鲨的转铁蛋白与人的转铁蛋白具有相类似的理化特性，是一种电泳阴极侧的蛋白。并认为，主要有两种生物学机能，一是传递铁的机能，二是具有非免疫学性状的抗体活性。Clem 等在研究注射抗原后的目白檬鲨（Negaprion brevirostris）的免疫应答时，分离到一种单一肽链构成、相对分子质量为 75000、沉降系数为 5.0S、处于电泳阴极侧的"桃色"蛋白质。这种分子同高等动物的 IgG 相似，不是免疫球蛋白，也不具抗体活性，同美星鲨（Mustelus canis）血清中和铁结合后的"桃色"分子十分相似，结论是这种蛋白质就是特铁蛋白。但是关于这种蛋白度的性状及氨基酸排列顺序等则未做深入研究。

Valenta 等对鲤科（Cyprinidae）鱼类的转铁蛋白进行了研究，其相对分子质量为 70000，pI5.0。Hershberger（1970）用不同的方法检测到溪红点鳟（Salvelinus fontinalus）有 3 种基因型的转铁蛋白，而且杂种溪红点鳟的转铁蛋白结合铁和放出铁的速率较纯系溪红点鳟的快，这无论是从传递铁的机能，还是从对病原菌的抵抗性而言，杂种溪红点鳟的转铁蛋白都优于纯系溪红点鳟。Suzumoto 等发现，少鳞白甲鱼（Onychostoma acanthoptera）的转铁蛋白有多种基因子型，而且显示出对细菌性肾脏病的抵抗性。

（2）血浆铜蓝蛋白

血浆铜蓝蛋白是由单一多肽链组成的蓝蛋白，可以螯合铜和其他二价阳离子。血浆铜蓝蛋白又称为亚铁氧化酶（Fenoxidase），因为它可以将亚铁离子氧化为高铁离子，后者将结合到转铁蛋白。在此过程中，血浆铜蓝蛋白可以加速周围铁的转运，从而降低微生物获取的机会。

（3）金属硫蛋白

金属硫蛋白是一种低分子质量、热稳定的蛋白质，含有丰富的半胱氨酸用于结合铜、锌、镉和汞等金属离子。在环境金属离子污染和机体炎症反应中，金属硫蛋白含量增加，能够特异性结合到巨噬细胞膜上，并引起巨噬细胞呼吸爆发和信号传递，其结果是巨噬细胞释放活化产物以杀灭细胞外环境中的细菌或寄生蠕虫。

（七）酶抑制剂

在鱼类血清中存在多种酶抑制剂（Enzyme inhibitor），主要为下列蛋白酶抑制剂。①丝氨酸蛋白酶抑制剂（Serine proteinase inhibitor）；②半胱氨酸蛋白酶抑制（Cysteine proteinase inhibitor）；③金属蛋白酶抑制剂（Metalloproteinase inhibitor）；④ α_2 巨球蛋白（ α_2-macroglobin， α_2-M）。其中①、②和③能够特异性地与相应的酶结合；而④则能与所有的蛋白酶结合。酶抑制剂的基本功能是维持机体血液和其他体液的内环境稳定，还可以调节补体系统和凝结机制的活性。它们能够抑制许多病原微生物胞外酶的活性，能够调节抗原递呈作用，从而参与特异性免疫。另外， α_2 巨球蛋白还能够与转化生长因子（Transforming growth factor，TGF）和血小板衍生生长因子（Platelet derived growth factor，PDGF）等蛋白质形成共价连接。

综上所述，关于鱼类体液中的非特异性免疫物质的研究还是很肤浅的，有待于深入研究。同哺乳动物等脊椎动物相比，鱼类的特异性免疫机制较低下，所以有人认为鱼类疾病的免疫防治应寄希望于增强其非特异性免疫能力。探讨鱼类非特异性免疫物质的特性、功能及其机制，不仅可以为科学养殖措施的制定提供依据，同时还可以为抗病鱼类品种的选育提供理论基础。

五、种的易感性

鱼类在长期进化过程中，形成了鱼体与病原体的特殊关系。某些病原体与某些鱼类有特殊的亲和性（或易感性），而对另一些鱼类则表现出不易感性。许多鱼的寄生物对寄主有专一性，这在鱼类中是常见现象，人们甚至可以利用鱼的寄生物来识别幼鱼。

许多养殖学家想通过育种的方法，达到提高鱼类对传染性疾病的抵抗力的目的。如美国纽约州已通过选育，培养出了对疖病有抵抗力的红点鲑（Salueiinus salvelinus）。在实际生产中，特别是在那些曾发生过疖病和溃疡病的鱼类孵化场中，常可见到抗该病鱼的自然选择现象，而那些多年不受这些病影响的孵化场，一旦该病流行，往往会造成全部鱼群的丧失。

第二节　鱼类的免疫系统

鱼类的免疫系统（Immune system）是参与鱼体免疫应答的细胞、组织和器官的总称。

一、鱼类的免疫器官和组织

前文已述，动物的免疫器官可分为一级免疫器器官（Primary immune organ）和二级免疫器官（Secondary immune organ）。哺乳动物的骨髓（Bone marrow）和胸腺（Thymus）以及鸟类的法氏囊（Bursa of Fabrlcius）属于一级免疫器官其主要功能是对淋巴细胞（lymphocyte）的发生与协调起主导作用。二级免疫器官亦称为外周淋巴器官（peripheral lymphoid organ）包括脾脏、淋巴结和消化道、呼吸道及泌尿生殖道的淋巴小结，是 T 细胞和 B 细胞定居和对抗原进行免疫应答的场所，富含捕获和处理抗原的巨噬细胞、树突状细胞（dendrltic cell）和郎格罕氏细胞（Langerhan's cell）。它们能捕获抗原，并为处理后的抗原与免疫活性细胞的接触提供最大机会。这些器官与一级免疫器官不同，它们都起源于胚胎晚期的中胚层，并持续地存在整个成年期。

鱼类与其他一般动物在免疫器官组成上的主要区别在于前者没有骨髓、法氏囊和淋巴结。胸腺、肾脏和脾脏、黏膜淋巴组织是鱼类最主要的免疫组织和器官。鱼类种类繁多，其胚胎发育受环境影响较大，因而免疫器官的发育状况各不相同。如大麻哈鱼，其胸腺和肾脏在孵化时即已经淋巴化，但金头鲷直到 1.5 个月之后淋巴器官才出现淋巴化。有关鱼类发生的研究以淡水鱼为主，研究结果表明，胸腺是最早形成的免疫器官，然后才是头肾和脾脏。而对海水鱼的研究极少，研究结果与淡水鱼也有所不同，免疫器官的发育顺序是头肾、脾脏和胸腺。

（一）胸腺

胸腺（thymus）是鱼类重要的免疫器官，是淋巴细胞增殖和分化的主要场所，并向血液和二级淋巴器官输送淋巴细胞。鱼类胸腺起源于胚胎发育的咽囊，在免疫组织的发生过程中，最先获得成熟淋巴细胞，一般认为是鱼类的中枢免疫器官。鱼类胸腺在发育过程中与头肾逐渐靠拢，并伴随有明显的细胞迁移发生。

鱼类的胸腺位于鳃腔背后方，表面有一层上皮细胞膜与咽腔相隔，可有效地防止抗原性或非抗原性物质通过咽腔进入胸腺实质。真骨鱼类（Teleost）的胸腺位于鳃盖骨背联合处的皮下，是一对卵圆形的薄片组织，为鳃室黏膜所覆盖，由与咽囊上皮结合在一起的胸腺原茎发育而成。因鱼的种类不同，胸腺的位置及其形状也有所不同，如鳀科（Engraulidae）的胸腺一般呈短棒状卧于各鳃弓背侧部；鲇（Silurusasotus）的胸腺则位于鳃盖骨后缘附近，呈分叉的块状，其形状可能与头形有关；而大多鲈形目（Percifomes）鱼类的胸腺呈圆形或椭圆形，位于鳃腔后部的背侧。

圆口类（Cyclostomes，包括盲鳗科和七鳃鳗科）是否具有胸腺，学者们的意见至今尚不统一。多数学者认为，这些低等鱼类幼体的鳃囊上皮区域所存在的淋巴细胞集结块，究竟是属于一级免疫器官的原始胸腺（Original thymus），还是属于二级免疫器官的淋巴细胞集结块，还有待于弄清这些淋巴细胞集结块的功能。

田村荣光（1978）在对体长为 40 ~ 50 mm 的日本七鳃鳗（Lampetra japonica）幼体的胸腺进行观察时发现，位于内耳所在区域的鳃囊前上方的上皮下，存在厚度约 80μm，长为 250 ~ 300μm 的淋巴细胞集块。虽然不能判断这种淋巴细胞集块是否与软骨鱼类（Chondrichthyes）和硬骨鱼类的胸腺相同，但是，因为在这种淋巴细胞集块周围并没有观察到同样的组织，所以他认为这种淋巴细胞集块就是胸腺样组织。

软骨鱼类（鲨类）的胸腺可以清楚地区分为皮质和髓质部分。国外学者已对其形态和功能做过较多的研究。皱唇鲨（Triakis scyllium）的胸腺位于第 1 至 4 生鳃弓侧，呈薄而细长的带状，肉眼即可观察到胸腺的分叶现象，并且具有丰富的毛细血管。

赤魟的胸腺位于鳃弓的背侧基部，喷水孔的后侧方。胸腺实质部分的小叶中存在大量核径为 3.0 ~ 3.6 mm 的小淋巴细胞，也可以观察到核径为 4.8 ~ 7.2mm 的中型淋巴细胞，具有核的多角形网状细胞和长度达 12mm 的嗜伊红超大型细胞。

鱼类胸腺随着性成熟和年龄的增长或在环境胁迫和激素等外部刺激作用下可发生退化，在一年内各月间胸腺细胞的数量、胸腺大小及其各区间的比例也呈现出规律性的变化。在幼年鱼的胸腺组织切片中可见有大量有丝分裂的胸腺细胞，而在处于性成熟期鱼体胸腺组织切片中则很少见到有丝分裂的胸腺细胞。大西洋鲑（Salmo salar）孵育后的几星期内，胸腺的发育比其他淋巴组织和身体的其他组织都快。在 2 月龄时，胸腺的发育相对体重而言达到了最高峰，以后随着年龄的增长，其发育速度则相对减慢。孵育后 2 ~ 3 月龄，胸腺的淋巴细胞大量增殖，并移行到外周淋巴组织。此后，胸腺组织的有丝分裂就减弱了，至 9 月龄时，胸腺出现退化现象。除胸腺和肾脏外，其他淋巴器官的发育是与体重增加相一致的。对真骨鱼类的胸腺进行过形态比较研究，发现胸腺的寿命在不同的鱼类中差异甚大。在低等的真骨鱼中，于性成熟时胸腺即已退化，但是，在高等真骨鱼类中，则在性成熟后还可存在数年，甚至还能继续生长。

当年性成熟的香鱼（Plecoglossus altivelis）和冰虎鱼（Leucopsarion petersi）的胸腺在 6 ~ 7 月份最肥大，但是，在性腺开始成熟时，则先于其他淋巴器官和组织开始退化直至近似于消失。同样地，为产卵而逆河洄游时期的大麻哈鱼（Oncorhynchus keta）的胸腺也接近消失状态。

青鳉（Oryzias latipes）在孵出后 1 个月时，胸腺的相对容积达到最大值，随后开始退缩，11 月呈现最小值，这种现象不仅存在于青鳉，虹鳟（Salmo gairdneri）、竿鰕虎鱼（Luciogobius guttatus）、条尾裸头鰕虎鱼（Chaenogobius urotaenia）、大口鰕虎鱼（Chasmichths gulosus）、长颌大口鰕虎鱼（Chasmichthys dolichognathus）、刺鰕虎鱼（Acanthogobius flavimanus）和阿匍鰕虎鱼（Aboma lactipes）等鱼都是呈现相同的趋势。

另一方面，成鱼的胸腺可再度肥大。如上述几种鰕虎鱼的胸腺虽然是随着年龄的增加呈现出退化的现象，但是，每年的 6 ~ 7 月这些鱼类的胸腺总是最肥大的。

胸腺容积的大小及其变化与光照周期性（Photoperiodicity）有密切关系。田村荣光发现，日本新潟地区的青鳉成鱼胸腺容积每年 6 月份和 8 月份出现两个峰值，并且推测这是因为该地区 7 月份是梅雨天气，日照时间较短的，导致了 7 月其胸腺的容积下降。人工控制光照时间的试验结果也证明了光照周期性对鱼类胸腺发育的影响，将香鱼幼鱼每天进行 8h 的日照处理，其性腺成熟和胸腺退化都要较对照鱼（室温、自然光照条件下饲养）提前 1 ~ 2 个月；但是，若将日照时间增加到每天 16h，胸腺和成熟和退化反而要较对照鱼延缓 1 ~ 2 个月。

鱼类胸腺释放小淋巴细胞的机制也与光照节律有关。用青鳉所做的避光饲养试验结果表明，根据试验开始的月份不同，其胸腺的变化可出现两种类型：从 4 月份开始进行避光饲养试验的青鳉，胸腺内中型淋巴细胞的增加和分裂依然正常进行，导致胸腺容积增大；与此相反，若是 6 ~ 7 月份将胸腺内充满小淋巴细胞的青鳉移入避光条件下饲养，1 个月后，随着小淋巴细胞的释放，胸腺就显著地退化。避光饲养后的青鳉被移到自然光条件下饲养，1 个月后胸腺的容积即可以恢复。摘除眼球或者松果体后的青鳉，其胸腺都会发生急剧退化。

草鱼从鱼苗到 Ⅰ 龄或 Ⅱ 龄，其胸腺内淋巴细胞增殖较快，可以说是草鱼免疫系统发育成熟的重要时期。Ⅰ 龄以上的草鱼开始出现年龄性胸腺退化现象，胸腺中淋巴组胞数量相对减少、结缔组织增生、脂肪组织增生。在半饥饿状态下饲养的草鱼，胸腺明显萎缩、胸腺重量迅速减少（15d 减少 65%）。这说明养殖不良会导致胸腺器官萎缩退化（即非年龄性胸腺退化）。疾病也可导致胸腺提前萎缩。

据卢全章等的观察，草鱼（Ctenopharyngodon idellus）的胸腺同外界水环境仅隔一层上皮组织膜。草鱼胸腺从外往内依次可分为外区、中区和内区。在组织结构上，中区和内区分别类似高等脊椎动物胸腺的皮质和髓质。外区由淋巴细胞、网状上皮细胞和黏液细胞等组成，最外层覆盖有扁平上皮组胞。中区主要由淋巴细胞和网状上皮细胞构成，以含有大量的淋巴细胞为特征，并有许多微血管分布。内区比中区的淋巴细胞数量少，分布也较稀疏，而网状上皮细胞较多。

胸腺是鱼类淋巴细胞增殖和分化的主要场所，并向血液和二级淋巴器官输送淋巴细胞。Lane 和 Unanue 报道，胸腺淋巴细胞是抗李士德菌病（Listeriosis）不可缺少的部分。Ellis 和 Parkouse 认为鱼类有类似哺乳动物的 T 细胞和 B 细胞两型淋巴细胞，它们都来源于胸腺器官。Blaxhall 等（1985）认为，鱼类由单一类型的淋巴细胞负担机体的免疫机能，而淋巴细胞的异质性反应出现在同一类淋巴细胞系（来源于胸腺淋巴细胞）的不同发育阶段。这些研究结果表明，胸腺在鱼类免疫和免疫系统的发育过程中起着关键作用。

（二）肾脏

肾脏（前肾）是所有鱼类的造血器官。不同种类的鱼的肾脏的形态和结构不同。真骨鱼类的肾脏位于腹膜后，向上紧贴于脊椎腹面，通常达体腔全长。其呈浅棕色或深棕色，甚至黑色。肾脏主要分为前(头)肾与后肾两部分。胚胎时期前肾和后肾脏均为成对的结构，但是在成鱼中，其形状则因种类不同而有所差异，自鮟鱇 （Lophius piscatorius）之类的两个分开的器官经各种不同程度的相互连接，至鲑的完全融合为一个器官不等。草鱼的肾脏（后肾）位于体腔背面，紧贴脊椎下背大动脉两侧，前端与头肾相连。前肾为实质和间质两部分，实质由许多肾单位（肾小球、肾小囊和肾小管）和集合管组成。草鱼的头肾位于胸腔内咽退缩肌上方两侧，围绕心腹隔膜前面的食道背面和两侧分布，为扁平状，分左右两叶并在基部相连。头肾基部组织通过第 4 脊椎横突基部与横隔骨片基部两侧的小圆孔，与腹腔内后肾组织的最前端连接。头肾无被膜，仅一层胶原纤维包围，切片观察，头肾实质中无肾单位，主要由网状细胞、淋巴细胞、粒细胞、单核细胞和巨噬细胞组成，也有分散的甲状腺滤泡。

鱼类的肾脏能产生红细胞和淋巴细胞等血液细胞而具有相当于哺乳动物骨髓的功能，尤其是前肾中有大量未分化的血液细胞，并混有各种白细胞、红细胞以及大小淋巴细胞。又因肾脏具有吞噬作用的细胞和产生抗体，从而担当了哺乳动物淋巴结的机能，同其他器官或循环血液相比，巨噬细胞较多。始金鱼（Carassisus auratus）接种抗原后，经过 2d 即可从肾脏中检测到抗体产生细胞。这就是说，鱼类的肾脏（前肾）可以产生红细胞和 B 细胞等细胞，是免疫细胞的发源地，相当于哺乳动物的骨髓。另一方面，受抗原刺激后，头肾和后肾造血实质细胞出现增生，而且存在抗体产生细胞，表明头肾是硬骨鱼类重要的抗体产生器官，相当于哺乳动物的淋巴结。因此可以说，硬骨鱼类头肾具有类似哺乳动物中枢免疫器官及外周免疫器官的双重功能。

真骨鱼类的肾脏是一个混合器官，包括造血组织、网状内皮组织、内分泌组织和排泄组织。承担免疫学功能的主要是前肾组织，而后肾主要承担排泄功能，前肾主要为造血组织，由网状内皮细胞及其支架构成，其间充满血母细胞。这种网状内皮细胞相当于哺乳动物骨髓中的网状内皮细胞。它们衬垫于血窦的内壁。肾门静脉血流经过这些血窦，滤过衰老细胞，补充新的细胞。肾造组织中嵌有司登尼氏小体和相当于肾上腺皮质及髓质的肾组织，主要由黑素巨噬细胞（Melanophagocyte）组成，称为黑素巨噬细胞中心。这种结构在哺乳动物中是没有的。它的作用主要吞噬来自血流中的异源性的物质，包括微生物、自身衰老细胞以及细胞碎片等。肾脏中含有大量的淋巴细胞和浆细胞，是抗体产生的主要器官。

（三）脾脏

低等鱼类盲鳗（Myxine glutinosa）没有脾脏，其肠道内的淋巴造血性组织曾被认为是相当于高等动物脾脏的组织，但友永等（1973）用解剖学的证据否定了这种说法，并认为七鳃鳗的肠内纵隆起部分为相当于高等动物脾确的原始脾脏（Original spleen）。藤井等（1982）用免疫组织化学技术证实了远东七鳃鳗（Lampetra reissneri）的肠内纵隆起中的浆细胞能产生特异性抗体。而且在抗体血清中呈阳性的细胞中，还存在部分形态上同淋巴球非常相似的小型细胞，表明这些细胞正由淋巴细胞分化为浆细胞。

有颌鱼类才出现真正的脾脏。软骨鱼类的脾脏较大，内含椭圆体，主要是作为造血器官，分化为红髓和白髓。硬骨鱼类脾脏末分化为明显的红髓和白髓，虽然可以区分出红细胞占大多数的红髓和大淋巴细胞、小淋巴细胞及粒细胞占大多数的白髓，但是两者并没有明显的界线。硬骨鱼类的脾脏位于胃大弯或肠曲附近，通常为一个，但是在某些鱼类中，可分裂为两个或两个以上的小脾。健康鱼的脾脏棱角分明，暗红色或黑色，脾被膜有弹性，具有造血和免疫功能，它是在真骨鱼类中唯一发现的淋巴样器官。草鱼的脾脏呈深褐色，位于肝脏左叶后下方，外被一层结缔组织被膜，内由脾小梁、毛细血管网、脾窦以及其间的的细胞群组成。脾内的细胞主要有红细胞、淋巴细胞、单核细胞、粒细胞和巨噬细胞等，可区分红髓和白髓。

一般认为，脾脏是红细胞和粒细胞产生、储存和成熟的主要器官，大多数鱼类的脾脏主要由椭圆体、脾髓及黑素巨噬细胞中心组成。椭圆体是由脾小动脉分支形成的厚壁的滤过性的毛细血管组成。管内含有巨噬细胞，主要起吞噬和滤过作用。脾髓主要由嗜银纤维的支持组织和吞噬细胞构成。脾脏中含有许多黑素巨噬细胞中心，其作用类似于肾脏，对血流中携带的异物有很强的吞噬能力。脾脏中含有大量的淋巴细胞，这与鱼类的体液免疫有关。与头肾相比，脾脏在体液免疫反应中处于相对次要的地位，而且受抗原刺激后其增殖反应以弥散的方式发生在整个器官上。大多数硬骨鱼类脾内均有明显的椭圆体，具有捕集各种颗粒和非颗粒性物质的功能。硬骨鱼类受到免疫接种后，其脾、肾和肝等器官中的黑色素巨噬细胞增多，并与淋巴细胞和抗体生成细胞聚集在一起形成黑色素巨噬细胞中心，其作用是：①参与体液免疫和炎症反应；②对内源或外源异物进行储存、破坏或脱毒；③作为记忆细胞的原始生发中心；④保护组织免除自由基损伤。这与高等脊椎动物脾脏中的生发中心在组织与功能能上相似。

作为免疫器官的鱼类脾脏的功能，还有许多问题尚待澄清。

（四）黏膜淋巴组织

黏膜淋巴组织（MALT）在鱼类体液和细胞免疫中的作用，已引起免疫学家的重视。鱼类皮肤、鳃和消化道是病原侵入鱼体的门户，在其上皮组织中存在淋巴细胞、巨噬细胞和各类粒细胞等。当鱼体受到抗原刺激时，巨噬细胞可以对抗原进行处理和递呈，抗体分泌细胞（Antibody secreting cell，ASC）会分泌特异性抗体，与黏液中溶菌酶和补体等非特异性的保护物质一道组成抵御病原微生物感染的防线。所谓黏膜免疫，是指包括鳃、肠和皮肤等黏膜样淋巴组织及其分泌的黏液具有的免疫功能，鳃、肠分泌的黏液和表皮都是鱼体防御的第一道屏障。已有证据证明，鳃淋巴样组织是黏膜免疫系统的重要组成成分。有关鳃上皮内的白细胞的研究已有一些报道，如大西洋鲑鱼灌注鳃中分离出的白细胞有大淋巴细胞、小淋巴细胞、巨噬细胞、中性粒细胞和嗜酸性粒细胞。我国学者已利用电子显微镜技术观察了海水鱼类牙鲆鳃小片的基本结构及其免疫相关细胞的分布和形态，牙鲆的鳃小片主要由扁平上皮细胞和柱细胞构成，血窦腔极为发达。鳃小片在功能上可分为两个区：气体交换区和免疫区。气体交换区位于上半部分，血窦内主要分布着红细胞；免疫区位于鳃小片基部，血窦中分布着各种免疫相关细胞：淋巴细胞、单核细胞、中性粒细胞和嗜酸性粒细胞。此外，还观察到了泌氯细胞和黏液细胞。研究结果证明，牙鲆的鳃在局部黏膜免疫中具有重要作用。此外，在电子显微镜下观察了牙鲆肠淋巴样组织内颗粒细胞的形态特点及其变化程。颗粒细胞经鉴定为嗜酸性颗粒细胞，常存在于肠黏膜层及黏膜下层靠近肌肉层的淋巴腔中，以具有大型非匀质颗粒为其主要特征。牙鲆肠淋巴样组织内嗜酸性颗粒细胞的变化可分为增长期、成熟期、分泌期和衰退期4个时期。嗜酸性颗粒细胞具有明显的外排现象。这说明牙鲆的肠和鳃淋巴样组织是鱼类免疫防御系统的重要组成部分。罗晓春等用光学显微镜和电子显微镜观察了斜带石斑鱼主要黏膜组织如（皮肤、眼角膜、鳃、前肠和后肠）的显微结构、主要免疫相关细胞在黏膜组织中的分布及免疫细胞的超微结构，发现黏膜组织中存在杯状细胞、淋巴细胞、巨噬细胞、单核细胞、嗜曙红细胞和中性粒细胞等免疫相关细胞，并观察到了皮肤表皮对异物的吞噬过程，认为黏膜免疫系统具有在黏膜局部独立完成免疫应答的细胞基础和功能。

鱼类黏膜免疫系统（mucosal immune system）相对于系统免疫系统（systemic immune system）具有一定的自主性，不同的免疫接种途径决定着两者体液免疫应答显示出不同的动态规律。这在养殖鱼类免疫接种方法的选择和改进方面具有实际意义。鱼体经口腔免疫接种后，头肾、血液和肠中都出现抗体分泌细胞，但是鳃中几乎无，而且在血清中可检测到的持异性抗体在皮肤黏液中未能检测到。经肛门插管注射抗原可诱导肠和皮肤黏液以及胆汁中产生特异性抗体，而血清中无。经腹腔免疫4周后，头肾、血液和鳃中抗体分泌细胞数量同时达到峰值，而直到第7周，肠中才有显著反应。在用颗粒抗原进行浸泡免疫时接种，皮肤摄取抗原的能力远大于鳃，免疫24d后。大部分颗粒抗原仍停留在皮肤和鳃中，只有少数抗原被转运到头肾和牌中。由此说明.经口腔和腹控免疫接种可明显刺激系统免疫应答而经浸泡免疫接种和肛门插管注射抗原更适宜于诱导机体黏膜免疫反应。

二、鱼类的免疫细胞

凡参与免疫应答或与免疫应答有关的细胞均称之免疫细胞。免疫细胞分为两大类，一类为淋色细胞，主要参与特异性免疫反应，在免疫应答中起核心作用：另一类是吞噬细胞。鱼类免疫细胞主要存在于免疫器官和组织以及血液和淋巴液中。

（一）鱼类淋巴细胞及其类

群鱼类淋巴细胞根据形态通常分为大淋巴细胞和小淋巴细胞。小淋巴细胞的大小在不同的鱼类中有所不同，在鲽（Pleuronectes platessa）中其平均直径为4.5μm；在金鱼中为8.2μm；草鱼的小淋巴细胞为3.9～4.5μm，大的有5.93μm；人类的淋巴细胞直径为6.0μm。淋巴细胞的细胞核几乎占据整个细胞浆，草鱼的淋巴细胞为圆形，较大的细胞核呈圆形或椭圆形，核膜有浅凹陷，有的胞核中有明显的核仁，胞质有少量线粒体、内质网和核糖体。鱼类淋巴细胞的数量明显多于哺乳动物，如鲽为4.8×10^3个／cm^3，而人的则为2×10^3个$/cm^3$。

在哺乳动物中，参与特异性免疫应答的淋巴细胞主要有两类：T细胞和B细胞。鱼类是否也具有两类淋巴细胞？对这个问题的研究自20世纪70年代起就已陆续展开：Sizemore等用抗斑点叉（Ictalurus punctatus）免疫球蛋白的抗体从外周血细胞中分离出带有膜表面免疫球蛋白（SmIg）细胞，能与脂多糖作用，而无膜表面免疫球蛋白的细胞（SmIg细胞）只有当辅佐细胞存在时才能对刀豆素A（ConA）或脂多糖产生应答。Ellsaesser等用刀豆素A刺激斑点叉尾鮰胸腺细胞，在辅佐细胞存在情况下增生，但是也有少数细胞对LPS产生应答。以上报道中，"SmIg细胞"或"胸腺细胞"对脂多糖（LPS）产生应答，反映了细胞分离技术不够成熟，或是胸腺中滞留有少量的B细胞，Blaxhall等用Percoll不连续梯度对山鳟（Salmo clarki）外周血淋巴细胞进行分离，发现分布于低密度的淋巴细胞表面光滑，对植物血凝素（PHA）的刺激较敏感，可能相当于人类的T细胞；分布于高密度的淋巴细胞大多表面被毛，电子显微镜下其胞质内具有较多的线粒体，可能相当于人类的B细胞。然而人类T细胞的密度高于B细胞。另外，当使用抗鱼类免疫球蛋白的多抗时，几乎所有的淋巴细胞都呈现SmIg+反应，这可能是因为多抗具有抗碳水化合物活性，与所有淋巴细胞非特异性地发生了反应。有人认为，鱼类的两类淋巴细胞毕竟不像哺乳动物那样有截然不同的特性和标志。利用膜表面受体区别鱼类的 T 细胞和 B 细胞是不可靠的，因为体的大多数淋巴细胞包括胸腺淋巴细胞在内的表面都具有膜表面球蛋白，因此，对鱼类表负体的大多数淋巴细胞包括胸腺淋巴细胞在内的表面都具有膜表面球蛋白。因此，鱼类表型不同的淋巴细胞进行分离似乎只能通过更精确的方法来实现。有人应用乙酸萘酯酶（ANAE）测定鱼类淋巴细胞，也可将其区分为乙酸萘酯酶阳性和乙酸萘酯酶阴性两类。近年来单克隆抗体技术、分子生物学技术和流式细胞术等新技术的应用，为淋巴细饱的辨别和分离提供了有效的手段和有力的证据，从而证实了鱼类同样存在相当于哺乳动物 T 细胞和 B 细胞的两类淋巴细胞。现已广泛应用免疫球蛋白或 T 细胞和 B 细胞的单克隆抗体研究个体发育中各组织不同淋巴细胞的分布和组成。鲤（Cyprinus carpio）在孵化后几周内，T 细胞在胸腺中达到 70%，在头肾中也有分布；但是以后除胸腺外，其余兔疫器官中的 T 细胞逐渐减少甚至消失。孵化后第 2 周 B 细胞在头肾中出现，随后出现在脾和血液中，但是在钓腺和肠道中却很少。在成体鱼类的头肾、脾脏和外周血中 B 细胞达到 22% ~ 40%，而胸腺中仅有 2% ~ 5% 大菱鲆（Sophthalmus maximus）和海鲇（Bagre marinus）的肠黏膜和黏膜下层分布有较多的 T 细胞，而 B 细胞主要在固有层中参与黏膜免疫应答。

用促有丝分裂素激活鱼类的淋巴细胞可验证鱼类免疫器官的主要功能。Ellinger 等采用虹鳟和鲽进行试验，结果表明，胸腺细胞能为刀豆素 A（ConA）所激活，但不为 B 细胞促有丝分裂素所激活；来自肾脏的细胞则主要对 B 细胞促有丝分裂素反应；脾脏的淋巴细胞对这两类促有丝分裂素均起反应。这说明脾脏中的淋巴细胞是一个混合的群体。鱼类淋巴细胞寿命的研究目前尚未引起注意。

（二）鱼类吞噬细跑

鱼类吞噬细胞也是组成非特异性防御系统的关键成分，在抵御微生物感染的各个阶段发挥重要作用。吞噬细胞作为辅佐细胞具有特异性兔疫功能，其中起重要作用的主要有单核细胞、巨噬细胞和各种粒细胞。

1. 单核细胞

单核细胞存在于所有脊椎动物中，与哺乳动物的相似。鱼类单核细胞也有较多的胞质突起，细胞内含有较多的液泡和吞噬物，可进行活跃的变形运动，具有较强的黏附和吞噬能力，能够在血流中对异物和衰老的细胞进行吞噬消化。单核细胞在造血组织中产生并进入血液的分化不完全的终末之细胞，它还可以随血流进入各组织并在适宜的条件下发育成不同的组织巨噬细胞。环境污染或疾病感染都能引起鱼类血液中单核细胞数目的显著 。

2. 巨噬细胞

巨噬细胞在不同组织中有多种类型，在同一组织也有不同亚类。例如，Neurnannl 等在鲫（Carassius auratus）头肾白细胞培养物中分离出形态、细胞化学和杀菌机制不同的

3 类巨噬细胞。在免疫应答过程中，当病原微生物表面覆盖有免疫球蛋白和补体成分时，巨噬细胞可以通过这些因子的特异性受体识别并杀伤微生物。巨噬细胞膜表面的碳水化合物受体同样有助于对入侵微生物的识别和吞噬。例如，炎症反应中，巨噬细胞可以分泌许多生物活性物质，包括酶、防卫素、氧代谢物、二十碳四烯酸代谢物和细胞分裂素等。巨噬细胞接触病原微生物后，还能够生成肿瘤坏死因子 α，增强巨噬细胞呼吸激增作用，从而促进活性氧等物质的生成与释放来杀死微生物。另外，巨噬细胞可以通过对其表面组织相容性复合体分子中抗原的递呈、对淋巴细胞功能的调节、对自身和其他细胞生长复制的控制等途径来操纵机体的免疫应答。现已发现多种物质，包括干扰素、某些多肽和蛋白质、脂多糖及 β-1，3 葡聚糖等，可使巨噬细胞形态特征改变，分泌物增多，吞噬和胞饮能力增强。值得注意的是，对鱼类巨噬饱凝集（Macrophage aggregate，MA）或黑色素巨噬细胞中心的检测结果，可成为衡量鱼体健康水平及环境污染状况的生物指标。

3. 柱细胞

鱼类的粒细胞根据其来源、形态及功能，可分为 3 类：中性粒细胞、嗜酸粒细胞和嗜碱粒细胞。软骨鱼类粒细胞生成的主要部位是脾脏和其他淋巴髓样组织，如薄壁囊器（Epigonal organ）和莱迪氏器官（Organ of Leydig）；脾脏和肾脏是硬骨鱼类粒细胞生成的主要场所。

（1）中性粒细胞

中性粒细胞是硬骨鱼类中最常见的粒细胞。其超微结构在各种鱼类间大不相同，主要表现在其胞质颗粒的形态结构。多数硬骨鱼类中性粒细胞颗粒内具有晶体样或纤维状的内含物，而有些硬骨鱼类相应细胞颗粒内却并不存在这样的亚结构。因此，纤丝等亚结构并非所有硬骨鱼类中性粒细胞颗粒内的鉴别性特征，这种结构差异可能与细胞的成熟度有关，而并非细胞亚类的不同。鱼类中性粒细胞具有活跃的吞噬和杀伤功能，但其吞噬能力一般比单核细胞弱。另外，在适当刺激下，鱼类中性粒细胞也显示出化学发光性和趋化性。

（2）嗜碱性粒细胞

鱼类是否同时具有嗜酸粒细胞和嗜碱粒细胞，争议较大。有些鱼类这两种细胞均未见到；大多数鱼类仅具前者；只有少数鱼类才有嗜碱粒细胞。有人认为嗜碱性颗粒在制片过程中极易解体，因此很难观察到。鱼类嗜碱粒细胞的功能目前尚难定论。

（3）嗜酸性粒细胞

嗜酸性粒细胞的前体产生于造血淋巴器官，随着血液循环进入不同器官（如鳃和肠道），然后分化成为粒细胞，但是仍然具有有丝分裂的能力。电子显微镜下，鱼类鳍酸性粒细胞颗粒内的晶状结构及核心是其形态鉴定的可信依据。鱼类的嗜酸性粒细胞和哺乳动物的肥大细胞在细胞染色、分化途径以及免疫功能上有相似性，在急性组织损伤和细菌感染的情况下能够脱颗粒，释放颗粒中的活性成分。鱼类嗜酸性粒细胞也具有吞噬能力，在寄生虫长期感染的情况下能够聚集在寄生部位，参与机体抵御寄生虫的免疫反应。

（三）鱼类自然杀伤细跑

鱼类中存在着自然杀伤细胞（NK 细胞），来自虹鳟和鲑的前肾、脾脏和末梢血液中的自然杀伤细胞可直接杀伤鱼体内的各种靶细胞，甚至对感染性胰脏坏死病毒的细胞也显示出伤害活性。鱼体内的自然杀伤细胞可根据大小、形态与淋巴细胞区别开来。用单克隆抗体对自然杀伤细胞的受体进行分析的结果表明，肾脏中 25% ~ 29% 的细胞、脾脏中 42% ~ 45% 的细胞、末梢血液中 25% 细胞具有这种特性。这类细胞在鱼类中也称为非特异性细胞毒性细胞，它与靶细胞接触后，通过自身产生的淋巴毒素杀伤、破坏靶细胞。肾脏腹腔中这类细胞毒性细胞最多，血中较少。与哺乳动物的自然杀伤细胞相比，鱼类的自然杀伤细跑小而无颗粒，其靶细胞包括肿瘤细胞和寄生性原生动物等。

第三节　鱼类的免疫球蛋白

大量的研究结果证明，鱼类能够产生免疫球蛋白。已经从多种鱼类【如鲷、鲽、红鳍裸颊鲷（Lethrinus hamatopterus）、鳗鲡、鲑、鲤、鳜、鲫、黄颡鱼和鲈等] 中分离到免疫球蛋白，并对鱼类免疫球蛋白的理化性质、基因结构、功能、多样性产生的遗传机制和影响因素等均有较深入的研究。

一、鱼类产生免疫球蛋白的细胞和组织

鱼类的前肾、脾脏、胸腺以及消化道淋巴与血液淋巴等是鱼类免疫应答的主要器官与组织。很多证据证明，真骨鱼类的前肾和脾脏与体液免疫有关，其中前肾起着很大作用，鱼类的肠黏膜中也存在着淋巴细胞，Kobayahi 发现在鳐（Raja clavata）的胚胎期和成年期的白形成细胞（IgFC）分别为（1 ~ 14）个 /mm² 和（250 ~ 600）个 /mm²。Castillo 等研了 IgM 和 IgM 携带细胞在虹鳟体内的发育，发现在胚胎孵化前的第 12 天首次在细胞质内观察到免疫球蛋白，在此期间无细胞表面免疫球蛋白出现，IgM 携带细胞在虹鳟胚胎孵化的第 4 天的头肾中首次被观察到。北美狗鱼（Esox masquinongy）的淋巴系统发育情况 2 个月后肝脏是第 1 个含 IgM 阳性细胞的器官，这些 IgM 阳性细胞主要出现在肝小叶紧随其后的是 3 个月后肾脏的间隙出现 IgM 阳性细胞。胸腺、脾脏和莱迪氏器 4 个月后也出现 IgM 阳性细胞，最后出现的组织是消化道相关淋巴组织。

二、鱼类免疫球蛋白产生的基本过程和一般规律

鱼类和哺乳动物一样，抗原最初进入机体后有一个潜伏期，这时血清中免疫球蛋白很少或没有。抗原进入后通过巨噬细胞的吞噬或胞饮作用，送至肾脏和脾脏吸收、积累。信息传递给淋巴细胞后，使淋巴细胞增殖，从而形成抗体生成细胞。免疫接种后的鱼体血清中开始出现特异性免疫球蛋白，免疫球蛋白产生细胞在这期间充分发挥其产生特异

性免疫球蛋白的功能。随后，血清中免疫球蛋白量有一个时期保持稳定，尔后逐渐减弱，直至刺激源再次侵入，才能再开始产生特异性免疫球蛋白。鱼类与哺乳动物一样，血清中抗体浓度较高。此外，体液、肠管和鳃黏液以及卵黄中也存在抗体。其抗体产生一般有如下规律。

1. 鱼类抗体形成期比哺乳动物的要长，抗体效价增高较慢，冷水鱼类则更慢

研究结果证明，虹鳟接触抗原后 2 ~ 3 个周才开始产生抗体，这说明鱼类的免疫应答一般较缓慢。免疫球蛋白的产生受温度影响较大，在最适温度接种抗原 7 ~ 10d 后，免疫球蛋白产生细胞才出现。所以接种 7 ~ 14d 后血清中才出现免疫球蛋白。造成这种现象的主要原因，首先，低温能阻止或延缓鱼类免疫应答的产生，各种鱼类都有不同的免疫临界温度，一般来说温水性鱼类的较高，冷水性鱼类的较低，在低于临界温度时鱼类的免疫应答机制可能丧失；其次，低温会限制浆细胞释放抗体，鱼类的免疫记忆比哺乳动物弱，并且同样受到温度影响。

2. 在初次应答中，鱼类抗体持续时间较长

草鱼在初次应答后对草鱼呼肠孤病毒的中和抗体在第 80 天时仍具较高水平。用嗜水气单胞菌疫苗注射山鳟，10 个月后血凝抗体才降到基础水平。用弧菌疫苗免疫的虹鳟，46 周时血清中仍能检测出相应抗体。

3. 免疫回忆反应略沔差别

已证实，鲤、鲫、鲕、鲑、鳟等鱼类具有免疫回忆反应，但呈现如下特点：①获得较强的再次反应要经过较长的记忆时间；②再次应答产生的抗体效价比哺乳动物的低，有的鱼类（如虹鳟）在某些时候再次应答与初次应答的抗体效价几乎无区别。此外，鱼类的免疫记忆还受环境温度的影响。

4. 相同免疫源不同的进入途径对鱼类产生不同的免疫效应

在口服疫苗时可使肠黏液中免疫球蛋白含量比血清中免疫球蛋白含量高 4 倍；注射疫苗可使血清中免疫球蛋白的含量比肠黏液中高 128 倍；浸泡途径可使皮肤黏液中的免疫球蛋白量明显提高。

三、鱼类体液中的免疫球蛋白及其类型

所有陆生脊椎动物都有不止一类免疫球蛋白，但是鱼类免疫球蛋白是否也具有类或亚类的多样性，目前还存在诸多争议。多数人认为，在真骨鱼类血清中只存在一种免疫球蛋白，类似于哺乳动物的 IgM。不过，有人利用分子生物学技术证明，部分鱼类还可能产生 IgD 和 IgM 等。软骨鱼清中存在两种大小不一的免疫球蛋白。鱼类免疫球蛋白的结构不仅在不同的鱼类，甚至是同一鱼类的不同部位都有所差异。

（一）鱼类血液中的免疫球蛋白

目前多数人认为，在真骨鱼类血清中存在 3 种免疫球蛋白，主要存在类似哺乳动

的 IgM，它由 2 条轻链（L 链）和 2 条重链（H 链）所组成的单体通过连接链（J 链）将 4 个单体连接成一个四聚体，在斑点叉尾鮰、大鲮鲆、鲤、黄颡鱼和羊头鲷血清中皆发现血清免疫球蛋白是四聚体，分子质量为 700 ~ 800ku，H 链的相对分子质量约为 70ku，也存在 78ku（大鲮鲆）和 45ku（羊头鲷）2 种异 L 链的相对分子质量约为 19ku，但也存在 25（鲤）、27（大鲮鲆），22、24、26ku 这 5 种异型（羊头鲷）。

软骨鱼类的血清中目前发现有 2 种免疫球蛋白，大的免疫球蛋白分子与人的 IgM（相对分子质量为 900ku，19S）；小的免疫球蛋白分子与人 IgG 类似（相对分子质量为 150ku，7S）。Clem 等发现鲨鱼、角鲨和沙洲鲨血清免疫球蛋白具有 19S 的五聚体和 7S 的单聚体两种形式。这两种免疫球蛋白皆由同一类 L 链和 H 链组成。Partula 运用电泳和免疫印迹技术分析了鲟血清的优球蛋白，发现该蛋白是类似于 IgM 的分子，由等分子的 70ku 的 H 链和 26 ~ 30ku 的 L 链组成。它可以形成 H2L2 形式的高分子质量的多聚体，或 170ku 的单聚体，或 L2 形式的二聚体。宽鳍虎鲨的血清中含有分子质量分别为 900ku 和 180ku 的两种免疫球蛋白分子，这两类免疫球蛋白分子的 H 链分子质量皆为 68ku，且抗原性相同；而组成它们的 L 链经 SDS-PAGE 电泳会出现 2 个条带，相对分子质量分别为 25ku 和 22ku，类似于高等脊椎动物的 κ 链和 λ 链。

从斑鳐的血清中也分离出两种免疫球蛋白：高分子质量免疫球蛋白（HWM Ig）和低分子质量免疫球蛋白（LWM Ig）。高分子质量免疫球蛋白为五聚体，相对分子质量为 840ku，沉降系数为 18S，被认为是斑鳐的 IgM，其 H 链分子质量为 70ku。低分子质量免疫球蛋白分子质量为 320ku，沉降系数为 8.9S，由 2 个分子质量为 150ku 的单体通过非共价键聚合而成；它的 H 链分子质量为 46 ~ 50ku，比高分子质量免疫球蛋白的 H 链的小。并且高分子质量免疫球蛋白和低分子质量免疫球蛋白的 H 链皆有自己的特异性抗原决定簇，说明斑鳐的血清中高分子质量免疫球蛋白和低分子质量免疫球蛋白不是同一种物质。

鱼类免疫球蛋白与哺乳动物 IgM 的有所差异，主要的特性比较见表 7-1。

表 7-1　鱼类的免疫球蛋白与哺乳动物 IgM 的比较

	真骨鱼类	软骨鱼类	哺乳动物
分子结构	4 个单体构成的四聚体	5 个单体构成的五聚体	5 个单体构成的五聚体
抗原结合价	8	10	5 ~ 10
分子质量（ku）	700（鲇）、845（金枪鱼）	900	900
沉降系数（S）	16，19	19	19
重链类型	类似 u 链	类似 u 链	u 链
重链分子质量（ku）	70（鲇）		70（人）
轻链分子质量（ku）	22 ~ 26（鲇）		20 ~ 30（人）
半衰期（d）	14（18℃）		5（人）

（二）鱼类其他部位的免疫球蛋白

鱼类的皮肤表面和消化道表面有一层丰富的黏液层，水中的病原菌和碎屑接触到这层黏液时，就被粘连在一起，阻止病原体的移动。黏液中还含有丰富的溶菌和杀菌物质，如溶菌的、水解酶等，它的屏障作用极为有效。重要的是这类黏液性物质中还含有特异性免疫球蛋白，因其分布在器官表面，直接与外界接触，对鱼类具有更为重要的意义。

在黏液中的免疫球蛋白研究中，皮肤黏液的免疫球蛋白是研究最多的。Flether 等通过口服和注射途径免疫接种鲽鱼后，在皮肤黏液内发现有免疫球蛋白在，其含量高低因免疫途径不同而异。Lobb 等从羊头鲷的皮肤黏液中分离纯化出了两种类型的免疫球蛋白，一种是四聚体，分子质量为 700ku，由 2 条 H 链和 2 条 L 链组成，H 链分子质量为 70ku，L 链为 25ku；另一种是二聚体，分子质量为 95ku，H 链和 L 链的分子质量分别是 70ku 和 25ku。二聚体有两种聚合形式，一种通过共价键相连，另一种通过非共价键相连。Rombout 等从鲤鱼皮肤黏液中分离纯化出免疫球蛋白，其电泳特性与血清免疫球蛋白没有明显差别口服疫苗可使肠黏液中的特异性抗体比血清中增加多倍，肠黏液经 SephadexG ~ 200 层析后，可呈现典型的免疫球蛋白吸收峰。

Lobb 等发现，羊头鲷胆汁中含有免疫球蛋白抗原性与其血清中的四聚体高分子免疫球蛋白相同，为二聚体结构，分子质量为 320ku，在磷酸缓冲液中经 SDS 处理，成为分子质量为 160ku 的单体，每条单体由 H 链和 L 链组成，H 链的分子质量为 55ku，介于血清免疫球蛋白的 H 链（70ku）和 L 链（25ku）之间，表明胆汁中的免疫球蛋白与血清免疫球蛋白不完全相同。有人经鲤肛门接种灭活的鳗弧菌（Vibrio anguillarμm）菌苗后，在胆汁、消化道和皮肤黏液中皆发现了特异性抗体，只是免疫球蛋白的浓度比血清中的要低。

除了在血清和黏液中外，在鱼卵中也发现有免疫球蛋白。已经在沟鲇、鲤、罗非鱼、大麻哈鱼、河鳟、孔雀鱼和鳕等多种鱼类的卵中发现了免疫球蛋白，对它们的电泳特性进行分析，所得结果不一。有人认为卵免疫球蛋白与血清免疫球蛋白一致，有的认为不一致。卵中的免疫球蛋白分散于整个卵黄中，但在卵壳内膜处最集中。

究竟鱼类黏液免疫球蛋白与血清免疫球蛋白的关系如何？ Lobb 等将放射性标记的免疫球蛋白注射人羊头鲷血液中后。并未在黏液中找到标记物产物，因而认为皮肤黏液免疫球蛋白、胆汁免疫球蛋白与血清免疫球蛋白之间在代谢上没有联系。口服及浸泡途径免疫接种鱼类后，在皮肤黏液及胆汁中发现有特异性抗体存在，而在血清中却很少或检测不到这种抗体。Rombout 等利用单克隆抗体技术对惺皮肤黏液和血清免疫球蛋白的研究表明，皮肤黏液免疫球蛋白与血清免疫球蛋白在抗原性上不完全相同，表明黏液免疫球蛋白和血清免疫球蛋白之间存在着差异。但也有资料表明，黏液性免疫球蛋白和血清免疫球蛋白在许多方面是相同的。Lobb 等将沟鲇浸泡在含有 DNP 化的马血清蛋白溶液中，刺激沟鲇产生特异性抗白蛋白 -DNP 的抗体，结果发现从皮肤黏液中纯化的抗白蛋白 -DPN 抗体和血清中的免疫球蛋白不论在半体（HL）的共价结合方式还是在 H 链或 L 链等方面，都没有明显的区别。对蛙鱼和香鱼利用电泳等技术所做的实验证明了粘连性免疫球蛋白和血清免疫球蛋白具有许多一致性。

四、鱼类免疫球蛋白分子及其基因的结构

（一）鱼类免疫球蛋白的分子结构

人们已从许多鱼类中分离得到免疫球蛋白。无颌鱼类免疫球蛋白表达量很少，有关其特性目前尚有争议。有颌鱼类血清中主要免疫球蛋白类似于哺乳动物的 IgM，在血液中的相对水平较哺乳动物的高，是由等量的重链（H 链，分子质量为 60 ~ 81ku）和轻链（L 链，分子质量为 20 ~ 30ku）组成。其结构基本重复单元为 H_2L_2，即单体形式，包含 2 个抗原结合点位。软骨鱼和肺鱼高分子质量 IgM 是五聚体（分子质量为 900 ~ 1000ku），与高等脊椎动物的一样，含有 10 条重链和 10 条轻链。硬骨鱼高分子质量 IgM 为四聚体（分子质量为 610 ~ 900ku），含有 8 条重链和 8 条轻链，它们之间一般是由共价二硫键连接。但事实上，许多硬骨鱼 IgM 多聚体亚单位间在某种程度上存在非共价价连接键。同哺乳动物一样，某些鱼类高分子质量 IgM 单体间也发现有 J 链连接，但是另外一些鱼类 IgM 可能缺少 J 链。鱼类免疫球蛋白 H 链和 L 链分别包含数个独特的功能区，L 链有 2 个，而 H 链有 3 ~ 5 个，它们分为两类；N 端为可变区（VH 和 VL），C 端为恒定区（Ch1-Ch4 和 CL）。V 区是抗体分子上可与抗原结合的部位，包含 3 个互补性决定区（CDR1 ~ CDR3），另外还有 4 个构架区（FR1 ~ FR4）。

（二）鱼类免疫球蛋白的基因结构

鱼类两种形式（膜结合形式和分泌形式）的免疫球蛋白是由相同的基因编码，但信使 RNA 前体的加工过程决定着哪种形式的免疫球蛋白将被合成与表达。硬骨鱼类免疫球蛋白 H 链基因座的组织形式与哺乳动物的一样，即数百个可变区基因区段（Variable segment，VH）位于多变区基因区段聚簇（Cluster of diversity segment，D）的上游，紧接着是连接区基因区（Joining segment，JH），而在 3- 端是编码恒定区（Constant region，CH）的基因区段，这种基因组织形式称为易位子排列。板鳃亚纲鱼类免疫球蛋白 H 链和 L 链基因座是由另一种称为多簇排列的形式组成的，即 V、（D）、J 和 C 区段形成聚簇，它们在基因组中作为统一体可多次复制。硬骨鱼类 L 链基因座也是以 VL、JL、CL 多簇的形式组织的，但进一步分析表明，VL 区段与 JL 和区段 CL 的转录方向相反。Amemiya 等报道了腔棘鱼 VH 和 D 区段形成聚，但 JH 和 CH 的定位还不清楚，这可能是 H 链基因座的另一种组织形式。基因座中 VH 区段为免疫球蛋白 VH、功能区的 CDR1 和 CDR4 编码，CDR3 由 D 区段编码；而 VL，功能区的 CDR1 ~ CDR3 都由 VL 区段编码。

（三）鱼类 IgM 基因及其多肽序列

1. 鱼类 IgM 重链可变区（VH）基因及其多肽序列

通过对虹鳟、沟鲇和金鱼的 IgM VH 多肽的氨基酸序列进行分析，在可比的 121 个氨基酸残基中有 31 个氨基酸残基是一致的，占 25.6%。虹鳟与沟鲇的 Vh 多肽相同的氨基酸残基占 33.0% ~ 82.8%，其中虹鳟的 RTVH Ⅳ 与斑点叉尾鲴 VHI（NG70，NG64）的氨基酸同源性最高，达 82.2%；其次是虹鳟的 VH Ⅱ 与沟鲇的 VH Ⅱ，氨基酸同源

性为 77.7%，虹鳟与金鱼的 VH 多肽的氨基数同源性为 58.4% ~ 78.5%。其中，金鱼的 Vh99A 与虹鳟的同源性最高，达 78.5%；金鱼与沟鲇的 VH 多肽的氨基酸同源性为 75.5% ~ 79.2%。对虹鳟和斑点叉尾鮰等鱼类的 VH 基因序列进行比较发现，虹鳟鱼的 VH Ⅳ 和斑点叉尾鮰的 VHI 的一致性占 81.6%，金鱼的 3 个 VH 基因与斑点叉尾鮰的 VHI 有 83% 的基因序列一致；金鱼的 Vh99A 与虹鳟鱼的 VH Ⅳ 的基因一致性达 81.2%。

我国有关鱼类免疫球蛋白分子生物学方面的研究报道不多，安立国等对鲤 IgM VH 基因序列进行了分析，发现鲤的 IgM VH 基因序列包括 FR1、CDR1、FR2、CDR2 和 FR3，与 Wilson 等人所报道的金鱼的相应序列的同源性为 90%；与红鳟的 CRT VH20 同源性为 71.41%；与斑点叉尾鮰 NG70 的同源性为 71.47%；与海鲢的相应序列的同源性为 66.44%；与太平洋鳕的相应序列的同源性最低，为 55.56%。这与不同鱼类在分类上的亲缘关系基本上是一致。鲤和金鱼属于同一科鱼类，它们的亲缘关系最近，IgM VH 基因序列的同源性也最高；太平洋鳕属于然形目，是比较低等的海产鱼类，与鲤的亲缘关系较远，IgMVH 基因序列的同源性也最低；而虹鳟与鲤 IgM VH 基因序列的同源性却较高，甚至高于在分类地位上更接近鲤形目的选点叉尾鮰，这是很值得进一步研究的问题。

从化石资料可知，硬骨鱼化石最旱出现于三叠纪，距今 23 亿年，而斑点叉尾里化石出现于白垩纪，距今 6.5 亿 ~ 11 亿年，说明斑点叉尾鮰与虹鳟的种间演化出现于 11 亿年之前。事实上，化石出现的时间一般要大大晚于两个物种开始分化形成的时间，结合对虹鳟和斑点叉尾鮰的 IgM CH4 的相似性的比较（其相似性为 50%），按 1.4×10^{-9} 个每年的氨基酸替代率计算，虹鳟与斑点叉尾鮰的分化大概在 15 亿 ~ 20 亿年前之间。也就是说在 15 亿 ~ 20 亿年的漫长时间里，鱼类的 IgM 的 VH 基因的最保守片段仅有 20% 左右发生了变化。

2. 鱼类的 IgM 重链恒定区（CH）基因及其多酞序列

鱼类免疫球蛋白的恒定区在进化上变化较快，比可变区保守性少。Anderson 等（1995）对同属鲑亚科的红点鲑和虹鳟的 IgM 的 Ch 基因进行了分析和比较，发现恒定区中的内含子比外显子的基因变化速率大，4 个 Ch 功能区的变化率分别是：Ch1 为 4%，Ch2 为 5%，Ch3 为 5.4%，Ch4 为 2.1%，平均 4.12%，最高值与最低值差别为 3.3%。3 个内含子的变化率分别是：内含子 I 为 6.5%，内含子 Ⅱ 为 6.3%，内含子 Ⅲ 为 6%，平均为 6.27%，最高值与最低值差别为 0.5%。鱼类 IgM C 区内含子的比较分析，对研究亲缘关系较近的鱼类的种间分化有着极为重要的意义。最古老的鲑属鱼类化石出现于 1 亿年前的地层中，因此鲑与虹鳟的 IgM 分化应早于 1 亿年。对虹鳟和红点鲑的 Ch4 氨基酸序列分析表明，96 个氨基酸残基中有 5 个是不同的，根据公式 $K_{aa}=-\ln(1-pd)$（Kaa 为氨基酸变异期望值）$K_{aa}=5.12 \times 10^{-2}$，物种分化时间 $T=Kaa/(2xkaa)$（K_{aa} 为 1.4×10^{-9} 个每位点每年）其值为 1.82×10^{-7}，约 1.8 亿年，这与化石所提供的证据是吻合的。

3. 鱼类 IgM 基因重组机

除了软骨鱼类的角鲨（Heterodontus francisci）外，在已经进行过 IgM 胚系基因分析的多种硬骨鱼中都具有与哺乳类相似的基因重排机制。与高等动物一样，鱼类 IgM 胚系 Vh 基因存在着大量的重复序列。虹鳟的 Vh 基因中的 RTVh431 具有近 20 个重复序列，斑点又尾鮰 NG70 有 25 个重复序列。胚系基因首先进行 Vh-Dh-Jh 连接，然后，再与 Ch 基因进行重排，鱼类 IgM 基因重排过程中的许多调节元件也与高等动物相同，如启动 B 细胞 Vh 基因表达的特异性 8 聚体序列 ATGCAAAG；疏水前导序列与编码区之间有一内含子将其隔开；Vh 与 D 连接的下游重组信号为七聚体 -23bp- 九聚体相间隔的共用序列；能导致 Vh 与 Vh-Dh-Jh 发生二次重组的信号为 TACTGTG，与上述硬骨鱼类不同，软骨鱼类的角鲨缺少重组元件，其胚系 IgM 基因已经存在 Vh-Gh-Jh-Ch 连接。轻链的基因重排机制与高等动物一样，进行 VL-JL-CL 连接。免疫球蛋白和 T 细胞受体在 VDJ 重组时，必须有重组激活基因参与，Ragl 就是一种重组激活基因，它表现出高度的保守性。将斑马鱼和鲨鱼的 Ragl 与小鼠、鸡和爪蟾的 Ragl 进行比较，可以发现斑马鱼与鲨鱼间的一致性为 83.5%，斑马鱼与爪蟾的一致性为 78.8%，斑马鱼与鸡的一致性为 77.3%，斑马鱼与小鼠的一致性为 71.7%；就 Rag1 的多肽的氨基酸组成看，斑马鱼与爪蟾、鸡和小鼠的一致性为 74% ~ 79%，与鲨鱼的一致性为 91.5%。从上述结果可以看出，重组激活基因是一个比较保守的免疫因子基因，在研究动物进化和低等动物的免疫机制中将可能发挥重要作用。

4. 免疫球蛋白基因的分子进化

对于免疫球蛋白的分子研究有助于人们理解其功能的进化历程。免疫球蛋白的进化是以许多次基团复制和分歧事件为基础的，这些事件导致了种系 V 基因的多样性和具有不同功能的免疫球蛋白类型的出现。脊椎动物不同的免疫球蛋白分子及其不同结构的产生经常是与不同分类单位的进化密切相关的。人们对鱼类系统发育关系已经有了比较全面的认识，但是还有很多具体的分支进化关系不是完全清楚。通常，进化意味着生物分子及其功能效率的改进，因此，将比较原始的物种（如软管鱼类）同其他物种进行比较时，可以料想到其免疫功能的差异。同时应该记住的是，所有物种都具有相同的时间去进化它们的免疫系统以适应环境的需要，直到最后的共同分支点，而共同祖先基因则可能不必以同样的进化方式来获得这样的适应。在绞口鲨中发现的一个新的抗原受体类型可是一个例证。另一种可能是某些物种非特异性防御系统比较发达，而且整个系统中相对于获得性免疫系统发挥更为重要的作用。

异源二聚的抗体分子可能出现于 5 亿年以前。多基因家族（包括 IgV 基因）中，同质化被认为是保持序列同质性的主要遗传机制，IgV 基因家族在生物进化和个体发生过程中似乎是作为对抗各种病原破坏的缓冲系统而发挥作用的，一旦一个 V 基因家族结构被建立，它将会稳定 1.5 亿 ~ 2.0 亿年或更长时间。因此，研究免疫球蛋白多基因家族的进化，尤其在试图全面地描绘免疫球蛋白基因进化的一般图谱时，对整个脊椎动物中代表临界分离点的现存分类单元进行检测是十分必要的。

（1）原始免疫球蛋白

无颌鱼类由盲鳗和七鳃鳗组成，被认为是其他脊椎动物的原始外类群（Nelson，

1994）。根据无颌鱼类的下述 4 个特点：①免疫球蛋白类似分子具有不同寻常的理化特性；②以各种曾用于分离其他脊椎动物免疫球蛋白基因的探针在其基因组或 cDNA 文库中并未检测到特异性的杂交；③不具备有组织的淋巴组织；④较低的血清免疫球蛋白水平及其不稳定性。由此可以推断出无颌鱼类具有一个显著不同的体液免疫系统和可能的异源二聚识别分。

（2）软骨鱼类

软骨鱼纲由全头亚纲（银鲛和兔银鲛）和板鳃亚纲（鲨和鳐）组成。软骨鱼类被认为是在大约 45 亿年以前与演化为辐鳍鱼类和四足类的种系分离的。东太虎鲨和猬鳐是分属于板鳃亚纲的不同谱系，对其 IgH 基因组织形式的研究表明它们都是以（Vh-D-D-Jh-Ch）n 的多组织形式组织的，这提示 IgH 基因的多簇组织很有可能起源于鲨和鳐分歧之前。科氏兔银鲛属于全头亚纲，被认为代表了板鳃亚纲的原始外类群，其 V 区各基因区段与东太虎鲨和猬鳐相应序列有很高的结构相似性，但是其各区段的连接关系可能不完全相同，在 IgH 基因组织方面，软骨鱼类不同于其他脊椎动物的特点，一是缺少 B 细胞特异性 IgVh 启动子的转录调节八聚体；二是具有种系融合基因，存在于所有高等脊椎动物中的转录调节八聚体的缺失，表明软骨鱼类以独特的方式进行 IgH 基因的转录调节。关于种系融基分起源的一个假说是，它们本质上不是"连接"的结果，而是代表了以假基因形式出现的祖先免疫球蛋白基因的残迹。

（3）辐鳍鱼类

辐鳍鱼纲由一个比软骨鱼类更为进化的分离的谱系组成，包括软骨硬鳞亚纲（鲟和匙吻鲟）和新鳍鱼亚纲（全骨类如雀鳝、弓鳍鱼和真骨鱼类）。Amomiya 对一种原始真骨鱼类海鲢的 IgH 基因组织研究得比较系统，根据其 Vh 基因的复杂性和连接方式假基因的存在，以及有一个明显的 CH 基因及 VH、JH 和 CH（推测的 D）区段的全部组织，认为海鲢 IgH 基因系统似乎是发现于哺乳动物中的、现代的迭代组织的直接先行者对于系统发育更原始（纺锤骨雀鳝和黄鲟）和更进化（虹鳟、斑点叉尾鮰和鲫）的辐鳍鱼类的研究发现，其 IgH 基因的组织与在海鲢中的一致，这表明所有辐鳍鱼类都可能具有与哺乳动物相似的 IgH 基因组织形式。在软骨鱼类与辐鳍鱼类分类的同时，IgH 基因组织及其调节也发生了戏剧性的变化。软骨鱼类免疫球蛋白基因经历了整个遗传单位（基因簇）的复制，而导致辐鳍鱼类和四足类的谱系其免疫球蛋白基因经历了单个基因区段的前后串联制。Lundqnim 等（1996）对西伯利亚鲟的 IgL 基因序列和组织进行了分析，结果显示其 CL 区与其他辐鳍鱼类的明显不同，却更像软骨鱼类的，但是西伯利亚鲟的 VL 区显示了同真骨鱼类更大的相似性，这反映了鲟处于软骨鱼类和真骨鱼类的中间进化状态。另外，作为原始辐鳍鱼类的西伯利亚鲟，其 IgL 基因座却以类似于四足类的易位子方式组织，这意味着软骨鱼类和真骨鱼类 IgL 基因座的多簇组织形式并非同一次进化事件的结果。Wtdholm 等（1999）对来源于 4 个不同分类单元代表物种（猬鳐、大西洋鳕、光滑爪蟾和小鼠）的 VL 区进行比较，发现进化地位与 VL 区某些特性之间有某种相关性，包括 CDR 区的变异性和长度。其中软骨鱼类 CDR 区可变性相对较低，其长度显示出很大的均匀性。

（4）其他鱼类

两种潜在的"过渡"鱼类绿多鳍鱼和矛尾鱼都是残遗物种，在其系统发育关系历史上曾引起混淆，高级关系现在仍然不能确定。因此，对这两种鱼类免疫球蛋白基因组织的分析将有助于更好地理解其系统发育关系。Amemlya 报道了矛尾鱼 IgH 基因组织既不像板鳃亚纲又不像辐鳍鱼类，这可能是 H 链基因座的另一种组织形式，从而也表明矛尾鱼并非处于板鳃亚纲与辐鳍鱼纲的过渡位置。

第四节　鱼类的细胞因子

细胞因子（cytokine）是指由免疫细胞及其他细胞合成和分泌的，能调节免疫功能及其他生理功能的多肽。在免疫应答过程中，细胞因子对于细胞相互作用，细胞的增殖与分化具有重要的调节作用。鱼类细胞因子的命名也遵守免疫学规定的原则，关于其细胞因子的来原源、性质与功能在本教材前面做了介绍。国内外在鱼类细胞因子的研究方面已引起鱼类免疫学工作者的重视。因为对鱼类细胞因子的研究对于深入了解鱼类免疫机理、制定鱼类疾病免疫防治方法都是很有必要的。

一、鱼类细胞因子的主要种类

（一）α 肿瘤坏死因子

α 肿瘤坏死因子（α tumor necrosis factor-α，TNF-α）是鱼类体内存在的肿瘤坏死因子的主要成员。肿瘤坏死因子 α 是时 β-Jellyro Ⅱ家族的成员，在细胞膜内以 Ⅱ 型跨膜或者糖蛋白的形式存在，蛋白质 C 端区域通过剪切释放具有生物学活性的功能肽。近年来鱼类体内有存在肿瘤坏死因子 α 的证据，包括在脂多糖（LPS）和刀豆素 A（ConA）等刺激剂刺激下产生的细胞因子可以和哺乳乳动物肿瘤坏死因子 α 进行交叉反应，并能激活巨噬细胞的生物学功能。Hirono 等的研究表明，牙鲆（Paralichthys olivaceus）肿瘤坏死因子 α 的 cDNA 序列有 188bp 的 5' 未翻译区域（UTR）和 345bp 的 3'UTR。其中 3'UTR 中 8 个 mRNA 不稳定的序列（ATTA）肿瘤坏死因子 α 为家族的典型序列。虹鳟（Salmo gairdneri）体内有 140bp 的 5' 引未翻译区域，506bp 的 3' 未翻译区域，739bp 的可读框（ORF），实验证明在牙鲆的外周血白细胞和肾脏中都有肿瘤坏死因子 α 的表达，Hardie 等证明，人重组肿馏坏死因子 α 和虹鳟的巨噬细胞激活因子（MAF）可以协同作用，提高巨噬细饱的呼吸爆发水平，说明虹鳟的白细胞中有人肿瘤坏死因子 α 的保守同源性受体，并且通过细胞因子的网络式调节直接参与免疫应答过程。

（二）白细胞介素

白细胞介素（interleukin，IL）又称为白介素，是与鱼类致炎作用以及调理功能密切相关的一个功能性蛋白家族。白细胞介素家族的典型成员包括 IL-1、IL-2 和 IL-6 等。有证据表明，在鱼体内白细胞介素样分子参与并且在免疫反应中发挥重要作用。目前已经报道在鲤、斑点叉尾鮰和大西洋鲑（Salmo salar）体内存在 IL-1 样分子。其中 LI-1 基因包括 IL-1α、IL-1β1 和 IL-1β2，它们都属于三叶草型细胞因子家族成员。Kmenade 等报道从鲤体内收集中性粒细胞并检测 IL-1 的生物活性，发现其能被羊抗人重组 IL-1α 或 IL-1β 降低。Western Blot 检测证明其和哺乳动物的白细胞介素具有结构的相似性，并且具有活化 T 细胞的潜能，Blohm 等通过免疫磁化方法，在植物血凝素和豆蔻酰佛波醇乙酯（PMA）刺激的虹鳟 sIgM- 白细胞培养上清液中分离到两种大小分别为 60ku 和 12 ~ 15ku 的分泌蛋白，用抗鼠单克隆抗体与包括虹鳟在内的不同物种的 IL-2 进行免疫组化法反应显示，鱼类和哺乳动物 IL-2 在结构和功能上存在相似性。

Pelcgry 等用 RT-PCR 方法分离克隆了乌颊海鲷（Sparus macrocephalus）的 IL-1β 基因，发现在其头肾、血液、脾脏、肝脏和鳃都有表达，并且证实其受到淋巴细胞驱动的巨噬细胞激活因子（MAF）的正向调节。Engelsma 等检测了鲤的脑、垂体、头肾和脾脏中的 IL-1β mRNA 的表达，并用原位杂交检测了分泌上述蛋白质的细胞。潘雪霞等克隆了草鱼 IL-2 样基因的 cDNA 编码序列，结构分析表明，其全长 492bp，编码 164 个氨基酸，分子质量约 175ku，其核苷酸序列与哺乳动物 IL-2 有 34% ~ 40% 同源性，与鸟类有 37% ~ 41% 同源性。Sangragor 等应用扣除杂交技术克隆了虹鳟 IL-1β 受体 cDNA，发现它编码的受体多肽由 441 个氨基酸残基组成，与哺乳动物 II 型受体结构相似。Lee 等从牙鲆白细胞 cDNA 文库中筛选到 IL-8cDNA。Ling 等从虹鳟和角鲨中克隆了 IL-8cDNA，经基因结构和进化等分析表明，它们属于趋化因子超家族成员，期动能与机体炎症反应有关。

有实验结果证明，豆蔻酰佛波醇乙酯（PMA）及脂多糖等可以作为 IL-1β 产生的刺激原。经过脂多糖刺激后，IL-1β 的水平在 22℃时比在 4℃时高 8 倍，Caspi 等首次在植物血凝素（PHA）刺激的鲤外周血淋巴细胞培养液中检测到 IL-2。郭琼林用刀豆素 A（ConA）刺激的草鱼脾细胞也能产生 IL-2 样物质，它不仅能促进小鼠脾淋巴细胞增殖，而且能协同和激发杀伤细胞杀伤小鼠 L929 细胞，而在受到温度或者化学物质（如可的松）刺激时，表达水平可能会下降。Kono 等用 DNA 注射方法研究鲤对于 IL-1β 的免疫反应，发现注射有 IL-1β 的鲤淋巴细胞在受到刺激后发生显著增殖，巨噬细胞吞噬力和超氧阴子含量也有明显上升。体内实验还显示，注射了 IL-1β 的鲤对于嗜水气单胞菌（Aeromonas hydrophila）的抗性大为增强，从而证明了 IL-1β 在鱼类体内发生生物学作用的机制和哺乳动物体内有类似之处。在软骨鱼体内，IL-1β 同样有着和在硬骨鱼体内类似的作用，Bird 等用 RT-PCR 方法在小点猫鲨（Scyliorhinus canicula）的脾脏和睾丸中发现有 IL-1β 基因的表达，并且证明其和虹鳟 IL-1β 有 31.7% 的相同氨基酸组成，用实验组织和脂多糖共同培养 5h 后发现该细胞因子水平提高了 7 倍，证明小点猫鲨体内的 IL-1β 作用机制和硬骨鱼类似，同样也具有致炎效应，能引发免疫反应。

（三）干扰素，干扰素调节因子和 Mx 蛋白

1. 干扰素

干扰素（Interferon，IFN）是一种具有抗病毒、抗肿瘤和免疫调节功能的细胞因子。鱼类的干扰素已在本章第一节中叙述。

2. 干扰调节因子

干扰素调节因子（Interferon regulatory factor，IRF）是一类结合于干扰素激元件的转录因子，这类因子的 N 端的 120 个氨基酸残基（其中包含 DNA 结合区域）具有很高的同源性。在哺乳动物中，IRF-1 与辅助性 T 细胞介导的免疫反应、自然杀伤细胞活性、细胞增殖与凋亡控制、抗病毒活性和肿瘤发生有关。鱼类的 IRF-1 和 IRF-2 基因已被克隆并表达，IRF-1cDNA 的可读框长 999bp，编码 331 个氨基酸，5'未翻译区域为 145bp，3'未翻译区域为 481bp。IRF-2cDNA 的可读框长 1035bp，编码 334 个氨基酸，5'未翻译区域为 146bp，3'未翻译区域为 925bp。IRF-1 和 IRF-2 在所有组织中都可被诱导，其中 IRF-1 在注射出血性败血症病毒 DNA 疫苗后表达量显著。在体外，未经诱导的虹鳟性腺细胞有 IRF-1 和 IRF-2 表达，且 poly（C）能上调其表达。IRF-1 和 IRF-2 的生物学活性是否与哺乳动物有相似性尚不清楚。有人克隆了鲫干扰素调节因子 7（CaIRF7）cDNA，其全长 181.6bp，包括引 5'未翻译区域为 42bp，3'未翻译区域为 508bp 和编码 421 个氨基酸的可读框。CaIRF7 在很多组织中为组成型表达，鲫囊胚细胞（CAB）在有活性的草鱼出血病毒（GCHV）、紫外线灭活的 GCHV 和 CAB 干扰素的刺激下，其 CaIRF7 表达量增加程度不一致，揭示其生物活性是由干扰素直接调控。

3.NMx 蛋白

Mx 蛋白是一类由 I 型干扰素（IFN）诱导产生的具有 GTP 酶活性的物质，因其具有黏病毒抗性（Myxovirus resistance，Mx）而得名。许多哺乳动物 Mx 蛋白能抵抗特定 RNA 病毒感染，参与机体内的第一道防线。用双链 RNA 和 I 型干扰素诱导，在大西洋鲑的巨噬细跑、成纤维细胞和大鳞大麻哈鱼的胚胎细胞中均产生了 76ku 的 Mx 蛋白，认为 Mx 蛋白可作为判断鱼类 I 型干扰素表达的分子标志。用 poly（C）和病毒刺激已成功地克隆了虹鳟的 3 个 Mx cDNA（RBT Mx、RBT Mx2t 和 RBT Mx3）、大西洋鲑 Mx cDNA（ASM Mxl、ASM Mx2 和 ASM Mx3）及牙鲆、大西洋星鲽 Mx cDNA，它们的大小为 2.1ku ~ 2.6ku，与哺乳动物 Mx cDNA 的同源性为 40% ~ 53%，所编码的 Mx 蛋白由 620 ~ 636 个氨基酸残基组成，不同鱼类 Mx 蛋白的氨基酸序列同源性达 74.7% ~ 97.7%。对星鲽基因组进行 Southern 杂交分析，发现星鲽中至少有两个 Mx 座位，在体内各种器官中，用 poly（C）或传染性胰腺坏死病毒都能诱导出两个大小分别为 2.2ku 和 2.6ku 的转录本。结构分析显示，所有鱼类的 Mx 蛋白都具有保守的特征性结构，其 N 端有 ATP/GTP 结合区域（GXXXSGKS/T、DXXG 和 T/NKXD）、发动蛋白家族样区（LPRG/SKGI-VIR），C 端有核定位信号和亮氨酸拉链结构，表明从鱼类到哺乳类的进化过程中 Mx 蛋白是高度保守的，显示出 Mx 在物种生存中具有重要意义。但与哺乳动物不同的是，鱼类 NMx 蛋白没

有直接的抗病毒活性，其原因尚待研究。

（四）趋化因子

趋化因子（Chemokine）是一类由免疫细胞产生的具有趋化白细胞作用的超家族细胞因子，参与机体炎症反应的发生。它包括了约 40 种小分子分泌型细胞因子。趋化因子可以根据氨基酸序列中头两个半胱氨酸残基的总数目，分为 CXC、CC、C 和 CXC 等几类。在鱼类中，已见报道的有 CXC 和 CC 家族的成员，同时趋化因子受体基因也有报道发现。目前关于趋化因子是否和哺乳动物的对应分子为同源产物尚有争议。Liu 等克隆了虹鳟体内的趋化因子家族的 CC 基因，发现其与虹鳟或鲤 CC 基因有 40% 的相同氨基酸组成，与部分哺乳动物有 20% 左右相同的氨基酸组成。Danieis 报道 CXCR 和 CCR 数基因在虹鳟组织中有广泛的表达，其表达产物和哺乳动物有 65% ～ 67% 的相同氨基酸组成，说明在脊椎动物进化中这是一个比较保守的基因序列。而 Kuroda 等鉴定了硬骨鱼类趋化因子家族的 7 个新成员，并且确定了其受体为 CXCR4 型。用系统发生分析未发现其和人类的趋化因子有直接联系，推测趋化因子这个基因家族的主要分化可能是分别发生在两组动物体内。产生这些区别的主要原因可能在于趋化因子家族内本身就包括了数个不同的基因区域，这些基因在遗传上不相互联系，在进化的保守性上也有所区别。和在中哺乳动物体内一样，鱼类体内的趋化因子在中性粒细胞和巨噬细胞的迁移过程中可以作为潜在化学引诱物存在，其激活一般要和有 7 个跨膜区域的 G 蛋白偶联受体结合共调节。

（五）诱导型 – 氧化氮合成酶

诱导型 - 氧化氮合成酶（Inducible nitrogen oxidize synthetase，Inos）产生的一氧化氮是免疫分子的一个主要组分。Sacij 等用一种鲶的诱导型一氧化氮合成酶寡核苷酸序列作为引物，扩增出了鲫的诱导型一氧化氮合成酶 cDNA 文库，序列数据中有 57% 和人的诱导型一氧化氮合成酶寡核苷酸序列相同。用沙氏肾杆菌（Renibacterium salmoninarum）经注射或者浸泡方法处理虹鳟后，在其鳃和头肾中均发现有诱导型 - 氧化氮合成酶的表达。在鱼类中已经确认巨噬细胞释放的细胞因子可以调节诱导型一氧化氮合成酶的活性，还证明在鱼类体内存在的诱导型一氧化氮合成酶激活的机制和哺乳动物的相类似。在此过程中核因子（NF-κB）被认为是基因表达所必需，研究这个关键因子在鱼体内的调节作用对于研究诱导型一氧化氮合成酶的激活和调节功能有重要的意义。

（六）核因子

核因子（neuclear factor kappa B，NF-κB）是一种特殊的细胞因子，因其能直接影响其他免疫因子的转录过程，故在炎症和免疫应答相关的各种基因的表达中起着关键作用。巨噬细胞受脂多糖（LPS）刺激后，诱导型一氧化氮合成酶的可转录受到核因子的调节，说明核因子在诱导型一氧化氮合成酶转录中发挥调节作用。在混合培养的细胞中加人核因子的抑制剂吡咯烷二硫代氨基甲酸（Pyrrolidine dithiocarbamate，PDTC）后，可以检测到 IL-1β 水平的明显下降，说明核因子对 IL-1β 表达也起重要的调节作用。Hauf 证等研究了经产生志贺氏毒素的大肠杆菌（STEC）刺激后，Hele 细胞内核因子 DNA 结合能力的变化，发现其受到明显抑制，同时在有产生志贺氏毒素的大肠杆菌分泌蛋白 Enp B 的情况下，IL-8、IL-6、IL-l 的 mRNA 水平均受到明显抑制，并表现为 IL-8 和 IL-6 蛋白质表达水平下降。这些研究证明，外源微生物通过抑制核因子的活性削弱寄主防御，以利于病原物质的聚集，从反面说明核因子对于抗御外源病原物质具有核心调节作用。

（七）转化生长因子

转化生长因子（Transforming growth factor，TGF）是一类具有多种生物学效应的因子在免疫反应中除了参与炎症反应外，还能抑制免疫细胞的增殖与分化以及某些细胞因子的产生。有人发现用一定剂量的哺乳动物 TGF-β 能抑制虹鳟巨噬细胞的呼吸爆发，加入 TGF-β 抗体则能解除这种抑制作用。转化生长因子是半胱氨酸细胞因子家族的一类典型成员，Laing 等成功地从欧洲鲽中分离纯化了 3 种 TGF-β 片段，并且用系统发生树证明其分别与脊椎动物 TGF-β$_1$（4/5）、TGF-β$_2$ 和 TGF-β$_3$ 同源。Harms 等对条纹鲈（Morone saxatilis）的 TGF-β 做了快速测序，发现其与小鼠 TGF-β 有 70% 的同源性，而和鲑 TGF-β 有 79% 的同源性。在鱼类中，已发现存在 3 种 TGF-β 亚型。在鲤中已发现 TGF-β$_1$ 和 TGF-β$_2$ 两种亚型，虹鳟 TGF-β 认为是 TGF-β$_1$ 的祖先。硬骨鱼类 TGF-β$_3$ 高度保守，西伯利亚鲟、虹鳟、欧洲鳗鲡的 TGF-β$_3$ 的的核苷酸和氨基酸序列与恒温动物的相似性分别为 83% ~ 84% 和 90% ~ 95%，但与虹鳟 TGF-β 和鲤 TGF-β 的同源性较低。Tafalla 等对鲷（Cparusaurata）TGF-β$_1$ 进行了全长序列测定，发现其 TGF-β$_1$ 最接近条纹鲈；还发现这个基因在肝脏、脑、肌肉、肾脏、心脏、鳃和脾脏中均有所表达，提示了 TGF 可能有更广泛的调节作用。

（八）自然杀伤细胞增强因子

自然杀伤细胞增强因子（NK cell enhancement factor，NKEF）是一类能增强自然杀细胞的细胞毒活性在氧化应激途径中保护 DNA 和蛋白质免受氧化损伤的因子。从虹鳟克隆到的自然杀伤细胞增强因子 cDNA，包括可读框 597bp，编码 199 个氨基酸，5'未翻译区域 53bp，3'未翻译区域 462bp，6.5ku 的自然杀伤细胞增强因子基因全序列由 6 个外显子组成，与和鼠的自然杀伤细胞增强因子基因结构高度相似。RT-PCR 结果显示，虹鳟的肝脏、心脏、肠、脾脏、红细胞和白细胞中都有自然杀伤细跑增强因子表达。Southern 印迹显示，自然杀伤细胞增强因子基因在虹鳟基因组中以单拷贝形式存在。鲤的自然杀伤细胞增强因基因子全长 3363bp，包含 6 个外显子，可读框 597bp，编码 199 个氨基酸，5'引未翻译区域 97bp，3'未翻译区域 100bp，该基因外显子和内含子的接合位点与人和小鼠的完全相同。鲤自然杀伤细胞增强因子包含该家族两个保守的 Val-Cys-Pro（VCF）结构域，与哺乳动物和虹鳟等的结构高度一致，氨基酸序列相似性在 80% 以上。与虹鳟不同的是，自然杀伤细胞增强因子在鲤不同组织中的表达水平有显著差异。

二、鱼类体内细胞因子的主要检测方法

目前鱼体内细胞因子的检测方法主要 4 种：①利用遗传学分析和蛋白质氨基酸序列数据；②检测同源分析系统内的细胞因子生物学活性；③对细胞因子和细胞因子受体的

抗原交叉反应；④生物学交叉反应。已经证实，含有细胞因子的鱼类白细胞悬液对哺乳动物细胞具有影响，而哺乳动胞因子对于鱼类免疫细胞也有影响。运用以上方法，在鱼类体内检出和推断了几十种细胞因子的存在。

三、细胞因子和鱼类免疫细胞的关系

免疫细胞在鱼体内既可以释放和激活细胞因子，又是细胞因子作用的重要对象，因此细胞因子有直接的关系。鱼类体内的免疫细胞主要包括淋巴细胞、单核细胞、巨噬细胞和各种粒细胞。机体炎症反应的核心细胞是巨噬细胞和粒细胞。鱼类的巨噬细胞不仅具有杀伤细菌及寄生虫的作用，而且能够在受到微生物侵扰时被微生物的有害产物激活，引起呼吸爆发。此外，巨噬细胞能分泌多种在免疫学上较重要的分子（如细胞因子和二十碳四烯酸等）。另外，巨噬细胞可以通过对其表面的组织相容性复合体分子中抗原的递呈、淋巴细胞功能的调节、对自身及其他细胞生长复制的控制等途径来操纵机体的免疫应答，与黏液中溶菌酶、抗蛋白酶、转移因子、补体和几丁质酶等物质一起组成抵御病原微生物的有效防线。吞噬细胞在某些细胞因子的刺激下可以变为具有杀伤作用的细胞，这个过程称为巨噬细胞的激活过程。Neumann 等对金鱼的体内实验表明，被巨噬细胞激活因子（MAF）在 6 ~ 12h 后这个作用达到顶峰。实验还表明，这一过程经历顺序激活和失活，说明了细胞因子诱导并控制了这一过程。与哺乳物体内类似，鱼类巨噬细胞执行免疫功能也是和细胞因子多层次多方面进行相互协同的调节。MacKenzie 等测试了虹鳟单核细胞和成熟的头肾巨噬细胞中 TNF-α 的稳定性。结果发现，体外培养的巨噬细胞在受到脂多糖（LPS）刺激后形态发生改变，吞噬率和 TNF-α 产生能力都明显上升；Evans 等证明给罗非鱼（Tilapia buttiko feri）注射具有免疫原性的物质后，细胞因子水平和巨噬细胞的吞噬力都有上升，说明细胞因子对于免疫细胞发挥杀伤作用具有激活能力。Jang 等报道在虹鳟中，含有巨噬细胞激活因子（MAF）的白细胞可结合人的重组 TNF-α，可以诱导巨噬细胞释放具有巨噬细胞激活因子活性的因子。目前的工作将着眼于在免疫细胞表面寻找细胞因子的特异性受体，确定其作用对象，从而接应用于鱼病防治。

四、鱼类细胞因子和非特异性免疫系统的关系

鱼类是脊推动物中最简单的同时拥有非特异性免疫系统和获得性免疫系统的物种。由于非特异性免疫系统在进化上相对保守，研究鱼类的非特异性免疫对于研究非特异性免疫系统如何在高等动物体内发挥作用具有重要价值。鱼类非特异体液免疫因子包括生长抑制物质（如免疫球蛋白、转铁蛋白、抗蛋白酶和细胞溶解素等）。抗体通过阻止细菌粘连并入侵无吞噬作用的宿主细胞以及中和细菌毒素发挥其免疫防御作用。细胞因子则是了解这种抗御作用机制的重要对象。

鱼体液中大分子成分在受到刺激时会发生一系列的变化，其中，以包括细胞因子在内的功能性蛋白的大量合成和释放为标志的急性应激反应（Acute phase response，APR）可以直接杀伤病原物质。向鱼体内注射微细胞壁多聚合体（Microbial wall polymer）会引起急性应激蛋白（Acut phase protin，APP）的产生，继而诱导巨噬细胞激活因子激活巨

噬细胞，同时以单链 RNA 存在的急性应激蛋白序列可以使 I 型干扰素顺序诱导抗病毒蛋白，从而使机体的抗病能力上升。Lindenstrom 等用半定量 RT-PCR 方法测定了虹鳟皮肤 IL-1β 和 IL-1β 的 II 型受体分别受到三线虫（Gyrodactylus derjavini）初次和再次感染后的表达情况，发现 IL-1β 和其受体的表达量在受到初次感染时有显著的上升，但是在第一次感染恢复以后，一个月内再使用同样的病原物质刺激，并没有见到其水平的显著提高，说明体内的体液免疫机制已经能快速识别该物质并且作出应答。Jorgensen 等报道了在虹鳟中头肾巨噬细胞内含有 IL-1β 和干扰素样细胞因子表达基因 CpG 寡核苷酸序列（CpC-ODN），实验证明人工合成的 CpG 寡核苷酸序列可以在虹鳟头肾巨噬细胞中诱导 IL-1β 和干扰素样细胞因子的表达，阻断 CpG 合成的信号传导途径会直接影响细胞因子的表达。

巨噬细胞呼吸爆发过程中产生的活性氧 / 氮介质（ROI/RIN）也是非特异性免疫功能的一个重要方面。Murelo 等报道了金鲷鱼头肾淋巴细胞在刀豆素 A（Con A）和豆蔻酰佛波醇乙酯（PMA）刺激下可释放可溶性的巨噬细胞激活因子，用其孵育靶巨噬细胞可以提高其迁移、吞噬和抗菌活性。实验发现，在巨噬细胞激活因子含量提高的同时，活性氧的产量也有所提高，推测是细胞因子调节巨噬细胞的正反馈机制导致。Yin 等研究了经嗜水气单胞菌刺激斑点叉尾鮰后头肾白细胞增殖力和巨噬细胞激活因子产生能力之间的关系，观察到经含有巨噬细胞激活因子的混悬液培养 2d 后，巨噬细胞活性氧介质和氮介质都有显著的上升。一氧化氮作为一种有效的抗菌物质，其功效被证明可以经过细胞因子的共激活实现。

五、鱼类细胞因子和内分泌系统的关系

细胞因子可以通过免疫系统来影响内分泌系统。Lister 等检测了 TNF-α 和 IL-1β 对于体外培养的金鱼睾丸组织中睾酮产生的影响，结果发现 TNF-α 可以使在孕酮刺激下产生的睾酮水平有一定下降，说明 TNF-α 在类固醇生物合成的多个位点上都能对鱼类的生殖内分泌系统产生综合影响 Holand 等向虹鳟体内注射 IL-1β 会抑制合成型糖皮质甾释放 ACHT 水平，阻断内皮激素的分泌。这说明 IL-1β 和脂多糖（LPS）等可以通过作用于下丘脑、垂肾上腺轴而影响皮质激素的分泌。其中细胞因子发挥作用的最主要途径就是作为信号分子。Enge-lsma 等则进一步证明，TNF-α、IL-1 和 IL-6 在免疫系统和下丘脑、垂体、肾上腺轴的交互作用中起信号传导分子的作用，而这些分子所引起的内皮激素水平的变化则会直接影响 B 细胞，从而导致包括血清免疫球蛋白含量和中性粒细胞数量的变化，影响先天性免疫系统的功能。

六、鱼类细胞因子的应用

细胞因子在鱼类的细胞免疫和体液免疫中不仅能直接执行防御功能，而且还起重要的桥梁作用。因此，对鱼类细胞因子进行研究，进一步了解鱼类免疫系统内各个部分之间的关系，弄清产生这些差异的分子基础，对于了解鱼类免疫，进行鱼病防治环境监测等方面都具有重要的意义。细胞因子可以作为生物标记（Biomarker）。生物标记是指在细胞或者生化部件发挥作用过程中，一个细胞、组织或样品由于例源因素而引起的变化。

与整个生物体相比较，一个生物标己的变化相对简单而且有规律，作为一种生物标己细胞因子特殊的靶受体结合机制使其生物学效应具有指向性和特异性，从而可以用来研究特定基因或者蛋白的表达和功能，进而检测药物效应和研究鱼类疫苗，故在生化过程模型中的研究具有相当大的价值。Jorgensen 等运用细胞因子的产生情况作为抗菌能力的生物标记，证明 CpG 寡核苷酸序列在大西洋鲑鱼体内能刺激机体产生抗苗效应。Peddie 等以 IL-1β、IL-8 和 TNF-α 水平为对象，检测海藻提取物 Ersogan 的抗病毒效应，发现其能显著提高以上分子在虹鳟体内的 mRNA 水平，提示这种物质作为抗病毒制剂有一定的防御能力。鱼类的细胞因子水平在病原物质刺激下往往会和免疫应答的其他相关因素同时发生改变，从而可以作为鱼类疾病防治中免疫监测的指标。Lowa 等用富含核苷酸成分的饲秤饲养大比目鱼（Scophthalmus maximus）15 周后，在鱼肾脏中检测到细胞因子 IL-1β 含量比对照组明显增高。此外，.细胞因子还可以作为疫苗的佐剂用于鱼病防治。Leong 等用 IL-2、IL-1β、IL-4、IL-5、IL-6、IL-12 等和 IFN-γ 为鱼类的佐剂，其中 IL-2 对与传染性胰脏坏死病毒（IPNV）疫苗的免疫效能存明显的提高。Cannpos 等用灭活的沙氏肾杆苗免疫虹鳟，检测其体内 Inos 含量的变化，发现除了肠、肾脏等表达诱导型一氧化氮合成酶的器官外，鳃中也表达诱导型一氧化氮合成酶，提示鳃不仅是病原物质入侵的一个重要途径，而且可以进行免疫应答和抗御反应。

细胞因子可以作为环境监测风险评估的重要指标。Xiang 等通过分离纯化得到了斑点叉尾鮰诱导型一氧化氮合成酶基因序列，以及能够特异识别的单克隆抗体。研究结果表明，暴露斑点叉尾鮰于多氯联苯（PCB）10d 后，诱导型一氧化氮合成酶基因的表达在体内和体外系中均有提高，说明细胞因子水平的检测可以作为反映可疑环境污染物免疫毒性的重要指标，运用于环境污染影响的检测中。

细胞因子作为鱼类机体免疫系统实现免疫应答的一部分，在其免疫系统的相关研究中占据重要地位。张义兵等证实，紫外线灭活的草鱼出血病病毒诱导鱼类培养细胞产生了干扰素（IFN）抗病毒活性物质，他们应用抑制差减杂交等基因克隆技术，从该细胞系统中鉴定系列干扰素系统基因。目前，由于纯化免疫试剂还相对困难，鱼类细胞因子蛋白功能的研究还局限于用传统的重组分子和基因干预的方式；在抗原抗体性质、细胞因子的特异性作用位点以及细胞因子和细胞表面受体结合的识别机制方面研究还较少。因此，测定鱼类细胞因子基因序列并且制成重组分子，进而获得单克隆抗体以应用于研究就显得十分迫切。随着更多细胞因子和鱼类抗体的制备，细胞因子和鱼类免疫的关系将会更加明确，这样不仅能对鱼类的免疫机制中许多未解决的问题做出解释，而且能在鱼类疾病防治、环境监测以及生态系统保护等方面发挥更大的作用。

第五节　鱼类主要组织相容性复合体

主要组织相容性复合体（Major histocompatibility complex，MHC）最初被认为是决定同种异体细胞和组织移植物能否存活的基因，后来又证明是决定个体和系统的免疫应答差异的基因。研究发现，主要组织相容性复合体的多态性使其对种群研究有用。采用等位基因赞率，已将其用来跟踪种群洄游。这些多态性亦可用来产生个体生物的 DNA 指纹。采用这些技术，研究人员可确定某些主要组织相容性复合体多态性在年代上早于物种形成事件，如大鼠和小鼠及人与黑猩猩在进化上的分离。采用寡核苷酸连接测定亦可进行不产生单一限制点的多态性鉴定。这一测定最初是为迅速鉴定人主要组织相容性复合体多态性，尤其是为在器官移植前进行组织分型而开展的，正如追踪种群运动的能力向野生种群管理者提供了更好地了解其迁徙习性的方法一样，亦向动物育种者提供了一个鉴定个体生物及追踪谱系的能力有用的工具。经济上重要鱼类的主要组织相容性复合体的克隆可为水产养殖专家和渔业资源生物学家提供更有效管理其资源的工具。主要组织相容性复合体克隆一旦获得，亦可用来克隆、测序和比较各种鱼的主要组织相容性复合体，以构建鱼类进化树。主要组织相容性复合体单元型表达亦与抗病密切相连。几个经济上重要的物种（如鸡），现在正在根据其表达的主要组织相容性复合体等位基因被用来进行抗病育种。人主要组织相容性复合体单元型与特异的自体免疫病有联系。几种鱼病在鱼类养殖业中引起严重问题，有报告显示，在流行病后仍存活的一些成员能"抗病"。鱼类主要组织相容性复合体等位基因表达与抗病的联系可为水产养殖者提供优良繁殖群体，即通过导人抗病基因的方法培育出不患病或不易患病的抗病性鱼类。

已知主要组织相容性复合体编码 MHC-I 和 MHC-II，近年来已从鲤、大西洋鲑、斑马鱼和虹鳟等鱼类中克隆了 MHC-I 和 MHC-II 基因。MHC-I 类分子是由该基因编码的 α 链和由微球蛋白非共价连接形成的异二聚体。分成经典的 MHC-I（MHC-Ia）和非经典的 MHC-I（MHC-Ib）两类。MHC-Ia 由导肽、胞外结构域（$\alpha_1 \sim \alpha_3$）连接肽 / 跨膜区和胞质区组成。α_2、α_3 结构域中有 4 个保守的半胱氨酸残基、保守的多肽结合区、B2m 结合位点和 CD8 用位点等，在肺鱼和鲤中还有 N- 糖基化位点。这类分子在所有真核细胞表面都有表达，具有高度多态性。克隆到的鲨鱼、鲤、虹鳟等鱼非经典的 MHC-Ib 分子基因，多为假基因，与 MHC-Ia 序列和功能有明显不同，多态现象也不明显，分布具有组织特异性，但在大西洋鳕中克隆的 MHC-Ib 在进化上却和经典分子的亲缘关系较近。对青鳉、河豚和斑马鱼 MHC-I 基因中大约 400kb 区段的研究表明，该区包含了多个 MHC-Ia 基因和少量的假基因，浓缩了人 3Mb 相应区段中几乎全部与主要组织相容性抗原相关的基因，说明 MHC-I 在从鱼类到哺乳类进化过程中的保守性和在免疫系统中的特殊作用。

鱼类 MHC-II 基因包括 MHC-II A 和 MHC-II B，分别编码 MHC-II 蛋白质的 a 链

和 β 链，两条多肽链都包含前导肽、两个胞外结构域 α$_1$、α$_2$/β$_1$、β$_2$）、连接肽/跨膜区和胞质区，在结构上具有保守的半胱氨酸残基、多肽结合区和 N- 糖基化位点等。哺乳动物 MHC-Ⅱ基因由 4 ～ 6 个外显子组成，鱼类的也是如此。斑点叉尾鮰的 MHC-ⅡA基因有 5 个外显子，斑马鱼的有 4 个，它们在编码连接肽/跨膜区和胞质区与 3' 未翻译区域的外显子有差别。在已知的多种鱼的 MHC-ⅡB基因中，一个胞外结构域往往由一个外显子编码，但在热带鱼丽鱼科中，β$_2$结构域对应的外显子被内含子隔开，而由两个外显子编码。对多种鱼的进化和群体遗传学研究发现，Ⅱ类主要组织相容性复合体多态现象主要在 β$_2$结构域，但条斑鱼和斑点叉尾鮰 MHC-ⅡA基因也存在多个不同的座位。

第六节　鱼类特异性免疫应答

一、特异性免疫的概念

前文已述，机体在生活过程中接触某种抗原物质，并对此侵人体内的异物产生一系列的免疫应答连锁反应，从而对该抗原的再次进入反应强烈，并极大地加速对抗原物质的排斥和清除过程，这种免疫应答称为特异性免疫应答（Specific immune response）。特异性免疫应答具有 3 个特点，一是特异性，只针对某种特异性抗原物质；二是具有一定的免疫期，其长短因抗原的性质、刺激强度、刺激次数和机体反应性不同而异，短则 1 ～ 2 个月，长者可达数年，甚至终生免疫；三是具有免疫记忆。

二、鱼类免疫应答的基本过程

鱼类在抗原物质的刺激下，免疫应答的形式和反应过程同哺乳类相同，也可分为 3 个阶段：致敏阶段、反应阶段和效应阶段。

三、鱼类细胞免疫

特异性的细胞免疫就是机体通过上述致敏阶段、反应阶段，T 细胞分化成效应性淋巴细胞并产生细胞因子，从而发挥免疫效应，广义的细胞免疫还包括吞噬细胞的吞噬作用以及杀伤细胞和自然杀伤细胞等介导的细胞毒作用。

（一）迟发型变态反应

迟发型变态反应与体液抗体无关，是一种细胞免疫的局部反应，由于反应发生缓慢，故称迟发型变态反应（Delayed allergy）或细胞介导的迟发型变态反应（Cell mediated delayed type allergic reaction）。本型反应持续时间长，一般于再次接触抗原后 6 ～ 48h 反应达到高峰。本型反应的机理是典型的细胞免疫应答。当抗原物质进入体内接触到 T 细胞时，刺激 T 细胞分化增殖为致敏淋巴细胞和记忆细胞，进而使机体进入致敏状态，这一时期需 1 ～ 2 周。当抗原再次进入致敏状态的动物时，与致敏 T 细胞相遇，促使其释放各种细胞因子，包括巨噬细胞趋化因子（MCF）、中性粒细胞趋化因子（NCF）、巨噬细胞移动抑制因子（MIF）、巨噬细胞激活因子（MAF）、淋巴细胞毒素（LT）和皮肤反应因子（SRF）等。这就是本型反应的第一阶段。这些细胞因子中的炎性因子（如 SRF）使血管通透性增加，单核巨噬细胞渗出，并通过趋化因子（如 MCF 等）和移动抑制因子（MIF 等）使巨噬细胞聚集于反应部位，进行吞噬活动。从巨噬细胞释放出来的皮肤反应因子和溶酶体可引起血管变化，造成局部充血、水肿或坏死。同时淋巴细胞细胞毒素和杀伤细也能直接杀伤带抗原的靶细胞。结果引起以单核巨噬细胞为特征的炎性反应，此过程即本型反应的第二阶段。抗原被消灭后，炎症消退，组织即恢复正常。鱼类中也存在迟发型变态反应。在硬骨鱼类中迟发型变态反应比较常见。鱼类的淋巴细胞也可以产生移动抑制因子（MIF）和淋巴细胞毒素（LT）等细胞因子。

（二）同种组织移植排斥反应

致敏 T 细胞对移植组织的主要组织相容性抗原（Major histocompatibility antigen）反应，结果产生淋巴细胞毒素、巨噬细胞激活因子或巨噬细胞移动抑制因子等细胞因子，配合细胞毒性 T 细胞引起伤害反应，从而将移植组织排除。

用同种异体细胞和组织进行移植，可引起免疫排斥反应。只有遗传性完全相同的纯系动物或同卵双生的动物可以互相移植而不引起排斥反应。移植排斥反应所针对的抗原是一种存在于所有粒细胞表面的糖蛋白，称为组织相容性抗原。细胞表面有多种抗原，其中有些抗原性较强，称为主要组织相容性抗原。宿主对移植物的主要组织相容性抗原的排斥比其对次要组织相容性抗原要快得多，这种主要组织相容性抗原在白细胞上最易查出。

同种组织移植拒绝反应在所有鱼类中都存在，而且其程度与系统发生的进化水平呈正相关。例如，圆口类鱼类对初次同种皮肤移植片拒绝所需时间相当长，移植片的平均生存日期，盲鳗为 72d，七鳃鳗为 38d。对于再次同种皮肤移植片的拒绝迅速，盲鳗为 28d，七鳃鳗为 18d。对再次同种皮肤移植片拒绝时间较对初次同种皮肤移植片拒绝时间缩短，即所谓二次免疫应答的现象，为圆口类鱼类存在免疫记忆能力提供了有力的证据。不过，圆口类鱼免疫记忆持续的时间较短。

软骨鱼类对同种皮肤移植片的拒绝，与圆口类鱼类的相比所需时间稍短，如小点猫鲨（Scyliorhinus canicula）对初次同种皮肤移植片拒绝和再次同种皮肤移值片的拒绝时间，均较圆口类鱼类短，移植片平均生存时间分别为 41d 和 17d。

在硬骨鱼类中，较为低等的硬鳞鱼类（Ganoids），如鲟和雀鳝等，对同种皮肤移植片的拒绝与软骨鱼类没有明显的差异。真骨鱼类（Teleostians）等高等硬骨鱼类对初次同种移植片拒绝反应急速，移植片平均生存时间约为 7d；对于再次同种皮肤移植片的拒绝更为急速，移植片平均生存时间仅为 4.5d 左右。研究结果表明，金鱼对同种移植鳞片的拒绝反应显示出很强的特异性。一般而言，真骨鱼类的免疫记忆较强而且持续时间长。

从圆口类鱼类到真骨鱼类对同种皮肤移植片的拒绝反应之缓急，在很大程度上受环境水温的影响。在低温条件下，移植片平均生存时间长，拒绝反应迟滞对初次同种皮肤移植片的拒绝反应尤为显著。如金鱼在 25℃条件下，对初次皮肤移植片的拒绝只需 7d；而在 10℃时，则需要 40d。

根据各种鱼类对同种皮肤移植片拒绝反应缓急程度不同，可分为急性（acute）、亚急性（sub-acute）和慢性（chronic）等 3 种类型。移植片存活 14d 以内的，称为急性型；14d 以上 30d 以内的，称为亚急型；移植片存活超过 30d 的，称为慢性型。真骨鱼类在适温条件下，对初次和再次皮肤移植片的拒绝反应均为 14d 以内，即属于急性型。

（三）移植物抗宿主反应

含有大量免疫活性细胞的移植物移植给基因型不同的动物，如果受体（宿主）的免疫功能发育尚未成熟，或经全身放射照射，或应用免疫抑制剂，致使受体不具有排斥移植物的能力，而移植物中的 T 细胞却将宿主组织视为异物，从而诱导细胞免疫，产生巨噬细胞移动抑制因子（MIF）和淋巴细胞毒素（IL）等细胞因子，引起对宿主组织的伤害。

（四）细胞性抗感染免疫

致敏 T 细胞与抗原接触后，可产生巨噬细胞趋化因子（MCF）、巨噬细胞移动抑制因子（MIF）或巨噬细胞激活因子（MAF）等细胞因子，动员巨噬细胞至感染局部，并被活化、武装而增强其吞噬、消化等作用，干扰素可阻止病毒在宿主细胞内的增殖。用松节油注射鲤，然后以组织化学方法检查人为炎症区域，证实了炎症区域的嗜酸性粒细胞、中性粒细胞和血栓细胞等有明显增多现象。

（五）自身免疫针

对自身组织（自身抗原）成分的特异性体液免疫（由自身抗体介导）或细胞介导免疫，称为自身免疫（Autoimmunity）。如自身免疫细胞或自身抗体与自身抗原反应引起组织损伤则可认为是变态反应，如损伤导致临床异常，则为自身免疫性疾病。

对于人体和家畜的自身免疫发生机制以及自身免疫性疾病的诊断和治疗，已作为较深入的研究，积累了较多的知识。关于鱼类的自身免疫方面的知识，目前尚了解甚少。

（六）免疫监视和肿瘤免疫

正常细胞转变为肿瘤细胞时，形成肿瘤特异性抗原，可以被识别为非自身细胞，从而产生细胞毒性 T 细胞，直接破坏肿瘤，并诱导 T 细胞产生巨噬细胞激活因子（MAF）和淋巴细胞毒素（LT）等细胞因子，杀伤和破坏肿瘤细胞。机体依靠 T 细胞能识别体内经常发生的带有新抗原决定簇的肿瘤细胞，监视肿瘤细胞的发生，并迅速动员免疫系统将其杀伤、清除，这一功能对保护机体免遭肿瘤之害十分重要。

与对人体和家畜的细胞免疫机理和功能等有关研究相比较，对鱼类细胞免疫的研究还很肤浅。尤其是对鱼类细胞免疫机理和功能的特点还知之甚少。

四、鱼类体液免疫

抗原激发 B 细胞系产生抗体，以及体液性抗体与相应抗原接触后引起一系列抗原抗体反应统称为体液免疫（humoral immunity）。有时候体液免疫泛指体液中一切体液因素

（humoral factor）作用。体液免疫与细胞免疫是相辅相成的，有时也很难截然划分。

鱼类的体液免疫过程也存在如下过程：抗原的处理与传递、B 细胞的活化、抑制性 T 细胞的调节、B 细胞的增殖分化和抗体产生。对板鳃类、真骨类鱼类的 B 细胞和 T 细胞的膜表面免疫球蛋白（SmIg）进行检测，结果证明，两种细胞均有高浓度的膜表面免疫球蛋白存在，并且推测至少存在一种由两种细胞共同的抗体分子所产生的细胞表面识别机构。虽然对低等脊推动物 B 细胞和 T 细胞的膜表面免疫球蛋白的物理化学、免疫化学性质还了解不多，但是从对界面活性剂的结合和溶解等特性采看，具备哺乳类膜表面免疫球蛋白的某些特异性。

鱼抗体产生的一舣规律也同样存在初次应答（Primary response）、再次应答（Secondary response）和回忆应答（Anamnestic reaction）。由于鱼的种类、抗原的种类与接触的途径、鱼类的生活习性以及环境因素（特别是水温）的差异，鱼类的抗体产生量、抗体在体内的持续性以及再次应答等均有显著的不同。圆口类鱼类所产生的抗体的特异性较弱，再次应答也比较弱。软骨鱼类具备产生特异性较强的抗体的能力，对于特异性抗原的再次应答也比较明显。硬骨鱼类对多种抗原均能产生持异性抗体，同时也具有广泛的再次应答。真骨鱼类的抗体产生能力及其抗体的特异性都比其他鱼类大幅度增强，但是也没有很强的再次应答，关于鱼类体液免疫应答的研究，对人工饲养的温水性经济淡水鱼类做的研究较多。

鱼类抗体的功能也包括中和反应、调理作用、免疫溶解作用和抗体依褛性细胞介导的细胞毒作用等。

第七节　影响鱼类免疫的主要因素

影响免疫应答的因素 主要有抗原的种类和性质、被免疫鱼类的种属、抗原投与方法等。

一、抗原方面的因素

除抗原的分子大小、化学结构等因素外，一般对受免疫动物异源性强的抗原容易激活 B 细胞，诱导体液免疫；而与受免疫动物自身组织近缘的抗原则主要对 T 细胞作用，易于诱导细胞免疫。同种细胞免疫主要诱导产生杀伤性 T 细胞，引起细胞免疫。相反，如果细胞经热处理或甲醛处理后，则诱导细胞免疫不全，主要引起体液免疫。内源性肿瘤亦引起细胞免疫为主。

有研究结果表明，进人机体的途径以及抗原的剂量对鱼类免疫应答均有显著影响。如鲤、鳟类对牛血清白蛋白（BSA）免疫应答的强弱，主要取决于接种剂量；而对杀鲑气单胞菌（Aeromonas salmonicda）苗免疫应答强弱，则主要与免疫接种途径有关。一般而言，病毒和细菌等病原对鱼类都是免疫原性较强的抗原。De Kinkelin（1984）认为，每克鱼体

重注射 2×10^6 PFU(plaque formlng unit,空斑形成单位)的病毒性出血性败血症病毒(VHS)灭活疫苗时,虹鳟的成活率可达 90%。杨先乐等（1987）测得草鱼出血病细胞培养灭活疫苗的有效给予剂量为每尾（ 3 ～ 5 ）× $10^{4.5}$TCID$_{50}$(medan tissue in-fedive dose, TCID$_{50}$ 半数组织培养感染剂量)。陈昌福等（1989）对约 13cm（4 寸）草鱼鱼种注射灭活柱状黄杆菌 0.2×10^9 个菌 / 尾,可使免疫保护力达 85% 以上。值得注意的是抗原的使用剂量要适当。Artalion 等（1980）、Manning 等（1982）、陈昌福等（1989）的研究结果表明,抗原使用剂量过大会导致鱼类产生免疫耐受。

Desvaux 等（1981）发现,抗原之间存在着相互竞争或相互激活作用。O'Ncill（1981）用 MS$_2$ 噬菌体和灭活的杀鲑气单胞菌（Aeromonas salmonicida）菌苗免疫接种虹鳟,发现初次免疫接种后,后者能激活虹鲱产生抗 MS$_2$ 抗体,而再次免疫后得到的却是抗杀鲑气单胞菌的抗体。

二、机体方面的因素

鱼的遗传结构,年龄和体重、营养状况、生理状态以及性别,群体效应等均能影响鱼类免疫。

微生物的致病力和动物感受性（先天免疫力）是同一事物的两个方面。通常一种动物对大多数致病微生物有先天免疫。当这些微生物入侵机体时,机体就能利用其非特异性防御手段而将其歼灭。若机体病原体敏感,常规防御不能控制它们,就会引起病害,这些都是先天的,决定于动物种的遗传因素。这些不仅是种的特性,在同一动物中不同的遗传品系和家系对微生物的感受性也有很大差异。例如,鲢和草鱼同池饲养,草鱼对呼肠孤病毒易感而发生出血病,鲢则不易患此病。又如多种鱼都易患的锚头鳋病,因鱼的种类不同,其易感的锚头鳋种类也不相同,鳙（Aristichthys nobilis）和鲢易感的是多态锚头鳋（Lernaea polymorpha）,而草鱼易感的是草鱼锚头鳋（Lernaea cteanopharyngodontis）。日本学者 Suzµmoto 等（1977）用银大麻哈鱼所做的研究发现,3 种遗传基因型的鱼,对细菌性肾脏病的感受性不一样,以 AA 型感受性最强,CC 型抵抗性最强,而 AC 型居中。

Dorson（1977）率先探讨了虹鳟的年龄体重与免疫应答的关系。此后,Marming 等（1982）做了更为深入的研究后指出,孵化后 14 日龄的虹鳟在 14℃ ～ 17℃时能产生对杀鲑气单胞菌的免疫应答。早期注射人 γ 球蛋白不会产生免疫耐受,8 周龄的鲤在 22℃条件下才产生免疫应答;4 周龄的鳇对绵羊红细胞不发生免疫反应,而且能发生免疫耐受。免疫应答发生与否,鱼的体重比年龄更重要。Jchnsn 等（1982）用红嘴病（病原是鲁克氏耶尔森菌,Yersinia ruckeri）和弧菌病（病原是鳗弧菌,Vrbrio anguillaruw）菌苗对 6 种蛙科鱼类进行免疫试验后发现,0.59g 的鱼不会产生免疫反应,而 6 种鲑科鱼类能发生免疫应答的。最小规格为 1 ～ 25g,De Kinkelin（984）在阐述鱼的生理年龄对免疫应答的影响时指出,幼鱼易于接受免疫原而不产生免疫应答。

鱼群处于拥挤状态下也会影响免疫应答,毛足鲈（Tnchagurtertrichopteris）在拥挤条件下，只能合成少量的抗传染性胰脏坏死（IPN）病毒的抗体，Perlmutter 等（1973）认为这是因为与拥挤相关激素释放于力中而引起了免疫抑制的缘故。

三、环境方面的因素

影响鱼类的免疫应答的主要环境因素有温度、季节、光周期以及溶解于水中的有机物、重金属离子等免疫抑制剂。

（一）温度

温度是对鱼类免疫应答影响最大的环境因素之一，20 世纪初，人们就注意到温度能影响鱼类免疫应答。但是比较详细的研究是从 20 世纪 40 年代末开始，目前主要的结论有以下几个。

①低温能延缓或阻止鱼类免疫应答的发生—各种鱼类具有不同的免疫临界温度，一般是温水性鱼类的较高，冷水性鱼类则较低。室贺等（1971）用经甲醛灭活的鲤弧菌对日本鳗鲡注射免疫后，饲养于不同的温度条件下观察抗体的生成情况，结果表明在 25 ~ 28℃条件下，受免疫鱼的抗体生成很快，20℃的条件下仍能产生抗体。有人认为各种鱼类的抗体生成都只能发生在所谓免疫临界温度以上，低于这个温度鱼体就根本不产生抗体。Avtalion 等（1973）试验证明，鲤在 25℃环境水温条件下，9d 之内即可对抗原的刺激起反应而产生特异性抗体；而在 12℃条件下，受免疫鱼的则不会产生抗体；但是，如果将受免疫鱼在 25℃环境水温条件下饲养 4d 后，再移到 12℃条件下继续饲养，则正常的免疫应答继续进行。这一结果预示着温度对于鱼类免疫应答的影响主要在于初次免疫应答的诱发时期。也有人认为，处于免疫临界温度以下的环境中的鱼体也可以产生抗体，只不过是抗体生成速度慢，所需时间长而已。Rijkers（1982）用绵羊红细胞免疫注射鲤后，放在不同温度条件下饲养，采用溶血空斑试验检测抗体生成细胞，结果表明，低温条件只能推迟抗体产生细胞的形成，而不能阻止其形成，并且对其强度也无影响。众多的试验结果表明各种鱼类的抗体生成速度也是不一致的。同样在最适温度条件下，大麻哈鱼经免疫接种后 4 ~ 8 周凝集抗体价达到最高，虹鳟需要 6 ~ 7 周达到高峰，鲤 3 ~ 4 周就能达到高峰。

②对于温度影响鱼类免疫应答的机制，目前的认识还是很不充分。Bisset（1948）认为，低温会限制浆细胞释放抗体，当温度下降到免疫临街温度之下时，抗体的滴度会迅速下降，这时鱼体体液免疫系统则失去了防御作用，而 Avtalin 等（1973）的验证证实，只要鱼类初次接触抗原后，有一短暂时间后处于免疫临界温度之上（如将鲤置于 25℃条件下 3 ~ 4d），抗体的形成就不再受温度的影响，因为免疫活性细胞的吞噬、捕获和清除抗原的作用以及抗体的合成和释放都可在低温下进行。

③在鱼类生长的适宜温度下，温度越高，免疫应答越快，抗体滴度越高，达到峰值的时间越短。

（二）毒物

水体中的毒物不仅影响鱼的生长，也影响抗体的生长，例如，酚、锌、镉、滴滴涕和造纸厂废液等都可以干扰或阻止鱼类对抗原的免疫应答。Goncharov 等（1970）的实验结果证明。水体中低浓度的酚，对鲤的抗体生成有影响。他们用点状气单胞菌（Aeromonas punctate）制成的菌苗注射鲤后饲养在酚浓度为 12.5mg/L 的水体中 2 个月，抗体检测结果表明，比饲养在未污染水中的对照鱼要弱得多，而且随着抗体产生量的降低，血清中总蛋白量也降低。Soivio 等（1983）报道，将注射过免活变形杆菌菌苗的虹鳟放在锌浓度为 0.3mg/L 的水中饲养，结果受免鱼体不能产生抗体，而对照鱼则有抗体生成。而同样在这种条件下，对传染性胰脏坏死（IPN）病毒疫苗的抗体产生则无影响。Gardner 等（1970）发现，镉污染水体中的底鳉（Fundulus heteroclitus）对抗原的刺激不发生免疫应答。Mustafa 等（1984）报道了滴滴涕对拟鲤（Rutilus rutilus）的免疫应答有显著的抑制作用。Mcleay 等（1974）的研究证实，造纸厂废液对饲养的银大麻哈鱼的免疫应答有影响，能抑制抗体的生成，Strand 等（1972）用柱状屈桡杆菌死菌菌苗注射虹鳟后，再用 X 射线照射 20d，结果显著地抑制了抗体的生成。

（三）营养

当其他环境条件一定时，饵料中的营养对抗体的形成有很大的影响。Goncharov 等（1970）指出，当鱼类免疫实验在绝食条件下进行时，常会出错误的结果。已有报道指出，在自然水域网箱中饲养的鱼比在实验室水槽中饲养的鱼在对相同免疫刺激的应答中，所产生的凝集抗体价高的多，这可能是由于水槽中鱼的饵料不足或低蛋白饵料导致鱼体血清蛋白含量下降，缺乏形成抗体的蛋白质的缘故。

细川等（1980）指出，鱼类饵料中存在大量的维生素 C 时能促进其抗体的生成。Agrawal 等（1983）和 John 等（1979）的研究证实，饵料中缺乏维生素 B_1、维生素 C 和叶酸等都会引起鱼类贫血，并且影响抗体生成。而在饵料中适当添加一些含硫氨基酸（如胱氨酸、半胱氨酸），可以提高鱼类免疫效果。

（四）其他

已有研究报道指出，季节对鱼类体液免疫应答也有影响，有人用沙门氏菌鞭毛抗原（H 抗原）免疫接种虹鳟，结果表明，在秋季至少能检测到沉降系数为 19S 以上的，19S 和 7S 的抗体。有人根据在生殖季节鱼体中的血清蛋白变化很大（尤其是雌鱼），推测其对免疫球蛋白的合成也有一定的影响。此外，长期处于低溶氧条件下的鱼体由于体质弱，生成抗体的能力也差。

四、免疫方法的影响

免疫方法主要是指免疫途径、免疫剂量剂免疫程序等，而免疫方法对免疫的成败都是至关重要的。

（一）免疫接种途径

鱼用疫苗的接种途径主要有注射、口服、浸泡和喷雾 4 种。各种免疫接种途径各有利弊，应该根据疫苗、鱼类与实际应用条件等因素，决定采用的免疫接种途径。

（二）免疫接种剂量

适当的抗原是诱导免疫反应的重要因素。在一定范围内，抗原剂量愈大，免疫应答愈强，剂量过大或过小都可以引起受免动物的免疫耐受性。

抗原在体内滞留时间以及与淋巴系统的接触程度也影响免疫应答的重要因素，一般停留时间长，接触淋巴系统广泛者免疫应答强。抗原在体内分布和消失的快慢决定于抗原的性质和免疫接种途径等多种因素。

（三）接种程序

制定出预防根据传染病的流行季节和动物（鱼群）的免疫状态，结合当地的具体情况，接种计划，即免疫程序（immunologic procedure）。可依据动物的年龄和疾病流行季节等制定。

为了获得再次免疫效应，两次免疫接种的间隔不宜少于10d，短间隔连续免疫实际上只是起到大剂量初次免疫的效应。如希望获得回忆应答免疫效应，则间隔应在 1 ~ 3 个月以上。

（四）佐剂

佐剂本身不具有免疫原性，但是与抗原合并使用时能增强抗原的免疫原性。

第八节 增强鱼类免疫防御功能的主要措施

增强鱼类的免疫防御功能就可以有效地增强鱼体的抗病力，其有效措施应该是消除能降低鱼类免疫机能的各种影响因素，采用免疫促进剂或免疫制剂增加鱼体的特异或非特异性免疫机能等。增强鱼类免疫防御功能的主要措施有如下主要措施。

一、消除降低鱼类免疫机能的各种影响因素

消除能够降低鱼类免疫机能的影响因素可以通过以下几条途径。

1. 投喂高质量的饵料

对饲养鱼类投喂营养全面的饵料，以保障鱼体正常发育、生长、繁殖的营养需求。

2. 进行科学管理

用科学方法管理养殖全过程，调控养殖水体，保障养殖鱼类所需的良好的水质条件和生活环境。

3. 规范饲养操作

规范、合理地进行水产养殖生产作业和操作，制定处理突发自然灾害（如旱、涝、寒潮等）的应急机制和措施，尽量消除环境胁迫因素造成的对养殖鱼类的各种有害刺激。

二、实施免疫接种

用于鱼类人工主动免疫接种的生物制品主要是类毒素、免活疫苗、弱毒疫苗和各免疫新型疫苗等，目前国内外已应用的鱼用疫苗见表 7-2。

表 7-2 目前已商品化的鱼用疫苗

病原菌	针对性商品化疫苗
细菌	迟缓爱德华氏菌疫苗、肠道败血症疫苗、鳗弧菌疫苗、杀鱼巴斯德氏菌疫苗、杀鲑弧菌病疫苗、杀鲑气单胞菌疫苗、鲁克氏耶尔森菌疫苗、嗜水气单胞菌疫苗、细菌性肾脏病疫苗、点状气单胞菌 + 荧光假单胞菌 + 柱状屈桡杆菌三联疫苗
病毒	传染性胰脏坏死病毒疫苗、病毒性出血性败血症病毒疫苗、鲤弹状病毒 + 传染性胰脏坏死病毒疫苗、传染性造血器官坏死病毒疫苗、斑点叉尾鮰病毒疫苗、草鱼出血病毒疫苗、美洲鳗病毒疫苗、鳟弹状病毒疫苗、文蛤病毒疫苗等
寄生虫	小瓜虫疫苗、鲺病疫苗、车轮虫疫苗、血液鞭毛虫疫苗、双穴吸虫疫苗等

我国广泛使用的是草鱼出血病疫苗，已获得明显效果，有些省、直辖市、自治区已制定了疫苗制造的地方标准，一些研制疫苗也在小范围试用、不过，鱼用疫苗的研制、生产和应用尚未达到兽医生物制品的标准化和产业化的程度。

前文已述，对鱼类实施免疫接种疫苗主要有 4 种方法：口服、注射、浸浴和喷雾法。

（一）口服法

利用口服法对养殖鱼类接种疫苗，最初是 DuffD.（1942）采用酚灭活的杀蛙气单胞菌（Aeromonas salmonicida）预防蛙鲈的疖疮病获得成功。随后，不少学者利用口服法对养殖鱼类进行了传染性疾病的免疫预防测试。例如，Post G.（1963）利用口服法对虹鳟（Salmo gairdneri）接种嗜水气单胞菌（Aeromonas hydrophila）灭活菌苗；Ross 等（1965）利用口服法对鲤给予嗜气单胞菌灭活菌苗；Spence 等利用口服法对蛙科鱼类给予鳗弧菌（Vibrio anguillarμm）灭活菌苗；陈昌福等（1989，1996）利用口服法对草鱼给予鱼害粘球菌（Myxococcus pisciola）柱状曲桡杆菌（Flexibacter colμmnaris），柱状嗜纤维菌（Cytophaga colμmnaris）、柱状黄杆菌（Flavobacteriμm colμmnaris）灭活菌苗，其结果均证明了对鱼类口服给予疫苗是能获得比较好的免疫防疫效果的。而迄今为止，利用口服法完成的对迟缓爱德华菌病免疫预防试验，还只是见到 Salati F 等（1987）对日本鳗鲡口服接种从迟缓爱德华菌（Edwardsiella tarda）菌体中提取的脂多糖（LPS）的研究报道，也确认了受免疫鱼能获得有效的免疫保护。

对鱼类通过口服法接种疫苗，疫苗是随着饵料一起被受免疫鱼类摄入的，与逐尾接种的注射法相比，不仅可以节省大量的人力，对小规格鱼种也可以顺利实施免疫接种，而且避免了在网捕和注射过程中，可能导致对受免疫鱼体造成的强烈应激性刺激。从实用性的角度而言，口服接种发法是很有前景的。

但是对于鱼类实施口服接种也存在疫苗用量比较大、需要多次（甚至是长时间）投喂（接种）、鱼体摄食疫苗的剂量难以掌控、疫苗还可能在鱼体肠胃中被分解而失去免疫原性，口服免疫接种后受免鱼体产生的免疫应答比较低下等问题。

（二）注射法

对鱼类实施注射法接种，因为能确保接种疫苗进入受免疫鱼体的剂量，是研究鱼类的免疫防御机制和开发疫苗初期常用的免疫接种途径。

然而，对群体养殖的鱼类进行注射法免疫接种面临的最大困难就是工作量大，尤其是对于大量的小规格鱼种实施注射法免疫接种更为困难。此外，在注射疫苗的操作过程中，可能造成对鱼体的伤害或者形成强大应激性刺激，致使其抗病力下降而染病。因此，在现阶段对于在野外大面积养殖各种鱼类而言，推广注射免疫接种尚存在比较大的困难。如果能借助计算机等，开发出对对各种规格的鱼类都能实施自动注射疫苗接种的自动注射器，就将有可能使这种能准确掌握免疫接种剂量的免疫接种方法得到普遍认同与应用。

（三）浸浴法

Amend D F 等（1976）采用将虹鳟首先用 5.32% 的 NaCl 溶液浸浴大约 10min 后再移入牛血清白蛋白（Bovine serum albumin，BSA）溶液中浸浴，证实了在这种所谓的高渗条件下，牛血清白蛋白能通过浸浴而顺利进入鱼体，作者将这种方法称为高渗浸浴法或者高渗浸浴技术，此后，国内外的学者不断地尝试利用高渗浸浴方法为鱼类实施免疫接种，并且先后对几种蛙科鱼类、香鱼（Plecoglossus altivelis）等养殖鱼类进行高渗浸浴法免疫接种试验，均获得了成功。

随后，人们开始试验将受免疫鱼类不经过高渗浸浴的过程，而是将受免疫鱼直接放在添加有疫苗的水体中浸浴，即所谓直接浸浴法（Direct immersion）。对鱼类采用直接浸浴法接种疫苗的有效性也很快也得到了证实，从此以后，因为高渗浸浴免疫接种法存在手续比较繁琐，在高浓度 NaCl 溶液中浸浴容易导致受免疫鱼类的黏液分泌量增加，对鱼体形成较大的应激性刺激，所以人们开始采用直接浸泡法对鱼类实施浸浴免疫接种。

采取浸浴法对养殖鱼类进行免疫接种，可以在鱼种运输过程中实施。因此，不需要特别增加很大工作量，尤其是对于大量的小规格鱼种实施浸浴法免疫接种是比较方便的。此外，在接种疫苗的整个操作过程中，对受免疫鱼体造成的伤害或者形成的应激性刺激都是比较小的，可以避免受免疫鱼类在免疫接种过程中由于受伤和应激性刺激太大而导致其抗病性下降的问题发生。因此，对于在野外大面积养殖各种不同规格的鱼类而言，实施浸浴法免疫接种是比较可行的。

关于浸浴法免疫接种有效性的机制问题，有研究者进行了一些研究。因为利用组织化学法观察浸浴免疫接种后的鱼体组织，发现靠近鱼体侧线部位有接种存在，于是推测接种的疫苗是通过鱼体侧线而进入体内的。Tatner 等（1983）等利用 C 标记法证实大部分疫苗是通过鱼体鳃部进入鱼体内的。还有人推测，浸浴法接种疫苗能使受免疫鱼类获得免疫保护力，是因为鱼类存在局部免疫（Local immunity）的缘故。但是，关于鱼类是否存在局部免疫的机制，迄今为止尚未获得试验结果的证明。

此外，关于经过浸浴法免疫接种后的鱼体血清中是否会出现凝集抗体效价上升的问题，现在的基本结论是浸浴接种不会导致血清中凝集抗体效价的上升，而可能会在血液或者部分组织中观察到抗原结合细胞或者抗体生成细胞数量的增加或者聚集。

（四）喷雾法

所谓喷雾法免疫接种（Spray immunicity）实际上是对鱼类实施直接浸浴法免疫接种成功的启示下，人们试图在使疫苗接触鱼体的瞬间通过"加压"，使疫苗更为快速地进入鱼体内的一种方法。这种方法在对蛙科鱼类接种弧菌病疫苗和红嘴病（enteric redmouth disease）疫苗、对日本鳗鲡接种爱德华菌疫苗和弧菌疫苗、对香鱼接种弧菌病疫苗，均获得了成功。

但是，采用喷雾法实施一鱼类的免疫接种不仅需要比较昂贵的加压设施，而且受免疫鱼体需要在一段时间内处于离水的环境中接受免疫接种，与直接浸浴的免疫接种法相比，采用喷雾法接种无疑会对受免疫鱼体形成一定强度的应激性刺激，所以，喷雾接种方法对于在美国和日本有试验性地应用外，在实际水产养殖生产中尚未得到广泛地推广与应用。

三、应用人工被动免疫机制

用于鱼类人工被动免疫的生物制品主要是含有特异性抗体的血清，一般是动物免疫血清，最好是本动物的免疫血清，以避免产生过敏反应，由于免疫血清生产成本较高，尤其是鱼血清量少，即使可以用异种动物获得多量免疫血清，由于鱼生活在水中，应用起来较为困难，在生产中很少实际应用，主要见于研究试验。日本学者曾用含抗鲕肠球菌（Enterococcus seriolicida）抗体（IgY）的饲料投喂五条鲕后，检测到了投喂的 IgY 在鱼体血清、体表黏液和各种器官中的消长状况。也有人用抗迟缓爱德华氏菌（Edwardsiella tarda）血清防治日本鳗鲡的爱德华氏菌病；用抗杀鱼巴斯德氏菌（Pasteurella piscida）血清，防治五条鲕的巴斯德氏菌病等，实际上对一些难于治疗的名贵鱼特尤其是患病毒性疾病的珍贵动物，应用抗血清防治仍然具有重要意义。

此外，子代通过初乳、卵黄利用母源抗体获得短时间的免疫也是一种被动免疫方式。亲鱼通过受精卵可能将母体内特异性抗体传递给仔鱼，从而使仔鱼获得对某种病原体的免疫力。已经证明，对草鱼、金鱼和青鳉（Oryzias latipes）的亲鱼实施免疫接种后，能提高其受精卵中和仔鱼体内特异性抗体的水平。肖克宇曾对催产前一周的草鱼父本和母本实施免疫接种和人工授精的同时用疫苗对精、卵细胞处理，其孵化的鱼苗比未经上述免疫处理鱼苗的成活率要高，但由于条件所限，未能进一步验证。如果真有效的话，此法至少仔鱼的免疫及简化免疫方法是有意义的。

四、使用免疫刺激剂

免疫刺激剂（Immunostimulant）也称为免疫增强剂，主要是指能促进机体非特异性免疫和提高特异性免疫的一类药物。目前较常用的主要有合成化学剂类、微生物类衍生物、动物植物提取物、维生素以及激素和乳铁蛋白，国内外对多糖、几丁质、乳铁蛋白和促生长作用的免疫刺激剂等在鱼虾中的抗病作用作了大量报道。免疫刺激剂作为一种有效控制鱼类疾病的物质，在水产养殖中已得到广泛应用。

免疫刺激剂的作用机制主要是：在无脊椎动物中，免疫刺激剂可活化血淋巴中的吞噬细胞，提高其吞噬病原的能力；刺激血淋巴抗菌、溶菌活力的产生；激活酚氧化酶原系统，产生识别信号及介导吞噬等，在鱼类中，免疫刺激剂可激活中性粒细胞和单细胞的吞噬作用，刺激淋巴细胞的产生或分泌淋巴细胞因子，协调细胞免疫和体液免疫；诱发抗体和补体的产生等。因此，免疫刺激剂对鱼类的非特异性免疫和特异性免疫均有促进效果，抗病作用广泛，而且可避免化学抗菌药物和抗生素类引起的耐药性在鱼体、水体的残留，改善水产品质量，减少环境污染，具有良好的应用前景。

五、抗病育种

抗病育种（Disease resistant breeding）主要是从遗传育种方面提高抗体抗病力的方法，目前一般是通过在选育的抗病群体的家系间杂交选育，进一步加强种群的抗病力，或通过细胞或基因工程抗病育种技术，获得基因工程抗病品种。在欧美，对蛙、鳟开展了无特定抗原、抗特定病原等方面的研究。与鱼类天然抗病能力密切相关的几种抗病相关功能基因，主要包括抗菌肽，主要组织相容性复合体（MHC）和天然抗性相关巨噬蛋白。Pojoge（1972）用易感水肿病的人工孵化鲤亲鱼与抗水肿病的野生亲鲤杂交，获得了有抗病力的同源杂交体的后代。吴维新等（1978）进行兴国红鲤与草鱼杂交试验，再将杂交一代与草鱼回交获得三倍体草鱼型杂种，并经多种试验从杂交一代异源四倍体中选育出可育的二倍体 83-2 系抗草鱼出血病草鱼。章怀云等（1997）将人 α 干扰素基因导入草鱼受精卵，证明获得的转基因草鱼对草鱼出血病毒有一定抵抗力。王铁辉等（1998）将团头鲂总 DNA 导入草鱼受精卵中，获得了抗病能力强的后代。Hew 等把抗冻蛋白注射到缺乏该基因的大西洋蛙受精卵，结果 3% 个体整合了抗冻蛋白基因，但是转基因鱼中抗冻蛋白的量还不足以产生抗冻的效果。Dunham 等（2003）把从家蚕中分离到的抗菌肽基因利用电穿孔的方法导入斑点叉尾鮰受精卵中，提高了转基因鱼的抗菌活性。Sarmasik 等（2003）则将抗菌肽基因导入青鳉中，也显示出更高的抗菌活性。

第八章 两栖动物的免疫

在整个生物演化过程中，动物界经历了从水生到陆生的漫长历程，两栖动物正是一类最早从水中登陆陆地生活的脊椎动物。两栖动物的幼体生活在水中，用鳃呼吸，经过变态发育成成体，具有内鼻孔，改用肺呼吸。在脊椎动物进化史上，两栖动物起了一个由水中生活过渡到陆地生活的重要作用。它是第一登陆的脊椎动物，而不是真正的陆生脊椎动物，这不仅表现于其有机结构对陆地生活的适应尚不完善，其裸露的皮肤抗干燥的能力差，必须生活在近水或潮湿的环境里，皮肤上分布的丰富的微血管和皮肤腺分泌黏液，从而溶解空气中的氧，起着辅助呼吸的作用。两栖动物的生态适应性甚广，主要是与其形态、结构、生理和生化等各方面长期进化的结果，在广阔的环境中，它们不仅能生存，还能繁殖后代，其机体的抵抗力是不容忽视的，抵抗力也就是免疫功能，是受免疫系统主宰和执行的，是机体发生免疫应答的物质基础。两栖动物的免疫系统较无脊椎动物和鱼类的更为发达，是最早开始出现骨髓的动物，除淋巴结外，其他淋巴器官都已出现，非特异性免疫和特异性免疫都很完善，其免疫也存在一些不同于哺乳动物的特性。

第一节 两栖动物的非特异性免疫

两栖动物的非特异性免疫是系统在发育过程中建立起来的一种防御技能，在机体的生长过程中起极其重要的防御作用。两栖类参与非特异性免疫的因子主要是体表防御屏障、体液因子、吞噬细胞和红细胞等，这些物质或细胞可以直接分解细菌、真菌，抑制细菌或病毒的复制，或直接吞噬侵入的微生物或异物，从而防止机体异常的变化。

一、两栖动物的皮肤及其分泌物

两栖动物的皮肤直接与栖息环境相接触，同时，也是外界细菌和病毒等微生物侵入机体的门户。皮肤作为机体的第一道免疫防御器官，两栖动物的皮肤有较强的屏障作用和抵抗病原入侵的 重要功能。皮肤由表皮和真皮组成，真皮下有皮下结缔组织，并以此与体肌疏松相连，因此很容易与肌肉剥离。皮肤的多层构造可以提高对病原的阻挡作用，蜕皮则有利于排斥病原，如蛙大约每个月蜕皮一次。

皮肤与肌肉的疏松连接，使皮肤受损后容易导致感染，另外，皮肤外层具有的皮肤腺，能分泌出多种具有特殊生理和药理作用的生物活性物质来抵御外来侵入物。两栖动物皮肤腺的分泌物中含有神经肽、毒素、激素和抗菌肽、活性物质和 4 大类生物化学成分（包括生物胺、蟾蜍配基、生物碱、多肽与蛋白质）等。两栖动物的分泌物涉及数百种，分泌物中含有 200 多种生物碱，30 多种生物活性胺和上百种的两栖动物皮肤活性多肽，其中一部分皮肤多肽及其化学修饰物已在临床上得到了应用。两栖动物皮肤分泌的活性物质中很多具有抗菌、抗肿瘤、抗病毒、抗精子的活性以及对哺乳动物产生致死毒性等。两栖动物皮肤中的抗菌肽是参与非特异性免疫的重要物质，其结构上可以简单地分为两大类，一类为线性 a 螺旋多肽，不含二硫键，另一类是环性肽，含有分子内二硫键；两栖动物皮肤抗菌肽一方面具有抗菌活性，有一定的抗部分革兰氏阳性菌、革兰氏阴性菌、真菌的能力，另一方面具有抗病毒活性，现已证实，来源于中国大蹼铃蟾皮肤的抗菌肽对艾滋病毒有一定抗性，同时，还有一定的抗癌活性，由于抗菌肽的毒副作用小，热稳定性好，抗菌谱广，其抗菌机理与普通抗生素不同，不易产生抗药菌株，所以有望成为抗细菌、抗病毒以及抗癌药物的新来源。

二、两栖动物的吞噬细胞和红细胞

两栖动物血细胞发生的模式与其他高等脊椎动物的模式类似，也是由多能造血干细胞分化成定向造血干细胞，进而由定向造血干细胞分化、发育成各种血细胞；红骨髓是活跃的造血器官，可制造各种血细胞，而脾也有造血的功能，但不如红骨髓的造血功能活跃，主要制造巨核细胞系和单核细胞系细胞。

（一）两栖动物的吞噬细胞

两栖动物与其他动物一样，白细胞可分为有粒和无粒两种，有粒类可分为中性粒细胞、酸性粒细胞和碱性粒细胞，无粒类分为单核细胞和淋巴细胞。与爬行动物相比，两栖动物白细胞一般比较大，淋巴细胞占有的比例也高。外周血细胞中，粒细胞占一定的比例，并多呈椭圆形或圆形，具有伪足，有一定的运动、吞噬和吞饮的功能，能阻止病原体通过组织液向机体各部分进行扩散，从而达到保护机体的目的。当温度降低，淋巴细胞增殖能力下降时，两栖动物体内的粒细胞比例明显升高。

两栖动物不同种类间粒细胞的形状和大小略有不同，大鲵的酸性粒细胞不分叶；新疆北鲵的胞核多分成二叶；牛蛙的胞核呈肾形或卵圆形，分叶状或环状，位于细胞中央。两栖动物中性粒细胞的胞核形态多样，多分成 2 ~ 4 叶，核偏位，如牛蛙的中性粒细胞。两栖类动物中性粒细胞细胞核叶的多少标志着细胞所处的活动状态和年龄，分叶越多，细胞越老化，大鲵的嗜碱性颗粒细胞较小，胞质中充满嗜碱性颗粒，胞核圆形，位于细胞中央。东方蝾螈和新北鲵的血液中难见到碱性颗粒细胞，牛蛙血液中碱性细胞数量很少，细胞圆形，胞质中充满大小不一的圆形颗粒，核常被颗粒掩盖而不清楚。牛蛙血液中存在单核细胞，多为圆形或卵圆形，直径 12 ~ 16μm，核多为马蹄形或肾形，细胞质较淋巴细胞丰富。Giemsa 染色，胞质呈灰蓝色，核呈褐色，乙酸萘酯酶（ANAE）染色呈灰色。单核细胞有活跃的变形运动，明显的趋化性和一定的吞噬功能。巨噬细胞由单核细胞发育而来，胞体更大，直径可达 25μm 左右，胞核和胞体形态不规则，有伪足。单核细胞和巨噬细胞都能消灭侵入机体的细菌，吞噬异物颗粒，参与免疫反应。

（二）两栖动物的红细胞

两栖动物成熟的红细胞多为有核的椭圆或卵圆形，细胞核位于细胞中央，形状和细胞相同，在血液中科进行有丝分裂和无丝分裂。大鲵的一些红细胞中含有嗜碱性的小颗粒团。未成熟的红细胞较成熟红细胞小而圆，核质比较大。不同种类两栖动物的成熟红细胞大小亦不相同。大鲵的红细胞长 40 ~ 51μm，美洲产的隐鳃鲵红细胞长 54μm。一般认为动物越低等，红细胞越大，反之越小。高等的爬行动物、鸟和哺乳动物的红细胞都比两栖类的要小，随着对红细胞功能的深入，我国学者发现，两栖类蛙的红细胞同人的红细胞一样具有吞噬作用。它借助于自身形状的改变或伸出伪足来吞噬外来侵入者。无尾两栖动物体内还有一种朗格罕氏细胞（Langerhan's cell，LC）参与机体的免疫反应。该细胞核大，细胞质少，胞质内富含粗面内质网和线粒体，来源于骨髓干细胞。它主要分布在皮肤上皮细胞之间，占表皮细胞总数的 2% ~ 4%，是一种重要的免疫细胞。它能将抗原信息传递给 T 细胞，刺激细胞的活化和增殖，从而为机体的免疫系统做好"前哨"工作。

三、两栖动物的组织和体液中的抗微生物物质

两栖动物的体内也存在溶菌酶、乙型溶素、凝聚素、抗菌肽、干扰素和补体等抗微生物物质，并具相应的非特异免疫的生物活性与效能。实验观测到蛙类皮肤黏液和腹腔液有很强的自凝能力，取出后即刻便自行发生凝聚。但泽蛙、沼蛙、黑眶蟾蜍、斑腿树蛙、花细狭口蛙和花姬蛙的血清与红细胞进行种内、种间及这六种供试蛙的血细胞与兔血清及植物血凝素进行凝集试验，除花细狭口蛙鱼黑眶蟾蜍以及这种供试蛙的血细胞与兔血清及植物血凝素发生凝集外，其余不出现凝集。此结果表明，凝集反应除可反映蛙的亲缘关系外，也表明蛙类血清与红细胞对异物有一定识别和排斥作用。

两栖动物同样存在 C 反应蛋白（CPR）。C 反应蛋白是由 5 个相似的大小约 23ku 的亚基以非共价键相连，均衡对称分布。C 反应蛋白参与对炎症的免疫反应，包括在 Ca^{2+} 存在下和胆碱磷酸结合起来识别病原体，诱导嗜菌作用发生。哺乳动物的 C 反应蛋白有一对保守的半胱氨酸，可以形成二硫键，在爪蟾的 C 反应蛋白中与之相对应的是 Cys_{36} 和 Cys_{97}。此外，爪蟾 C 反应蛋白还有 3 个另外的半胱氨酸，其中至少有一个参与链内二硫键形成。在变形条件下，爪蟾 C 反应蛋白存在二聚体。

第二节　两栖动物的特异性免疫

一、两栖动物的免疫器官与组织

两栖动物的主要免疫器官包括胸腺、骨髓、脾脏等各种组织以及分布于各组织器官的淋巴组织。

（一）胸腺

两栖动物的胸腺存在退化现象，其可分为正常性退化和偶然性退化两种，正常退化与一年四季变化有关，是短暂的。从初春到初秋，胸腺高度发达，机体的免疫功能强；而从秋季中期开始到冬季结束，胸腺退化，机体免疫功能有所下降。有关研究表明，两栖类无尾目胸腺的季节变化可能与神经内分泌系统中起免疫抑制作用的激素有关。偶然性退化是由于饥饿或疾病引起的，随着这些因素的消除，退化也就消失。在个体发育中，胸腺是首先发育并起作用的淋巴器官，是 T 细胞分化和成熟的场所，其功能状态直接决定机体细胞免疫功能，并间接影响体液免疫。

胸腺的表面有一层结缔组织被膜覆盖，其结缔组织向腺部内伸展形成许多间隔，把整个腺体分成若干小叶，小叶的外层为皮质（Cortex），内层为髓质（Medulla），相邻小叶的髓质彼此相通，而在皮髓质交界处含有大量血管。

皮质位于胸腺小叶的外周部分，其上淋巴细胞密集，着色较深，是 T 细胞发育和成熟的主要场所，内有少量上皮网状细胞和巨噬细胞分布，在皮质部较少发现胸腺小体（Hassall's capsule）。

髓质位于皮质内侧，髓质的淋巴细胞排列稀疏，着色较深，主要由上皮网状细胞构成。上皮网状细胞轮廓清晰，呈现网状结构，在髓质部有较多的胸腺小体和囊包，胸腺小体呈圆形，由数层向心性细胞组成外周和网状细胞连接而构成；囊包是由细胞或黏液物质组成。通常囊包庇胸腺小体大，数量要多，细胞排列稀疏。同时，在髓质部还发现有横纹纤维的肌样细胞，但并非所有两栖动物均存在肌样细胞，肌样细胞能促进组织液的循环或可能提供自身抗原，以训练 T 细胞使其对自身抗原发生免疫耐受。

两栖动物胸腺中含有不同比例的 T 细胞和 B 细胞，而哺乳动物胸腺中完全是 T 细胞。经过乙酸萘酯酶染色研究，牛蛙胸腺 T 细胞含量为（74.88±9.58）%，主要分布在胸腺的髓质部，而 B 细胞主要分布在胸腺的皮质部；美国青蛙胸腺 T 细胞的含量为（79.30±2.6）%。两栖动物无尾目胸腺中具有胺前体摄取和脱羧细胞，而此细胞可能和哺乳动物胸腺具有分泌能力的胸腺上皮细胞相似，通过旁分泌和腔分泌等方式在胸腺微环境和淋巴细胞发育分化的调节中发挥重要的作用，因而从系统发育角度说明两栖类动物无尾目的胸腺不仅是一个中枢免疫器官，而且也是一个神经内分泌器官。实验表明，胸腺切除后的爪蟾蜍，可以产生抗体，但丧失了排斥移植和淋巴细胞对 T 细胞有丝分裂原应答的能力，而这些缺陷可以通过输入组织相容的淋巴细胞给予恢复。正常蝌蚪切除胸腺，其生殖腺发育就较正常快，所以胸腺有阻抑性器官早熟的作用。同时，胸腺也受脑垂体的抑制，如将蝌蚪的脑垂体切除，胸腺就比正常的加倍大。冬眠时期，胸腺还能够促进 T 细胞在外周免疫器官中最终成熟。

（二）骨髓

两栖动物的骨髓是造血器官，也是免疫器官，它分布在股骨和肩胛骨等的骨松质中，是一种海面状、胶状或脂肪肝的组织，由血管、神经、网状及基质等组成。网状细胞和网状纤维组成的网状组织，构成了骨髓的网架，网孔中充满了各种游离的细胞，如淋巴细胞、单核细胞等。骨髓可分为红骨髓和黄骨髓。红骨髓主要行使造血和免疫功能，从切片的横切面观察，切面呈放射性状，白细胞主要位于周边，而中间很少，用乙酸萘酯酶染色牛蛙骨髓涂片，结果表明，其 B 细胞的含量可到达（77.20 ± 2.02）%，但当机体发生病变时，从切片中可看到，白细胞数量相对增加，并且还看到许多细胞发生变形，尤其是红细胞。黄骨髓主要是指脂肪细胞，无造血功能。

骨髓虽然最早出现于两栖动物，但在两栖动物中的免疫功能还有待深入研究。在大鲵骨髓及脾组织涂片中均发现存在造血干细胞和血细胞发生相应阶段的细胞，血细胞发生的模式与高等脊椎动物的相似，红骨髓是其成体后活跃的造血器官；脾也有造血功能，虽不及骨髓活跃，但其仍是大鲵终生的造血器官。

（三）脾脏

两栖动物的脾脏为暗红色的小圆形体，是唯一具有特定形态结构的外周免疫器官，组织结构常因种类不同而存在较大的差异。脾脏的实质可分为白髓和红髓，两者的分界边缘也因种类的不同而有所不同，但红髓中都无淋巴小结，也无典型的淋巴鞘结构。由淋巴组织环绕动脉形成的白髓只有在某些两栖动物无尾目中才发现，并且发育不完善。无尾类 5 种动物的脾脏白髓中淋巴细胞的分布有弥散分布到逐渐集中。低等种类（如尾蟾），大小不一的淋巴细胞群遍布脾脏；有一些蟾类白髓清晰可见，但白髓和红髓分界不清，如鲍氏蟾、大中华蟾蜍等，尤其是大中华蟾蜍脾脏中所见的中央动脉。另外，在白髓与红髓相交之处的红髓区。往往也可看到此种类型的血管，因而有人认为它可能是形成椭球周围淋巴鞘及动脉周围淋巴鞘生物一种过渡形式。两栖动物无尾目的脾脏能够制造一定量的红细胞，而且还能制造出大量的淋巴细胞，在蝌蚪期时期，体内的 T 细胞就首先在脾脏中出现。脾脏白髓中分布密集的 B 细胞，牛蛙脾脏白髓中 B 细胞的含量可达（82 ± 3.51）%，由脾索和脾窦组成的红髓 B 细胞分布稀疏，其 B 细胞主要分布在脾索的周围。瓜蟾的脾脏分为胸腺依赖区和非胸腺依赖区。白髓滤泡中含有 B 细胞，在前滤泡周围区的 B 细胞表面无免疫球蛋白（Ig）分子。红髓区开始接收血液循环中带来的物质。后来循环的抗原又被白髓滤泡捕捉，抗原留在大的树突细胞表面。树突细胞的细胞质中伸出伪足穿过介膜，到达 T 细胞丰富的边带，个白髓的排列与哺乳动物的不同。两栖动物脾脏中除了淋巴细胞外，还有少量典型的浆细胞参与体液免疫，浆细胞的粗面内质网池断面短且呈扩张状态，具有大量储存抗体的能力。脾脏作为免疫器官，同时还具有类似自然杀伤细胞的功能，即细胞毒性作用。它通过趋化作用将 T 细胞聚集从而溶解同基因肿瘤靶细胞，达到抗肿瘤、抗感染的作用。

（四）肾脏

两栖动物的肾脏（Kindey）位于腹腔背中线的两侧，平行排列，颜色深红，长而扁平，内含许多肾细管。原肾出现于胚胎期，生长期代之以中肾，具有排泄、储存钙和氯化物的功能。两栖动物的肾脏具有造血功能，其血细胞是机体免疫的重要成分。在研究胚胎和幼体的免疫应答过程中发现，抗体首先是在前肾中出现，然后才达到肾脏和其他部位。经乙酸萘酯酶（ANAE）染色的牛蛙肾脏，T 细胞的含量为（28.50 ± 0.29）%，但明显低于鲢头肾中的 T 细胞含量。在两栖动物无尾目中，肾和肝在个体发育中是最早出现 B 细胞的场所，但两栖动物的肾脏和肝是否是其免疫器官还有待更进一步的验证。

（五）淋巴结和肠系淋巴组织

两栖动物无淋巴结，在某些较高等的两栖动物中科看到淋巴髓样结，但在组织学上与哺乳动物的淋巴结不同。淋巴髓样结主要功能是滤血，它是在淋巴腔中聚集了一些淋巴样和髓样细胞，这类细胞在成蛙中位于颈部和腋下部。肠系淋巴组织最早出现在最低等的脊椎动物（无颌类），蛙的肠系淋巴结组织类似于哺乳动物的黏膜淋巴结（MALT），它存在于蛙的整个小肠区，肠系淋巴组织（GALT）可作为肠中的抗原进入组织细胞的第一道防线。

二、两栖动物的细胞免疫

狭义的细胞免疫（cellular immunity）是指 T 细胞接受抗原刺激变成致敏细胞后分化繁殖成具有免疫活性的细胞，从而随血液或淋巴液流动到达抗原所在地，通过与抗原的直接接触，再分泌出免疫活性物质，发挥免疫作用，如排除移植来的异体组织、抑制病毒与细胞繁殖等。

国内外许多学者在研究免疫系统时，对淋巴细胞进行了大量的研究，发现两栖动物无尾目免疫系统的能力呈季节变化，对温度非常敏感。在冬季冬眠时测得，蛙体内 T 细胞分裂增殖能力减弱，体内循环系统和初级淋巴器官，次级淋巴器官中的淋巴细胞明显减少。但随着外界温度的上升，淋巴细胞的数目上升，其免疫能力逐渐回升。两栖动物的 T 细胞表面存在同一分化群抗原，如 CD_2、CD_4、CD_5 和 CD_8 抗原和主要组织相容性复合体 I 和主要组织相容性复合体 II 抗原。无尾目两栖类动物 $CD8^+T$ 细胞还参与同种皮肤移植的急性排斥反应，直接将供体的表皮细胞杀死，因而推测其可能是毒性细胞和自然杀伤细胞的来源细胞。但两栖动物的淋巴细胞同哺乳动物的淋巴细胞一样无吞噬能力，不能参与非特异性免疫反应。

三、两栖动物的体液免疫

两栖动物在抗原刺激下，使 B 细胞活化、增殖、分化为浆细胞，分泌抗体，抗体与抗原接触后发生一系列的反应，从而引起体液免疫（Humoral immunity）应答。在有尾两栖动物西美螈（Axolotl）抗体的 IgY，在无尾两栖类中有免疫球蛋白（Ig）重链的 3 种同种型：IgM、IgY 和 IgX。其中 IgY 可能类似于哺乳动物的 IgG，IgX 可能类似于 IgA。通过电泳分析，两栖动物抗体存在高分子质量（18S）和低分子质量（7S）两类，18S 者通过验证是类似于人 IgM 的抗体；关于 7S 者，有人认为是类似人的 IgG，至今还没有统一结论。它们可能分布于动物的肠胃道，两者随着时间的不同，在体内所占的比例有所不同。

胚胎和幼体时期的无尾两栖动物，B 细胞首先在肾脏中形成，而后主要在骨髓中产生，参与体液免疫，负责抗体的产生。它被抗原激活后，可转化为浆母细胞，并分裂、分化为浆细胞，浆细胞然后产生各种特异性免疫球蛋白即抗体（Antiboby）。抗体形成后通过体液运输到抗原所在地，从而执行不同的免疫功能，因而称为体液免疫。无尾目两栖类动物 B 细胞在执行体液免疫的过程中，IgM 抗体首先出现在前肾中，然后达到肝脏和其他部位。两栖动物 B 细胞具有表面抗原和表面受体，其中膜表面免疫球蛋白（SmIg）是 B 细胞特有的表面标志，它既是 B 细胞的抗原识别受体，又是其表面抗原，能与相应的抗免疫球蛋白抗体结合，但膜表面免疫球蛋白的类别随 B 细胞发育阶段的不同而有所不同，牛蛙的淋巴细胞中只有少量的 $SmIgM^+$ 淋巴细胞，而这小部分的淋巴细胞中有 19% ~ 34% 存在于脾脏中。

胚胎和幼体期两栖动物的 B 细胞不如成体 B 细胞，但被抗原激活后同样可以产生成体所产生的抗体。两栖动物抗体的产生对温度又明显的依赖性，温度越高，抗体出现的时间就越快，而最终的效价是一样的。无尾两栖动物对抗原的反应包括初答应和再答应，应答反应的速度比鱼类快，在高温下更快。同哺乳动物相比，两栖动物产生的抗体种类少，随着免疫时间延长，其抗体链之间的亲和力增加得也很少，在回忆应答（Anamnestic response）过程中，两栖动物所产生的抗体量很少，其抗体效价和亲和力也很小，但总会较初次应答（Primary response）高，其原因主要是因为哺乳动物控制抗体多样性和亲和性的基因位点能形成一个发生中心，而两栖类动物却不能。

第三节　影响两栖动物免疫的因素

影响两栖动物免疫的因素有很多，但总可概括为环境因子和自身因子两大类。

一、环境因子对两栖动物免疫功能的影响

温度、紫外线、水质、生物和重金属等各种环境因素都能不同程度地影响两栖动物的免疫机制，导致免疫功能的改变。

1. 环境温度

两栖动物是变温动物，其胸腺和脾脏等主要淋巴器官的形态结构随着季节的变化而变化，因而其免疫能力也呈现季节性的变化，在冬季其免疫能力最低。两栖动物的免疫系统对冬眠临界温度特别敏感。当环境温度降低时，两栖类动物活动相应减少，动物的进食量减少，体内能量代谢和物质代谢水平低，从而导致血液中的总蛋白含量减少，体内抗体产生的物质和物质代谢水平高，抗体产生的物质和能量充足，抗体合成量增多，机体的免疫能力就增强。

2. 环境污染

野外观察和实验研究都显示，许多两栖动物对酸性环境特别敏感，不适生物 pH 可导致两栖动物生殖能力紊乱，抵抗力也低下。同时两栖动物的免疫能力也会受到重金属、杀虫剂、除草剂、化肥以及其他污染物的影响。这些污染物可直接杀死两栖动物，或通过影响其行为、降低出生率、阻断内分泌以及引起免疫抑制，导致大量两栖动物免疫功能低下或直接死亡。现已证实，两栖动物由于其皮肤的高渗透性、水陆两栖动物等生物学特性，对环境污染极其敏感，因此，国内外将两栖动物作为环境质量监测的指示生物。

3. 紫外线辐射

紫外线对两栖动物的影响主要是对机体细胞、组织器官结构、生理生化等各个方面。适当的紫外线照射能有效地杀伤或抑制体表病原菌的生长、繁殖，有效地防止疾病的发生，但过强或长时间的紫外线辐射可增加癌变的发生率以及抑制机体的免疫功能，甚至可导致大数量两栖动物的死亡。不同两栖动物对环境中的紫外线辐射敏感程度不同，主要是因为不同种的光解酶活性不一样，活性高的物种比活性低的物种能更有效修复紫外线导致的 DNA 损伤。同种的不同种群间对紫外线辐射的敏感也存在差异，在相同的紫外线辐射强度下，长趾蝾螈的低海拔（约 100 m）种群幼体的存活率显著低于高海拔种群（约 500 m）。

二、自身因子对两栖动物免疫功能的影响

两栖动物的年龄、体重、营养状况和生理状态等均能影响机体的免疫功能。在幼龄时期，由于各器官发育还不健全，自身的抵抗能力不强，其患病率、死亡率就明显高。随着年龄的增长，机体的免疫机能逐步旺盛，其抵抗力也就增强。相同年龄的个体，随着体重的增加，机体的免疫力也明显得到增强。营养不良可引起两栖动物的胸腺退化，脾脏萎缩，淋巴细胞等免疫细胞数量减少，导致细胞免疫和体液免疫低下。同时在营养不良状态下，机体不能获得足够的营养物质，从而抑制细胞分裂的新陈代谢，抑制细胞产物（如抗体等）的合成。两栖动物还容易患营养性疾病，如改善饲养条件，可以提高机体的抵抗能力，使患病率下降。这也说明营养、免疫和疾病三者之间有着一定的关系。两栖动物在不同的生理状态下，其机体的免疫功能较其他生理时期的都要低。再者，处于繁殖季节的两栖动物，由于大量消耗能力物质，导致体内抗体合成的物质减少，因而此时期的免疫抵抗力明显低于其他时期。

第四节　增强两栖动物免疫的主要措施

目前，两栖类中有很多种类已开展人工养殖，如牛蛙、大鲵等，由于病害不断发生，除积极开展治疗外，人们主要是通过改善机体营养和养殖条件，提高非特异性免疫力。在我国，20 世纪 80 年代末研制了牛蛙红腿病菌苗，并在实验室和养殖场进行了试用，保护期达到 5 个月左右，周永灿等从患白内障的虎纹蛙分离到病原菌——脑膜炎败血黄杆菌，用其制备成甲醛灭活菌苗，经口服、注射和喷雾 3 种方法免疫虎纹蛙，检测到血清凝集抗体高达 426.7，但口服和喷雾法的效价较低，产生时间晚。在攻毒试验中，注射和喷雾的成活率均达 95% 以上，而口服法的成活率只有 30% ~ 50%。胡成钰等则用牛蛙红腿病的两种病原菌——嗜水气单胞菌和乙酸钙不动杆菌制备了 67% ~ 75%，证明牛蛙有较强的特异性免疫。周末等用分离于患红腿病的长白山中国林蛙的嗜水气单胞菌，采用热灭活的方法制成嗜水气单胞菌灭活苗，通过口服免疫组、浸泡免疫组、腹腔注射组、肌肉注射等不同的途径免疫接种林蛙，通过测定受免疫林蛙血清中凝集抗体效价和检测免疫林蛙的免疫保护率，发现受免疫林蛙都产生了一定的特异性免疫。也有人应用中草药复方拌料投喂牛蛙，能诱导其非特异性免疫力。

参考文献

[1] 艾春香，陈立侨，温小波．等．VE 对河蟹血清和组织中超氧化物歧化酶及磷酸酶活性的影响 [J].台湾海峡，2002，22（1）：24-31.

[2] 安利国，傅荣恕，邢维贤，等．鲤竖鳞病病原菌及其疫苗的研究 [J].1998，22（2）：136-192.

[3] 毕爱华，龚非力．医学免变学 [M].北京：人民军医出版社，2002.

[4] 陈昌福，纪国良．草鱼口服鱼害牯球菌疫苗的免疫效果 [J].淡水渔业，1989，（6）：3-8.

[5] 陈昌福，周文豪．多种接种途径对翘嘴鳜细菌性烂鳃和坏血症的免疫预防效果 [J].淡水渔业，1996，26（1）：3-6.

[6] 陈昌福．鱼类三种致病菌的粗制多糖对异育银鲫的免疫原性 [J].水生生物学报，2002，26（5）：483-485.

[7] 陈超然，陈昌福．鱼用疫苗的研究现状 [J].水利渔业，2001，21（5）：44-45.

[8] 陈红燕，林天龙，陈日升，等．嗜水气单胞菌单克隆抗体的制备及特性分析 [J].中国水产科学，2003，10（2）：121-125.

[9] 陈秋生．中华鳖胸腺的显微与亚显微结构的研究 [J].南京农业大学学报，1995，18（3）.81-87.

[10] 陈旭衍，候亚义鱼．鱼类细胞因子研究进展 [J].水生生物学报，2004，28（6）：668-673.

[11] 陈月英，钱冬，沈智华，等．淡水鱼类细菌性败血症菌苗浸浴免疫的研究 [J].海洋与湖沼，1998，29（6）：597-602.

[12] 陈月英．应用酶免疫测定法检测鱼害粘球菌的试验 [J].水产学报，1981，5（1）：75-80.

[13] 陈月英．草鱼出血病与生态环境的关系 [J].生态学报，1988，8（3）：242-248.

[14] 陈锦富．淡水养殖鱼类爆发性传染病的病原及防治研究 [J].水产科技情报，1991，（1）：20-21.

[15] 陈怀青．家养鲤科鱼爆发性传染病的病原研究 [J].南京农业大学学报，1991，14（4）87-91.

[16] 陈会波．鳗鲡赤鳍病病原菌的分离鉴定和耐药性的研究 [J].水生生物学报，1992，16（1）：40-46.

[17] 蔡焰值．名优水产品种疾病防治新技术 [J].北京：海洋出版社，2005：216-273.

[18] 储卫华．鱼类细菌性疾病快速诊断技术进展 [J]．水利渔业，2000，20（2）：29-30.

[19] 邓时铭．牛蛙 T、B 淋巴细胞主要生物学特性的研究 [D]．长沙：湖南农业大学，2004.

[20] 丁君，常亚青，王长海，等．不同种海胆体腔细胞类型及体液中的酶活力 [J]．中国水产科学，2006，13（1）：33-38.

[21] 杜爱芳，叶均安，于涟．复方大蒜油对中国对虾免疫机能的增强作用 [J]．浙江农业大学学报，2001，23（3）：317-320.

[22] 方之平，陈松林．草鱼 GH 单克隆抗体对 9 种硬骨值的免疫细胞化学定位 [J]．水生生物学报，1998，22（4）：355-360.

[23] 高冬梅，李健，王群．鳗弧菌灭活疫苗对牙鲆免疫效果的研究 [J]．海洋水产研究，2004，25（1）：34-40.

[24] 高健，李跃华．甲壳类的体液免疫因子及其环境作用 [J]．水产养殖．1992，6：21 ～ 23.

[25] 郭琼林．草鱼、中华鳖 T 淋巴细胞表面抗原的研究 [J]．水生生物学报，2001，25（5）：456-461.

[26] 郭琼林．草鱼、中华鳖造血器官和血细胞凝集素结合部位的观察 [J]．水生生物学报，2001，25（3）：355-359.

[27] 高典．丹江口水库鲤肠道寄生蠕虫群落结构与季节动态 [J]．水生生物学报，2012，36（3）：483-487.

[28] 郭书林．重要经济贝类原虫病及其诊断技术研究进展 [J]．水产科学，2013，32（2）：110-116.

[29] 桂朗．牙鲆一株弹状病毒病原的分离与鉴定 [J]．水生生物学报，2007，31（3）：345-353.

[30] 黄绪玲．氟苯尼考防治鱼类细菌性鱼病研究综述 [J]．吉林水利，2011（5）：42-48.

[31] 黄玉柳．鱼类寄生虫病的检测与诊断程序及其应用 [J]．水产科技情报．2010,37（2）：83-85.

[32] 胡鲲，杨先乐，张菊．酶联免疫法检测中华鳖肌肉中己烯过酚 [J]．上海水产大学学报，2002，11（3）：199-202.

[33] 黄艳青，王桂堂，孙军，等．黄颡鱼血清免疫球蛋白的纯化及分子量的初步测定 [J]．水生生物学报，2003，27（6）2：654-656.

[34] 贾舒安．额尔齐斯河河鲈寄生虫种群生态学研究 [J]．新疆农业科学，2012，（09）：1723-1726.

[35] 金晓航，李元．抗迟缓爱德华菌单克隆抗体的应用 [J]．水产学报，2000，24（6）：554-559.

[36] 柯丽华，方勤，余兰芬，等．草鱼出血病病毒的血清学鉴定 [J].中国病毒学报，1991，6（3）：252-254.

[37] 赖仞，冉文禄．1999.两栖类皮肤活性肽与活性生物胺 [J].大自然探索，18（67）：71-74.

[38] 赖仞，叶文娟，冉文禄，等．大蹼铃蟾皮肤分泌液中抗菌活性肽的分离纯化及其性质 [J].动物学研究，1998，19（4）：257-262.

[39] 赖仞，赵宇，刘衡，等．两栖类动物皮肤活性物质的利用兼论中国两栖类资源开发的策略 [J].动物学研究，2002，23（1）：65-70.

[40] 李爱华，吴玉深，蔡桃珍，等.嗜水气单胞菌和河弧菌二联疫苗对鲫的免疫效果 [J].水生生物学报，2002，26（1）：52-56.

[41] 李长玲，乌龟白细胞发育过程的观察 [J].水生生物学报．2001，25（5）：491～496.

[42] 李福荣．2000.鳖的肝脾是免疫器官 [J].信阳师范学院学报（自然科学版）.13（2）：178-181.

[43] 李霞，王斌，刘静，等．虾夷马粪海胆体腔细胞的类型及功能 [J].中国水产科学，2003，10（5）：381-385.

[44] 李亚南，陈全震，郝建忠，等.鱼类免疫学研究进展 [J].动物学研究，l995，16（1）：83-94.

[45] 李惠芳.TaqMan 实时荧光 PCR 快速检测斑点叉尾鮰病毒 [J].长江大学学报，自然科学版，2008，5（1）：42-46.

[46] 梁正其．大鲵肠炎、腹水与肝胆综合征的综合防治技术 [J].科学养鱼，2014（12）：61～62.

[47] 林树柱，张连峰．爬行动物的体液免疫 [J].中国比较医学杂志，2007，17（ll）：3～5.

[48] 刘恩勇．1991.中华鳖外周血细胞形态学观察 [J].南京农业大学学报，14（3）：91-96.

[49] 刘云，姜国良，姜明，等．牙鲆鳃淋巴样学组织内免疫相关细出的超微结构 [J].青岛海洋大学学报，2001，31（6）：872-876.

[50] 刘智宏，吴贤福.酶免疫法测定磺胺喹恶啉残留的研究.磺胺喹恶啉抗体的制备 [J].中国兽药杂志，1997，31（4）：17-18.

[51] 刘晓丹．神经坏死病毒在赤点石斑鱼组织中的分布.水生生物学报．2014，38（5）：876～881.

[52] 刘莛等．国内养殖鱼类和进境鱼卵中传染性造血器官坏死病毒（IHNV）的检测及基因分析.华中农业大学学报.2006，25（5）：544-549.

[53] 罗硗春，李正极，王金虎，等，草鱼的体液免疫应答及抗体产生细胞 [J].华中农业大学学报，2000，19（6），581-584.

[54] 罗海燕等.头槽绦虫属的分类学研究 [J].水生生物学报，2002，26（5）：537-542.

[55] 马德滨，吴伟峰，魏红.东北小鲵和东方蝾螈蚁血细胞形态学参数研究 [J].高师理科学刊，2003，23（1）：44-45.

[56] 马家好，李学勤，王振英.Dot-ELISA 快速检测值类运动性气单胞菌的研究 [J].大连水产学院学，1997，12（3）：72-78.

[57] 毛树坚，郝建忠、杭琦，等.草鱼出血病的病原研究 [J].水产学报，1989，l3（1）：1-5.

[58] 盖凡伦，张玉臻，孔健，等.甲壳动物中的酚氧化酶原激系统评价 [J].海洋与湖沼，1999，.30（1）：160-165.

[59] 孟繁伊，麦康森，马洪明，等.棘皮动物免疫学研究进展 [J].生物化学与生物物理进展.2009，36（7）：803-809.

[60] 孟彦等.人工养殖大鲵常见病害防治 [J].科学养鱼，2010（10）：50-51.

[61] 潘连德.中华鳖嗜中性粒细胞吞噬功能的研究 [J].中国水产科学，2000，7（2）：32-35.

[62] 潘雪霞，郝健忠，项黎新，等.鱼类几种新型免疫因子的研究进展 [J].水产学报，2005，21（2）：263-269.

[63] 潘炯华等.鱼类寄生虫学 [M].北京：科学出版社，1990.

[64] 彭宣宪，章跃陵，王三英.几种淡水鱼血清免疫复合物的初步研究 [J].中国水产科学，2001，8（4），41-44.

[65] 钱冬.应用酶联免疫吸附法检测爆发病病原——嗜水气单胞菌的研究 [J].水产养殖，1993，4：14-17.

[66] 邱德全，何建国，钟英长，免疫胶体金检测中华鳖抗毒素抗体和嗜水气单胞菌外毒素 [J].湛海洋大学学报，1998，18（1）：1 ~ 4.

[67] 石军，陈安国，洪奇华.DNA 疫苗在鱼类中的应用研究进展 [J].中国兽药杂志，2002，36（5）：41-44.

[68] 石正丽，肖连春，高玮.中国对虾两种球状病毒的免疫检测 [J].中国病毒学，1996，11（4）：365-368.

[69] 宋晓玲，史成银.溶藻弧菌单克隆抗体的制备及应用 [J].水产学报，2001，25：522-527.

[70] 涂小林.中国对虾一种杆状病毒的 ELISA 检测方法 [J].1995，水产学报，19（4）：315-321.

[71] 文正常.患病大鲵中嗜水气单孢菌的分离鉴定及其防治 [J].基因组学与应用生物学，2010，29（1）：82-86.

[72] 王长法，安利国，杨桂文，等.鱼类免疫球蛋白讦究进展 [J].中国水产科学，1999，6（2）：105-107.

[73] 王崇明，杨冰，宋晓玲. 应用双抗夹心 ELISA 法检测皱盘鲍致病病原—创伤弧菌的研究 [J]. 海洋水产研究，1999，20（1）：30-34.

[74] 王军，鄢庆枇，苏永全. 溶藻弧菌的间接荧光抗体快速检测 [J]. 海洋科学，2002，26（7）：1-4.

[75] 王亮，孙修勤，张进兴. 抗牙鲆淋巴囊肿病毒单克隆抗体的制备 [J]. 高技术通讯 2004，（10）：80-83.

[76] 王瑞旋. 海水鱼类细菌性疾病病原及其检测、疫苗研究概况 [J]. 南方水产，2005，1（6）：73-76.

[77] 王丽坤. 常见鱼类寄生虫病及其防治 [J]. 中国畜牧兽医文摘，2014，30（10）：209-210.

[78] 王旭等. 中国大鲵腐皮病病原菌的分离与鉴定 [J]. 中国人兽共患病学报，2010，26（10）：945-948.

[79] 王利锋. 大鲵皮肤分泌液中抗菌肽的鉴定及生物活性研究 [J]. 中国生化药物杂志，2011，32（4）：269-272.

[80] 汪开毓. 喹诺酮类抗菌鱼药的开发应用 [J]. 淡水渔业，1997，27（2）：22-25.

[81] 吴中明. 大鲵的迟钝爱德华菌感染 [J]. 遵义医学院学报，2007，30（4）：464-466.

[82] 肖克宇. 我国水产动物免疫研究现状与发展 [J]. 内陆水产，2000，24（8，9）37-38，39-40.

[83] 谢凤，黄文芳. 玻片凝集法检测丰产鲫细菌性败血症病原菌 CSS-4-2 的研究 [J]. 微生物学杂志，2004，24（5）：77-79.

[84] 谢简. 免疫组化法检测美国青蛙组织中的蛙虹彩病毒 [J]. 水生生物学报，2002，26（5）：438-440.

[85] 谢丽基. 贝类单孢子虫荧光定量 PcR 检测方法的建立 [J]. 西南农业学报，2010，23（1）：239-242.

[86] 许秀芹，王宜艳，孙虎山. 流式细胞术比较研究 4 种双壳贝类血细胞的分群 [J]. 海洋湖沼通报 2006，（1）：46-50.

[87] 严浩，杨光. 白豚MHC基因DQB1座位序列变异分析 [J]. 动物学报，2003，49（4）：501-507.

[88] 杨先乐. 淡水虾蟹的重大疾病及其防治对策 [J]. 淡水渔业，2001，31（6）：46-48.

[89] 杨广智. 草鱼吻端组织细胞株 ZC-7901 培养草鱼出血病病毒的研究初级 [J]. 淡水，1982，（2）：9-11.

[90] 杨广智，罗毅志，叶雪平. 葡萄球菌 A 蛋白协同凝集试验快速检测草鱼出血病病毒 [J]. 水产学报，1995，15（1）：27-33.

[91] 姚俊杰，谢巧雄，梁正其，等.大鲵养殖实用技术指导 [M].北京：中国农业出版社，2014 年.

[92] 袁永峰.陕西省大宗淡水鱼类流行病学特征 [J].陕西农业科学，2015，61（06）：26 ~ 31.

[93] 张雅斌.诺氟沙星在鱼类细菌性疾病中的应用研究 [J].大连水产学院学报，2000，15（2）：79-85.

[94] 张子龙.额尔齐斯河鱼类绦虫种类的研究 [J].新疆农业科学，2013，50（12）：115-119.

[95] 周进，黄健，宋晓玲.免疫增强剂在水产养殖中的应用 [J].海洋水产研究，2003，24（4）：70-79.

[96]Antonio L G，Alfonso N M M，FELIPE A V，et al.Ontogenetic variations of hydroly tic enzymes in the pacific oyster Crassostrea gigas[J].Fish Shellfish Immumol.2004，16（3）：287-294.

[97]Bowen L，Aldridge B M，et al. Class II multiformity generated by variable MHC-DRBregion configurationsin the California sea lion（Zalophus californianus）[J].Immunogenetics，Apr，2004，56（1）：12-27.

[98]Bowen L，Aldridge B M，et al.An immunogemetic basis for the high prevalence of u rogenital cancer in a free - ranging population of California sea lions（Zalophus californianus）[J].Immunogenetics，2005，56（11）：846-848.

[99]Canesi L，Betti M，Ciacci C，et al. Signaling pathways involved in the physiological response of musselhemocytes to bacterial challenge：the role of stress-activated p38MAPK[J].Dev Comp Immunol，2002，6：325-334.

[100]Cronin M A，Cullcty S C，Mulcahy M F. Lysozyme activity and protein level in the hemolymph of the flat oyster Ostrea edulis [J].Immunol，2001，11：611-622.

[101]Funke C，King D P. Expression and functiongal characterization of killer whale（Orcinus orca）interleukin-6（IL-6）and development of a competitive immunoassay[J].Vet Immunol Immunopathol，2003，30：93（1-2）：69-79.

[102]Fennerb J，Goh W，Kwang J. Dissection of double-stranded RNA binding protein B2 from betanodavirus [J]. Journal of Virology，2007，81（11）：5449-5459.

[103]Gao D，et al. Seasonal dynamics of Micracanthornhynchina motomurai（Acantho-cephala：Rhadinorhynchidae）in three cyprinids from the Danjiangkou Reservoir [J]. Acta Hydrobiologica Sinica，2008，32（1）：1-5.

[104]Guo Y X，et al.Membrane association of greasy grouper nervous necrosis virus protein A and characterization of its mitochondrial localization targeting signal [J].Journal of Virology，2004，78（12）：6498-6508.

[105]Hall A J，Engelhard G H，et al. The immunocompetence handicap hypothesis in two

sexually dimorphic pinniped species-Is there a sex different in immunity during early development[J].Dev Comp Immunol, 2003, 27（6-7）: 629-637.

[106]Hammond J A, Hall A J, rt al. Comparison of polychlorinated biphenyl（PCB）induced effects on innate immune functions in harbour and grey seals [J].Aquat Toxicol, 2005.30: 74（2）: 126-138.

[107]Hikima S, Hikima J, Rojtinnakor J, et al.Characterization and function of Karana shrimp lysozyme possessing lytic activity againgst vibrio species [J] . Gene, 2003.316: 187-195.

[108]Immesberger A, Burmesert. Putative prophenoloxidase in the tunicate Ciona intestinalis and the origin of the arthropod hernocyanin superfamily [J] . J Comp Physiol,2004,174（2）169-180.

[109]Kakuschke A, Valenting E. et al. Immunological impact of metals in harbor seals（Phoca vitulina）of the North Sea [J].Environ Sci Technol, 2005.39（19）: 7568-7575.

[110]Kang Y S, Kim Y M, et al. Analysis of ETS and lectin expressions in hernocytes of Manila clams（Ruditapes philippinarμm）（Bivalvia: Mollusca）infected with Perkinsus olseni [J] . Dev Comp Immunol. Apr, 2006, 25: 690-756.

[111]Lee S Y, Lee B L. Processing of an antibacterial peptide from hemocyanin of the freshwater Crayfish Pacifastacus leniusculus [J] . J Biol Chen, 2003, 278: 7927-7933.

[112]Levin M, De Guise S, et al. Association between lymphocyte proliferation and polychlorinated biphenyls in free-ranging harbor seal（Phoca vitulina）pups from Beitish Colnmbia, Canada[J].Environ Toxicol Chen, 2005, 24（5）: 1247-1252.

[113]Levin M, Morsey B, et al. PCBs and TCDD, alone and in mixtures, modulate marine marmmal but not B6C3FI mouse leukocyte phagocytosis [J] . J Toxicol Environ Health A, 2005, 68（8）: 635-656.

[114]Levin M, Morsey B, et al. Specific non-coplanar PCB-mediated modulation of bottlenose dolphin and beluga whale phagocytosis upon vitro exposuer [J]. J Toxicol Environ Health A, 2004, 67（19）: 1517-1535.

[115]MEYER G R, et al. Sensitivity of a digoxigenin-1abelled DNA probe in detecting Mikrocytos, mackini, causative agent Of Denman Islanddisease（mikrocytosis）, in oysters[J]. J Invete Path, 2005, 88（2）: 89-94.

[116]MORI, MORSEY B, et al.Immunomodulatory effects of in ivtro exposure to organochlorines on T-cell proliferation in marine mammals and mice[J].J Toxicol Environ Health A, 2006, 69（3-4）: 283-302.

[117]MOS L, MORSEY B, et al.Chemical and biological polluition contribute to the immunological profiles of free-ranging harbor seals[J].Environ Txiron Chem, Dec, 2006, 25（12）: 3110-3117.

[118]NOVAS A，CAO A，et al.Nitric oxide release by hemocytes of the mussel Mytilus galloprovincialis Lmk was provoked by interleukin-2 but not by lipoplysaccharide[J].The International Journal of Biochemistry and Cell Biology，2006，36（3）：390-394.

[119]SCHWARTZ J A，ALDRIDGE B M，et al.Immunophenotypic and functional effects of bunker C fueloil on the immune system of American mink（Mustela vison）[J].Vet Immunol Immunopathol，2004，101（3-4）：179-190.

[120]TISCAR P G，MOSCA F.Defense mechanisms in farmed marine mollusks[J].Vet Res Commun，2004，28（1）：57-62.

[121]VAN DE BRAAK，BOTERBLOM H A，ROMBOUT E A，et al.Preliminary study on haemocytic responses to while spot syndrome virus infection in black tiger shrimp（penaeus manodon）[J].Diseases of Aquatic Organisms，2002，64：655-671.

[122]XU H D，et al. Detection of red-spotted grouper nervous necrosis virus by loop-mediated isothermal amplification. Journal of Virological Method，2010，163（1）：123-128.